高职高专机电及电气类“十三五”规划教材

PLC 应 用 技 术

(三菱机型)

主　编　张世生　祝木田
副主编　郭方营　董　健
参　编　张旭芬　马　飞

西安电子科技大学出版社

内 容 简 介

本书以日本三菱公司的可编程序控制器(PLC)为主，讲解了PLC的硬件结构和工作原理；软元件数据类型、基本指令、编程软件GX Works2、仿真软件的使用方法；应用指令，梯形图的逻辑设计法、经验设计法、状态设计(SFC)法；PLC的模拟量采集变换与输出控制、变频与步进伺服驱动、三菱工业网络、L和Q系列PLC最小化系统、触摸屏及组态王组态、PLC系统设计。书中提供的实训项目重点突出、由易到难、内容全面、结合实际、便于掌握。

本书可作为大专院校工业自动化、电气工程及其自动化、应用电子、计算机应用、机电一体化及其他有关专业的教材，也可作为工程技术人员的自学和培训教材，对三菱系列PLC的用户具有很大的参考价值。

图书在版编目(CIP)数据

PLC应用技术:三菱机型/张世生，祝木田主编. —西安：
西安电子科技大学出版社，2018.3
ISBN 978-7-5606-4799-9

Ⅰ.① P… Ⅱ.① 张… ② 祝… Ⅲ.① PLC技术 Ⅳ.① TM571.61

中国版本图书馆CIP数据核字(2018)第025768号

策　　划　刘小莉
责任编辑　张　玮
出版发行　西安电子科技大学出版社(西安市太白南路2号)
电　　话　(029)88242885　88201467　　邮　　编　710071
网　　址　www.xduph.com　　电子邮箱　xdupfxb001@163.com
经　　销　新华书店
印刷单位　陕西天意印务有限责任公司
版　　次　2018年3月第1版　2018年3月第1次印刷
开　　本　787毫米×1092毫米　1/16　印张19
字　　数　447千字
印　　数　1～3000册
定　　价　40.00元
ISBN 978-7-5606-4799-9/TM

XDUP 5101001-1

前　　言

可编程控制器是一种以计算机为核心的通用新型工业自动化装置。它将传统的继电器控制系统与现代计算机技术完美地结合在一起，集计算机技术、自动控制技术、通信技术于一体，具有结构简单、性能优越、可靠性高等优点，被誉为现代工业生产自动化的三大支柱之一。随着电子技术、计算机技术及自动化技术的迅猛发展，我国工业转型升级，可编程控制器技术的应用也越来越多。

本书从学用结合的角度出发，以我国目前广泛应用的三菱PLC为例，突出应用性和实践性，讲述了小型、大中型可编程控制器的基础知识；以技术技能应用型人才培养为目标，吸收了近几年国内高职教材的优点，注重知识积累与技能训练，结合一些深入浅出的工程实例，介绍了PLC技术的综合应用。

PLC的应用大体可分为三个层次：数字量控制、模拟量控制和网络控制。本书第1章为PLC认知，第2～5章介绍了数字量控制有关的指令和梯形图设计方法，第6章介绍了顺序控制(SFC)的设计方法；第7章介绍了PLC模拟量控制；第8章介绍了变频器、步进电动机、伺服电机的控制方式；第9章介绍了PLC的通信方式和通信程序的设计方法；第10章讲解了触摸屏和组态王，实现上位机控制；第11章讲解了L、Q系列PLC最小化系统、PLC系统设计的内容。全书配有21个不同层次、不同方面的实训(实训项目、课程设计、工程项目)，章后配有习题。

本书设计了三类不同层次的项目：实训项目通过小型实训室的设备进行，便于掌握PLC基础技能；课程设计通过实训室的复杂控制设备进行，有利于整体把握PLC系统，便于掌握更加全面的技能；工程项目为工业生产实际案例，便于认识工业设计的复杂性及全面技术。为结合学校教学和工业生产实际，每个项目各有侧重点，便于组合提升，拓展应用。

在本书的编写过程中，山东星科智能科技股份有限公司、上海西菱自动化系统有限公司提供了很大帮助，提出了许多宝贵意见；编写团队参考了网络，特别是百度、国家资源库、精品课程、三菱电机自动化(中国)有限公司等网站信息，谨在此向他们表示衷心的感谢。

本书由张世生、祝木田任主编，郭方营、董健任副主编，张旭芬、马飞参加了编写。

因作者水平有限，时间仓促，书中难免有疏漏和不妥之处，恳请读者批评指正。

作者邮箱：zsszdm@163.com

张世生

淄博职业学院电子电气工程学院

2018年1月

前　言

目录 CONTENTS

第1章 可编程控制器认知

第一章 课件

1.1 PLC概述

1.1 PLC的概述

1.1.1 可编程控制器的产生

可编程控制器产生以前，以各种继电器为主要元件的电气控制线路，承担着生产过程自动控制的艰巨任务。可能由成百上千只各种继电器构成复杂的控制系统，需要用成千上万根导线连接起来，安装这些继电器需要大量的继电器控制柜，且占据大量的空间。当这些继电器运行时，又产生大量的噪音，消耗大量的电能。为保证控制系统的正常运行，需安排大量的电气技术人员进行维护。继电器的机械触点寿命短，某个继电器的损坏，甚至某个继电器的触点接触不良，都会影响整个系统的正常运行。系统出现故障后，要进行检查和排除故障非常困难，全靠现场电气技术人员长期积累的经验。尤其是在生产工艺发生变化时，可能需要增加很多的继电器或继电器重新接线、改线，工作量极大，甚至可能需要重新设计控制系统。尽管如此，这种控制系统的功能也仅仅局限在能实现具有粗略定时、计数功能的顺序逻辑控制。因此，人们迫切需要一种新的工业控制装置来取代传统的继电器控制系统，使电气控制系统工作更可靠、更容易、更能适应经常变化的生产工艺要求。

在20世纪60～70年代，电子技术已经有了一定的发展，计算机技术已经初露端倪，人们受到计算机的存储器可以反复改写的启发，开始寻求一种以存储逻辑代替接线逻辑的新型工业控制设备。

1968年，美国通用汽车公司(GM)提出了关于汽车流水线的控制系统的具体控制要求。这是一次公开招标的研制任务，当时小型计算机已在美国出现，但人们将计算机用于工业控制的尝试还没有成功。这次招标中提出的要求，后来被称为“GM十条”：

(1) 编程简单，可在现场修改和调试程序；

(2) 维护方便，采用插入式模块结构；

(3) 可靠性高于继电器控制系统；

(4) 体积小于继电器控制柜；

(5) 能与管理中心计算机系统进行通信;

(6) 成本可与继电器控制系统相竞争;

(7) 输入量是 115 V 交流电压(美国电网电压是 110 V);

(8) 输出量为 115 V 交流电压，输出电流在 2 A 以上，能直接驱动电磁阀;

(9) 系统扩展时，原系统只需作很小改动;

(10) 用户程序存储器容量至少为 4 KB。

1969 年美国数据设备公司(DEC)为 GM 公司的生产流水线研制了世界上公认的第一台可编程控制器。当时的可编程控制器只能用于执行逻辑判断、计时、计数等顺序控制功能，所以被称为可编程序逻辑控制器(Programmable Logical Controller)，简称 PLC。

进入 20 世纪 70 年代后的 PLC 已不再是仅有逻辑判断功能，还同时具有数据处理、PID 控制和数据通信功能，因此被改称为可编程控制器，简称 PC。但 PC 已被计算机行业定义为个人计算机(Personal Computer)，因此一般用 PLC 作为可编程控制器的简称。

1987 年 2 月，国际电工委员会(IEC)在可编程控制器的标准草案中作了如下定义：可编程序控制器是一种数字运算操作的电子系统，专为在工业环境中的应用而设计。它采用了可编程序的存储器，用来在其内部存储逻辑运算、顺序控制、定时、计数和算术运算等操作的指令，并通过数字式和模拟式的输入/输出，控制各种类型的机械或生产过程。可编程控制器及其有关外围设备，易于与工业控制系统连成一个整体，易于扩充其功能的设计。

可编程控制器在控制系统应用方面优于计算机，它易于与自动控制系统相连接，可以方便灵活地构成不同要求、不同规模的控制系统，其环境适应性和抗干扰能力极强，所以亦称为工业控制计算机。

目前，世界上可编程控制器的生产厂家已有 300 多个，部分主要厂家如表 1-1 所示。在中国 PLC 市场，西门子、三菱及欧姆龙占绝对的优势，美国的罗克韦尔(A-B) PLC 正大力推广。国内 PLC 厂家规模不大，最有影响的有深圳汇川、北京和利时、无锡信捷、台湾永宏、台湾台达等，这些厂家技术发展快，在价格上很有优势，相信会在世界 PLC 之林占有一定位置。

表 1-1 部分 PLC 生产厂家及产品品牌

国家	公司	产品系列
中国	汇川	H0U、H1U、H2U、H3U 系列
	和利时	LM、LE、LK 系列
德国	西门子(Simatic)	LOGO、S7—200\300\400\1200\1500 等
美国	罗克韦尔(A-B)	PLC-5 系列
	GE Fanuc	GE、90TM-30、90TM-70 系列
	哥德(Gould)	PC、M84 系列
	德州仪器(TI)	PM 系列
	西屋(WestingHouse)	SY/MAX、PCHPPC、FC-700 系列
	莫迪康(Modicon)	M84、M484、M584 系列

续表

国家	公司	产品系列
日本	三菱(Mitsubishi)	FX2N、3U、5U，A，L，Q系列
	欧姆龙(Omron)	C、C200H、CPM1A、CQMI、CV系列
	松下电工	FP系列
	东芝(Toshiba)	EX系列
	富士电机(Fuji)	N系列
法国	TE施耐德(Schneide)	TSX、140系列

三菱PLC在20世纪80年代进入中国市场，从2009年起中国大陆成为三菱PLC在全球最大的市场。本书以FX3U为主进行介绍，L、Q系列以最小化系统的形式体现。

1.1.2 PLC的特点及应用领域

1. PLC的特点

(1) 高可靠性。继电接触器系统中，由于器件的老化、脱焊、触点的抖动以及触点电弧等现象大大降低了系统的可靠性。而在PLC系统中，接线减少到继电器控制系统的1/10～1/100时，大量的机械触点由无触点的半导体电路来完成，加上PLC充分考虑了各种干扰，在硬件和软件上采取了一系列抗干扰措施，具有极高的可靠性。据有关资料统计，目前某些品种的PLC平均无故障时间达到10年以上。

(2) 应用灵活。PLC产品均成系列化生产，品种齐全，多数采用模块式的硬件结构，组合和扩展方便，用户可根据自己的需要灵活选用，以满足系统大小不同及功能繁简各异的控制要求。PLC常采用箱体式结构，体积及质量只有通常的接触器大小，开关柜的体积缩小到原来的1/2～1/10，有利于实现机电一体化。

(3) 编程方便。PLC的编程采用与继电器电路极为相似的梯形图语言，直观易懂，深受现场电气技术人员的欢迎。

(4) 扩展能力强。PLC可以方便地与各种类型的输入、输出量连接，实现D/A、A/D转换及PID运算，实现过程控制、数字控制等功能。PLC具有通信联网功能，可以进行现场控制和远程监控。

(5) 设计周期短。PLC中相当于继电接触器系统中的中间继电器、时间继电器、计数器等编程元件，虽然数量巨大，却是用程序(软接线)代替硬接线，因而设计、安装、接线工作量少。

2. PLC的应用领域

可编程控制器的应用十分广泛，有多种分类方法，从被控物理量的角度将其应用领域概括如下：

(1) 用于开关量控制。开关量控制又称数字量控制，其应用领域是以单机控制为主的一切设备自动化领域。比如：包装机械、印刷机械、纺织机械、注塑机械、自动焊接设备、隧道盾构设备、水处理设备、切割、多轴磨床、冶金行业的辊压、连铸机械等，这些设备的所有动作、加工都需要由依据工艺设定在PLC内的程序来指导执行和完成，是PLC最基本的控制领域。

(2) 用于模拟量控制。其应用领域是以过程控制为主的自动化行业，比如污水处理、自来水处理、楼宇控制、火电主控及辅控、水电主控及辅控、冶金行业、太阳能、水泥、石油、石化、铁路交通等。这些行业所有设备需连续生产运行，存在许多的监控点和大量的实时参数，而要监视、控制和采集这些流程参数和相关的工艺设备，也必须依靠PLC来完成。

(3) 用于通信和联网控制。PLC的通信包括主机与远程I/O间的通信、多台PLC之间的通信、PLC与其他智能设备(计算机、变频器、数控装置、智能仪表、工业机器人等)之间的通信。近年来PLC的通信功能不断加强，PLC已经在各类工业控制网络中发挥着巨大的作用。

1.1.3 PLC的分类

可编程控制器具有多种分类方式，了解这些分类方式有助于PLC的选型及应用。

1. 根据I/O点数分类

根据I/O点数将PLC分为微型机、小型机、中型机和大型机。

(1) 微型机：I/O点数小于64点，内存容量在256 B～1 KB。这一类PLC主要用于单台设备的监控，在纺织机械、数控机床、塑料加工机械、小型包装机械上运用广泛，甚至应用于家庭。

(2) 小型机：I/O点数(总数)在64～256点，具有算术运算和模拟量处理、数据通信等功能。小型机的特点是价格低，体积小，适用于控制自动化单机设备、开发机电一体化产品。

(3) 中型机：I/O点数在256～1024点之间，除了具备逻辑运算功能，还增加了模拟量输入输出、算术运算、数据传送、数据通信等功能，可完成既有开关量又有模拟量的复杂控制。中型机的特点是功能强，配置灵活，适用于具有诸如温度、压力、流量、速度、角度、位置等复杂机械以及连续生产过程控制的场合。

(4) 大型机：I/O点数在1024点以上，功能更加完善，具有数据运算、模拟调节、联网通信、监视记录、打印等功能。其特点是I/O点数特别多，控制规模宏大，组网能力强，可用于大规模的过程控制，构成分布式控制系统或整个工厂的集散控制系统(DCS)。

2. 根据结构形式分类

从结构上看，PLC可分为整体式和模块式。

(1) 整体式结构：这种结构的PLC的电源、CPU、I/O部件都集中配置在一个箱体中，有的甚至全部装在一块印刷电路板上。图1-1所示为三菱整体式PLC。

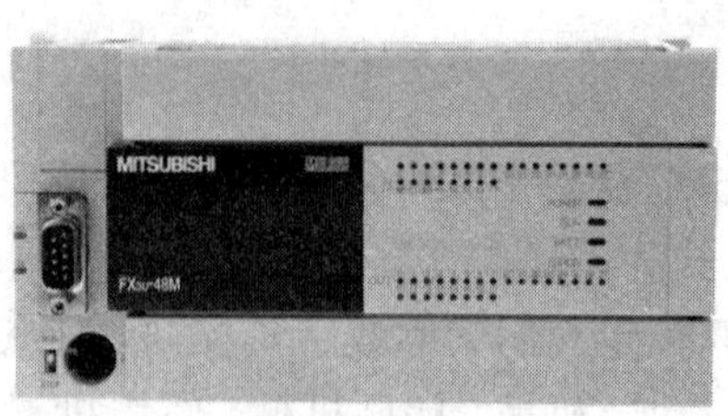

图1-1 整体式PLC

(2) 模块式结构：这种结构的PLC各部分以单独的模块分开设置，如电源模块、CPU模块、输入模块、输出模块及其它智能模块等。这种PLC一般设有机架底板(也有的PLC为串行连接，没有底板)，在底板上有若干插槽，使用时，各种模块直接插入机架底板即可。图1-2为三菱Q模块式PLC。一般大、中型PLC均采用这种结构。模块式PLC的缺点是结构较复杂，各种插件多，因而增加了造价。

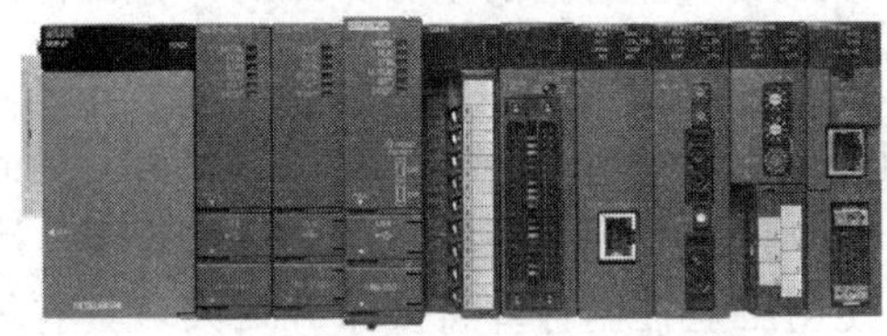

图1-2　模块式PLC

3. 根据用途分类

(1) 通用PLC：一般的PLC，可根据不同的控制要求，编写不同的程序。通用PLC容易生产，造价低，但针对某一特殊应用时编程困难，而已有的功能却用不上。

(2) 专用PLC：完成某一专门任务的PLC，其指令程序是固化或永久存储在该机器上的，虽然它缺乏通用性，但它执行单一任务时速度很快，效率很高。如电梯、机械加工、楼宇控制、乳业、塑料、节能和水处理机械等都有专用PLC，当然其造价也高。

1.1.4　PLC与三种控制系统的比较

工业控制系统有继电控制系统、集散控制系统、工控机，如图1-3所示，它们与PLC相比，各有所长。

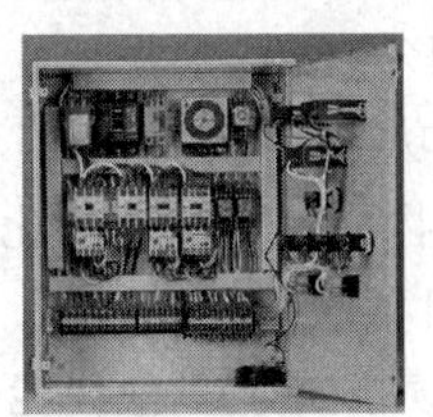

(a) 继电控制柜

(b) 集散控制柜

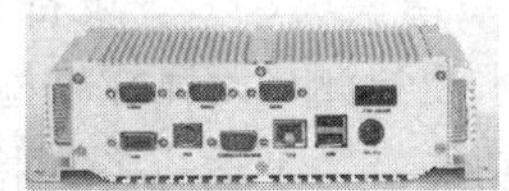

(c) 工控机

图1-3　工业控制系统

1. 与继电器控制系统的比较

对继电器控制系统工艺过程改变时，其控制柜必须重新设计，重新配线，工作量相当大，有时甚至相当于重新设计一台新装置。而从适应性、可靠性、安装维护等各方面比较，PLC都有着显著的优势，因此PLC控制系统取代以继电器为基础的控制系统是现代控制系统发展的必然趋势。目前，超过8个输入/输出点的电气系统就要考虑使用PLC了。

2. 与集散控制系统的比较

PLC与集散控制系统(Distributed Control System，DCS)在发展过程中，始终是互相渗透、互为补充的。它们分别由两个不同的古典控制系统发展而来的。PLC是由继电器逻辑控制系统发展而来的，所以它在数字处理、顺序控制方面具有一定优势。集散控制系统(DCS)是由单回路仪表控制系统发展而来的，所以它在模拟量处理、回路调节方面具有一定优势。到目前为止，PLC与集散控制系统的发展越来越接近，很多工业生产过程既可以用PLC，也可以用集散控制系统实现其控制功能。综合PLC和集散控制系统各自的优势，把二者有机地结合起来，可形成一种新型的全分布式的计算机控制系统。

3. 与工业控制计算机系统的比较

工业控制计算机(简称工控机)标准化程度高、兼容性强，而且软件资源丰富，特别是有实时操作系统的支持，故对要求快速、实时性强、模型复杂、计算工作量大的工业对象的控制具有优势。但是，使用工业控制计算机要求开发人员具有较高的计算机专业知识和微机软件编程能力。PLC在工业抗干扰方面有很大的优势，具有很高的可靠性。而工控机用户程序则必须考虑抗干扰问题，一般的编程人员很难考虑周全。尽管现代PLC在模拟量信号处理、数值运算、实时控制等方面有了很大提高，但在模型复杂、计算量大且计算较难、实时性要求较高的环境中，工业控制计算机则更能发挥其专长。

1.1.5 发展趋势

目前，PLC的市场竞争十分激烈，各大公司都看中了中国这个巨大的PLC市场。三菱、西门子、OMRON公司、AB公司、GE公司等也都采取了各种策略，争夺中国PLC市场。

随着技术的发展和市场需求的增加，PLC的结构和功能也在不断改进。生产厂家不断推出功能更强的PLC新产品，PLC的发展趋势主要体现在以下几个方面：

(1) 网络化。主要是朝DCS方向发展，使其具有DCS系统的一些功能。网络化和通信能力强是PLC发展的一个重要方面，向下将多个PLC、多个I/O框架相连，向上与工业计算机、以太网等相连构成整个工厂的自动化控制系统。现场总线技术在工业控制中将会得到越来越广泛的应用，三菱PLC的CC-Link网络就是成功的例子。

PLC与短信模块、GPS设备、手机、通信运营网络组成物联网，实现危化报警、环境检测、水位水质检测、大气雾霾检测等，其应用行业与范围日益扩大。

(2) 多功能。为了适应各种特殊功能的需要，各公司陆续推出了多种智能模块。智能模块是以微处理器为基础的功能部件，它们的CPU与PLC的CPU并行工作，占用主机CPU的时间很少，有利于提高PLC扫描速度和完成特殊的控制要求。智能模块主要有模拟量I/O、PID回路控制、通信控制、机械运动控制(如轴定位，步进电动机控制)、高速计数等。智能I/O的应用使过程控制的功能和实时性大为增强。

(3) 高可靠性。控制系统的可靠性日益受到人们的重视，一些公司已将自诊断技术、冗余技术、容错技术广泛应用到现有产品中，推出了高可靠性的冗余系统，并采用热备用或并行工作。

(4) 兼容性。现代PLC已不再是单个的、独立的控制装置，而是整个控制系统中的一部分或一个环节，兼容性是PLC深层次应用的重要保证。有的PLC能与通用微型计算机兼容，可运行MS-DOS/Windows程序，适合于处理数据量大、实时性强的工程任务。

(5) 小型化，简单易用。随着应用范围的扩大和用户投资规模的不同，小型化、低成本、简单易用的PLC将广泛应用于各行各业。小型PLC由整体结构向小型模块化发展，增加了配置的灵活性。

1.2 PLC工作过程

1.2 PLC的硬件构成

1.2.1 PLC硬件构成

图1-4为可编程控制器的硬件构成示意图，图中各组成部分及作用如下。

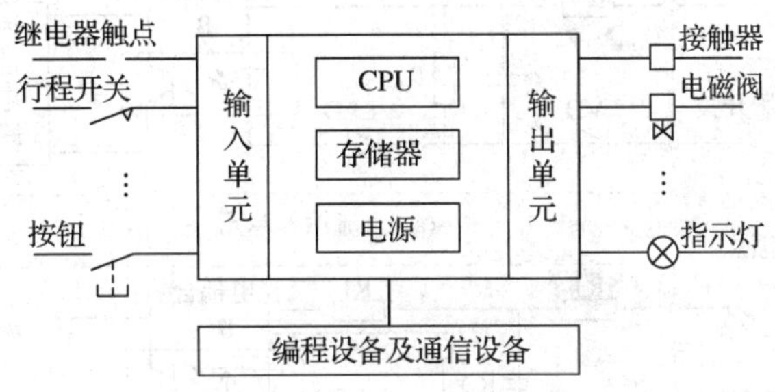

图1-4 PLC硬件构成示意图

1. 中央处理器(CPU)

与一般计算机一样，CPU是PLC的核心，它按机内系统程序赋予的功能指挥PLC有条不紊地工作，其主要任务有：

(1) 接收并存储从编程设备输入的用户程序和数据，接收并存储通过I/O部件送来的现场数据。

(2) 诊断PLC内部电路的工作故障和编程中的语法错误。

(3) PLC进入运行状态后，从存储器中逐条读取用户指令，解释并按指令规定的任务进行数据传递、逻辑或算术运算，并根据运算结果，更新有关标志位的状态和输出映像存储器的内容，再经输出部件实现输出控制。CPU芯片的性能关系到PLC处理控制信息的能力与速度，CPU位数越高，运算速度越快，系统处理的信息量越大，系统的性能越好。

2. 存储器

存储器是存放程序及数据的地方，PLC运行所需的程序分为系统程序及用户程序，存储器也分为系统存储器和用户存储器两部分。

(1) 系统存储器：用来存放PLC生产厂家编写的系统程序，并固化在ROM内，用户不能更改。

(2) 用户存储器：包括用户程序存储区和数据存储区两部分。用户程序存储区存放针对具体控制任务，用规定的PLC编程语言编写的控制程序。用户程序存储器的内容可以由用户任意修改或增删。用户数据存储区用来存放用户程序中使用的ON/OFF状态、数值、数据等，它们被称为PLC的编程“软”元件，是PLC应用中用户涉及最频繁的存储区。

PLC中存储单元的字长目前以8位的较多，也有16位及32位的。

3. 输入、输出接口

输入、输出接口是PLC接收和发送各类信号接点的总称，包含主要用于连接开关量的输入口、输出口，以总线形式出现的总线扩展接口及以通信方式连接外部信号的通信口。

(1) 开关量输入口：用于连接按钮、开关、行程开关、继电器触点、接近开关、光电开关、数字拨码开关及各类传感器的执行接点，是PLC的主要输入接口。开关量输入口有交流输入口及直流输入口两种形式，图1-5(a)及图1-5(b)给出了直流及交流两类输入口的示意电路。图中虚线框内的部分为PLC内部电路，框外为用户接线。开关量输入口通过光电隔离电路连接存储单元的输入继电器。

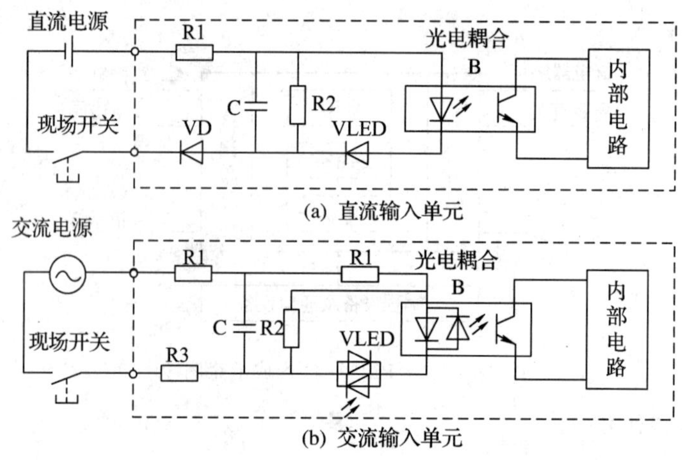

(a) 直流输入单元

(b) 交流输入单元

图1-5　开关量输入单元

(2) 开关量输出口：用于连接继电器、接触器、电磁阀的线圈，是PLC的主要输出接口。根据机内输出器件的不同，PLC开关量输出口通常有晶体管输出、晶闸管输出和继电器输出三种输出电路。图1-6(a)、(b)、(c)分别给出了这三种电路的示意图。开关量输出口通过隔离电路连接存储单元的输出继电器。

继电器输出方式最常用，适用于交、直流负载，其特点是带负载能力强，但动作频率与响应速度慢。晶体管输出适用于直流负载，其特点是动作频率高，响应速度快，但带负载能力小。晶闸管输出适用于交流负载，响应速度快，带负载能力不大。

(3) 总线扩展接口：用于连接主机的扩展单元及各类功能模块。

(4) 通信口：用于连接通信设备，与PC机、触摸屏、变频器等智能设备交换数据。

4. 电源

小型整体式可编程控制器内部设有一个开关电源，可以为机内电路及扩展单元供电(5 VDC)，还可以为外部输入元件及扩展模块提供24 VDC电源。

5. 编程器

编程器可用来生成用户程序，也可进行编辑、检查、修改和监视用户程序的执行情况等。手持式编程器只能输入和编辑指令表程序，一般用于小型PLC和现场调试，但由于功能限制已趋向淘汰。使用编程软件可以在计算机屏幕上直接生成和编辑程序，且便于不同

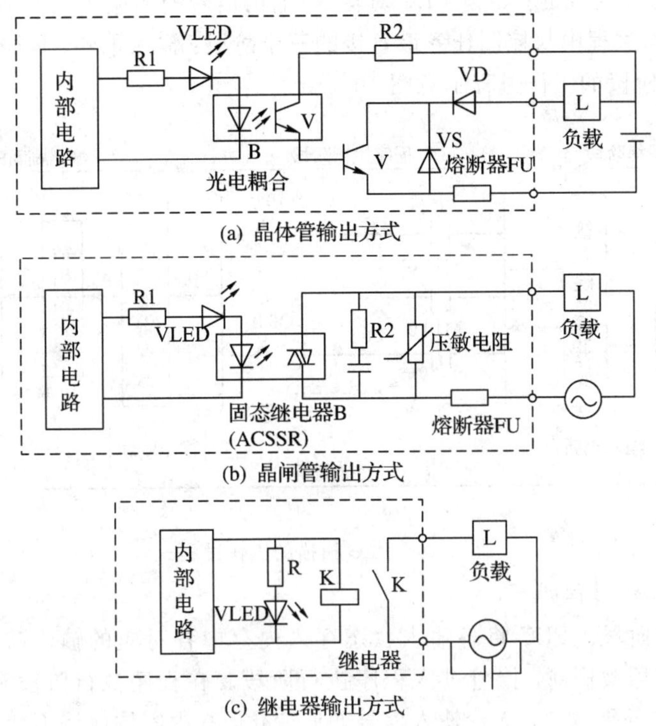

(a) 晶体管输出方式

(b) 晶闸管输出方式

(c) 继电器输出方式

图 1-6 开关量输出单元

编程语言的转换，程序可以存盘、打印等，笔记本电脑为其开阔了更大的应用空间。

给 FX3U 编程时，应配备一台安装有编程软件 GX Works2 的计算机，以及一根连接计算机和 PLC 的 USB 通信电缆。

1.3 PLC 的工作原理

1.2.2 PLC 工作原理

PLC 是在系统程序的管理下，依据用户程序的安排，结合输入信号的变化，确定输出口的状态，以推动输出口上所连接的现场设备工作。当然，这不是 PLC 工作的全部内容，全部内容还要更复杂一些。

图 1-7 是 PLC 运行过程示意图。从图中可知，PLC 的工作过程除了与应用程序相关的处理外还有许多内部管理工作，如通信服务、故障自诊断等，这些也是必不可少的。此外，PLC 有两种运行状态：一种为 STOP 状态，一种为 RUN 状态。PLC 只有在运行(RUN)状态时才执行用户程序，并输出运算结果。STOP 及 RUN 状态的选择可以通过机器面板的模式开关进行切换，或通过程序加以控制。

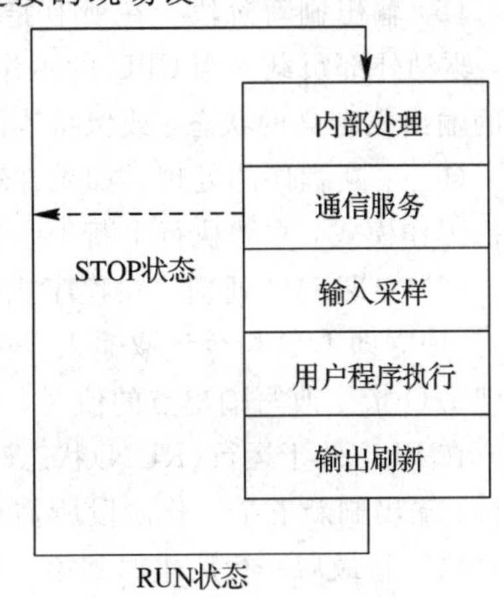

图 1-7 PLC 运行过程

PLC 工作原理中相对继电器电路最重要的区别是串行工作方式，这里有两层含义：一是图 1-8 中所含各项工作内容是分时完成的；二是PLC对输入/输出信号的响应不是实时的。为了方便说明，选择PLC工作过程中与控制任务最直接的三个阶段：输入采样、程序执行、输出刷新。图1-8为这三个阶段的工作过程示意图。

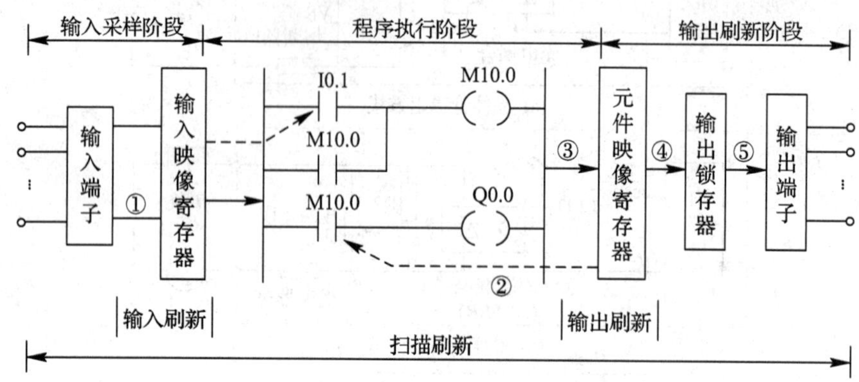

图1-8 PLC扫描的工作过程

PLC扫描的工作过程如下：

(1) 输入采样阶段。PLC将各输入状态存入内存中各对应的输入映像寄存器中。此时，输入映像寄存器被刷新，接着进入程序执行阶段。在程序执行阶段和输出刷新阶段，输入映像寄存器与外界隔离，无论输入信号如何变化，其内容均保持不变。

(2) 程序执行阶段。PLC根据最新读入的输入信号状态，执行一次应用程序，并将结果存入元件映像寄存器中。对元件映像寄存器来说，各个元件的状态会随着程序执行过程而变化。该阶段通过映像寄存器对输入/输出进行存取，而不是实际的I/O点，这样有利于系统的稳定运行，提高编程质量，加快程序的执行速度。

(3) 通信处理。在通信请求处理阶段，CPU处理从通信接口和智能模块接收到的信息，例如读取智能模块的信息并存放在缓冲区中，在适当的时候传送给通信请求方。

(4) CPU自诊断测试。自诊断测试包括定期检查CPU模块的操作和控制模块的状态是否正常，将监控定时器复位，以及完成其它内部工作。

(5) 输出刷新阶段。在所有指令执行完毕后，一次性地将程序执行结果送到输出端子，驱动外部负载。当CPU的工作模式从RUN变为STOP时，数字量输出被置为系统块中的输出表定义的状态，或保持当时的状态。默认的设置是将数字量输出清零。

(6) 中断程序的处理。如果在程序中使用了中断，中断事件发生时，CPU停止正常的扫描工作模式，立即执行中断程序，中断功能可以提高PLC对某些事件的响应速度。

(7) 立即I/O处理。在程序执行过程中使用立即I/O指令可以直接存取I/O点(读引脚)。用立即I/O指令读取输入点的值时，相应的输入过程映像寄存器的值未被更新；用立即I/O指令改写输出点的值时，相应的输出过程映像寄存器的值被更新。

在PLC处于运行(RUN)状态时，完成一次内部处理、通信服务、输入采样、用户程序执行、输出刷新五个工作阶段所需要的时间称为一个扫描周期。即PLC从主程序第一行一直执行到最后一行后重回到第一行所需要的时间，其典型值为1～50 ms，PLC的工作就是周而复始地执行扫描周期。但是如果综合一下以上几个工作阶段的工作内容后不难知道，在本扫描周期的程序执行阶段发生的输入状态变化是不会影响本周期的输出的。无论是输入采样，还是用户程序执行、输出刷新，每一个动作都需要分时工作。实际上指令的执行也是分时的，对于梯形图程序，分时执行可理解为从左至右、从上而下执行梯形图程序的各个支路(程序段)。对于指令表程序，可以理解为依指令的顺序逐条执行指令表程序。指令执行所需的时间与用户程序的长短、指令的种类和 CPU 执行指令的速度有很大关系。用户程序较长时，指令执行时间在扫描周期中占相当大的比例。

分时是计算机工作的特点，正像人在某个瞬间只能处理一件事情一样，计算机在某个瞬间只能做一个具体的动作，即串行工作方式。而继电接触器控制系统的工作方式是并行工作方式。PLC 的工作速度高，整个扫描周期一般只有几十毫秒，这对于一般的逻辑控制是完全可以满足的。对于时间要求非常严格的场合，立即输入与立即输出的响应就只有靠中断来完成了。

概括而言，PLC 的工作方式是一个不断循环的顺序扫描工作方式。CPU 从第一条指令开始，按顺序逐条地执行用户程序直到用户程序结束，然后返回第一条指令开始新的一轮扫描。PLC 就是这样周而复始地重复上述循环扫描的。

1.2.3 PLC 性能指标

性能指标是评价和选购机型的依据，PLC 的主要性能指标有以下几个方面。

1. 存储容量

系统程序存放在系统程序存储器中。这里说的存储容量指的是用户程序存储器的容量，用户程序存储容量决定了 PLC 可以容纳的用户程序的长短，一般以字为单位来计算。每 1024 个字为 lK 字。中、小型 PLC 的存储容量一般在 8K 以下，大型 PLC 的存储容量可达到 256K～2M。也有的 PLC 用存放用户程序指令的条数来表示容量，一般中、小型 PLC 存储指令的条数为 2K 条。

2. 输入/输出点数

I/O 点数是指输入点数和输出点数之和。I/O 点数越多，外部可接入的输入器件和输出器件就越多，控制规模就越大。因此 I/O 点数是衡量 PLC 规模的重要指标。

3. 扫描速度

扫描速度是指 PLC 执行程序的速度。一般以执行 lK 字所用的时间来衡量扫描速度。有些品牌的 PLC 在用户手册中给出执行各条程序所用的时间，可以通过比较各种 PLC 执行类似操作所用的时间来衡量扫描速度的快慢。

4. 编程指令的种类和数量

编程指令的种类和数量涉及 PLC 能力的强弱。一般说来，编程指令种类及条数越多，处理能力、控制能力就越强。

5. 扩展能力

PLC 的扩展能力表现在对开关量输入模块、开关量输出模块、模拟量模块及智能模块的扩展上。大部分 PLC 可以用 I/O 扩展单元进行 I/O 点数的扩展；有的 PLC 可以使用各种功能模块进行功能扩展。

6. 智能单元的数量

为了完成一些特殊的控制任务，PLC 厂商都为自己的产品设计了专用的智能单元，如模拟量控制单元、定位控制单元、速度控制单元以及通信工作单元等。智能单元种类的多少和功能的强弱是衡量 PLC 产品水平高低的重要指标。各个生产厂家都非常重视智能单元的开发，近年来智能单元的种类日益增多，功能越来越强。

7. 编程器及编程软件

反映 PLC 性能的指标有编程器的形式(简易编程器、图形编程器或通用计算机)、运行环境、编程软件及是否支持高级语言等。

本章小结

1. 可编程控制器是为适应生产工艺不断更新的需要于 20 世纪 60 年代末出现的，和机器人、CAD/CAM 技术构成了工业的三大支柱。它主要向着大型、多功能、智能化、模块化和加强联网能力，以及简易、价廉的方向发展。在我国 PLC 市场，西门子、三菱及欧姆龙的份额占绝对的优势。

2. PLC 的最突出特点是可靠性高、抗干扰能力强，同时具有编程简单、开发周期短、体积小、重量轻、功耗低等优点。PLC 主要用于开关量、过程量、数据运算、通信联网等方面。

3. 根据 I/O 点数，PLC 分为微型机、小型机、中型机、大型机。根据结构形式，PLC 分为整体式、模块式、叠装式。

4. PLC 的硬件主要由中央处理器(CPU)、存储器、输入/输出接口、电源、编程器组成。其输出接口通常有晶体管、晶闸管和继电器三种电路。

5. PLC 有两种运行方式，即 STOP 和 RUN 方式。在 PLC 处于运行(RUN)状态时，完成一次内部处理、通信服务、输入采样、用户程序执行、输出刷新五个工作阶段所需要的时间称为一个扫描周期。执行用户程序是影响扫描周期的主要因素。

6. PLC 的性能指标主要包括存储容量、输入/输出点数、扫描速度、编程指令的种类和数量、扩展能力、智能单元的数量、编程器及编程软件 7 个。

习 题

1-1　什么是可编程控制器?

1-2　简述 PLC 的发展历程。

1-3　我国市场上 PLC 的主要品牌有哪些?

1-4　简述可编程控制器的特点。

1-5　简述 PLC 的应用领域。

1-6　根据 I/O 点数 PLC 如何分类?

1-7　根据结构形式 PLC 如何分类?

1-8　PLC 与传统的继电器控制系统、集散控制系统及工业控制计算机相比有何不同?

1-9 可编程控制器的发展趋势主要体现在哪几个方面?

1-10 PLC的硬件主要由哪几部分构成?

1-11 PLC的点数如何计算。

1-12 PLC的开关量输出有哪三种电路?各有何特点?

1-13 PLC的自带电源有什么作用?

1-14 PLC编程器的作用是什么?

1-15 PLC的RUN与STOP模式有何区别?

1-16 PLC的扫描过程主要有哪三个阶段?

1-17 什么是扫描周期?

1-18 PLC的性能指标主要包括哪几项?

1-19 直接与PLC有关的常用网站有哪些?

第 2 章 FX 系统资源

第 2 章　课件

2.1　FX 系列 PLC 硬件性能

2.1　FX 系列 PLC 的硬件性能

2.1.1　FX 系列 PLC 型号含义

日本三菱公司 FX 系列 PLC 是三菱 PLC 小型系列产品，目前主要分 1N、2N、3U、5U 等系列。这类机型具有紧凑的尺寸、丰富的扩展模块及特殊功能模块、优良的性价比、使用方便简单等特点。

FX 系列的 PLC 基本单元和扩展单元的型号由字母和数字组成，其格式如图 2－1 所示。

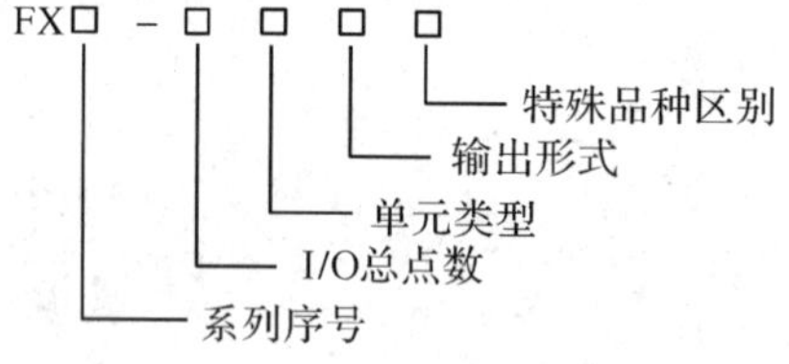

图 2－1　FX 系列 PLC 型号含义

图 2－1 中，各方框含义如下：

系列序号：1N、2N、3U、5U 等。系列序号中若有“C”则为紧凑型产品，输入/输出为连接器型；若无“C”则为普通型产品，输入/输出为端子排型。

I/O 总点数：输入点数与输出点数之和，三菱 PLC 的输入点数和输出点数相等。

单元类型：M——该模块为基本单元(CPU 模块)；E——输入/输出混合扩展单元或扩展模块；EX——输入扩展模块；EY——输出扩展模块。

输出形式：R——继电器输出；S——双向晶闸管输出；T——晶体管输出。

特殊品种区别：D——直流电源，直流输入；A——交流电源，交流输入或交流输入模块；S——独立端子(无公共端)扩展模块；H——大电流输出扩展模块；V——立式端子排的扩展模块；F——输入滤波器 1 ms 的扩展模块；L——TTL 输入型扩展模块；C——接插口输入/输出方式。

若无特殊品种区别一项符号，则说明通指 AC 电源，DC 输入，横式端子排，继电器输出为 2A/点，晶体管输出为 0.5A/点，晶闸管输出为 0.3A/点。

例如：FX3U-32MT/ES-A 表示 FX3U 系列，总点数 I/O 为 32 点，该模块为基本单元，采用晶体管漏型输出(ESS 为源型输出)，AC 电源，16 入/16 出；FX5-32ER/ES 表示 FX5U 扩展模块，16 点 DC24V 输入，16 点继电器输出，端子排连接。

2.1.2 FX 系列 PLC 的基本构成

FX3U 是 FX2N 的升级版，属第 3 代产品，控制规模达 384 点，其高速处理及定位等内置功能得到大幅强化，是功能强、容量大、速度快的高性能微型可编程控制器。其基本单元可以和输入模块、输出模块、模拟量输入/输出模块、高速计数器模块、脉冲输出模块、位置控制模块、转换电缆接口、特殊适配器、多种串行通信模块连接，构成一套可以满足广泛需要的 PLC，还可连接 FX2N 用的特殊扩展设备。PLC 扩展单元功能如表 2-1 所示。

2.2 FX3U 硬件手册

表 2-1 PLC 扩展单元功能

种类	功 能	连 接 内 容
基本单元	内置 CPU、电源、输入、输出，程序内存的可编程控制器主机	可连接各种扩展设备
扩展单元	内置电源的输入/输出扩展，附带连接电缆	输入/输出的最大扩展点数为 256 点。特殊扩展最多 8 台，与 CC-Link 远程 I/O 合计最大为 384 点
扩展模块	从基本、扩展单元获得电源供给的输入/输出扩展，内置连接电缆	
扩展电源单元	AC 电源型基本单元的内置电源不足时，扩展电源	可以给输出扩展模块或特殊功能模块供给电源
特殊单元	内置电源的特殊控制用扩展，附带连接电缆	输入/输出的最大扩展点数为 256 点。特殊扩展最多 8 台，与 CC-Link 远程 I/O 合计最大为 384 点
特殊模块	从基本、扩展单元获得电源供给的输入/输出扩展，内置连接电缆	
功能扩展板	可内置于 PLC 中的用于功能扩展的设备，不占用输入/输出点数	可安装 1 块(可以与特殊适配器合用)
特殊适配器	从基本单元获得电源供给的特殊控制用扩展。内置连接用接头	连接高速输入用，高速输出用的特殊适配器时，不需要功能扩展板；但是与通信以及模拟量用的特殊适配器合用时，需要功能扩展板

续表

种类	功 能	连 接 内 容
存储器	最大 64K 步(带程序传输功能/不带程序传输功能)	可内置 1 台
显示模块	可安装于 PLC 中进行数据的显示与设定	可内置 1 台 FX3U-7DM 型显示模块

FX 系列 PLC 的面板由三部分组成，即外部接线端子、指示部分和接口部分，各部分的组成及功能如下：

(1) 外部接线端子。外部接线端子包括 PLC 电源(L、N)、输入用直流电源(24+、S/S、COM)、输入端子(X)、输出端子(Y)和机器接地等。它们位于机器两侧可拆卸的端子板上，每个端子均有对应的编号，主要用于电源、输入信号和输出信号的连接。

(2) 指示部分。指示部分包括各输入/输出点的状态指示、机器电源指示(POWER)、机器运行状态指示(RUN)、用户程序存储器后备电池指示(BATT.V)和程序错误或 CPU 错误指示(PROG-E、CPU-E)等，用于反映 I/0 点和机器的状态。

(3) 接口部分。接口部分主要包括编程器接口、存储器接口、扩展接口和特殊功能模块接口等。接口的作用是完成基本单元同编程器、外部存储器、扩展单元和特殊功能模块的连接。在机器面板上，还设置了一个 PLC 运行模式转换开关 SW(RUN/STOP)，RUN 使机器处于运行状态(RUN 指示灯亮)；STOP 使机器处于停止运行状态(RUN 指示灯灭)。当机器处于 STOP 状态时，可进行用户程序的录入、编辑和修改。如果 PLC 有严重错误，在消除它之前不允许从停止模式进入运行模式。可编程控制器操作系统储存非致命错误供用户在线检查。

2.1.3 FX3U 系列 PLC 的硬件接线

FX 系列 PLC 上有两组电源端子，分别用于 PLC 电源的输入和输入接口电路所用直流电源的输出。其中 L、N 是 PLC 的电源输入端子，额定电压为 AC100～240 V(电压允许范围 AC85～264 V)，50/60Hz，接地端子用于 PLC 的接地保护；24+、0 V 是机器为输入接口电路提供的独立直流 24V 电源，又称为传感器电源，容量有限；S/S 为所有输入信号电源的公共端；黑点为悬空端子，不要接任何线。输出端信号分组，每组有一个公共端 COM。FX3U 系列 PLC 端子排布如图 2-2 所示。

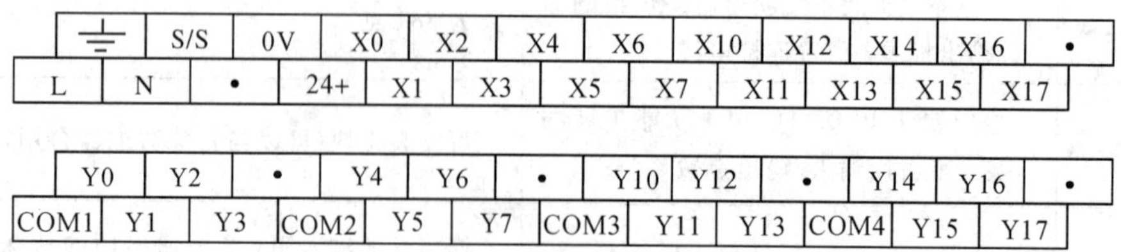

图 2-2 FX3U 系列 PLC 端子排布

为了驱动输入电路，可以使用 CPU 自己的独立电源，如果容量太小也可改用外部 24 大容量电源。外部 24+正极先与 S/S 端连接，当某输入点需给定输入信号时，只需将通过输入设备(如按钮、转换开关、行程开关、继电器的触点、传感器等)接至对应的输入点，另一端与 0V 接通，该点就为 ON，此时对应输入指示灯就点亮，电流流出该端子。图 2-3 为输入电路硬件接线图，(a)图为电路工作原理图，为了说明电流的流动方向，画出了内部简明电路；(b)图为接线原理图，不需要画内部电路，在工程设计中常用。

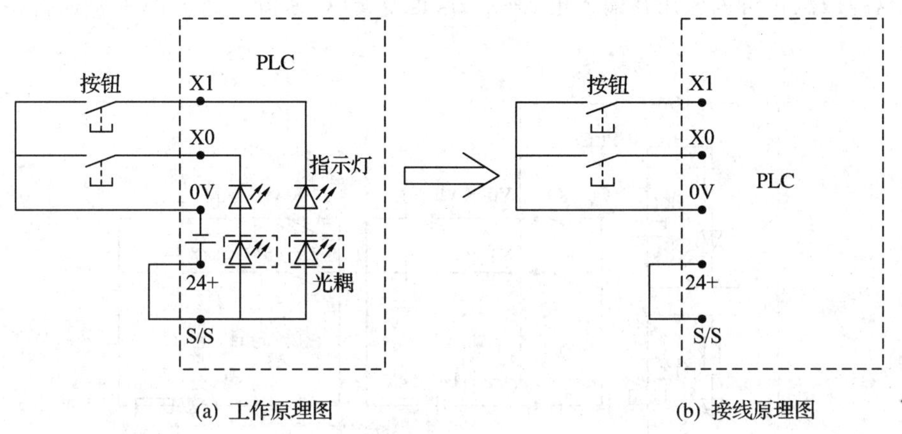

图 2-3　PLC 输入电路硬件接线图

图 2-3(a)中的输入接口电路能实现将端子 X0、X1 通过按钮连接到对应的输入点上，再通过内部光耦将信息送到 PLC 内部。一旦某个输入元件的状态发生变化，对应输入继电器 X 的状态也随之变化，信号指示灯同时发生变化，PLC 在输入取样阶段即可获取这些信息。

FX 系列 PLC 输出电路硬件接线图如图 2-4 所示。通过输出点，将负载和负载电源连接成一个回路，这样负载就由 PLC 输出点的 ON/OFF 进行控制，输出点动作，负载得到驱动。负载电源的规格应根据负载的需要和输出点的技术规格进行选择。该图为 PLC 晶体管输出控制电路，从图中看出负载处于电源和 PLC 之间，电流经负载流进 PLC，PLC 内使用 NPN 型晶体管(0.2 A)，称为漏型接法。三菱 PLC 的晶体管输出一般采用漏型输出，而西门子 PLC 的晶体管输出一般采用源型输出。有时既可接成源型也可接成漏型，只要 PLC 与负载匹配便可，如果不匹配也可以增加光耦等进行电路匹配处理。

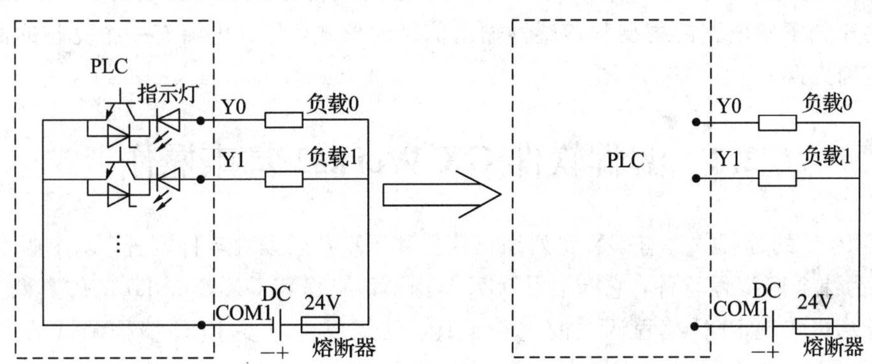

图 2-4　PLC 输出电路硬件接线图

图 2-5 为 PLC 继电器输出电路硬件接线图。PLC 内的输出映像寄存器 Y0 直接驱动微型继电器 K1 工作，K1 的常开触点驱动外部电路影响中间继电器 KA1(2 A)，而 KA1 的常开触点驱动动力电路的接触器 KM1(10 A 以上)，电流一级一级放大，驱动能力越来越强，这是工业控制的基本做法。在这里中间继电器 KA 具有电路隔离保护、电流放大等作用。这种做法也可以应用在输入电路中。这也是 PLC 系统运行故障主要来自接口电路的原因。

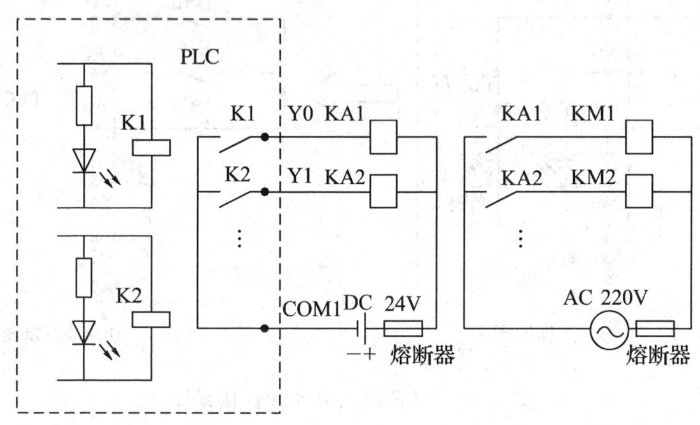

图 2-5　PLC 继电器输出电路硬件接线图

在连接输入/输出接口电路时，应注意以下几点：

(1) I/O 点的公共端 COM 问题。一般情况下，每个 I/O 点应有两个端子，为了减少 I/O 端子的个数，PLC 内部已将其中一个继电器的 I/O 端子与公共端连接。输出端子一般采用每 4 个点共一个 COM 连接。

(2) 输出点的技术规格。不同的输出类别，有不同的技术规格；应根据负载的类别、大小、负载电源的等级、响应时间等选择不同类别的输出形式，大多来自工程经验。

(3) 多种负载和不同负载电源共存的处理。在输出共用一个公共端子的范围内，必须用同一电压类型和同一电压等级；而不同公共点组可使用不同电压类型和电压等级的负载，使用中间继电器可有效解决这类问题。

(4) 设备极性匹配问题。输入设备、PLC、输出设备分源型与漏型两类，在 PLC 模块接线前要充分了解电路的类型和传感器输出信号的形式，保证电流有一个完整的回路，接线才能正确无误。

2.2　编程软件 GX Works2 基本操作

三菱 PLC 的编程软件有 GX 系列编程软件和 FX 系列编程软件两种，多个版本。其中 GX 系列为综合版编程软件，它包含了 GX Works2 编程和 GX Simulator 仿真两个部分，是利用计算机实现 PLC 编程调试的重要工具，已经成为三菱 PLC 编程调试的主流工具软件。

GX Works2 是三菱电机基于 Windows 操作系统，支持三菱 Q 系列、QnA 系列、A 系列、L 系列、FX 系列 PLC 及运动控制等设备的全系列编程软件。它可用梯形图、SFC 及结构化梯形图等多种语言编程，进行程序编辑、参数设定、网络设定、程序监控、调试及在线更改，具有智能功能模块设置、系统标签功能，可与 HMI、运动控制器共享数据。

2.2.1 软件安装

2.3 GX Works2 操作手册(简单工程篇)

1. 软件获取

注册登录三菱电机自动化(中国)有限公司 http://cn.mitsubishielectric.com/fa/zh/下载最新正版 GX Works2 软件，也可下载相关学习资料。为了保存相关有价值资料，可把编程软件、驱动程序、序列号、学习资料等，放在同一文件夹内，高效查询与共享。

2. 安装

GX Works2 编程软件安装环境：Windows/Vista/XP/7/10 操作系统。

打开安装目录，找到 Disk1\\setup 进行安装；在弹出的"用户信息"窗口中，任意填写姓名和公司名；填写产品通用 ID:570 - 986818410；安装完毕后重启计算机，编程软件安装完成。

2.2.2 基本操作

2.4 编程软件 GX Works2 基本操作

GX Works2 将所有顺控程序、参数及顺控程序中的注释、声明、注解等以工程的形式进行统一的管理。在工程窗口下，不但可以方便地编辑顺控程序及参数等，而且可以设定所使用的 PLC 类型。

1. 新建工程

打开 GXWorks2，点击"工程"→"新建…"，就可以新建一个工程，通过创建新工程对话框，可以选择 FXCPU 系列、FX3U 类型、简单工程、梯形图程序语言，如图 2-6 所示。当确定对话框中的所有内容后，即可进入梯形图编辑窗口进行梯形图的编程。

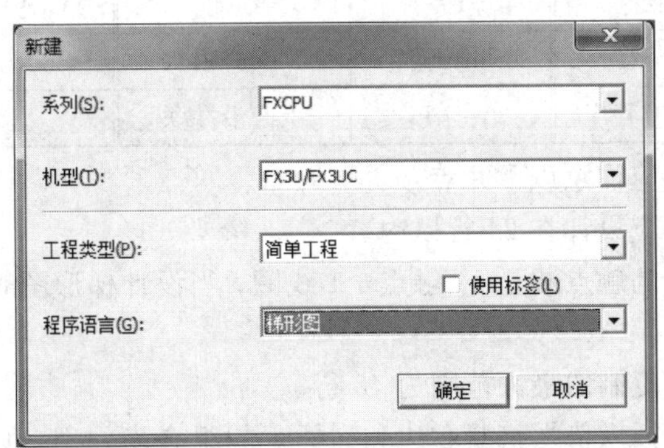

图 2-6 新建工程

2. GX Works2 基本界面

GX Works2 基本界面如图 2-7 所示，包括标题栏、菜单栏、常用工具栏、编程工具栏、导航栏、编辑区、状态栏等。可根据需要，利用菜单栏中的视图来调整界面。

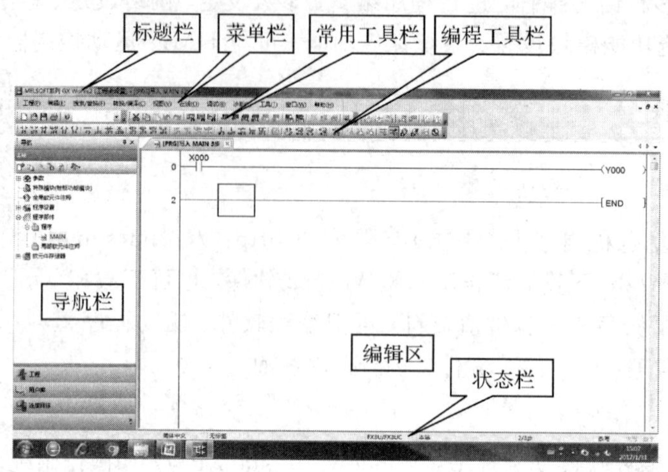

图 2-7　GX Works2 基本界面

3. 梯形图编程

用鼠标单击要输入图形的位置，即可在梯形图输入框中输入指令，也可以单击梯形图标记工具栏上的相关符号进行设计。由于设计了大量快捷键(不同状态下共 150 多个)，在大赛中三菱 PLC 的编程速度是最快的。编程常用快捷键如表 2-2 所示。

表 2-2　编程常用快捷键

快捷键	功能	快捷键	功能	快捷键	功能
F2	写入模式	F5	常开触点	F8	应用指令
Shift+F2	读取模式	Shift+F5	常开触点并联	Shift+F8	下降沿
F3	监视模式	F6	常闭触点	Alt+F8	下降沿并联
Shift+F3	监视(写入)模式	Shift+F6	常闭触点并联	F9	横线输入
F4	转换	F7	线圈	Ctrl+F9	横线删除
Shift+F4	转换+Run 写入	Shift+F7	上升沿	Shift+F9	竖线输入
Shift+Alt+F4	转换所有程序	Alt+F7	上升沿并联		

在绘制梯形图时，应注意以下几点：

(1) 一个梯形图块应设计在 24 行以内。

(2) 一个梯形图行的触点数是 11 触点+1 线圈，当设计梯形图时，1 行中有 12 触点以上的自动移至下一行。

(3) 梯形图剪切和复制的最大范围为 48 行。

(4) 梯形图符号的插入依据挤紧右边和列插入的组合来处理，所以有时梯形图的形状也会无法插入，调整位置，便可解决。

(5) 在读取模式下，剪切、复制、粘贴等操作不能进行。

4. 梯形图的变换与修改

首先，单击要进行变换的窗口使其激活。其次，单击工具栏上的转换按钮或使用快捷键 F4 完成程序变换。若程序变换过程中出现错误，则保持灰色并将光标移至出错区域。

此时，可双击编辑区，调出程序输入窗口，重新输入指令。还可以利用编辑菜单的插入、删除操作对梯形图进行必要的修改，直至程序正确变换为止。

5. 程序描述

软元件注释是为了对已建立的梯形图中每个软元件的用途进行说明，以便能够在梯形图编辑界面上显示各软元件的用途。每个软元件注释可由 32 个以内的字符组成。

6. 梯形图中软元件的查找和替换

当要对较复杂的梯形图中的软元件进行批量修改时，就需要对梯形图采用查找及替换操作。在“搜索/替换”中选择“软元件搜索”菜单命令，就可进入“搜索/替换”对话框，可以指定所查找的软元件，对查找方向及查找对象的状态进行设定。还可进行替换操作。

7. PLC 的写入/读取操作

1）数据线驱动

GX Works2 可以通过串口、USB 接口、CC－Link 扩展模块、Ethernet 扩展模块与 PLC 相连。将数据线连接到电脑上，有的 GX Works2 能自行驱动，否则对于 USB 接口，电脑找到新硬件后，可到编程软件的安装目录(如 C:\Program Files (x86)\MELSOFT\Easysocket\USBDrivers)中安装驱动。现在有些驱动可通过驱动大师在线安装，然后通过电脑的“设备管理器”找到数据线的串口号。

2）连接目标设置

要将电脑已编制好的程序写入到 PLC，必须先进行连接目标设置。先将 PLC 与计算机的串口互连，然后在导航栏选择“连接目标”，双击“connect1”弹出“连接目标 connect1”对话框，如图 2－8 所示。在计算机侧设置串口与“设备管理器”找到的数据线串口号一致，在可编程控制器侧设置 CPU 模式与实际 PLC 系列一致，“通信测试”成功后，点击“确定”保存设置。如果在可编程控制器侧选择 GOT，则电脑通过触摸屏向 PLC 下载监控程序，称为触摸屏透明传输，PLC 和触摸屏共用一根下载电缆，非常方便。

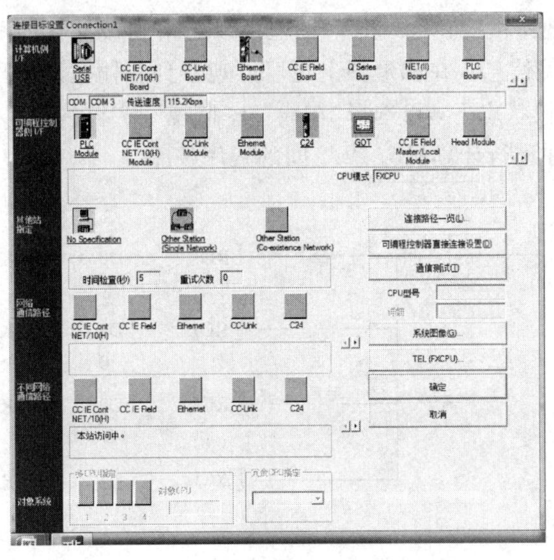

图 2－8　连接目标设置

3）读/写程序

单击“在线”→“PLC 读取”选项，可以打开“在线数据操作”对话框，如图 2-9 所示，进行相关设置并执行，就可将 PLC 中的程序读取到电脑。

单击“在线”→“PLC 写入”选项，同样打开“在线数据操作”对话框，进行相关设置并执行，就可将电脑中已编好的程序写入到 PLC。

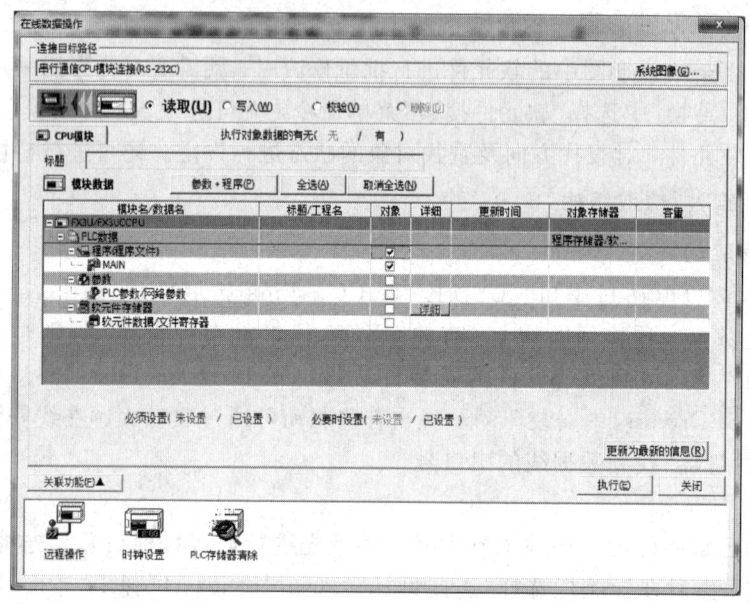

图 2-9　读/写程序

8. 监视

1）梯形图监视

按 F3 即可监视 PLC 的程序运行状态，如图 2-10 所示。当程序处于监视模式时，会显示“监视状态”对话框，由“监视状态”对话框可以观察到被监视的 PLC 的最大扫描时间、当前的运行状态等相关信息。在梯形图上也可以观察到各输入及输出软元件的运行状态。

PLC 处于在线监视状态下，可选择“在线”→“监视”→“监视(写入模式)”菜单命令，对程序进行在线编辑，并进行计算机与 PLC 间的程序校验。

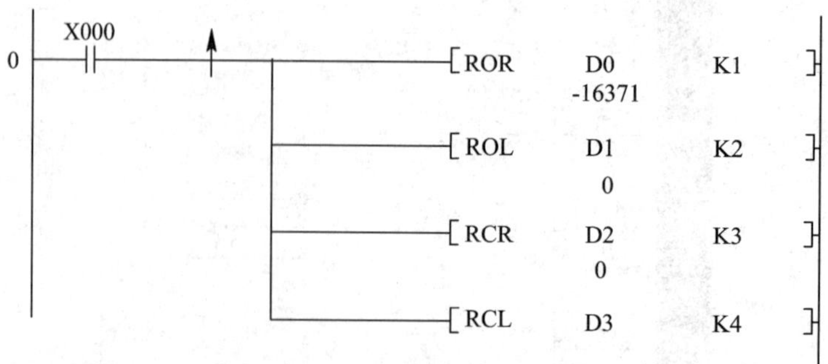

图 2-10　梯形图监视

2）当前值更改

单击“调试”→“当前值更改”选项，就可以打开“当前值更改”（也称为“强制”）对话框，如图 2-11 所示，在“软元件\标签”中输入软元件名称，在“数据类型”中选择类型，再进行通断或数据值设置。

3）软元件/缓冲存储区批量监视

单击“在线”→“监视”→“软元件/缓冲存储区监视”选项，就可以打开“软元件/缓冲存储器批量监视”对话框，如图 2-12 所示，在“软元件名”中输入软元件名称，进行相关设置，就可以批量监视软元件等，还可对缓冲存储器登录进行监视。

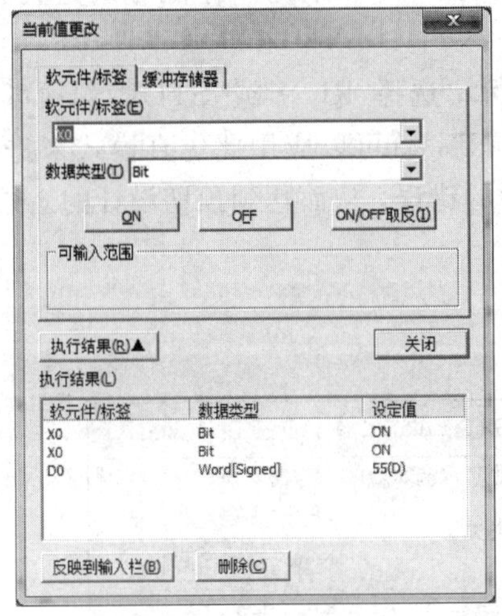

图 2-11 当前值更改

图 2-12 软元件/缓冲存储器批量监视

2.2.3 模拟仿真

1. 仿真特点

学习 PLC 除了阅读教材和用户手册外，更重要的是要动手编程和上机调试。若没有 PLC，缺乏试验条件，编写程序后无法检验是否正确，则编程能力很难提高。PLC 的仿真软件是解决这一问题的理想工具。

GX Simulator 是嵌于 GX Works2 中的三菱 PLC 仿真软件，它能够实现三菱全系列 PLC 的离线调试。通过使用仿真软件，就能在不需要连接实际 PLC 设备的基础上，进行 PLC 的程序开发和调试，缩短程序的调试时间。

该仿真软件具有以下特点：

（1）需一台计算机即可实现程序调试。如果没有仿真软件，在调试时除了可编程控制器以外，有时还需要另外准备输入/输出模块、特殊功能模块、外部机器等，才能实现系统的调试。使用仿真软件不需要 PLC 及外部设备即可实现安全的模拟调试。

（2）能够模拟部分外部设备运行。在仿真软件中，通过 I/O 系统，对所用的位元件设定通断，对所用字元件的值进行设定，就能够模拟可编程控制器外部的输入/输出状态。

（3）能够监视软元件的状态。仿真软件除了实现对软元件的通断状态及数值的监视外，还能够强制软元件的通断状态及数值的修改等，并通过时序图形式表示软元件的通断状态及数值。

(4) 仿真功能有限。使用仿真软件，在模拟调试 PLC 的开关量、步进指令效果很好，但不能确保被调试的程序在现场正确运行，这是因为经过计算机模拟计算的结果与实际操作可能会不同。另外，仿真软件的定时误差较大，不支持高速脉冲输出、PID 等指令，也不能访问特殊功能模块及一些特殊设备。因此，在实际程序运行之前，仍然需要连接实际的 PLC 及其扩展模块，进行大量的现场调试工作，才能保证程序的正常运行。

2. 仿真步骤

打开一个简单的工程，单击工具栏上的“模拟开始/停止”按钮，或单击主菜单中“调试”→“模拟开始/停止”选项，弹出“PLC 写入”窗口，如图 2-13 所示，等待写入完成后，单击“关闭”按钮。

这时会看到“GX Simulator2”窗口，如图 2-14 所示，选择“RUN”或“STOP”选项可以启动或停止仿真。在“GX Simulator2”窗口中选择“RUN”，就可以应用此仿真模式来进行工程调试，进行监视、当前值修改等操作，修改设计中的错误，从而达到预期设计的效果。

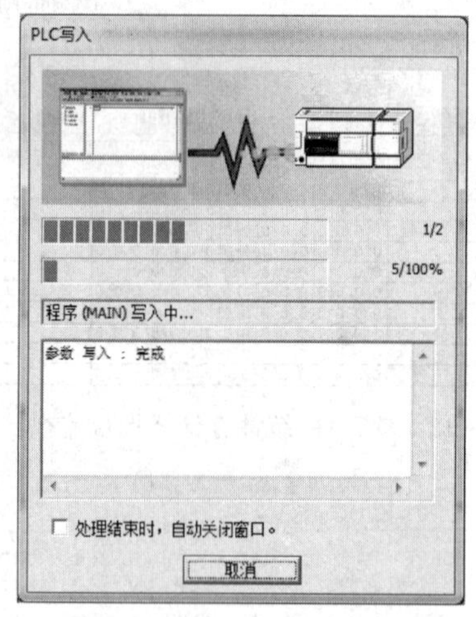

图 2-13 模拟写入

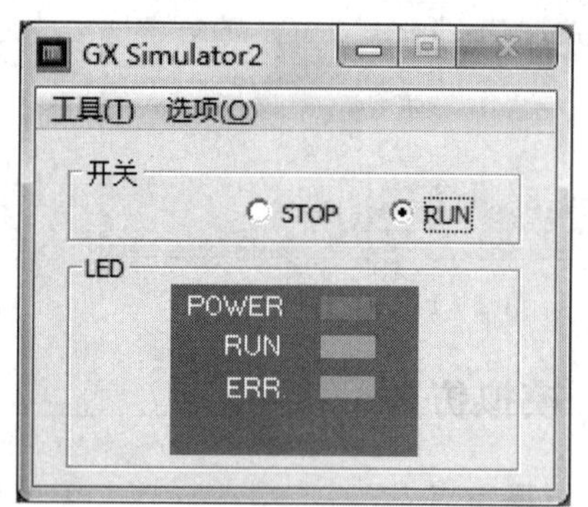

图 2-14 仿真器

2.3 FX3U 编程资源

2.5 编程软件与编程语言介绍

2.3.1 编程软元件

编程软元件是与电路硬元件相对应的一种叫法，硬件电路(如继电器)由物理的硬元件组成，PLC 程序就由软元件组成。它是 PLC 的存储单元，调用软元件就是读/写它的状态(0 或 1)，参与程序运算的只不过是软元件的映像，可以被无限次调用或查询，其状态在 PLC 中可以直接查询到。所有 PLC 程序也称为 PLC 电路，如振荡程序也叫振荡电路。

软元件又称为继电器，本质是 PLC 的一种存储器(寄存器)，与真实元件有很大的差别，一般称为“软继电器”。这些编程用的继电器，它的工作线圈没有工作电压等级、功耗大小和电磁惯性等问题；触点没有数量限制、没有机械磨损和电蚀等问题。它在不同的指令操作下，其工作状态可以无记忆，也可以有记忆，还可以作脉冲数字元件使用。

下面介绍FX系列PLC的软元件。

1. 输入继电器X

输入继电器（又称输入映像寄存器）即我们常说的“输入点”，它与PLC的输入端子相对应；一般PLC上都设有与输入继电器相对应的指示灯来显示其ON/OFF状态。输入信号通过隔离电路改变输入继电器的状态，一个输入继电器在存储区中占一位。输入继电器的状态不受程序的执行所左右，仅与输入状态有关。

2. 输出继电器Y

输出继电器（又称输出映像寄存器）即我们常说的“输出点”，它用来存储程序执行的结果，与PLC的输出端子相对应；一般PLC上都设有与输入/输出继电器相对应的指示灯来显示其ON/OFF状态。每个输出继电器在存储区中占一位，与一个输出口相对应。输出继电器通过隔离电路，将程序运算结果送到输出口并决定输出口所连接器件的工作状态。正常运行中（强制除外）输出继电器的状态由程序的执行结果决定。

输入继电器[X]、输出继电器[Y]的编号是由基本单元持有的固定编号，以及针对扩展设备连接顺序分配的编号组成的。这些编号采用八进制数，所以不存在“8”、“9”的数值。

3. 辅助继电器M

辅助继电器（中间继电器）的线圈与输出继电器一样，是通过PLC中的软元件触点来驱动的。辅助继电器的常开触点和常闭触点无数量限制，在程序中可随意使用，但是不能通过辅助继电器触点直接驱动外部负载，PLC的外部负载只能通过输出继电器进行驱动。辅助继电器采用十进制分配编号。

一般用的辅助继电器不具备断电保持功能，PLC断电后其状态全部复位为OFF；而停电保持用的辅助继电器可以记忆断电前的状态并保持住，通过程序条件才能确定其状态的改变。辅助继电器的编号根据PLC型号不同其数量也各不相同，FX系列的一般用和停电保持用辅助继电器编号还可以根据实际需要通过PLC参数进行变更。

FX系列PLC还有大量的特殊辅助继电器，与PLC操作系统紧密相关，它的编号和功能由PLC特别限定并赋予特殊的定义，详见附录。特殊辅助继电器可分为“触点利用型（只读）”和“线圈驱动型（读/写）”两类，触点利用型特殊辅助继电器由PLC自动驱动其线圈，用户可使用其触点实现特定条件的执行，线圈驱动型特殊辅助继电器由用户驱动其线圈，PLC会根据其线圈状态执行特定的运行动作。

触点利用型特殊辅助继电器包括以下几种：

M8000：运行监视（PLC运行时常ON）。

M8002：初始脉冲（PLC运行时第一扫描周期ON），常用来初始化。

M8013：周期为1 s的时钟脉冲。

4. 状态S

状态S是对工序步进形式的控制进行简易编程所需的重要软元件，需要与步进梯形图指令STL或顺序功能图SFC组合使用。

状态与辅助继电器相同，有无数个常开触点和常闭触点，可以在顺控程序中随意使用。当状态不用于步进梯形图指令时，在一般的顺控程序中把它当作辅助继电器M来使用。

5. 定时器 T

定时器的原理是用加法计算 PLC 中的 1 ms、10 ms、100 ms 等时钟脉冲，当加法计算的结果达到所指定的设定值时输出触点就动作的软元件。

根据 PLC 型号的不同，其定时器编号范围以及代表的功能也不相同。定时器编号不用于定时器功能时可以当作数据寄存器用来保存数据(16 位)。定时器可以分为一般用、累积型、电位器型等。

定时器的设定值可以通过常数直接指定，也可以通过数据寄存器变量间接指定。

(1) 一般用定时器：可分为 100 ms、10 ms、1 ms 的定时器，当定时器线圈前的驱动条件满足时，定时器对相应的时钟脉冲进行加法运算直到等于设定值，定时器输出触点动作。当驱动条件断开或 PLC 断电时，定时器线圈和输出触点都被复位。

(2) 累积(记忆)型定时器：可分为 100 ms、1 ms 的定时器，当定时器线圈前的驱动条件满足时，定时器对相应的时钟脉冲进行加法运算直到等于设定值，定时器输出触点动作。在计时过程中当驱动条件断开或 PLC 断电时，定时器当前值可以保持不变，再次启动后继续累积。累积型定时器需要用 RST 指令进行复位。

(3) 电位器型定时器：FX 系列 PLC 都设有两个模拟电位器，标记为 VR1 和 VR2。这两个模拟电位器刻度对应 0～255 的整数，在 PLC 内存中分别储存在 D8030 和 D8031 中。通过间接指定定时器设定值，可以实现电位器式的模拟量定时器。

6. 计数器和高速计数器 C

计数器可以分为 16 位计数器和 32 位计数器。两种计数器都有一般用和停电保持用两种类型。计数器编号不用于计数器功能时可以当作数据寄存器用来保存数据。

16 位计数器只能增计数，设定值范围为 1～32767；32 位计数器可以切换为增计数或减计数，设定值范围为－214783648～214783647。

计数器对 PLC 的内部信号 X、Y、M、S、C 等触点的动作进行循环扫描并计数，其响应速度根据 PLC 的扫描时间可推算通常在 10 Hz 以下。但很多情况下输入信号的频率都会大于这个数值，这时就要用到高速计数器，高速计数器的计数采用中断处理，与 PLC 扫描时间无关，可以达到数千赫兹的计数。

高速计数器必须与外部端子 X0～X7 配合使用，并且根据高速计数器编号占用输入点的情况，一旦 X 点被占用后该点不能再用于其它用途。

7. 数据寄存器 D

数据寄存器(变量)是存储数值数据的软元件，这些寄存器都是 16 位的，最高位为符号位，其余 15 位代表数值大小。两个连续的数据寄存器组合后可存储 32 位数据，在 32 位指令中只需指定低 16 位的数据寄存器，其紧接着的数据寄存器就会被自动占为高 16 位。在编程时需注意这点，以免重复使用数据寄存器造成逻辑混乱。

数据寄存器也可以分为一般用、停电保持用和特殊用三种类型。

(1) 一般用数据寄存器。数据寄存器中写入数据后，只要不再写入其它数据或被复位指令复位就不会发生变化，但在 PLC 从 RUN 状态拨到 STOP 状态时，或 PLC 停电后所有数据都会被清零。但如果驱动了特殊辅助继电器 M8033，则 PLC 由 RUN 变为 STOP 时数据也不会变化。

(2) 停电保持数据寄存器。停电保持型的数据寄存器可以在 PLC 由 RUN 变为 STOP 以及 PLC 断电时保持其存储内容，该类数据寄存器必须通过重新写入数据或使用复位指令改变其内容。

(3) 特殊用数据寄存器。特殊用数据寄存器和特殊辅助继电器一样，其代表的功能都已在 PLC 中设定好，通过修改其数值可以实现特定的功能，详见附录。

以下为一些常用的特殊数据寄存器：

D8000：监视定时器

D8010：PLC 扫描时间

D8014：PLC 实时时钟-分

D8015：PLC 实时时钟-时

D8016：PLC 实时时钟-日

D8030：模拟电位器 VR1 数值

D8031：模拟电位器 VR2 数值

8. 变址寄存器 V、Z

变址寄存器 V 和 Z 同普通的数据寄存器一样，是进行数据数值储存的 16 位寄存器，其编号为 V0～V7 和 Z0～Z7 共 16 个。这种寄存器除了和普通的数据寄存器有相同的使用方法外，在应用指令的操作数中还可以同其它的软元件编号或数值组合使用，从而在程序中更改软元件的编号和数值的内容。

对于 FX1S、FX1N、FX2N 系列 PLC，LD、AND、OUT 等基本顺控指令或步进梯形图指令的软元件编号不能同变址寄存器组合使用，而在 FX3U 和 FX3G 系列 PLC 中则允许组合使用。

当变址寄存器与 32 位的应用指令中的软元件配合使用时，直接指定 Z 的编号即可，PLC 会自动将同一编号的 V、Z 组合成 32 位编制寄存器，V 作为高位、Z 作为低位使用。

9. 指针 P、I

P 为分支用指针，它用来作为分支的标识，与跳转指令 CJ 或子程序调用指令 CALL 组合使用，使程序扫描到这些指令时会转移到该标识处继续执行。P63 是一个特殊的分支用指针，它表示使用 CJ 指令时直接跳到 END，所以该指针不能用于标识。

I 为中断用指针，它用来作为中断程序的标识，与各种中断配合使用驱动中断程序。FX 系列的中断主要有输入中断、定时器中断和计数器中断三种类型。只有 X0～X5 这六个输入点具备输入中断功能，同时这些输入点还被指定为高速计数器和 SPD 等高速指令时的专用输入点，故使用这三种指令时需注意其编号占用不能相互冲突。

2.3.2 PLC 编程语言

1. 系统软件

系统软件主要包括以下三部分：

(1) 系统管理程序。系统管理程序有如下三方面作用：一是运行时间管理，控制可编程控制器何时输入、何时输出、何时计算、何时自检、何时通信；二是存储空间管理，规定各种参数、程序的存放位置，以生成用户环境；三是系统自检程序，包括各种系统出错检验、用户程序语法检验、句法检验、警戒时钟运行等。

(2) 用户指令解释程序。用户指令解释程序是联系高级程序语言和机器码的桥梁。众所周知，任何计算机最终都是执行机器码指令的。然而，用机器码编程却是非常复杂的事情。可编程控制器用梯形图语言编程，将使用者直观易懂的梯形图变成机器能懂得的机器语言，这就是解释程序的任务。

(3) 标准程序模块及其调用程序。这是许多独立的程序块，各程序块具有不同的功能，有些完成输入、输出处理，有些完成特殊运算等。

2. 编程语言

无论是哪国生产的PLC，用户程序最常用的编程语言都是梯形图(LAD)及指令表(STL)，某些产品还具有顺序功能流程图(SFC)编程功能。不同型号的PLC梯形图虽然并不完全相同，梯形图对应的STL指令也不一致，但其基本模式大同小异。在IEC61131-3中详细说明了句法、语义和下述五种编程语言的表达方式：

1) 梯形图(Ladder Diagram)

和继电接触器电路图类似，梯形图(LAD)是用图形符号及图形符号间的连接关系表达控制思想的。梯形图所使用的符号主要是触点、线圈及功能框。这些符号加上母线及符号间的连线就可以构成梯形图。梯形图中左右两垂直的线就是母线，左母线总是连接由各类触点组成的触点“群”或者叫触点“块”，右母线总是连接线圈或功能框(右母线可省略)。

理解PLC梯形图的一个关键概念是“能流”(Power Flow)，即一种假想的“能量流”。在梯形图中，如把左边的母线假设为电源“相线”，而把右边的母线假想为电源“中性线”，当针对某个线圈的一个通路中所含的所有动合触点是接通的，所有的动断触点是闭合的时，就会有“能流”从左至右流向线圈，则线圈被激励，线圈置1，线圈所属器件的动合、动断触点将会动作。与此相反，如没有“能流”流达某个线圈，线圈就不会被激励。还要记住，能流永远是从左向右流动的，不能反向。

2) 顺序功能图(Sequential Function Chart)

顺序功能图编程方式采用画工艺流程图的方法编程，只要在每一个工艺方框的输入和输出端，标上特定的符号即可。对于在工厂中搞工艺设计的人来说，用这种方法编程，不需要很多的电气知识，非常方便。

3) 指令表(Instruction List，STL)

指令表语言类似于通用计算机程序的助记符语言，是可编程控制器的另一种常用基础编程语言。所谓指令表，指一系列指令按一定顺序的排列，每条指令有一定的含义，指令的顺序也表达一定的含义。指令往往由两部分组成：一部分是由几个容易记忆的字符(一般为英文缩写词)来代表某种操作功能，称为助记符，比如用“MUL”表示“乘”；另一部分则是用编程元件表示的操作数，准确地说是操作数的地址，也就是存放乘数与积的地方。指令的操作数有单个的、多个的，也有的指令没有操作数，没有操作数的称为无操作数指令(无操作数指令用来对指令间的关联做出辅助说明)。GX Works2没有指令表语言。

4) 功能块图(Function Block Diagram)

这是一种由逻辑功能符号组成的功能块来表达命令的图形语言，这种编程语言基本上沿用了半导体逻辑电路的逻辑方块图。对每一种功能都使用一个运算方块，其运算功能由方块内的符号确定。常用“与”、“或”、“非”等逻辑功能表达控制逻辑。和功能方块有关的输入画在方块的左边，输出画在方块的右边。采用这种编程语言，不仅能简单明确地表现逻辑功能，还能通过对各种功能块的组合，实现加法、乘法、比较等高级功能，对于熟悉逻辑电路和逻辑代数的人来说，是非常方便的。西方人更乐于使用这种语言。

5）高级语言

在一些大型 PLC 中，为了完成一些较为复杂的控制，采用功能很强的微处理器和大容量存储器，将逻辑控制、模拟控制、数值计算与通信功能结合在一起，配备 BASIC、PASCAL、C 等计算机语言，从而可像使用通用计算机那样进行结构化编程，使 PLC 具有更强的功能。如结构文本 ST(Structured Text)是为 IEC61131－3 标准创建的一种专用的高级编程语言，能实现复杂的数学运算，编写的程序非常简洁紧凑。

2.3.3 寻址方式

编程软元件的寻址即正确表达软元件，涉及两个问题：一是某种可编程控制器设定的编程元件的类型及数量，不同厂家、不同型号的 PLC 所含编程元件的类型、数量及命名标识法都可能不一样；二是该种 PLC 存储区的使用方式，即寻址方式，如何表达操作数。寻址方式包括立即数寻址、直接寻址和间接寻址。

1. 立即数寻址

立即数寻址实质上是常数的使用方式，这与数字的表达形式有关，单就十进制数字来说，表达一位数字就需存储单元 4 位；或者反过来说，一定长度的存储单元能存储一定的表达形式的数字范围是有限的。表 2－3 给出了存储器长度与存储的数据范围，它从需要的角度说明了寻址的必要性。

表 2－3　不同数据长度表示的十进制和十六进制数的范围

数据长度	字节(B)	字(W)	双字(D)
无符号整数	0～255 0～FF	0～65535 0～FFFF	0～4294967295 0～FFFFFFFF
符号整数	－128～＋127 80～7F	－32768～＋32767 8000～7FFF	－2147483648～＋2147483647 80000000～7FFFFFFF
实数 IEEE32 位浮点数			＋1.175495E－38～＋3.402823E＋38(正数) －1.175495E－38～－3.402823E＋38(负数)

CPU 以二进制方式存储常数，常数也可以用十进制、十六进制、ASCII 码或浮点数形式来显示。PLC 中常数的表示方法如表 2－4 所示。

表 2－4　常数举例

常数	举　例
十进制常数	K50、K－2
十六进制常数	H12F5
实数或浮点数格式	E10.5
字符串常数	“FX3U”

FX 系列 PLC 的数值类型主要包括以下几种：

(1) 十进制数(Decimal，DEC)：主要用于定时器和计数器的设定值(数字前加 K)，辅助继电器 M、定时器 T、计数器 C、状态 S 等的编号，执行应用指令操作数中的数值与指令动作(数字前加 K)。

(2) 十六进制数(Hexadecimal，HEX)：用途与十进制数一样，用于指定应用指令中的操作数与指定动作(数字前加 H)。

(3) BCD 码(Binary Code Decimal，BCD)：将构成十进制数每位上 0～9 的数值以四位二进制表示的形式。

(4) 实数(浮点数)：通过浮点数运算可以提高运算结果的精度。PLC 内部以二进制浮点数进行浮点运算，但可以采用十进制浮点数进行监控。

(5) 字符串：顺控程序中直接指定字符串的软元件。以“”框起来的半角字符，字符串最多可以指定 32 个字符。

2. 直接寻址

直接寻址实质上是存储单元的使用方式，也涉及存储数据的类型及长度。存储的数据是逻辑量的“是”或“非”时，只占用存储单元的一位。为了合理地使用存储器，各种 PLC 的存储单元都做到了既可以位的形式使用，也可按字节、字及双字使用，但不同厂家、不同牌号的 PLC 地址的表示方法不尽相同。

(1) 位寻址(BIT)。位寻址是对逻辑变量的寻址方式。地址中需指出存储器位于哪一个区及位号。图 2-15 为位寻址的例子，图(a)为位地址的表示方法，X016 中 X 表示输入继电器，01 为第 1 存储区，6 为位号，在输入存储区中的位置已标明在图(b)中。D10.5 为数据寄存器 10 的 5 号位。

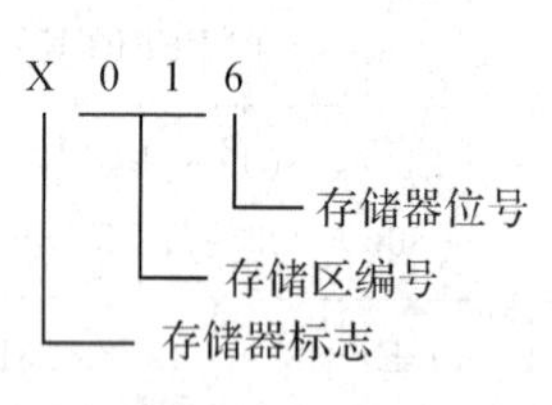

(a) 位地址表示方式

软元件	7	6	5	4	3	2	1	0
X000	0	0	0	0	0	0	0	1
X010	0	1	0	0	0	0	0	0
X020	0	0	0	0	0	0	0	0
X030	0	0	0	0	0	0	0	0
X040	0	0	0	0	0	0	0	0
X050	0	0	0	0	0	0	0	0
X060	0	0	0	0	0	0	0	0
X070	0	0	0	0	0	0	0	0

(b) 对应的位置

图 2-15　字节·位寻址

(2) 字寻址 D。字寻址用于数据长度小于 2 个字节的场合。字寻址以存储区标识符、编号，如 D100。U0\G10 表示模块号为 0 的特殊功能单元的 10 号缓冲存储区(BFM)。

(3) 双字寻址 D(D)。双字寻址用于数据长度需 2 个字的场合。在指令中，加前缀 D 便是双字寻址，操作数仍以字寻址表达，但访问的是以操作数开始的连续的两个字，提倡使用偶数编号。

如[DMOV　D0　D2]，就是把 D1、D0 组成的数据传送到 D3、D2 组成的单元中。

十进制浮点数占用编号连续的 2 个数据寄存器，但它分为尾数和指数两部分，例如对浮点数 D10(D11，D10)而言，其中有底数部分和指数部分。

一些存储数据专用的存储单元不支持位寻址方式，主要有模拟量输入、输出存储器，累加器及计时、计数器的当前值存储器等。还有一些存储器的寻址方式与数据长度不方便统一，如累加器不论采用字节、字或双字寻址，都要占用全部 32 位存储单元。模拟量输入/输出单元为 16 位，需通过模拟量模块的缓冲区来访问，如 U1\G10。

(4) 软元件注释(符号地址)。可以用数字和字母组成的符号来代替存储器的地址，符号地址便于记忆，具有具体的工程意义，使程序更容易理解。程序编译后下载到可编程控制器时，所有的符号地址被转换为绝对地址。程序编辑器中的地址举例：

X0006：绝对地址，由内存区和地址组成。

启动按钮：符号地址，由用户在全局软元件注释中添加。

3. 间接寻址(指针)

间接寻址是指使用地址指针来存取存储器中的数据。使用前，首先将数据所在单元的内存地址放入地址指针寄存器中，然后根据此地址存取数据。FX 系列 CPU 中允许使用指针进行间接寻址 V、Z，这与 C 语言中的指针是一致的，其访问形式也大体一致。

2.3.4 编程方法与编程规约

2.6　编程方法与编程规约

1. 逻辑分析法编程

逻辑分析法是在一些典型电路的基础上，根据被控对象对控制系统的具体要求，不断地修改和完善梯形图，多次反复地调试和修改，增加一些中间编程元件和触点，才能得到一个较为满意的结果。

该法没有普遍的规律可以遵循，具有很大的试探性和随意性，最后的结果不是唯一的；设计所用的时间、设计的质量与设计者的编程风格有很大的关系，得到的梯形图逻辑严密，耦合性强，是程序设计的基础。但该法调试困难、修改困难、阅读困难，适用于较简单的梯形图设计，初学者需加强训练。

数字电路中的与或非、真值表、卡诺图等逻辑分析思路都是 PLC 编程的基础。

2. 经验法编程

可编程控制器使用了与继电器电路图极为相似的梯形图语言。如果用可编程控制器改造继电器控制系统，根据继电器电路图来设计梯形图是一条捷径。这是因为原有的继电器控制系统经过长期使用和考验，已经被证明能完成系统要求的控制功能，而继电器电路图又与梯形图有很多相似之处，借鉴原继电器电路图，即用可编程控制器的外部硬件接线和梯形图软件来实现继电器系统的功能。

这种设计方法一般不需要改动控制面板，保持了系统原有的外部特性，操作人员不用改变长期形成的操作习惯；设计周期短，修改调试程序简易方便。尽管当今旧设备改造已基本完成，但此法仍可借鉴。

3. 状态法编程

状态编程法又叫做步进法，也叫顺序控制法，应用于复杂的控制系统，已成为 PLC 系统设计的主要方法。其主旨是将控制要求分解为一个个的步序或状态，用确定的编程元件代表它们，利用步序图或者顺序功能图描述步序之间的联系从而表达整体的控制过程。编程时程序则针对一个个的状态来写，每个状态中表达本状态要完成什么任务，满足什么条件时实现状态间的转移，以及下个状态的编号是多少，同时在程序执行的机理上实现状态与状态间的隔离，即一个流程中只有一个状态相关的程序被执行。我们把执行中的状态称为被激活的状态，而称其它状态为未激活状态。这种编程方法的特点是方法规范、条理清楚，且易于化解复杂控制间的交叉联系，有效解决了时间、地点、事件的关系，而使编程变得容易。

具体的实现方法有：

(1) 使用起保停电路。起保停电路具有记忆功能，可用来启停位状态。但在程序中有多次启停，这种方法不如置位复位指令灵活。

(2) 置位、复位指令。由置位、复位指令实现的顺序控制不够规范，受编程者的风格影响大，在每一状态都由设计者设计退出哪一个状态，以及在什么条件下进入哪一个状态；置位实现状态的启动、保持，复位实现状态的停止。这种方法启停灵活可靠，被大多数人员使用，也是本书讲授练习的重点。

(3) 定时器。仅适用于单纯由时间控制的系统流程，是全部也可能是部分，由定时器实现状态的启动、保持和转移。例如天塔之光、交通信号灯等。

(4) 顺控指令。许多PLC的开发商在自己的PLC产品中引入了专用的状态编程元件及状态指令。FX系列PLC中用于状态编程的软元件叫做状态继电器，指令称为STL指令，有的PLC称为步进指令。由于该指令部分受系统影响，对用户不透明，不如置位复位指令灵活可靠。

4. 梯形图编程规则

可编程控制器按照其特有循环扫描方式，执行存储器中的用户程序，因此在梯形图编程时，首先要保证指令顺序的正确性，同时还应遵守一些规则，以提高程序效率。

(1) 梯形图编程遵循从上到下、从左到右、左重右轻、上重下轻的规则。每个逻辑行起于左逻辑母线，止于线圈或一个特殊功能指令(有的PLC止于右逻辑母线)。一般，对并联支路应靠近左逻辑母线，在并联支路中，串联触点多的支路应安排在上边。

(2) 梯形图中的触点一般应当画在水平支路上，不含触点的支路则放在垂直方向，可使逻辑关系清晰，便于阅读检查和输入程序，避免出现无法编程的梯形图，如桥式电路。

(3) 线圈不能直接与左逻辑母线相连。如果需要(即无条件)，则可以借助于一个在程序中未用到的内部辅助继电器的触点。

(4) 线圈的右边不能再接任何触点，这是与继电器控制线路的不同之处。但对每条支路可串联的触点数并未限制，且同一触点可以使用无限多次。

2.4 编程电缆及制作

编程电缆就是电脑和设备之间的连接线，也称数据线，用来传输电脑写好的程序给设备，即进行上传及下载，还可实现设备间的通信控制，一般为传统的COM串口(如232、485、422)、USB口，不提倡带电拔插电缆。计算机要安装编程软件(通信协议)，同等机型不同型号的电缆通信协议是不一样的，通过查找编程手册可以明确使用方法。

了解数据线结构，可根据需要进行延长、转换，满足不同设备、多种场合的需要。

2.4.1 FX－USB 编程电缆

FX－USB 是通过 USB 接口提供串行连接及 RS422 信号转换的编程电缆，在电脑中运行的驱动程序控制下(Windows 7 可自行驱动)，将电脑的 USB 接口仿真成传统串口(俗称 COM 口)，从而使用现有的各种编程软件、通信软件和监控软件等应用软件。本电缆的工作电源取自 USB 端口，不再由 PLC 的编程口供电，编程电缆适用于三菱 FX1N、2N、3U 机型编程口为 MD8F 圆形插座的 PLC。图 2－16 为 FX－USB 电缆引脚结构图。图 2－17 为 FX－USB 电缆外形图。

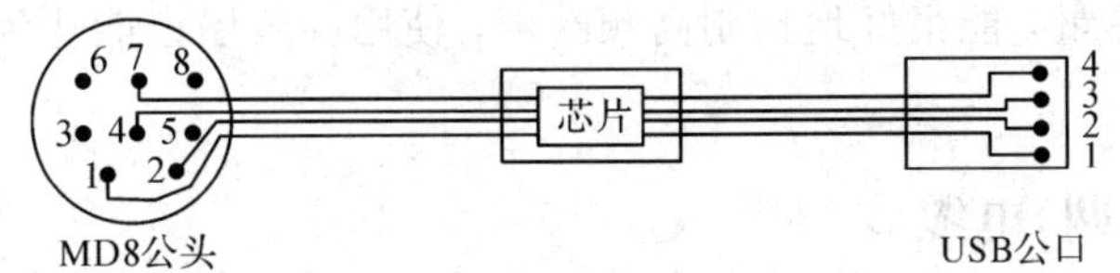

图 2－16 FX－USB 电缆引脚结构图

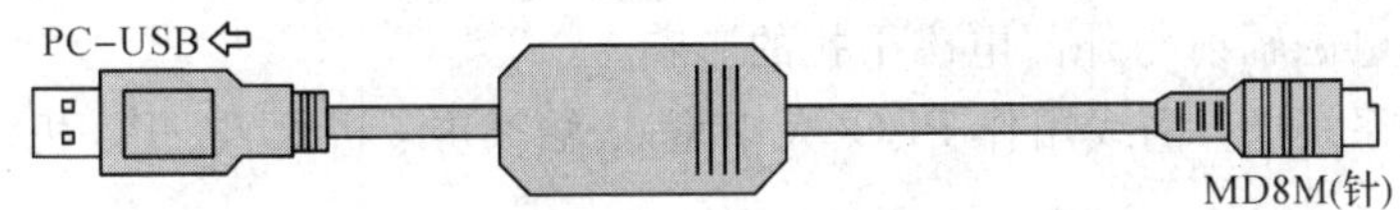

图 2－17 FX－USB 电缆外形结构图

标准电缆 USB－SC09－FX 是 USB 接口的三菱 PLC 编程电缆，采用 USB/RS422 接口，仅用于三菱 FX 系列，带通信指示灯，长度为 3 m。

2.4.2 RS232 编程电缆

标准电缆 FX－232AWC－H 是 RS232 接口的三菱 FX3UC 系列 PLC 编程电缆，采用 RS232/RS422 接口适配器，带通信指示灯，长度为 3 m。

也可按照图 2－18 制作，使 PC 的 RS232 接口通过限流电阻与 FX3U 系列 PLC 的 RS422 接口连接，带屏蔽线效果更好。

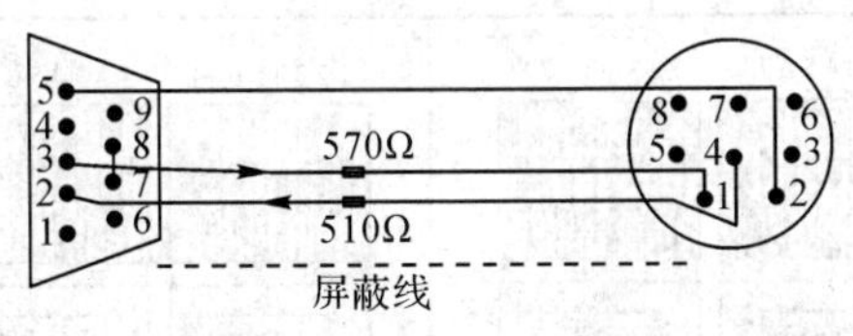

图 2－18 RS232 电缆

2.4.3 USB 编程电缆

USB 编程电缆采用普通 A 型插头，顺看插头，铜触片向上，从左到右依次是 VCC(电源正极)、D－(DATA 数据)、D＋(DATA 数据)、GND(地)，两边长的是电源线，中间短的是数据线，另一端为 B 口，如图 2－19 所示。这种线广泛应用于各种设备，用于 PC 向 Q 系列 PLC、三菱触摸屏、三菱机器人下载程序，对应 Windows 7 能自行驱动，对于 Windows XP需再利用编程软件另行安装 USB 驱动。

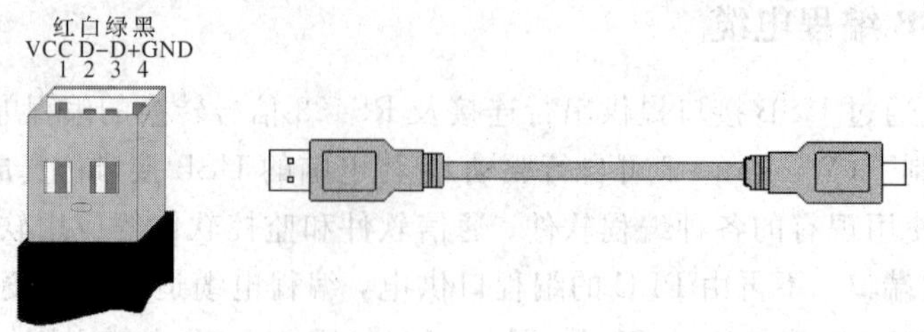

图 2－19　USB 编程电缆

如果 USB 编程电缆带有抗高频的干扰磁环（又称铁氧体磁环），可将外部或内部的高频信号吸收转换为热量，能很好地抑制高频噪声，使用屏蔽层也能达到屏蔽高频信号干扰的效果。

2.4.4　网线（局域网）电缆

局域网中常见的网线主要有双绞线、同轴电缆、光缆三种。双绞线是由许多对线组成的数据传输线，两端为 RJ45 接头，8 根不同颜色的线分成 4 对绞合在一起，成对扭绞的作用是尽可能减少电磁辐射与外部电磁干扰的影响。

在工业控制系统中，网线用作 PLC（大中型）、触摸屏、机器人、PC 机、路由器、交换机之间的通信。

网线有两种标准，568A 标准：绿白，绿，橙白，蓝，蓝白，橙，棕白，棕；568B 标准：橙白，橙，绿白，蓝，蓝白，绿，棕白，棕。

网线接线图如图 2－20 所示。直连互联法适合电脑与路由器、触摸屏与路由器、机器人与路由器的连接，两头同为 568A 标准或 568B 标准。交叉互联法适用于电脑与电脑、电脑与触摸屏、PLC 与触摸屏、电脑与机器人的连接，一头为 568A 标准，另一头为 568B 标准。

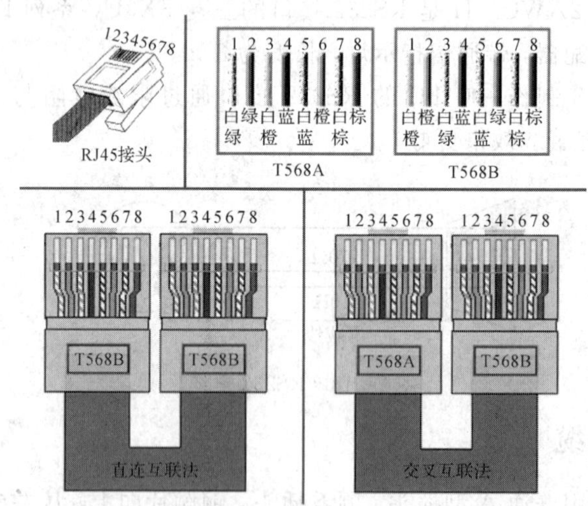

图 2－20　网线接法

现在有些公司的设备能够自动识别 AB 标准，不管是直连网线还是交叉网线，都能通信，非常方便。

本章小结

1. 三菱PLC分为Q系列、QnA系列、A系列、L系列、FX系列、运动控制器、CNC系列。FX系列PLC又分为1N、2N、3U、5U系列。与FX3U配套的扩展单元有输入模块、输出模块、模拟量输入、模拟量输出模块、高速计数器模块、脉冲输出模块、位置控制模块、转换电缆接口、特殊适配器、多种串行通信模块等。PLC的面板由外部接线端子、指示部分和接口部分三部分组成。PLC晶体管输出有漏型和源型两种。

2. 三菱PLC的编程软件GX Developer是现在的主流软件，目前三菱力推GX Works2软件。GX Works2编程界面主要包括标题栏、菜单栏、常用工具栏、编程工具栏、导航栏、编辑区、状态栏等。常用编程快捷键的作用：F2——写入模式，F3——监控模式，F4——编译，F5——常开触点，F6——常闭触点，F7——线圈，F8——应用指令。编程应遵循编程规约。

3. 仿真软件GX Simulator仅需一台计算机即可实现程序调试；能够模拟部分外部设备运行，可通过I/O系统设定，对所用的位元件设定通断，对所用的字元件的值进行设定；能够监视软元件的状态，但仿真功能有限。

4. PLC的软元件有输入继电器、输出继电器、辅助继电器、状态继电器、定时器、计数器、数据寄存器、变址寄存器、指针共9类。PLC常用的编程语言有梯形图、指令表、顺序功能图、功能块图、高级语言5种。PLC的寻址方式有立即数寻址、直接寻址、间接寻址3种。FX系列PLC的数值类型主要有十进制数、十六进制数、BCD码、浮点数、字符串5种。

5. PLC常用的编程方法有逻辑分析法、经验法、状态法3种。

6. PLC编程电缆主要用于计算机跟PLC通信，进行程序上传、下载及运行监控。

习 题

2-1 三菱FX系列PLC分为哪些系列？

2-2 试说明FX3U-32MT/ES-A的含义。

2-3 与FX3U配套的扩展单元有哪些？

2-4 FX系列PLC的面板由哪三部分组成？

2-5 FX系列PLC有哪两组电源端子？

2-6 PLC晶体管输出有哪两种电路？接线时需注意什么？

2-7 三菱PLC包括哪几大系列？

2-8 三菱PLC的编程软件有哪些？

2-9 GX Works2编程界面主要包括哪几部分？

2-10 试说明编程快捷键F2～F8的作用。

2-11 如何进行软元件/缓冲存储区批量监视？

2－12　仿真软件 GX Simulator 有什么特点?

2－13　如何理解编程软元件?

2－14　FX 系列 PLC 的软元件有哪几类?

2－15　PLC 常用的编程语言有哪几种?

2－16　PLC 的寻址方式有哪三种?

2－17　FX 系列 PLC 的数值类型主要有哪 5 种?

2－18　PLC 常用的编程方法有几种?

2－19　PLC 编程电缆有什么作用?

第3章 基本指令

第3章 课件

PLC基本指令的功能十分强大，能够解决一般的甚至是较复杂的继电控制问题。

3.1 FX系列PLC基本指令

3.1.1 简明指令集

三菱FX系列PLC共有二百多条指令，如表3-1所示，分为基本指令、步进指令及应用指令。基本指令主要是触点逻辑运算指令，一般含触点及线圈(基本逻辑)指令、定时器和计数器指令，是使用频度最高的指令。应用指令则是为数据运算及一些特殊功能设置的指令，本书附录B中给出了三菱FX3系列PLC的指令总表。

表3-1 FX系列PLC简明指令集

序号	类　别	条数
1	基本指令(与或非、定时器、计数器)	29
2	步进指令(顺控)	2
3	数据传送指令	10
4	数据转换指令	10
5	比较指令(触点、数据比较)	32
6	四则运算指令(整数、实数)	12
7	逻辑运算指令(字与、或、异或)	3
8	特殊函数指令(三角函数等)	12
9	循环指令	4
10	移位指令	9
11	数据处理命令(编码、译码、排序等)	25
12	字符串处理指令(字符串变换、读写)	17

续表

序号	类　　别	条数
13	程序流程控制指令（系统控制类）	9
14	I/O 刷新指令（读引脚）	2
15	时钟控制指令（系统时间）	8
16	脉冲输出・定位指令（步进伺服）	10
17	串行通信指令（变频器、MODBUS 等）	9
18	特殊功能单元/模块控制指令（外围设备）	6
19	扩展寄存器/扩展文件寄存器控制指令（存储访问）	6
20	FX3U - CF - ADP 用应用指令	6
21	其它的方便指令（看门狗、PWM、数码管等）	29
合计		250

指令的学习及应用要注意三个方面的问题。其一是指令的表达形式，每条指令都有梯形图与指令表两种表达形式，也就是说每条指令都有图形符号和文字符号，这是使用者要记住的。其二是每条指令都有各自的使用要素。如定时器是用来计时的，计时自然离不开计时的起点及计时时间的长短，指令中一定要表现这两个方面的内容，这也就是指令的要素。其三是指令的功能，一条指令执行过后，机内哪些数据出现了哪些变化是编程者特别要把握的，分析不透，就难以熟练编写分析调试程序。

一般来说，编写一段程序时，单独使用梯形图或单独使用指令表都是可行的。但它们也是一个整体，在某种类型 PLC 程序中，梯形图与指令表有着严格的对应关系。

由于 PLC 的指令实质上是计算机的指令，是数据处理的说明，指令所涉及数据的类型、数据的长短、数据存储器的范围对正确地使用指令有着很重要的意义。

指令应用详见《FX3S・FX3G・FX3GC・FX3U・FX3UC 系列微型可编程控制器编程手册[基本・应用指令说明书]》。

3.1.2　基本指令

3.1　FX 系列 PLC 基本指令——逻辑读取及线圈输出指令

1. 逻辑读取及线圈输出(LD LDI OUT)指令

LD(Load)：读取指令，用于动合触点逻辑运算的开始，将触点接到左母线上，是读取操作数的原状态。在分支起点也可以使用。

LDI(Load Inverse)：读取非指令，用于动断触点逻辑运算的开始，将触点接到左母线上，是读取操作数的反状态。在分支起点也可以使用。

INV(Inverse)：取反指令，把前面的运算结果取反。

OUT(Out)：线圈驱动指令，把前面的运算结果写入到寄存器中。

触点线圈指令如图 3 - 1 所示。

注意：OUT 指令不能用于输入继电器，可以连续使用若干次，相当于线圈的并联。

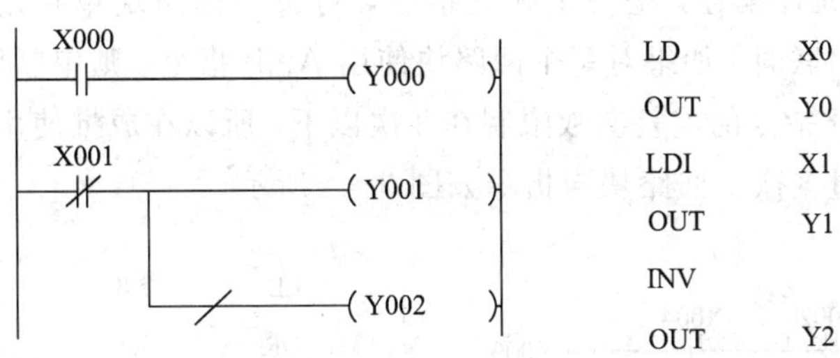

图 3-1 触点线圈指令

2. 触点串联(AND、ANI)指令

AND(And)：与指令，用于一个动合触点的串联连接。

ANI(And Inverse)：与非指令，用于一个动断触点的串联连接。

触点与指令如图 3-2 所示。

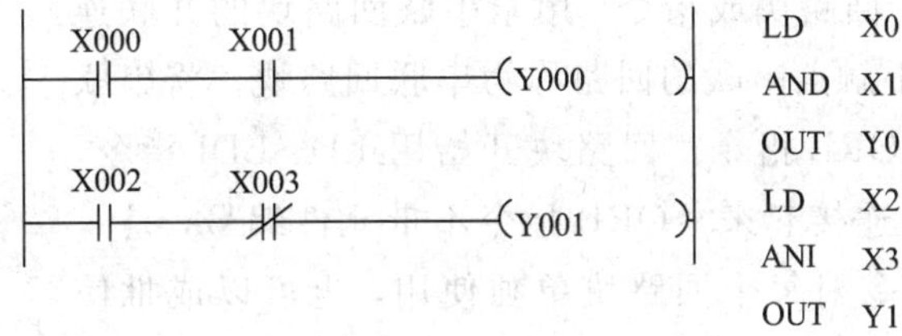

图 3-2 触点与指令

用 AND、ANI 指令，可进行触点串联的个数没有限制，即该指令可多次反复使用。

3.2 FX 系列 PLC 基本指令——触点串联与触点并联指令

3. 触点并联(OR、ORI)指令

OR(Or)：或指令，用于一个动合触点的并联连接。

ORI(Or Inverse)：或非指令，用于一个动断触点的并联连接。

触点或指令如图 3-3 所示。

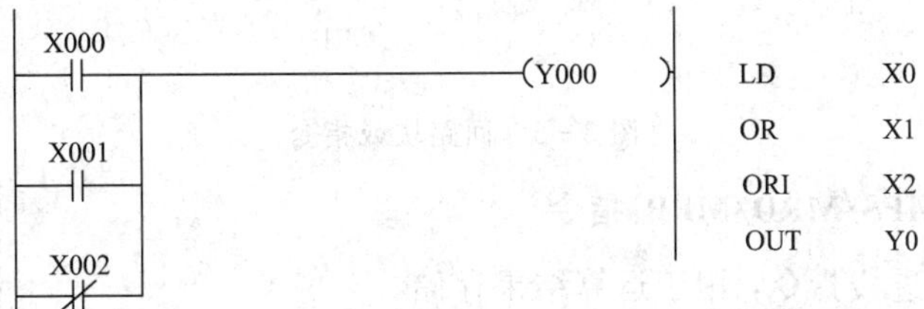

图 3-3 触点或指令

4. 电路串联块(ANB)指令

ANB(And Block)：回路块与指令，用于由两个或两个以上触点并联的回路块串联的连接。将并联回路块串联连接时，回路块开始用 LD、LDI 指令，回路块结束后用 ANB 指令连接起来。

ANB指令不带元件编号，是一条独立指令，对每个回路块单独使用，也可以成批使用。由多个回路块串联时，如果对每个回路块使用ANB指令，则串联回路块数没有限制。但是，由于LD、LDI指令的重复次数限制在8次以下，所以在成批使用时，连续使用ANB指令的次数不得超过8次。回路块与指令如图3－4所示。

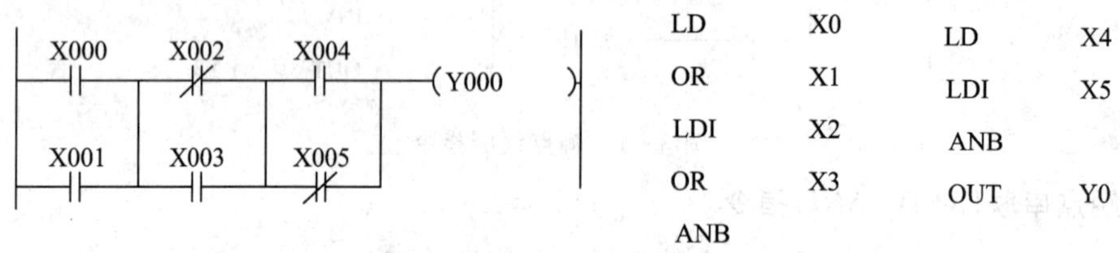

图3－4　回路块与指令

5. 电路并联块(ORB)指令

3.3　FX系列PLC基本指令——串联块与并联块指令

ORB(Or Block)：回路块或指令，用于串联回路块的并联连接。由两个或两个以上触点串联的回路称为串联回路块。将串联回路块并联连接时用ORB指令。回路块开始用LD、LDI指令，块结束后用ORB指令连接起来。ORB指令不带元件编号，是一条独立指令。ORB指令对每个回路块单独使用，也可以成批使用。由多个回路块并联时，如果对每个回路块使用ORB指令，则并联回路块数没有限制。但是，由于LD、LDI指令的重复次数限制在8次以下。所以，在成批使用时，连续使用ORB指令的次数和ANB一样不得超过8次。回路块或指令如图3－5所示。

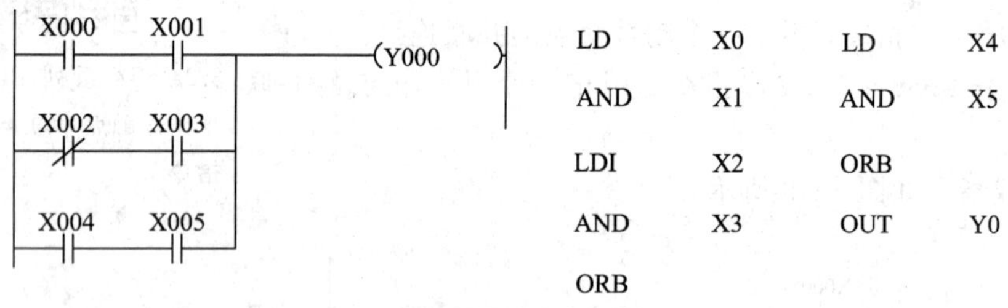

图3－5　回路块或指令

6. 多重输出(MPS/MRD/MPP)指令

3.4　FX系列PLC基本指令——多重输出指令

MPS(Push)：进栈指令，用于运算结果存储。

MRD(Read)：读栈指令，用于存储内容的读出。

MPP(Pop)：出栈指令，用于存储内容的读出和堆栈复位。

这组指令用于多重输出的电路，可将连接点前面的逻辑状态存储起来，然后再根据指令的要求连接后面的电路。多重输出指令如图3－6所示。

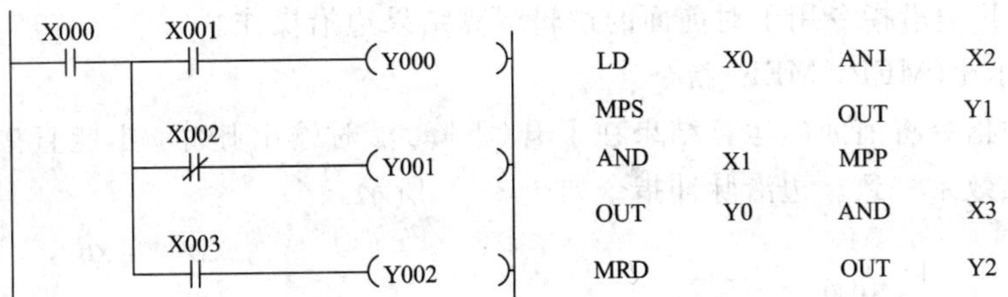

图 3-6 多重输出指令

在 PLC 中用于存储(记忆)中间结果的存储器被称为栈或堆栈。MPS、MRD、MPP 指令不带元件编号，都是独立指令。MPS、MPP 指令必须成对使用，而且连续使用应少于 11 次。指令可以多次编程，但是在打印、图形编程面板的画面显示方面有限制(并联回路在 24 行以下)。

7. 边沿指令

1) 边沿触点(LDP、LDF、ANDP、ANDF、ORP、ORF)指令

LDP、LDF、ANDP、ANDF、ORP、ORF 指令：检测边沿的触点指令，仅在指定位软元件的边沿时，接通 1 个扫描周期。边沿触点指令如图 3-7 所示。

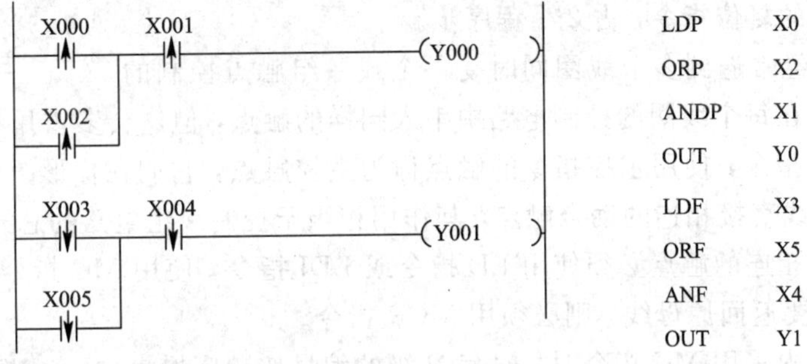

图 3-7 边沿触点指令

2) 逻辑边沿(PLS、PLF)指令

PLS(Pulse)指令：对象软元件仅在输入信号由 0 变 1 的上升沿所在的扫描周期接通，其余时间 OFF。

PLF(Pulse Fall)指令：对象软元件仅在输入信号由 1 变 0 的下降沿所在的扫描周期接通，其余时间 OFF。逻辑边沿指令如图 3-8 所示。

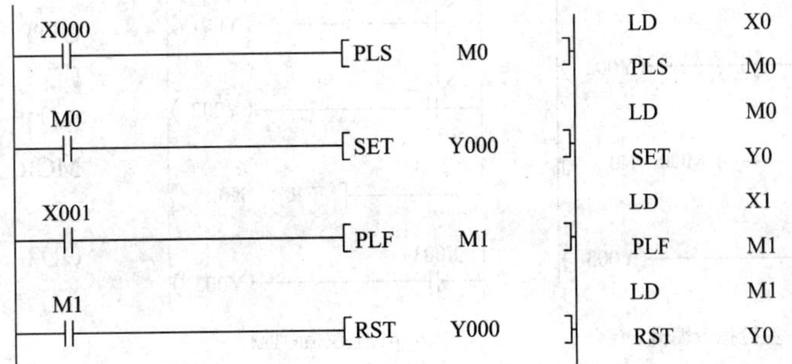

图 3-8 逻辑边沿指令

PLS、PLF边沿指令用于对前面的逻辑运算结果边沿操作。

3）边沿脉冲(MEP、MEF)指令

边沿脉冲指令将前面的运算结果在上升(下降)沿时输出脉冲，不能直接与母线相连。与PLS、PLF效果一致。边沿脉冲指令如图3-9所示。

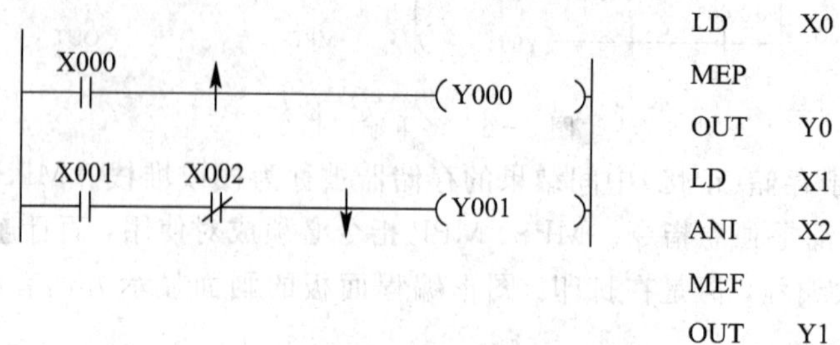

图3-9　边沿脉冲指令

8. 主控触点(MC、MCR)指令

3.5　FX系列PLC基本指令——主控触点指令

MC(Master Control)：主控指令，用于公共串联触点连接，占3个程序步。

MCR(MC Reset)：主控复位指令，用于公共串联触点的清除，是MC指令的复位指令，占2个程序步。

在编程时，经常遇到多个线圈同时受一个或一组触点控制的情况。当然可以在每个线圈的控制电路中串入同样的触点，但这会多占用存储单元。这时应考虑使用主控指令，使用主控指令的触点称为主控触点，它们在梯形图中与一般的触点垂直，是与左母线直接相连的动合触点，其作用相当于控制一组电路的总开关。

与主控触点相连的触点必须使用LD指令或LDI指令，使用MC指令后，母线向MC触点后移动，若要返回原母线，则必须用MCR指令。

在MC指令内采用MC指令时，嵌套N级的编号按顺序增大(N0～N7)。将该指令返回时，采用MCR指令，从大的嵌套级开始消除(N0～N7)。嵌套级最大可编8级，特殊辅助继电器不能用做MC的操作元件。主控指令如图3-10所示。

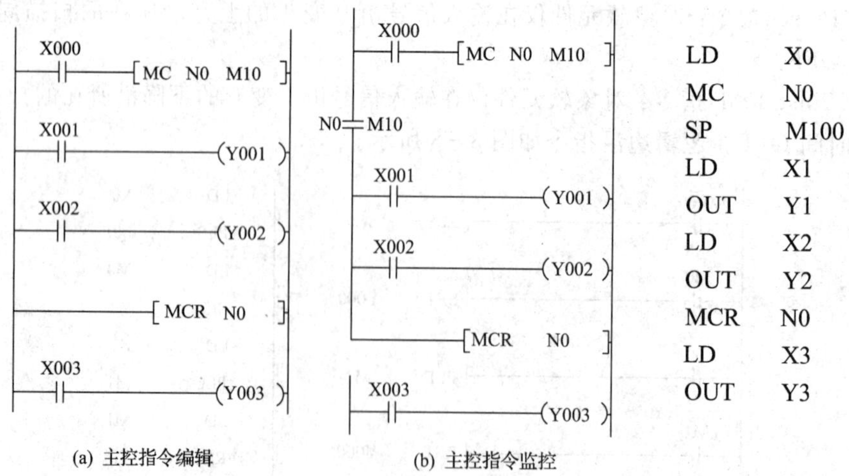

(a) 主控指令编辑　(b) 主控指令监控

图3-10　主控指令

9. 置位、复位(SET、RST)指令

3.6 FX系列PLC基本指令——脉冲输出与置复位指令

SET：置位指令，用于线圈动作的保持，可以对Y、M、S操作。

RST：复位指令，用于解除线圈动作的保持。可对数据寄存器(D)、定时器(T)、计数器(C)清零，也可以对Y、M、S操作。置位、复位指令如图3-11所示。

```
M8002
--| |----------------[RST    M0  ]
X000
--| |----------------[RST    D0  ]
X001
--| |------+---------[SET    M0  ]
           |
           +---------[SET    Y000]
```

LD	M8002
RST	M0
LD	X0
RST	D0
LD	X1
SET	M0
RST	Y0

图3-11 置位、复位指令

对同一个元件SET、RST指令可多次使用，顺序是任意的，但最后执行的一条有效。

10. 空操作(NOP)与结束(END)指令

NOP：空操作指令，是一条无动作、无目标元件的指令，用于语句表编辑，在梯形图语言中不可视，不能编辑。

在程序中加入NOP指令，该步序做空操作，将程序全部清除时，全部指令成为NOP。在普通的指令与指令之间加入NOP指令，PLC将无视其存在而继续工作；若在程序中加入NOP指令，则在修改或追加程序时可以减少步号的变化。当把串联或串联块指令改为NOP时，程序相当于短接原触点；把并联或并联块指令改为NOP时，程序相当于断开原触点。

END为程序结束指令，是一条无目标元件，不能删除，不能添加，由操作系统自动生成，用于标记用户程序存储区最后一个存储单元，表示程序存储空间的结束，以后全为NOP指令，直至存储器结束。

3.2 实训项目：电动机基本控制

所谓电动机基本控制，是指三相异步电动机的点动、自锁、正反转控制环节。其它控制环节，如制动、调速不是本节的讨论内容，步进电机与伺服电机的控制将在后面章节介绍。

基本控制可用同一个硬件电路、I/O分配来说明。

3.7 实训项目：电动机基本控制

1. I/O资源分配

在电动机控制中有六个输入和两个输出，用于自锁、互锁的触点无需占用外部接线端子，而是由内部“软开关”代替，故不占用I/O点数，资源分配如表3－2所示。

表3－2　电动机的基本控制资源分配表

类别	名称	I/O地址	功能(可变)
输入	SB1	X0	正转按钮
	SB2	X1	反转按钮
	SB3	X2	停止按钮
	SQ1	X4	左限位行程开关
	SQ2	X5	右限位行程开关
输出	KM1	Y0	正转接触器
	KM2	Y1	反转接触器

2. 硬件接线

图3－12是电动机控制的PLC和外部设备的接线原理图，为方便起见，点动、自锁、正反转使用同一个电路。应说明的是，三菱PLC面板上标有“S/S”的端子可作为输入公共端，4个输出端子共用一个“COM”公共端。另外，图中输入侧的直流电源由PLC提供，而输出侧的电源需另配备。图3－13为电动机控制主电路。

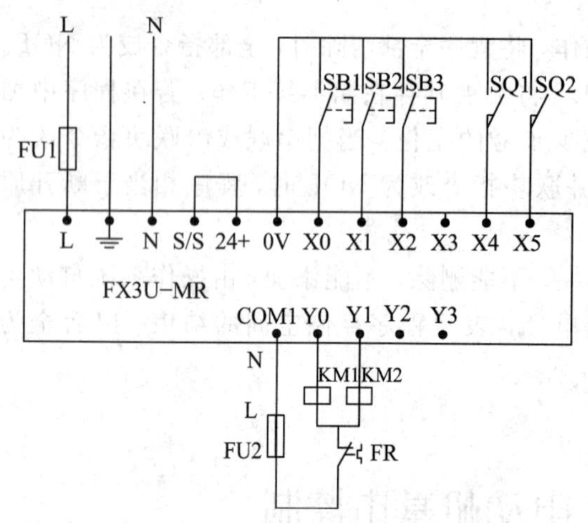

图3－12　电动机控制PLC接线原理图

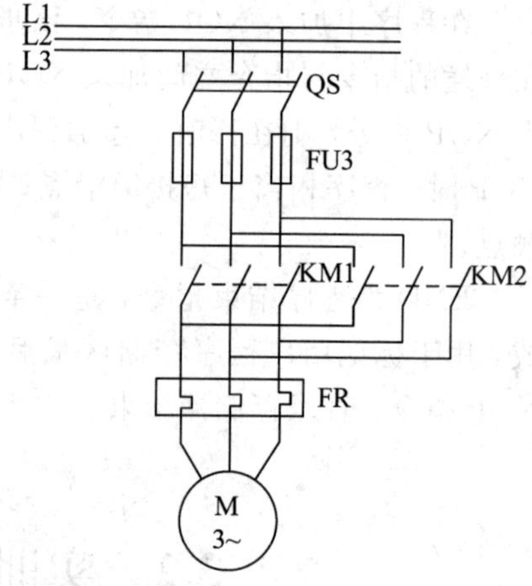

图3－13　电动机控制主电路

在控制电路中，起短路保护的是串接在主电路中的熔断器FU。一旦电路发生短路故障，熔体立即熔断，电动机立即停转。

起过载保护的是热继电器FR。当过载时，热继电器的发热元件发热，将其常闭触点断开，切断PLC的输出回路，KM1、KM2无法得电，电动机无法启动。

3.2.1 点动控制

点动控制即按下按钮时电动机转动工作，松开按钮时电动机停转。点动控制多用于机床刀架、横梁、立柱等快速移动和机床对刀等场合，以及短时间就能完成且需要人监控的操作，如电动葫芦。点动控制的一般步骤为：按下按钮 SB1(X0 接通)—接触器 KM1 线圈通电(Y0 得电)— KM1 主触点闭合—电动机 M 通电启动运行；松开按钮 SB1 —接触器 KM1 线圈断电— KM1 主触点断开—电动机 M 失电停机。图 3-14 为电动机点动控制的参考梯形图。

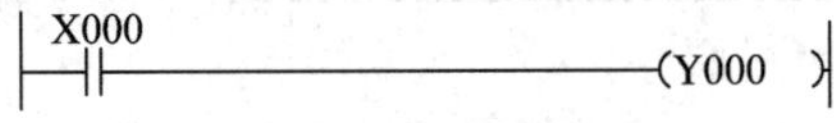

图 3-14 电动机点动控制梯形图

3.2.2 自锁控制

3.8 自锁控制

自锁控制又叫自保、启保停、长动，就是启动后接触器线圈持续有电，致使保持接点通路的状态。自锁控制电路由启动、保持、停止和输出元件组成，该电路在梯形图中的应用很广。

1. 方案一

图 3-15 为电动机自锁控制的参考梯形图。该电路最主要的特点是具有“记忆”功能，按下启动按钮，X0 的常开触点接通，如果这时未按停止(复位)按钮，X2 的常闭触点接通，Y0 的线圈“通电”，它的常开触点同时接通。放开启动按钮，X0 的常开触点断开，能流经 Y0 的常开触点和 X2 的常闭触点流过 Y0 的线圈，Y0 仍为 ON，这就是所谓的“自锁”或“自保持”功能。按下停止按钮，X2 的常闭触点断开，使 Y0 的线圈“断电”，其常开触点断开，以后即使放开停止按钮，X2 的常闭触点恢复接通状态，Y0 的线圈仍然“断电”。

如果启动按钮与停止按钮同时按下，电路不启动，称为停止优先。

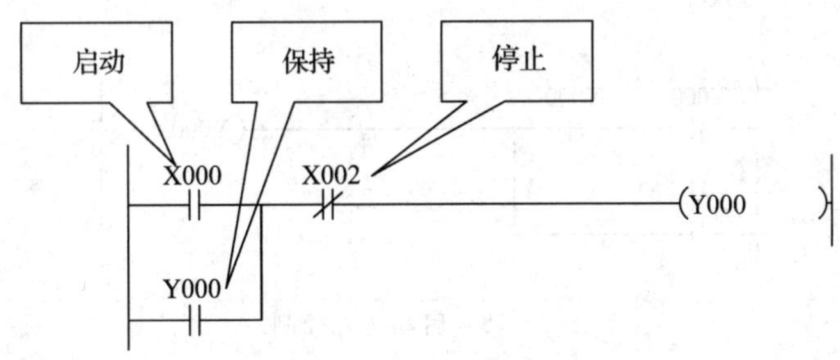

图 3-15 自锁控制梯形图

启保停电路经常用来记忆一个状态，启动一个过程，需要时再消除记忆(复位)。

在实际电路中，PLC 的数字量输出，都可以认为由启保停电路组成，只是启动、停止信号可能由多个触点组成的串、并联电路提供。由启保停电路再加上定时器等其它电路可以形成实际应用中的各种控制电路，这是 PLC 控制基础中的基础。

2. 方案二

这种功能也可以用图 3-16 中的置位和复位指令来实现，但程序先后次序不能改变。

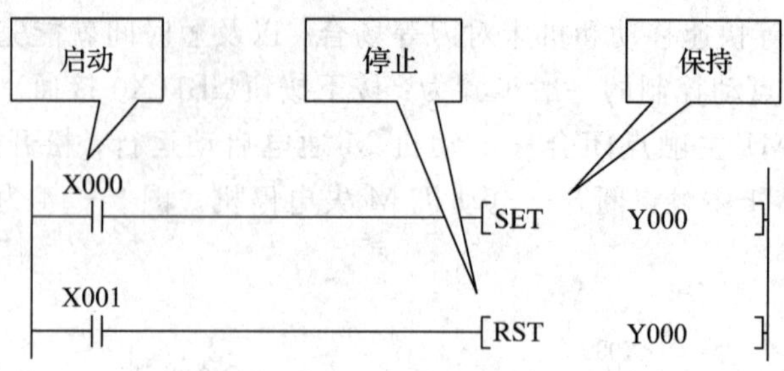

图 3-16　置位复位指令实现启保停

3. 方案三

使用 MOV 指令，向输出寄存器传送值，如图 3-17 所示。

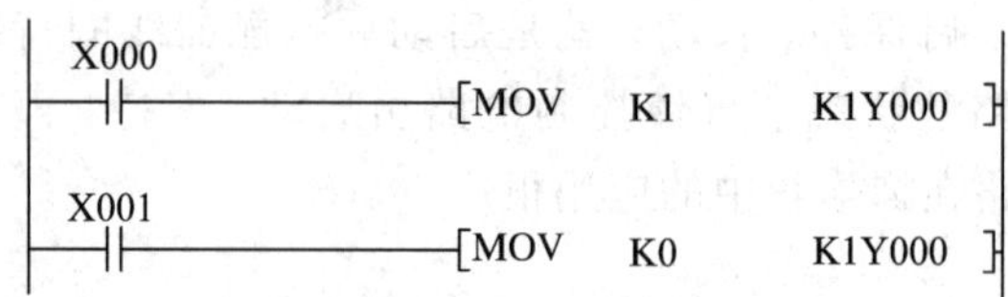

图 3-17　使用 MOV 指令实现启保停

4. 方案四

使用步进指令，编写 SFC 程序（详见第 6 章）。

5. 方案五

图 3-15 为停止优先电路，按下停止按钮，启动按钮不起作用。有时需要启动优先，如报警电路。如果启动和停止按钮同时按下，则系统启动，停止按钮被屏蔽不起作用。启动优先控制电路见图 3-18。

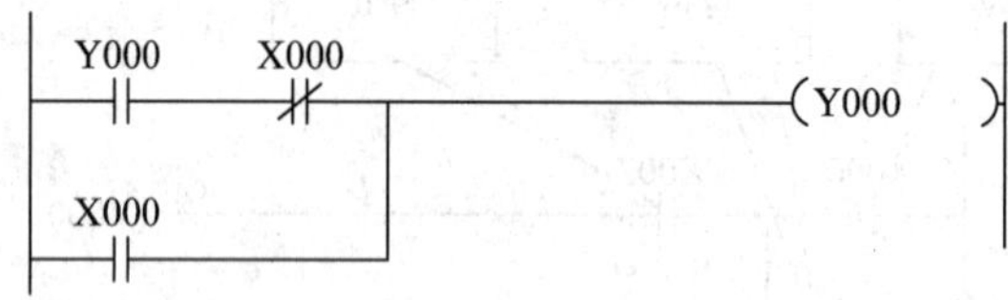

图 3-18　启动优先控制

3.2.3　正反转控制

3.9　正反转控制

1. 间接正反转

所谓间接正反转，就是必须通过按停止按钮才能实现正反转切换的工作过程，一般应用于大负载场合。系统上电后，按下按钮 SB1，电动机正转，此时按下 SB2 不起作用；按下按钮 SB3，电机停止转动；再按下按钮 SB2，电动机反转，此时按下 SB1 不起作用；按下按钮 SB3，电机停止转动。图 3－19为电动机正反转控制的参考梯形图。

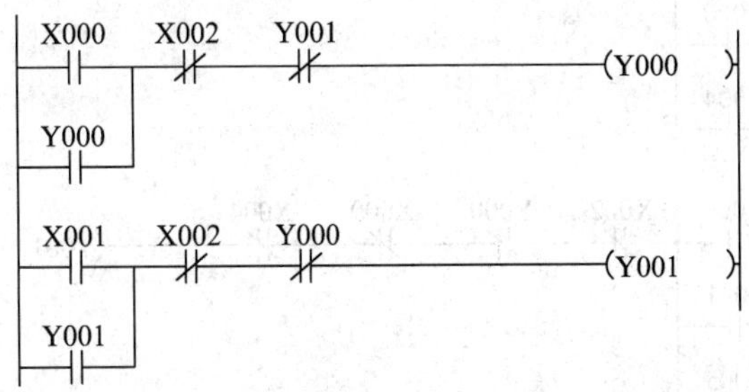

图 3－19　电动机间接正反转控制梯形图

分析：

按下正转按钮 X0，同时 Y0 接通(电机正转)、封锁反转支路(反转按钮不起作用)；按下停止按钮 X2，正转支路失电，反转封锁解除(为反转做好准备)；按下反转按钮 X1，同时 Y1 接通(电机反转)、封锁正转支路(正转按钮不起作用)。

正转线圈 Y0 的常闭触点串联在反转回路中，反转线圈 Y1 的常闭触点串联在正转回路中，这称为正反转互锁，使电机只能正转或反转。这与抢答器原理是一样的，最先进入的状态封锁了其它回路，该状态优先权高，优先权也可以设为几个级别。

2. 直接正反转

所谓直接正反转，就是不需要通过按停止按钮就能实现正反转切换的工作过程，一般应用于小负载场合。系统上电后，按下正转按钮 SB1，电动机正转；按下反转按钮 SB2，电动机反转；按下停止按钮 SB3，电机停止转动。图 3－20 为电动机直接正反转控制的参考梯形图。

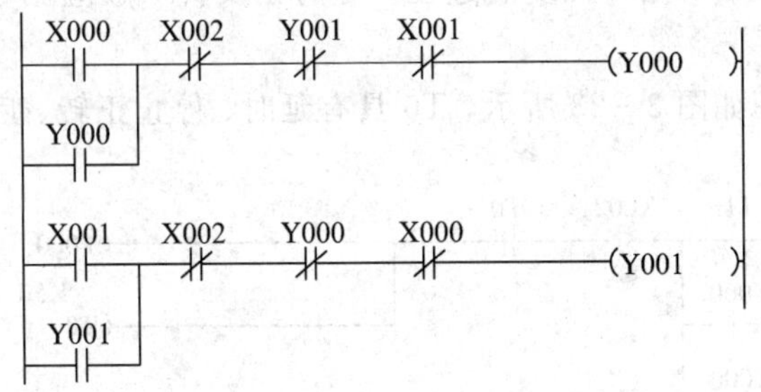

图 3－20　电动机直接正反转控制梯形图

分析：

按下正转按钮 X0，断开反转支路(反转按钮不起作用)，同时 Y0 接通(电机正转)；按下反转按钮 X1，断开正转支路(正转按钮不起作用)，同时 Y1 接通(电机反转)。

正转按钮具有启动正转、切断反转的双重作用，反转按钮具有启动反转、切断正转的双重作用，正反转切换不需按下停止按钮。

3. 自动正反转(工作台自动往返)

所谓自动正反转，是指系统启动后自动进行正反转切换的工作过程，一般应用于工作台、刨床等具有限位(定位)要求的场所。图 3－21 为电动机自动正反转控制的参考梯形图。

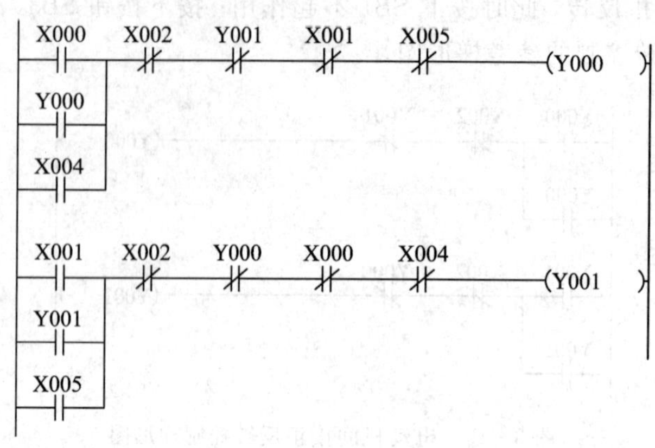

图 3-21 电动机自动正反转控制梯形图

分析：

按下正转按钮 X0，Y0 接通，电机正转，工作台右行，工作台运动到右端，触碰右限位开关 X5，切断正转回路，Y0 失电，电机停止正转，工作台停止运动；同时 X5 接通反转回路，Y1 接通，电机反转，工作台左行，工作台运动到左端，触碰左限位开关 X4，切断反转回路，Y1 失电，电机停止左转，工作台停止运动；同时 X4 接通正转回路，Y1 接通，电机反转，循环往复。按下停止按钮 X2，切断正转、反转回路，电机停转，工作台停止运动。

在这里右限位开关 X5 与正转按钮 X0 一样具有启动正转切断反转的双重作用，左限位开关 X4 与反转按钮 X1 一样具有启动反转切断正转的双重作用。

4. 定时(延时)正反转

定时正反转是指电机启动后，正转运行一段时间(5 s)，自动切换为反转，反转一段时间(5 s)，自动切换为正转，循环往复的过程。定时正反转一般应用于搅拌机、洗衣机等具有定时要求的场所。

定时正反转梯形图如图 3-23 所示，T0 具有延时、停止正转、启动反转三个作用。

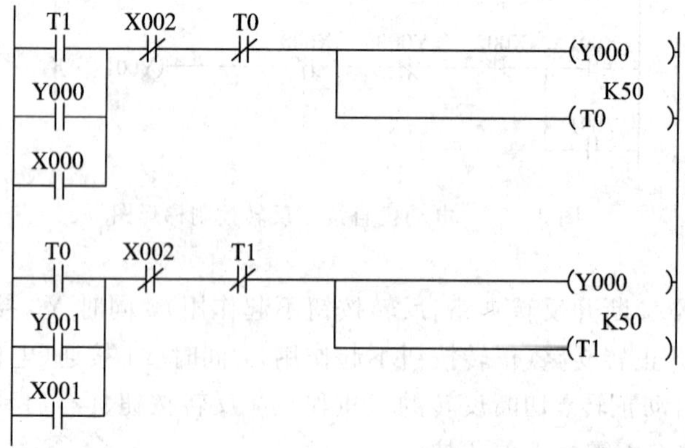

图 3-22 定时正反转梯形图

3.2.4 单按钮启停

第一次按下按钮电动机启动，第二次按下同一按钮电动机停止。

分析：在很多设备中，一个按钮在不同的状态下具有不同的作用。利用软件定义按钮的作用，可简化硬件结构，提高自动化程度。该控制中，开始时，也就是电动机在停止状态下，按钮的作用是启动；而电动机运行后，按钮的作用是停止。单按钮启停梯形图如图 3－23 所示。M0 作为启动按钮，M1 为停止按钮。该程序先后次序不能颠倒，利用扫描原理才能分析工作过程。

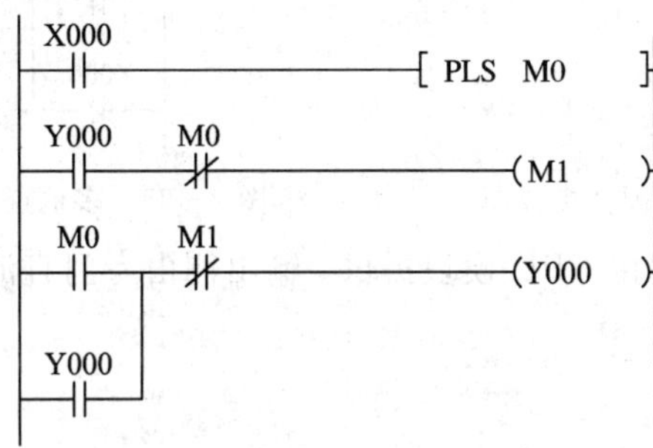

图 3－23 单按钮启停梯形图

这种程序因指令位置不同而功能不同，具有歧义性，程序不够健壮，不提倡使用，建议使用更加健壮的编程方式，如运算指令、状态法。

3.3 实训项目：多地点控制

3.10 多地点控制

1. 控制要求

在不同地点实现对同一对象的控制称为多地点控制，这也是继电控制中常见的问题。假设在三个不同的地方 A、B、C 独立控制同一盏灯 D，任何一个开关动作都可以使灯的状态发生改变。即不管开关是开还是关，只要开关动作，灯的状态就改变。

多地点控制系统仅需要 3 个输入和 1 个输出。表 3－3 是多地点控制的资源分配表。

表 3－3 多地点控制资源分配表

项目	名称	I/O 地址	作用
输入	SB1	X1	A 地开关
	SB2	X2	B 地开关
	SB3	X3	C 地开关
输出	HL	Y0	灯 D

2. 硬件接线

多地点控制硬件接线如图 3－24 所示。

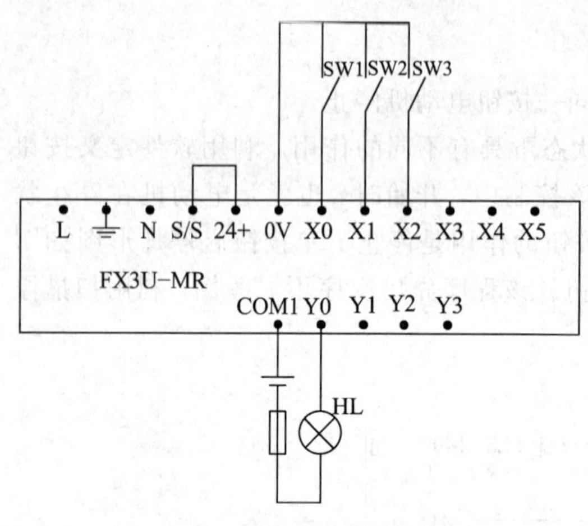

图 3-24　多地点控制硬件接线图

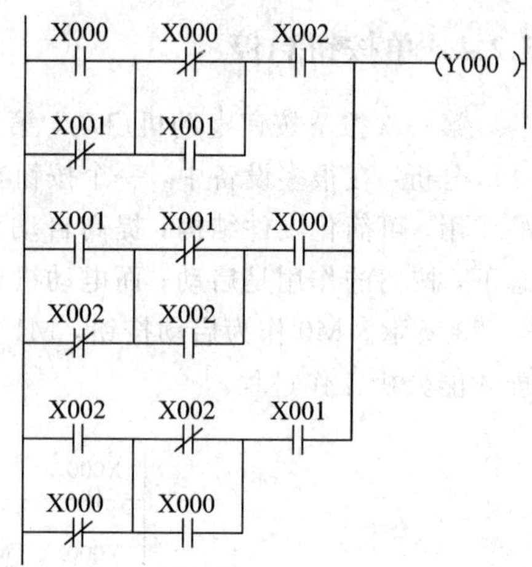

图 3-25　多地点控制方案一的梯形图

说明：PLC 输入侧电源由 CPU 模块提供，输出侧由专门直流电源提供。

3. 控制程序

1）方案一

该方案采用经验法编程，见图 3-25，在逻辑分析上有一定难度，且不易找出其中的规律。

2）方案二

利用数字电路中组合逻辑电路的设计方法，规定输入量为逻辑变量，输出量为逻辑函数；常开触点为原变量，常闭触点为反变量，这样可以把继电控制的逻辑变成数字逻辑关系，见表 3-4。表中 SB1、SB2、SB3 代表输入控制开关，HL 代表灯，真值表按照相邻两行只允许一个输入量变化的规则排列，便可满足控制要求，据此真值表可以写出输出与输入之间的逻辑函数关系式：

$$HL=\overline{SB1}\cdot\overline{SB2}\cdot SB3+\overline{SB1}\cdot SB2\cdot\overline{SB3}+SB1\cdot SB2\cdot SB3+SB1\cdot\overline{SB2}\cdot\overline{SB3}$$

表 3-4　三地控制一盏灯逻辑函数真值表

SB1	SB2	SB3	HL
0	0	0	0
0	0	1	1
0	1	1	0
0	1	0	1
1	1	0	0
1	1	1	1
1	0	1	0
1	0	0	1

根据逻辑关系式得梯形图 3－26。

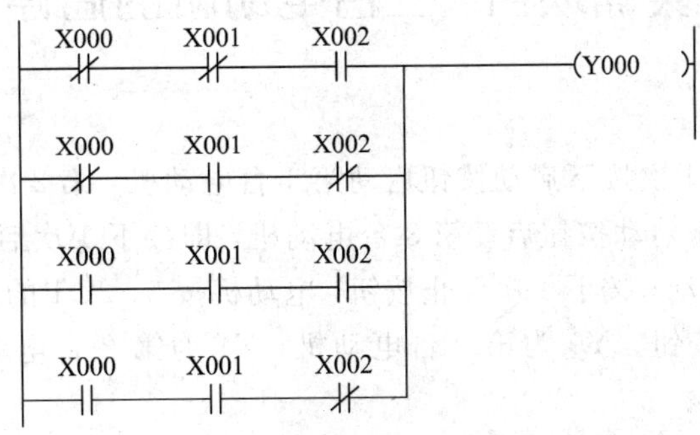

图 3－26　多地点控制方案二的梯形图

3）方案三（利用异或指令）

上述方案在扩展到多个开关、多个控制对象时并不方便，使用正负跳变指令可方便地进行。如图 3－27 所示，只要开关出现边沿，Y0 就取反，其中使用了异或指令。

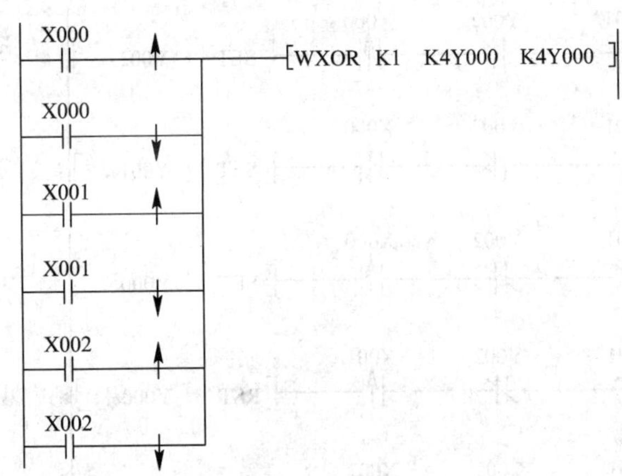

图 3－27　多地点控制方案三的梯形图

4）方案四

利用比较指令，只要 D0 中的内容与 K4X0 中的内容不同（任何一个开关发生动作），就将 K4X0 中的内容存到 D0 中，并对 Y0 取反（异或指令），如图 3－28 所示。

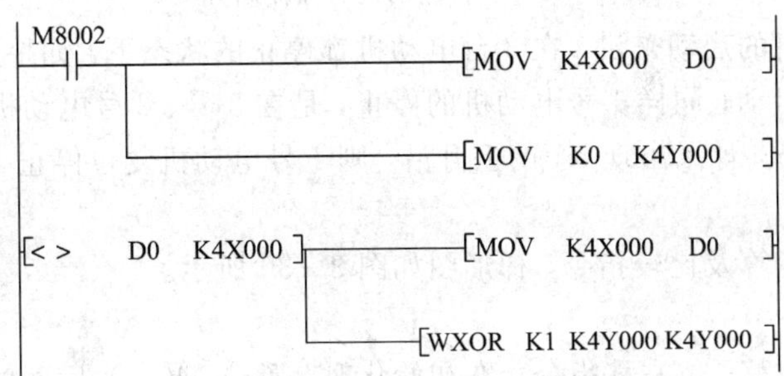

图 3－28　多地点控制方案四的梯形图

3.4 实训项目：三台电动机的启停控制

1. 工艺要求

有3台电动机，第1次按下启动按钮启动第1台电动机，第2次按下启动按钮启动第2台电动机，第3次按下启动按钮启动第3台电动机，即按下1次启动按钮，电动机按1、2、3的次序增加1台启动；按下1次停止按钮，电动机按3、2、1的次序停止1台。X0为启动按钮，X1为停止按钮。Y0为第1台电动机，Y1为第2台电动机，Y2为第3台电动机，

2. 方案

1）方案1

方案1的梯形图如图3-29所示，其中使用了边沿、置位、复位指令，程序次序不可改变。

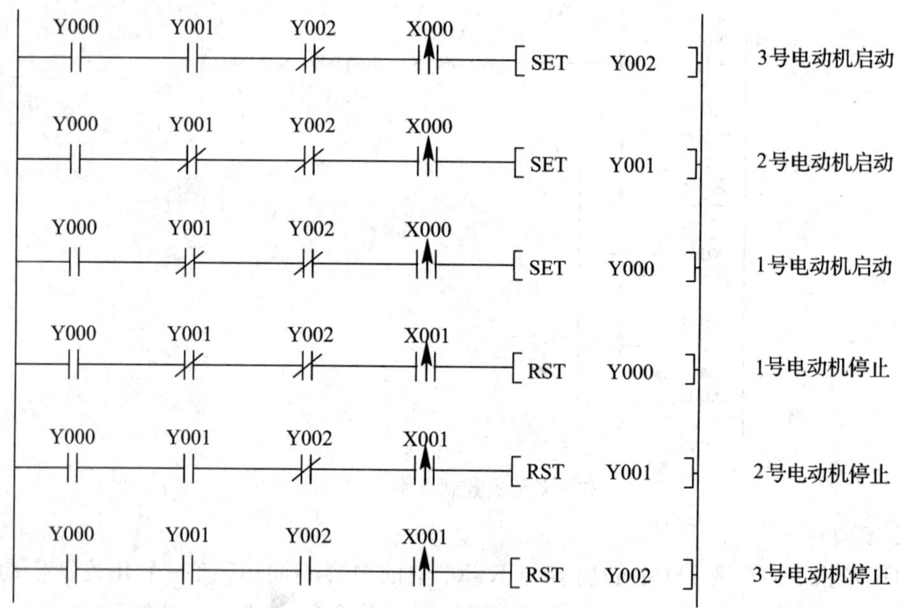

图3-29 三台电动机启停控制方案1

对于1号电动机的启动来讲，在3台电动机都停止的状态下，如果出现X0的上升沿，则1号电动机置位启动；同样1号电动机的停止，是在3号、2号电动机都停止，而1号电动机在运行的状态下，如果出现X1的上升沿，则1号电动机复位停止。

2）方案2

方案2的使用运算及比较指令，梯形图如图3-30所示。

3）方案3

方案3使用位左移、位右移指令。在初始化时，置位M0，为后面的移位指令做准备。移位只需上升沿，且需限幅，如图3-31所示。

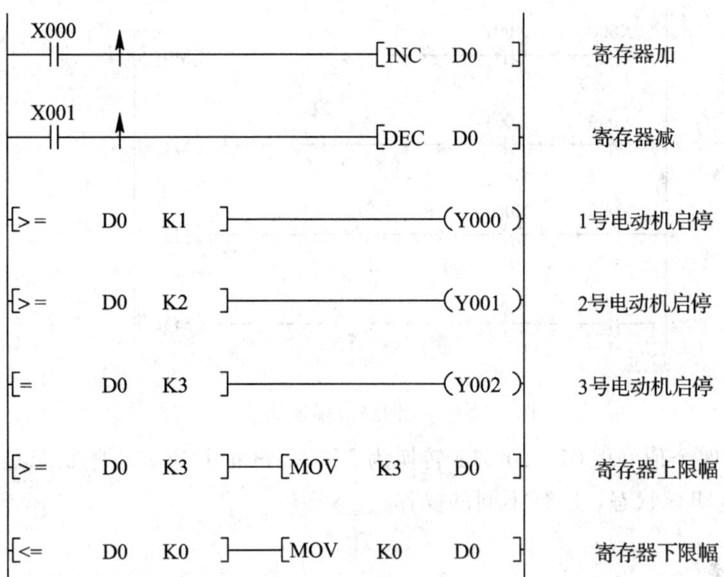

图 3-30 三台电动机启停控制方案 2

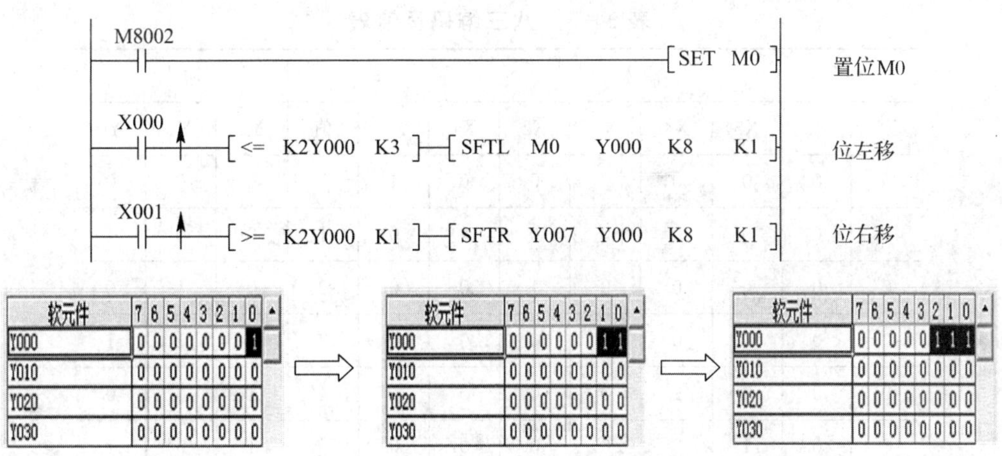

图 3-31 三台电动机的启停控制方案 3(梯形图与监控效果)

3.5 实训项目：编码与译码

工控系统中，将模式开关的状态编码为各种工作模式，将数值显示到数码器等，需用到编码译码操作。

3.5.1 二四译码

某汽车弹簧钢板淬火机有手动、自动、试片三种工作模式，需一个二点的模式开关，占用了 X0、X1 两个输入点，则梯形图如图 3-32 所示。

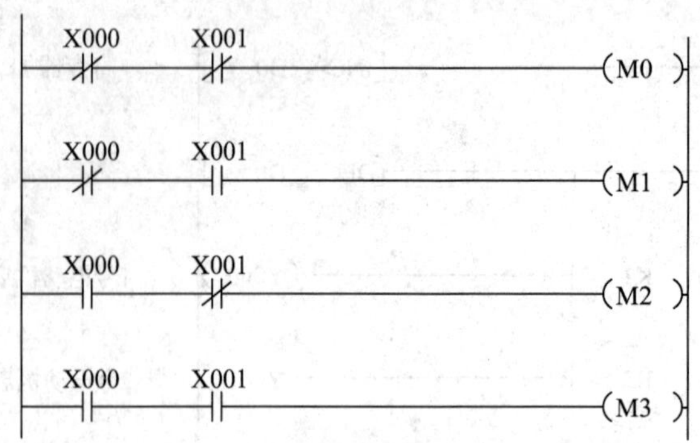

图 3-32　二四译码梯形图

将 X0、X1 的四个值 00、01、10、11 转换为 M0～M3 的状态，这些状态是独立的，后面的程序可利用这四个状态，进行不同的操作。

3.5.2　八三编码

输入 X0～X7 只有一个接通，共 8 个状态，编码为 3 个输出 Y0～Y2 的 8 个组合状态。真值表如 3-5 所示。

表 3-5　八三编码真值表

输入									输出		
X7	X6	X5	X4	X3	X2	X1	X0	值	Y2	Y1	Y0
0	0	0	0	0	0	0	1	0	0	0	0
0	0	0	0	0	0	1	0	1	0	0	1
0	0	0	0	0	1	0	0	2	0	1	0
0	0	0	0	1	0	0	0	3	0	1	1
0	0	0	1	0	0	0	0	4	1	0	0
0	0	1	0	0	0	0	0	5	1	0	1
0	1	0	0	0	0	0	0	6	1	1	0
1	0	0	0	0	0	0	0	7	1	1	1

由真值表得 Y0、Y1、Y2 的逻辑表达式：

$$\begin{aligned}
Y0 = &\overline{X7}\cdot\overline{X6}\cdot\overline{X5}\cdot\overline{X4}\cdot\overline{X3}\cdot\overline{X2}\cdot X1\cdot\overline{X0}+\overline{X7}\cdot\overline{X6}\cdot\overline{X5}\cdot\overline{X4}\cdot X3\cdot\overline{X2}\cdot\overline{X1}\cdot\overline{X0}\\
&+\overline{X7}\cdot\overline{X6}\cdot X5\cdot\overline{X4}\cdot\overline{X3}\cdot\overline{X2}\cdot\overline{X1}\cdot\overline{X0}+X7\cdot\overline{X6}\cdot\overline{X5}\cdot\overline{X4}\cdot\overline{X3}\cdot\overline{X2}\cdot\overline{X1}\cdot\overline{X0}\\
Y1 = &\overline{X7}\cdot\overline{X6}\cdot\overline{X5}\cdot\overline{X4}\cdot\overline{X3}\cdot X2\cdot\overline{X1}\cdot\overline{X0}+\overline{X7}\cdot\overline{X6}\cdot\overline{X5}\cdot\overline{X4}\cdot X3\cdot\overline{X2}\cdot\overline{X1}\cdot\overline{X0}\\
&+\overline{X7}\cdot X6\cdot\overline{X5}\cdot\overline{X4}\cdot\overline{X3}\cdot\overline{X2}\cdot\overline{X1}\cdot\overline{X0}+X7\cdot\overline{X6}\cdot\overline{X5}\cdot\overline{X4}\cdot\overline{X3}\cdot\overline{X2}\cdot\overline{X1}\cdot\overline{X0}\\
Y2 = &\overline{X7}\cdot\overline{X6}\cdot\overline{X5}\cdot X4\cdot\overline{X3}\cdot\overline{X2}\cdot\overline{X1}\cdot\overline{X0}+\overline{X7}\cdot\overline{X6}\cdot X5\cdot\overline{X4}\cdot\overline{X3}\cdot\overline{X2}\cdot\overline{X1}\cdot\overline{X0}\\
&+\overline{X7}\cdot X6\cdot\overline{X5}\cdot\overline{X4}\cdot\overline{X3}\cdot\overline{X2}\cdot\overline{X1}\cdot\overline{X0}+X7\cdot\overline{X6}\cdot\overline{X5}\cdot\overline{X4}\cdot\overline{X3}\cdot\overline{X2}\cdot\overline{X1}\cdot\overline{X0}
\end{aligned}$$

由逻辑表达式得梯形图 3-33。

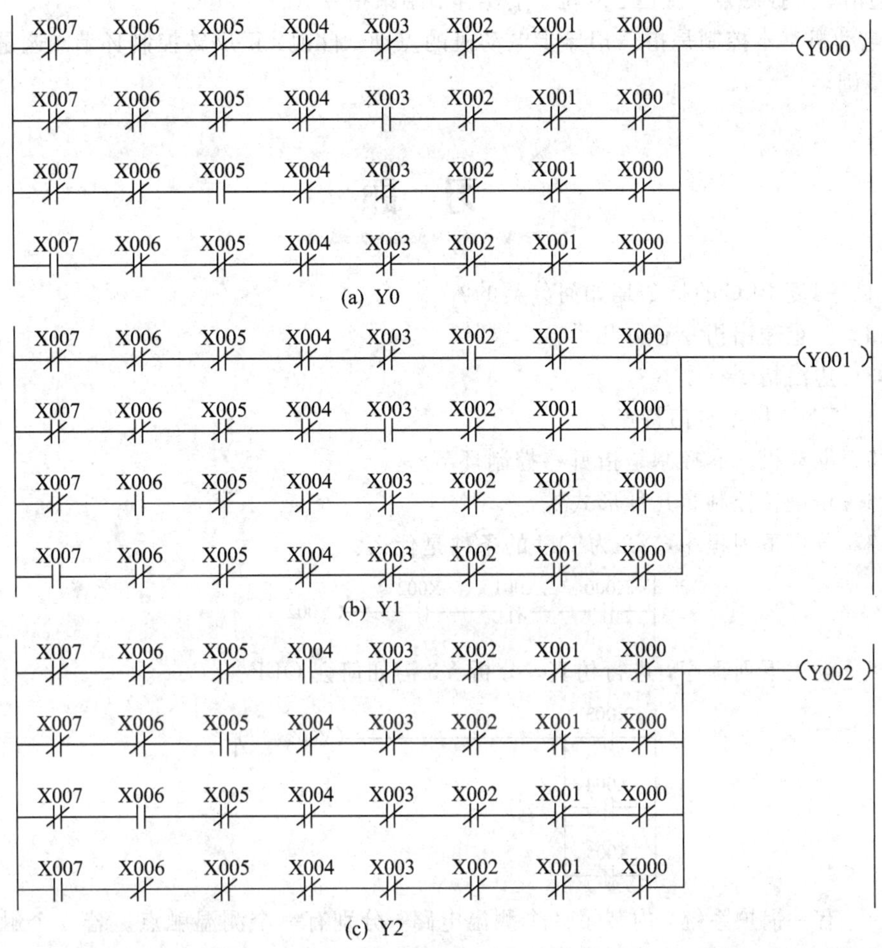

(a) Y0

(b) Y1

(c) Y2

图 3-33 三八编码梯形图

从上面的编程方案可以看出，由于 PLC 有丰富的指令集，编程十分灵活。同样的控制要求，可以采用不同的方案，选用不同的指令进行编程，指令运用得当可以使程序非常简洁、思路清晰，这一点是继电器控制所无法比拟的。而且因为 PLC 的本质是具有计算机的特点，其编程思路与继电控制的设计思想有许多不同之处，如果只拘泥于继电控制思想，则难以编出好程序。特别是后面的应用指令，其功能十分强大，这正是 PLC 的精华所在，学好这类指令可以把我们带入更高的境界。

本章小结

1. 三菱 FX 系列 PLC 共有二百多条指令，分为基本指令、步进指令及应用指令。基本指令主要是触点逻辑运算指令，一般含触点及线圈(基本逻辑)指令、定时器和计数器指令，是使用频度最高的指令。应用指令则是为数据运算及一些特殊功能设置的指令。

2. 基本指令有逻辑读取、线圈、触点串联、触点并联、电路串联块、电路并联块、多重输出、边沿、主控触点、置位、复位、空操作、结束指令。

3. 电动机基本控制是指三相异步电动机的点动、自锁、正反转控制环节，这是工业控制中的基础。

习 题

3-1　三菱 PLC 的指令是如何分类的？

3-2　多重输出指令有哪几个？

3-3　边沿指令有哪些？

3-4　END 指令有何特点？

3-5　电动机基本控制是指哪些控制环节？

3-6　正反转控制有几种形式？

3-7　分析下列程序，Y2 为 ON 的条件是什么？

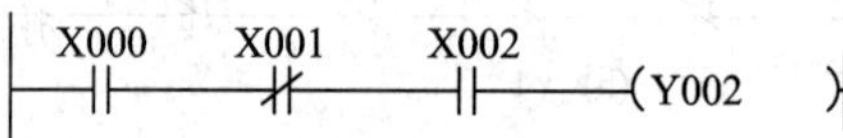

3-8　输入下列程序，进行仿真，分析 Y3 需如何会 OFF？

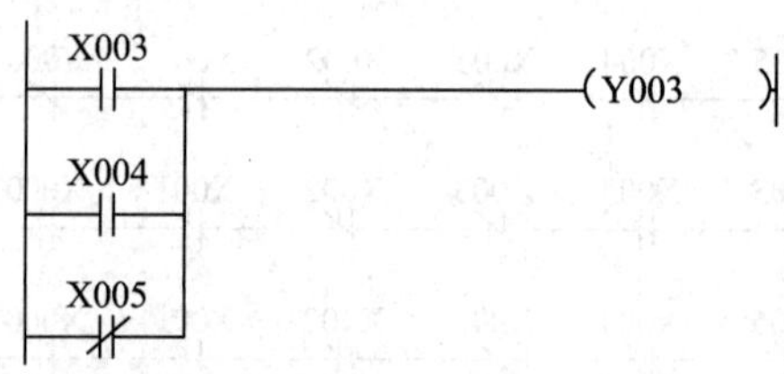

3-9　有一锅炉系统，内装了 3 个测温电路，分别有一个测温触点。若 3 个触点都不动作，认为测温系统有故障，报警器动作，试设计程序。

3-10　有三台设备，设备运行状态由其运行继电器的触点接到 X0、X1、X2 上，设备运行时对应的 X 输入点动作。当只有一台设备运行时，Y0 快闪(M8012)；当有两台设备运行时，Y0 慢闪(M8013)；当三台设备都运行时，Y0 常亮。

3-11　试设计三八译码器。

3-12　有两台电动机 M1 和 M2，要求 M1 启动后 M2 才能点动运行，试编写梯形图程序。

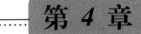

定时器/计数器指令

第 4 章　课件

4.1　定时器/计数器指令

定时器与计数器在使用中有许多类似的地方，所以将这两类指令放在一起介绍。

4.1.1　定时器指令

4.1　定时器指令

定时器可以对 PLC 内 1ms、10ms、100ms 的时钟脉冲进行加法计算，当达到其设定值时，输出触点动作(即动合触点闭合，动断触点断开)。其编号及类型如表 4-1 所示。

表 4-1　定时器编号及类型

100 ms 型	10 ms 型	1 ms 累计型	100 ms 累计型	1 ms 型
T0～T199 200 点 子程序用 T192～T199	T200～T245 46 点	T246～T249 4 点 中断保持用	T250～T255 6 点 保持用	T256～T511 256 点

累计型定时器是通过电池进行停电保持的。

1. 定时器的基本要素

(1) 编号、类型及分辨率。FX3 系列 PLC 配置了 512 只定时器，编号为 T0～T511。定时器有 1 ms、10 ms、100 ms 三种分辨率，编号和类型与分辨率有关，有普通定时器和累计型定时器。

(2) 预置值。预置值也叫设定值，即编程时设定的延时时间的长短，其数据类型为整数。设定值可由程序内存中的常数(K)或数据寄存器(D)指定。PLC 定时器采用时基计数及与预置值比较的方式确定延时时间是否到达。时基计数值称为当前值，存储在当前值寄存器中，可参与编程。

(3) 工作条件。工作条件也叫使能输入。当条件满足时开始计时。对普通定时器来说，工作条件失去，定时器均复位，当前值清零。对于累计型定时器来说，可累计分断的计时时间，这种定时器的复位就得靠复位指令了。

(4) 工作对象。指定时间到时，工作对象利用定时器的触点控制元器件或工作过程。

下面给出了普通定时器使用的示例程序。

【例 4-1】 当 X0 接通时，T0 线圈被驱动，T0 的当前值不断增加，当前值大于等于50(5 s)时，输出触点 Y0 接通。即定时线圈得电后，其触点计时开始，5 s 后动作。当 X0 动合触点接通时间小于 5 s 时，X0 断开，定时器当前值清零，如图 4-1 所示。

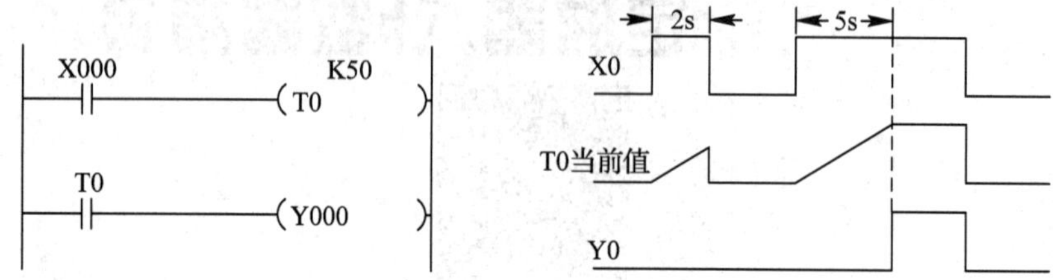

图 4-1　定时器及其时序图

4.1.2　计数器指令

4.2　计数器指令

FX 系列 PLC 配置有 256 个计数器，编号为 C0～C255。这些计数器分为三大类：C0～C199 为 200 个 16 位计数器；C200～C234 为 35 个 32 位计数器；C235～C255 为 21 个高速计数器，如表 4-2 所示。

表 4-2　计数器编号及类型

16 位增计数器		32 位增/减计数器		高速计数器
一般用	停电保持用(电池保持)	一般用	停电保持用(电池保持)	高速输入
C0～C99	C100～C199	C200～C219	C220～C234	C235～C255
100 点	100 点	20 点	15 点	最大 6 点

1. 16 位计数器

FX 系列 PLC 中的 16 位计数器为 16 位加计数器，其设定值范围在 K1～K32767(十进制常数)之间。设定值设为 K0 和 K1 具有相同的意义，它们都在第一次计数开始输出点动作。16 位计数器分为一般通用型计数器和断电保持型计数器。

图 4-2 所示为加计数器的动作过程。X1 为计数输入，X0 为复位输入，当 X0＝OFF

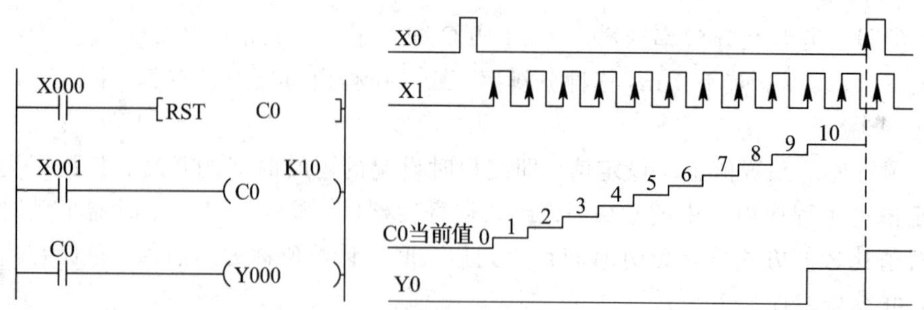

图 4-2　计数器及其时序图

时，在X1的上升沿，计数器的当前值加1。图示计数器的设定值为K10，当X1接通10次时，计数器的当前值由9变为10，这时的输出点接通，动合触点闭合、动断触点断开。若X1再次接通，则计数器的当前值也不再变化，且C0一直保持输出。

当计数器复位输入电路接通(复位输入X0接通)时，执行C0的复位指令，计数器当前值变为0，输出触点断开。

如果切断PLC电源，一般通用型计数器(C0～C99)的计数值被清除，而断电保持型计数器(C100～C199)则可存储停电前的计数值。当计数脉冲再次到来时，这些计数器按上一次的数值累计计数，当复位输入电路接通时，计数器当前值被置为0。

计数器除用常数直接设定之外，还可由数据寄存器间接指定。例如，指定D10为计数器的设定值，若D10的存储内容为300，则置入的设定值为K300。

2. 32位加/减计数器

FX系列PLC中的32位计数器为32位加/减计数器，利用特殊辅助继电器M8200～M8234可以指定为加计数或减计数。当特殊辅助继电器(M8200～M8234)接通时，对应的计数器进行减计数，反之为加计数。

计数器的设定值可以直接用常数置入，也可以由数据寄存器间接指定。计数器的设定值用数据寄存器间接指定时，可将连号的数据寄存器的内容视为一对，作为32位数据处理。如果指定D0作为计数器的设定值，则D1和D0两个数据寄存器的内容合起来作为32位设定值。

图4-3所示为32位加/减计数器的动作过程。X12为加/减控制端，M8200控制C200的加/减状态，X13为复位端，X14为计数的输入，其动合触点出现上升沿时，C200可实现加计数或减计数。

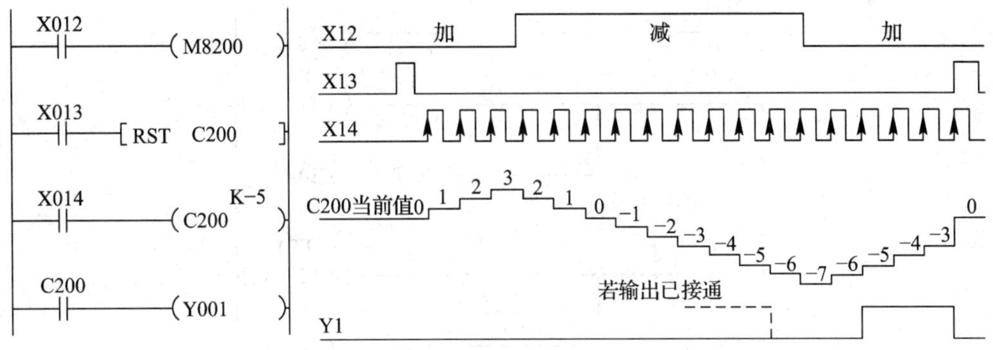

图4-3 32位加/减计数器及其时序图

当X12断开时，C200为加计数器。X14的触点出现一次上升沿，C200内的当前值加1。当X12接通时，C200为减计数器。X14的触点出现一次上升沿，C200内的当前值减1。图中C200的设定值为-5，当计数器的当前值由-6变为-5时，触点接通，而由-5变为-6时，其触点复位。如果从+2147483647起进行加计数，当前值就成为-2147483648。同样若从-2147483648起进行减计数，当前值就成了+2147483647。这种动作称为环形计数或循环计数。当复位输入X13接通时，计数器复位，当前值为0，触点也复位。

【例 4－2】 由于三菱 PLC 无 16 位减计数器，我们可以利用其它指令自己来设计，在此使用加减指令实现，用 MOV 指令实现限幅，D0 成为 16 位加减计数器，如图 4－4 所示。

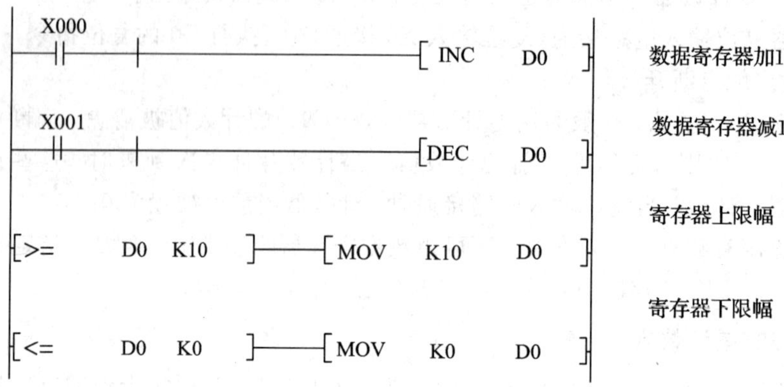

图 4－4 利用数据寄存器制作计数器

利用比较触点还能实现线圈输出控制，DADD、DSUB 也可实现 32 位加减计数器功能。这样我们既可以使用专门计数器，也可以自己设计计数器，不受系统限制，灵活方便。

【例 4－3】 计算电机运行时间。

利用定时器能够计算时间，然而其范围有限，可通过计数器扩展计时范围。用秒脉冲，产生分钟、小时。图 4－5 中，C10 值的单位为分钟，C11 值的单位为小时，C12 值的单位为天，可不断调整为自己所需的单位。

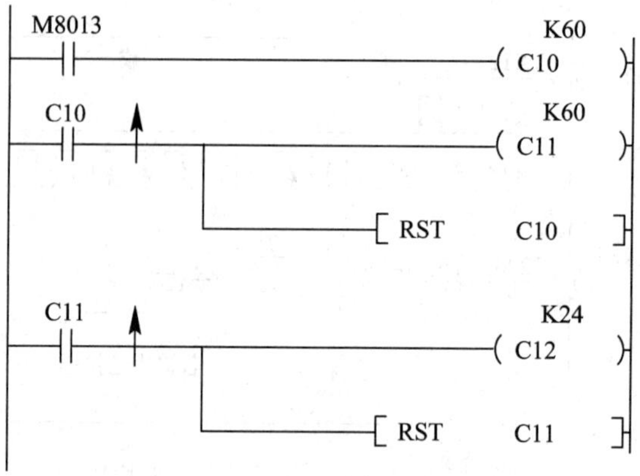

M8013 —— K60 (C10)
C10 ↑ —— K60 (C11)
[RST C10]
C11 ↑ —— K24 (C12)
[RST C11]

图 4－5 定时器与计数器的配合应用

4.2 实训项目：振荡（闪烁）电路

振荡电路是输出任意占空比任意周期脉冲信号的电路，在 PLC 中就是一段程序。

一般将占空比为50%、频率在1 Hz左右的振荡电路称为闪烁电路。也可利用振荡电路组成周期长的大循环控制，如交通信号灯、天塔之光及其它单纯由时间控制的单周期流程。

4.2.1　使用M8013构成振荡电路

4.3　M8013构成振荡电路

特殊辅助继电器M8013可提供周期为1 s、占空比为50%的脉冲信号；M8014可提供周期为1 min、占空比为50%的脉冲信号，可以用它们来驱动需要闪烁的指示灯。

该电路只能调用系统的M8013，其起振时刻也无法控制，难以与其它电路同步，且占空比和周期都不可控。在无严格要求的场合，使用M8013还是相当方便的，如图4-6所示。

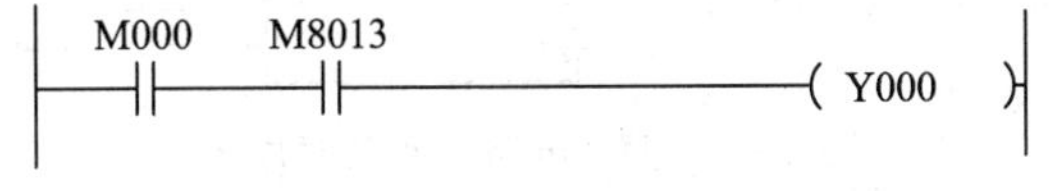

图4-6　振荡电路1

4.2.2　常用振荡电路

为了设计更加灵活的振荡电路，我们使用2个定时器。如图4-7所示，设开始时T0和T1均为OFF，当X0为ON后，T0线圈通电2 s后，T0的动合触点接通，使Y0=ON，同时T1的线圈通电，开始定时。T1线圈通电3 s后，它的动断触点断开，使T0=OFF，T0的动合触点断开，使Y0=OFF，同时使T1线圈释放，其动断触点接通，T0又开始定时，以后Y0的线圈将这样周期性地通电和断电，直到X0=OFF。Y0通电和断电的时间分别等于T1和T0和的设定值。各元件的动合触点接通、断开的情况如图4-6所示。闪烁电路实际上是一个具有正反馈的振荡电路，T0和T1的输出信号通过它们的触点分别控制对方的线圈，形成了正反馈。

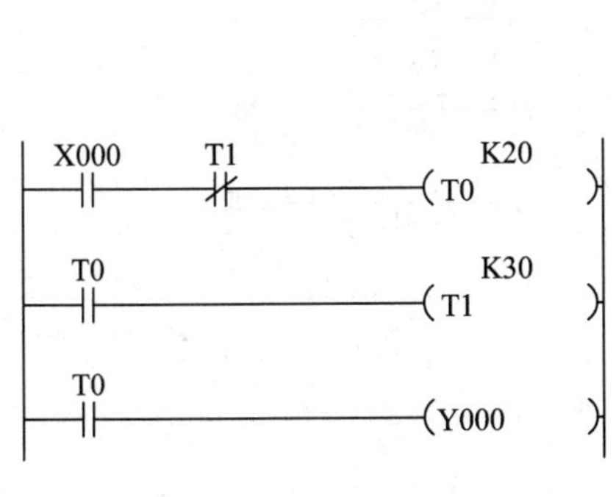

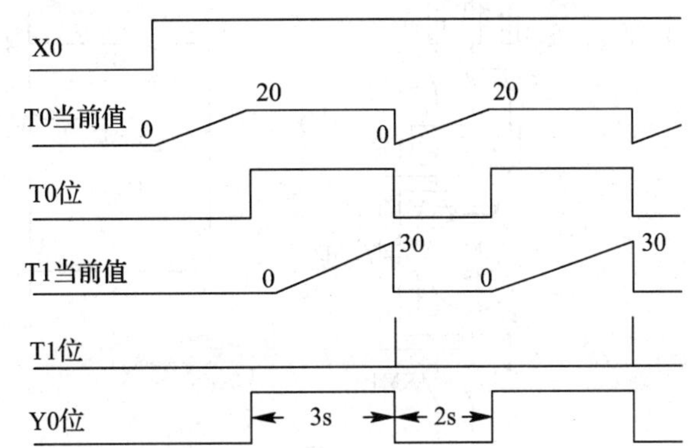

图4-7　振荡电路2及其时序图

该电路起振时刻由 X0 控制，周期为 5s，且占空比可以自己设计，非常灵活，但由于占用了 2 个定时器，因而输出状态有限。

4.2.3 由单个定时器组成振荡电路

4.4 常用振荡电路

把定时器 T2 的常开触点串联在自己的线圈的前面，也可组成闪烁电路。再用比较指令控制 Y1 的输出，这样可获得很多输出状态，如图 4－8 所示。

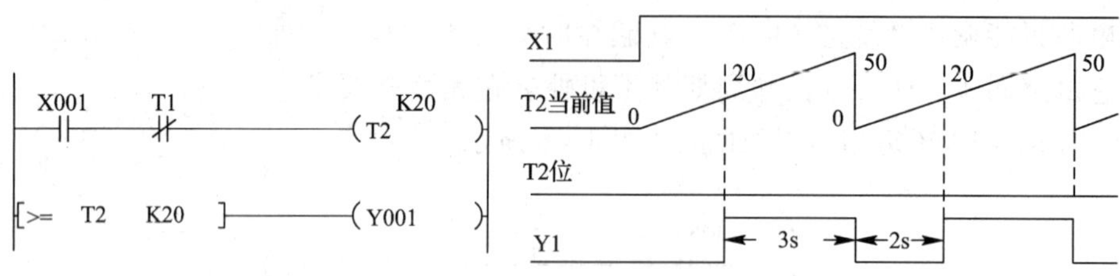

图 4－8 振荡电路 3 及其时序图

4.3 实训项目：星三角降压启动控制

图 4－9 所示为星三角降压启动的主电路和 PLC 控制电路电气原理图。电动机的启动过程是：合上开关 QS 后，使接触器 KM、KM1 动作，从而把电动机接成星形降压启动。经 10 s 延时后，将 KM1 释放，接触器 KM2 动作，电动机控制主电路换成三角形连接，投入正常运行。

降压启动 PLC 外部接线图中，SB1 是启动按钮，SB2 是停止按钮。

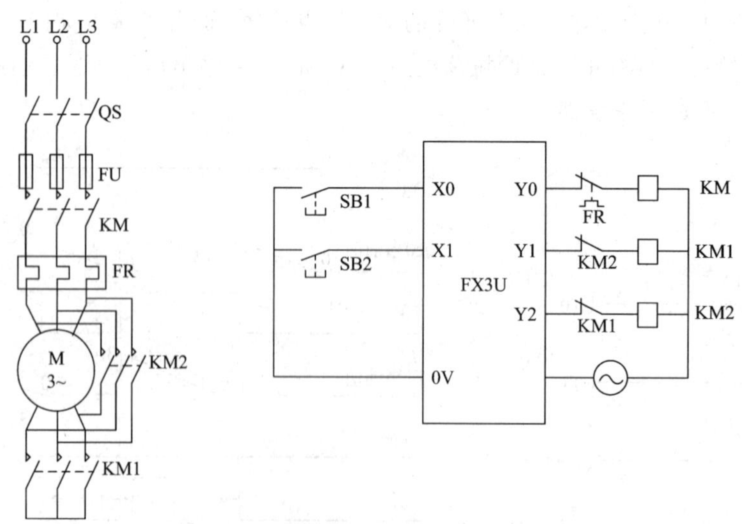

图 4－9 星三角降压启动电气原理图

图 4－10 所示是降压启动 PLC 控制梯形图，其动作过程如下：

(1) 按下启动按钮，X0 接通，Y0 接通并自保，接触器 KM 接通，Y0 的动合触点接通

T0，定时器 T0 开始计时；同时 KM1 接通，接触器 KM1 接通，电动机接成星形启动。

(2) 当 T0 计时 10 s 延时时间到时，其动断触点使 Y1 断开，KM1 也断开，T0 的动合触点闭合使 M100 接通。此时接通 Y2，相应的 KM2 接通，电动机接成三角形正常运行。

(3) 按下停止按钮，X1 接通，其动断触点断开，Y0 断开，接触器 KM 断开。辅助继电器 M100 断开，使 Y2 断开，接触器 KM2 断开，电动机停转。

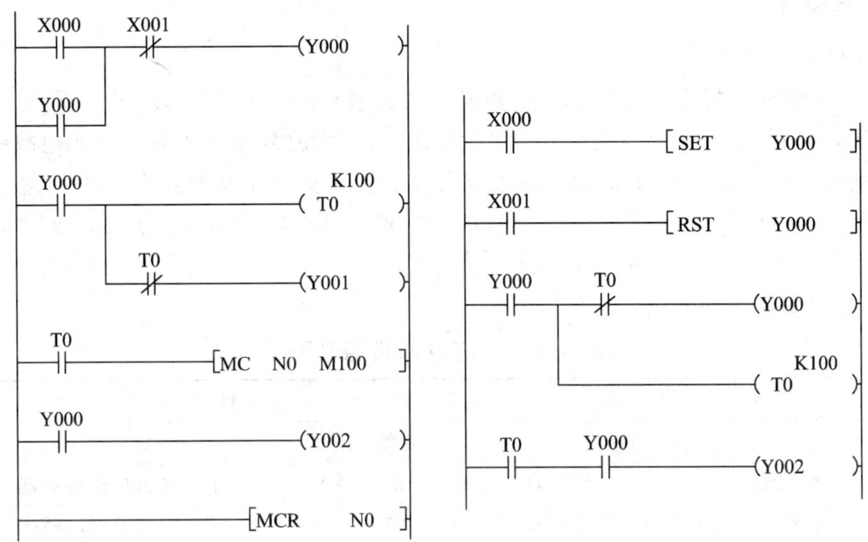

图 4-10 星三角降压启动梯形图

4.4 实训项目：水塔水位控制

水塔水位控制系统在我国的住宅小区中广泛使用，传统的供水系统大多采用水塔、高位水箱或气压罐式增压设备，用水泵“提升”水位高度，以保证用户有足够的用水量。水塔水位控制系统示意图如图 4-11 所示，主要由蓄水池、蓄水池进水阀门 YV、蓄水池液压传感器 SL3 与 SL4、水泵电动机 M、水塔水箱液压传感器 SL1 与 SL2 组成。YV 阀门控制给蓄水池灌水，电动机带动水泵把蓄水池中的水提升到水塔中，提高水压以实现供水需要。

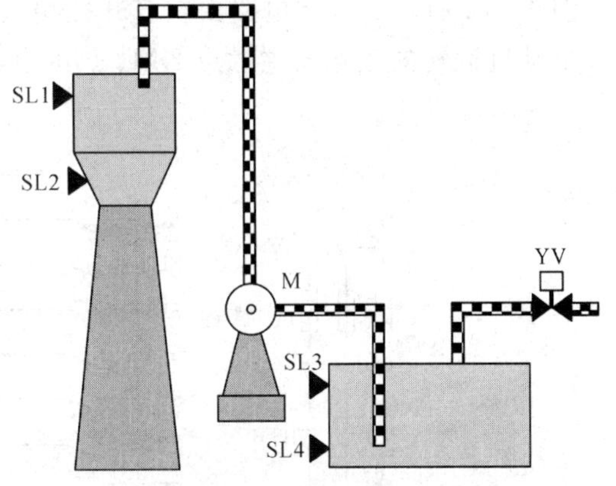

图 4-11 水塔结构示意图

1. 控制要求

1) 蓄水池进水控制

当蓄水池水位低于低水位界(SL4 为 ON)时，蓄水池进水阀门 YV 打开进水；当蓄水池水位高于高水位界(SL3 为 ON)时，蓄水池进水阀门 YV 关闭。

2) 蓄水池进水故障报警显示

如果蓄水池进水阀门打开一段时间(程序中设置 4 s)后 SL3 为 OFF，表示没有进水，出现故障，此时系统关闭蓄水池进水阀门，指示灯 HL 按 0.5 s 亮灭周期闪烁。

3）电动机抽水控制

当 SL4 为 OFF(表示蓄水池中有水)且水塔水位低于低水位界(SL2 为 ON)时，水泵电动机 M 启动运转，开始抽水；当水塔水位高于高水位界(SL1 为 ON)时，水泵电动机停止运行，抽水完毕。

2. 硬件设计

1）分析控制要求

项目任务要求该系统具有水位控制功能。从要求看：① SL4 为 ON 时表示蓄水池水位低，需 YV 动作；SL3 为 ON 时表示水位已达要求，YV 释放复位。② 蓄水池水位故障报警显示：YV 动作 4 s、SL3 为 OFF 时表示蓄水池未能正常进水，HL 闪烁报警。③ 水泵电动机 M 带动水泵抽水控制：SL4 为 OFF、SL2 为 ON 时，M 启动运行；SL1 为 ON 时，M 停止运行。

2）确定系统输入/输出点(I/O 点)

系统 I/O 点分配表如表 4-3 所示。

表 4-3　水塔供水资源分配表

输入信号		输出信号	
地址	功　能	地址	功　能
X0	水塔水箱高水位界液位传感器 SL1	Y0	水泵电机控制接触器
X1	水塔水箱低水位界液位传感器 SL2	Y1	进水阀门控制电磁阀
X2	蓄水池高水位界液位传感器 SL3	Y2	蓄水池水位报警指示灯
X3	蓄水池低水位界液位传感器 SL4		
X4	系统启动按钮 SB1		
X5	系统停止按钮 SB2		
X6	报警灯复位按钮 SB3		

3）水塔水位系统控制电路图

图 4-12 所示的电源电路由空气开关 QS、熔断器 FU 组成。主电路由短路保护、控制水泵电动机运转的接触器主触点 KM、热继电器 FR 及水泵电动机 M 组成。PLC 的输入接

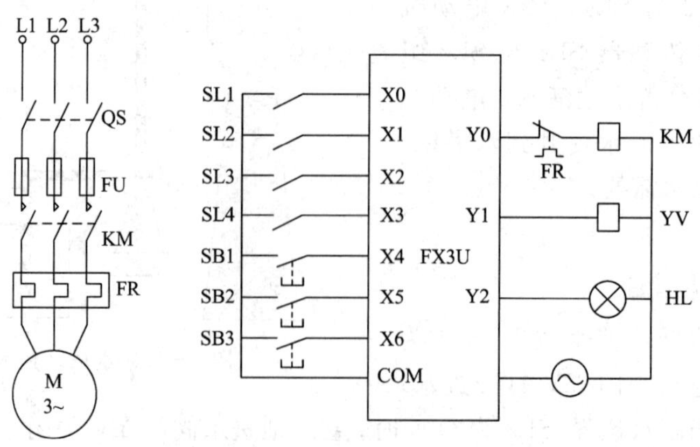

图 4-12　水塔供水电气原理图

口电路由 PLC、短路保护、水塔水箱高水位界液位传感器 SL1、水塔水箱低水位界液位传感器 SL2、蓄水池高水位界液位传感器 SL3、蓄水池低水位界液位传感器 SL4 组成。PLC 输出接口电路由短路保护、接触器线圈 KM、热继电器 FR、蓄水池进水阀门 YV、报警指示灯 HL 组成。

3. 梯形图程序

(1) 系统启停控制。当按下启动按钮 X4 时，辅助继电器通电自锁方可进入系统运行。停止按钮 X5 接通后，解除自锁，系统停止运行。

(2) 水池进水控制。当蓄水池的水位低于低水位界时，SL4 接通，X3 为 ON，YV 动作打开阀放水，T0 开始计时 4 s。X2 为 ON 时表示水注满，若 4 s 后 X2 不动作则表示有故障，应复位 YV，停止向蓄水池注水。

(3) 报警显示。M2 为报警显示的中间继电器。当 4 s 时间到且 SL3 不动作(X2 为 OFF)时，说明有故障，M2 动作，启动振荡报警程序(定时器 T1 和 T2 组成 0.5 s 脉冲振荡器)，Y2 交替通断。

(4) 水泵电动机向水塔水箱抽水。当 SL4 为 OFF 且水塔水箱水位低于低水位界时，X1(SL2)为 ON，水泵电动机 M(Y0)启动抽水。X0(SL1)动作，Y0 复位，抽水完毕。

水塔供水梯形图如图 4-13 所示。

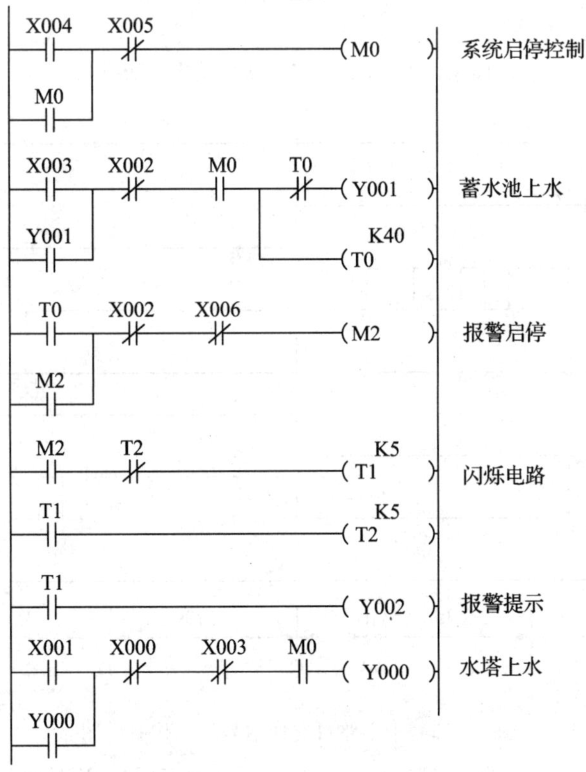

图 4-13 水塔供水梯形图

4.5 实训项目：交通信号灯

1. 交通灯控制工艺分析

最简单的交通信号灯可用于十字交叉路口的交通管制。图 4-14 是交通信号灯设置示意图。现假定交叉的道路是南北向及东西向。每个方向各有红、绿、黄三色信号灯，这些灯点亮的时序图如图 4-15 所示。图 4-15 的灯中是按灯置 1 与置 0 两种状态绘制的，置 1 表示灯点亮。一个周期内 6 只信号灯亮灭的时间均已标在图中。灯在控制开关打开后是依周期不断循环的。

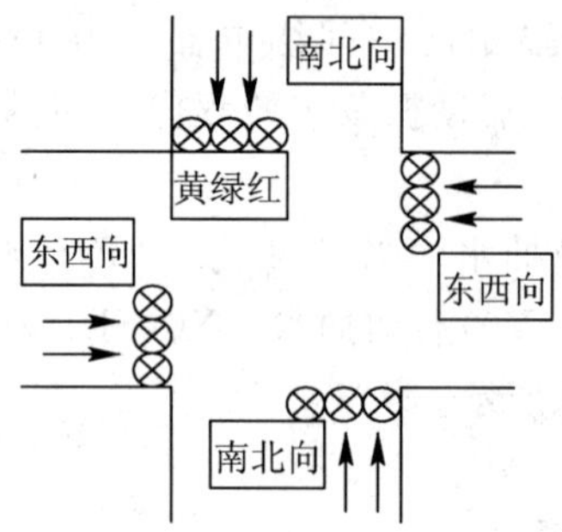

图 4-14　十字路口交通灯设置示意图

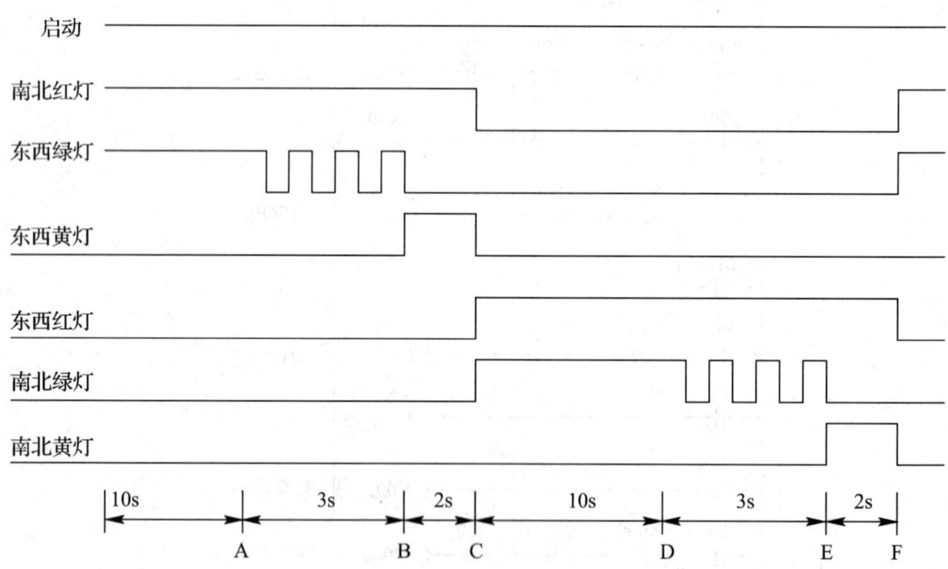

图 4-15　十字路口交通信号灯工作时序图

现实的交通灯在空间结构、控制工艺、通信联网方面的应用更加复杂强大。

2. 资源分配

交通灯控制资源分配如表 4-4 所示。

表 4－4　交通灯控制资源分配表

输出端子	定时器
	T0：上半周期 15 s
南北红灯：Y0	T1：下半周期 15 s
南北黄灯：Y1	T2：南北绿灯持续亮 10 s
南北绿灯：Y2	T3：南北绿灯闪亮 3 s
东西红灯：Y3	T10：东西绿灯持续亮 10 s
东西黄灯：Y4	T11：东西绿灯闪亮 3 s
东西绿灯：Y5	T4：亮半秒
	T5：灭半秒

3. 控制程序

1）*方案一：定时器配合*

这是一个时间控制程序。分析时序图可以知道，图 4－14 中 A、B、C、D、E、F 点是 6 只信号灯工作状态变化的切换点。依据梯形图中输出的条件都是用机内器件的关系来表达的特点，设想可以选择一些定时器分别表示这些时间，再用这些定时器的触点表达各只信号灯的输出控制规律。

控制交通信号灯的梯形图见表 4－5。梯形图分为两大段落，第一个段落是时间点形成段落，包括形成 A、B、C、D、E、F 点的定时器及形成绿灯闪烁的振荡控制的定时器。这是整个程序的铺垫段落。第二个段落是输出控制段落，6 只信号灯的工作条件均用定时器的触点表示。其中绿灯的点亮条件是两个并联支路，一个是绿灯长亮的控制，一个是绿灯闪亮的控制。

表 4－5　交通灯控制梯形图方案一

梯 形 图	注　释
T1 —|/|— (T0 K150)	大循环前半周前 15 s
T0 —| |— (T1 K150)	后半周期 15 s
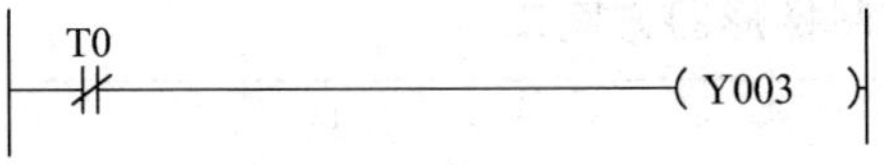 T0 —|/|— (Y003)	南北红灯亮 15 s 驱动
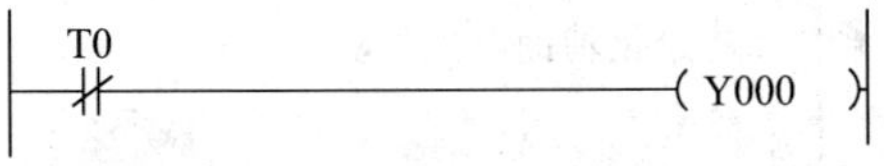 T0 —|/|— (Y000)	东西红灯亮 15 s 驱动
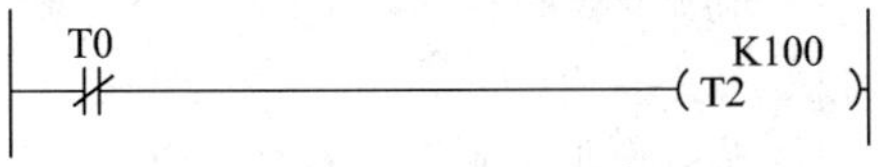 T0 —|/|— (T2 K100)	南北绿灯持续亮 10 s 控制
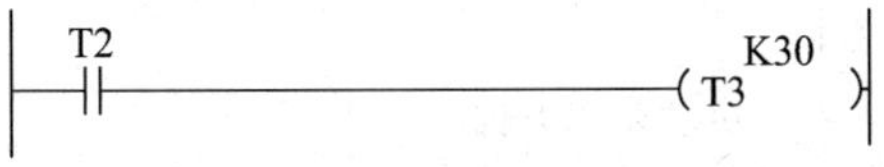 T2 —| |— (T3 K30)	南北绿灯闪烁亮 3 s 控制

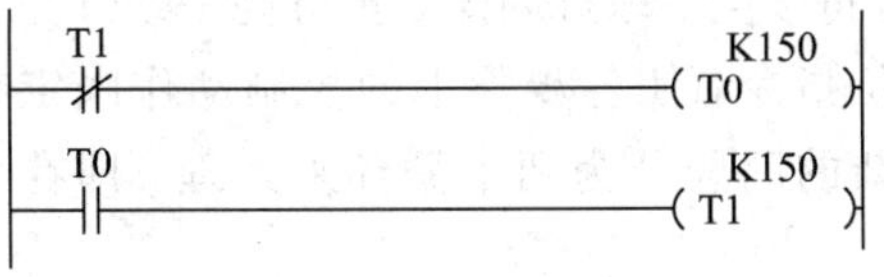

续表

梯形图	注释
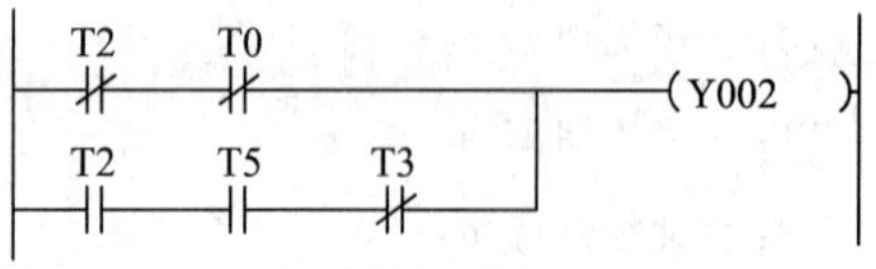 T2 T0 —(Y002) T2 T5 T3	南北绿灯驱动（持续亮和闪烁亮）
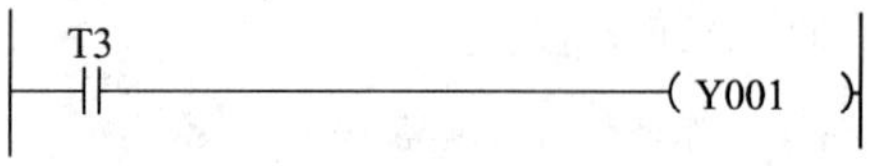 T3 —(Y001)	南北黄灯驱动
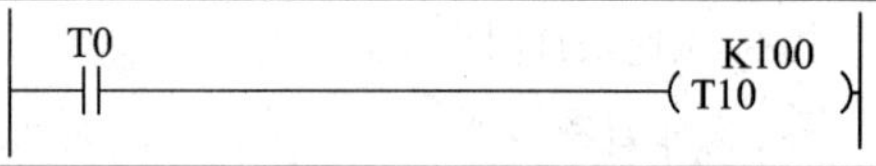 T0 —(T10 K100)	东西绿灯持续亮 15 s 控制
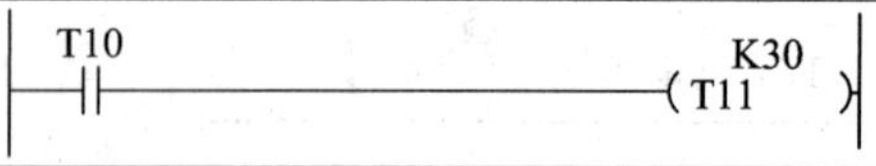 T10 —(T11 K30)	东西绿灯闪烁亮 3 s 控制
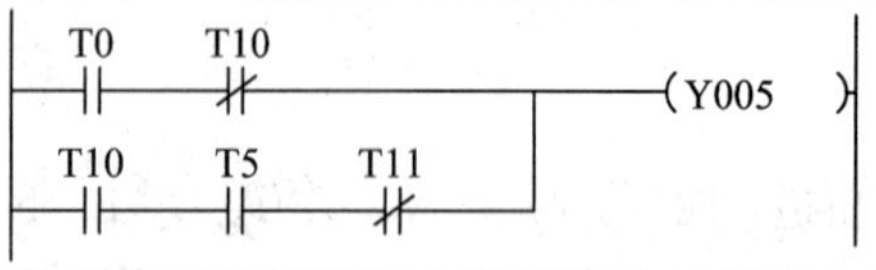 T0 T10 —(Y005) T10 T5 T11	东西绿灯驱动（持续亮和闪烁亮）
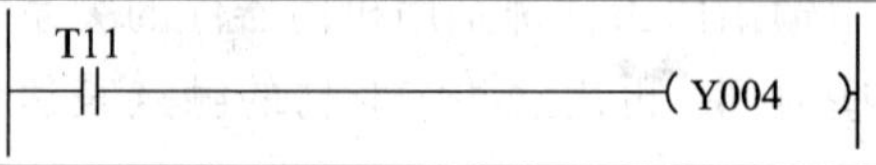 T11 —(Y004)	东西黄灯亮 2 s 驱动
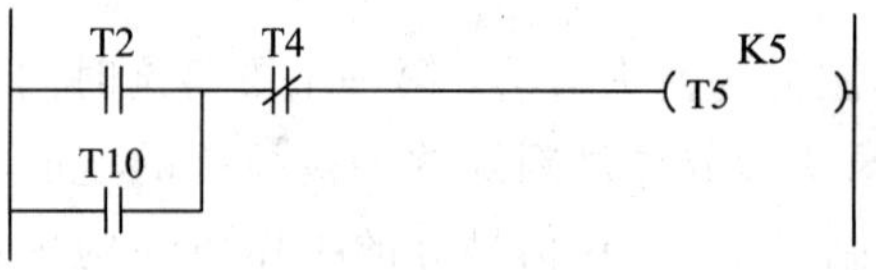 T2 T4 —(T5 K5) T10	振荡电路起振条件及前 0.5 s 控制（小循环前半周期）
 T5 —(T4 K5)	振荡电路后 0.5 s 控制（小循环后半周期）

2）*方案二：状态法*

从控制要求可以看出，整个控制过程分成两个“独立”的循环。南北方向：红灯亮、绿灯持续亮、绿灯闪烁、黄灯亮；东西方向：绿灯持续亮、绿灯闪烁、黄灯亮、红灯亮。这些步骤可以用辅助继电器表示，再辅以置位、复位指令，使各步骤中的控制动作限定在某个状态中，并依次转换。这样，我们将一个较复杂的问题分为两个循环来处理，即在什么时间做什么事。梯形图如表 4－6 所示。

表 4－6　交通灯控制梯形图方案二

梯形图	注释
M8002 —[ZRST M0 M20]	初始化辅助继电器
—[ZRST T0 T20]	初始化定时器
—[SET M0]	启动南北方向
—[SET M10]	启动东西方向

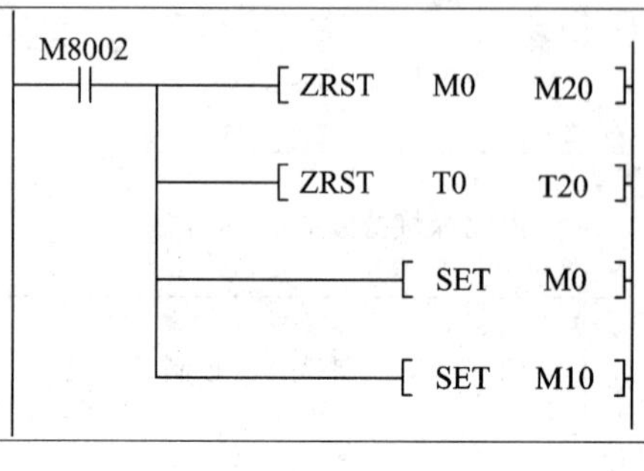

续表

梯形图	注　释
M0 [RST M3] K100 (T0) T0 [SET M1]	退上一步 南北绿灯持续亮控制 进下一步
M1 [RST M0] K30 (T1) T1 [SET M2]	退上一步 南北绿灯闪烁亮控制 进下一步
M2 [RST M1] (Y001) K20 (T2) T2 [SET M3]	退上一步 南北黄灯驱动控制 南北黄灯时间控制 进下一步
M3 [RST M2] (Y000) K150 (T3) T3 [SET M0] [SET M10]	退上一步 南北红灯驱动控制 南北红灯时间控制 进入下一循环
M1 T4 (Y002) M0	南北绿灯驱动
M10 [RST M13] (Y003) K150 (T10) T10 [SET M11]	退上一步 东西红灯驱动控制 东西红灯时间控制 进下一步

续表

梯形图	注　释
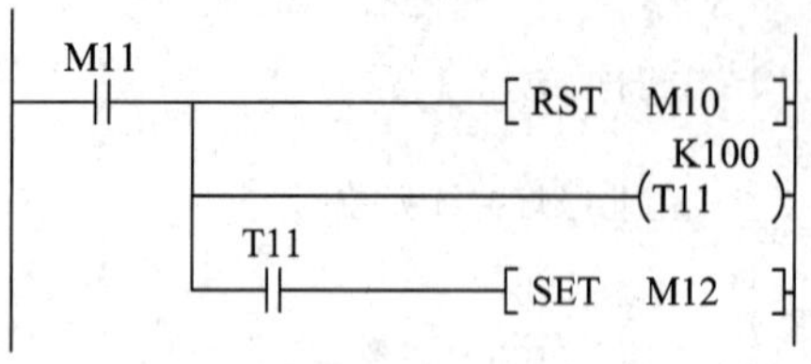 M11 ─┤├─ [RST M10] ├─ (T11 K100) └─ T11 ─┤├─ [SET M12]	退上一步 东西绿灯持续亮控制 进下一步
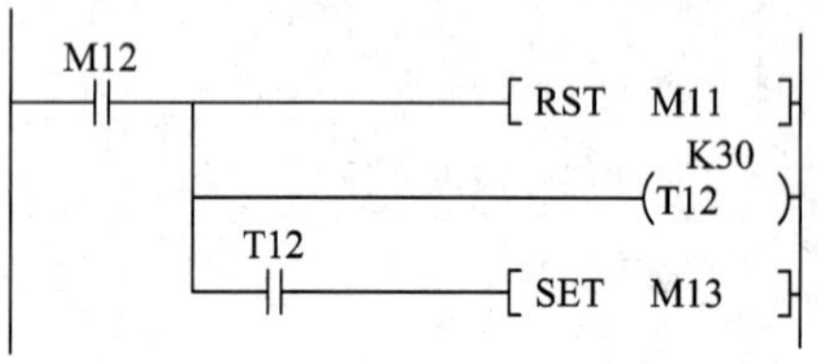 M12 ─┤├─ [RST M11] ├─ (T12 K30) └─ T12 ─┤├─ [SET M13]	退上一步 东西绿灯闪烁亮控制 进下一步
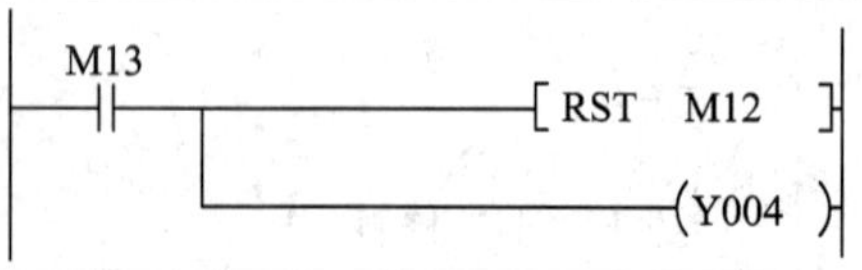 M13 ─┤├─ [RST M12] └─ (Y004)	东西黄灯驱动控制
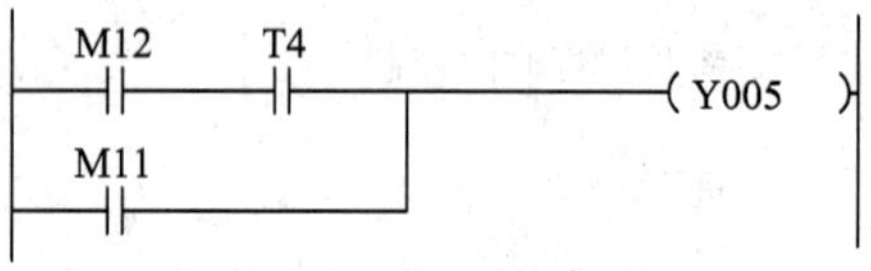 M12 ─┤├─ T4 ─┤├─ (Y005) M11 ─┤├─ (并联)	东西绿灯驱动控制
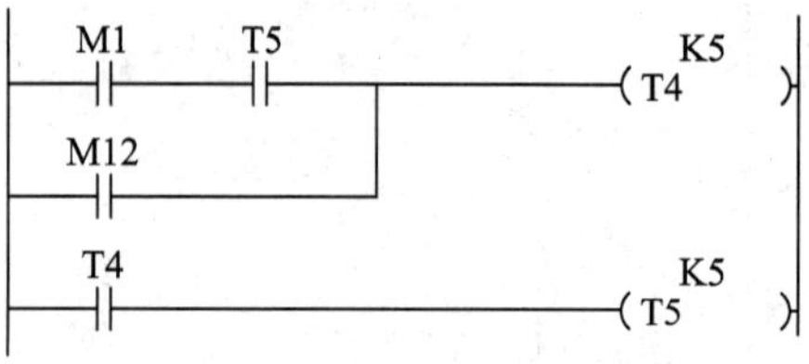 M1 ─┤├─ T5 ─┤├─ (T4 K5) M12 ─┤├─ (并联) T4 ─┤├─ (T5 K5)	绿灯闪烁控制

3）方案三：比较指令

本方案(见表 4－7)梯形图中增加了南北方向 10 s 倒计时显示功能，使用了比较指令、减法指令、段译码指令、传送指令。

表 4－7　交通灯控制梯形图方案三

梯形图	注　释
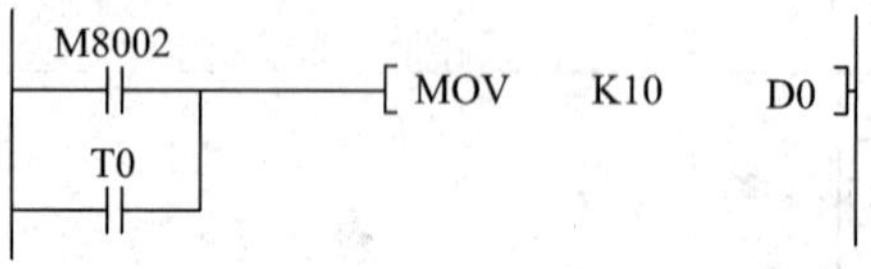 M8002 ─┤├─ [MOV K10 D0] T0 ─┤├─ (并联)	周期开始时送 10 s 倒计时
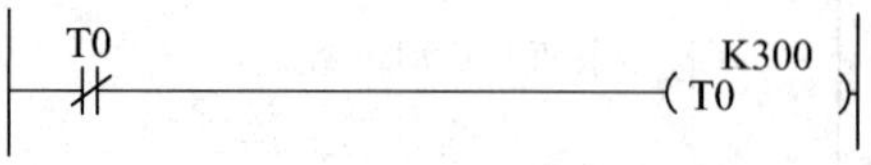 T0 ─┤/├─ (T0 K300)	单定时器实现 30 s 循环

续表

梯形图	注　释
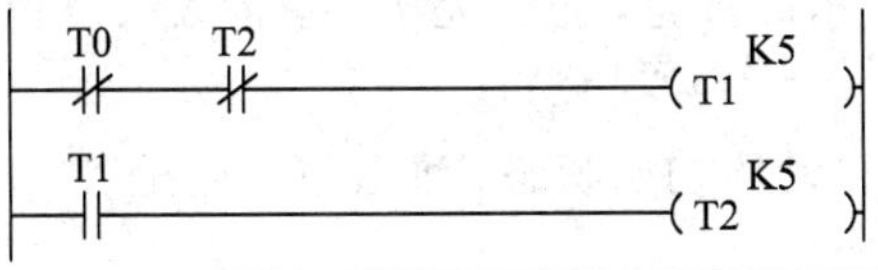 T0 T2 —(T1 K5) T1 —(T2 K5)	1 s振荡电路，与大循环同步
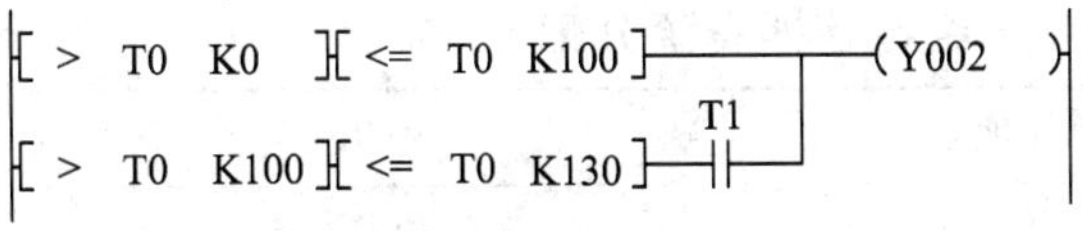 [> T0 K0][<= T0 K100]—(Y002) [> T0 K100][<= T0 K130] T1	南北绿灯持续亮10 s，控制南北绿灯驱动(持续亮和闪烁亮)
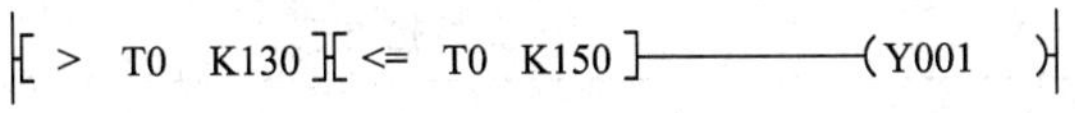 [> T0 K130][<= T0 K150]—(Y001)	南北黄灯驱动
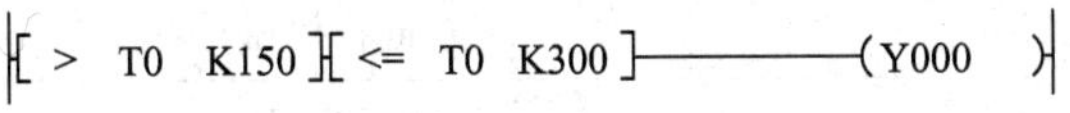 [> T0 K150][<= T0 K300]—(Y000)	南北红灯驱动
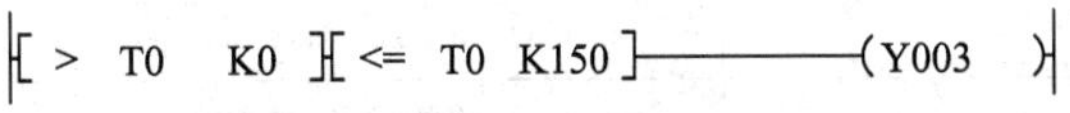 [> T0 K0][<= T0 K150]—(Y003)	东西红灯驱动
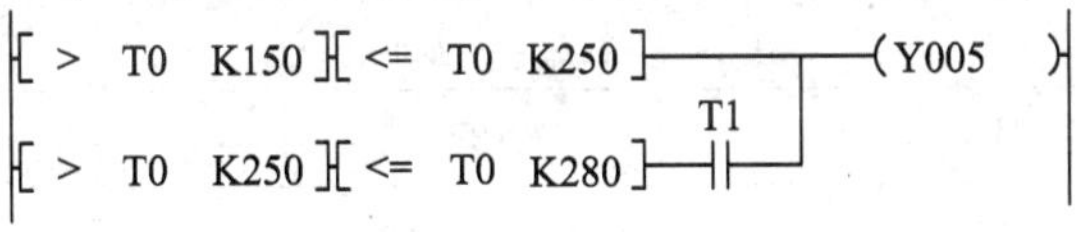 [> T0 K150][<= T0 K250]—(Y005) [> T0 K250][<= T0 K280] T1	东西绿灯持续亮10 s，控制南北绿灯驱动(持续亮和闪烁亮)
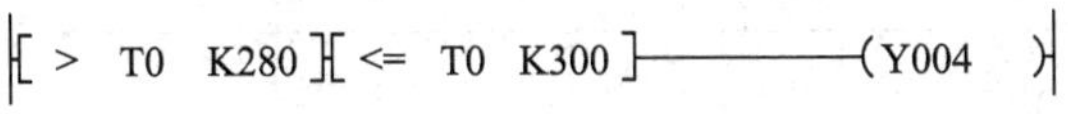 [> T0 K280][<= T0 K300]—(Y004)	东西黄灯驱动
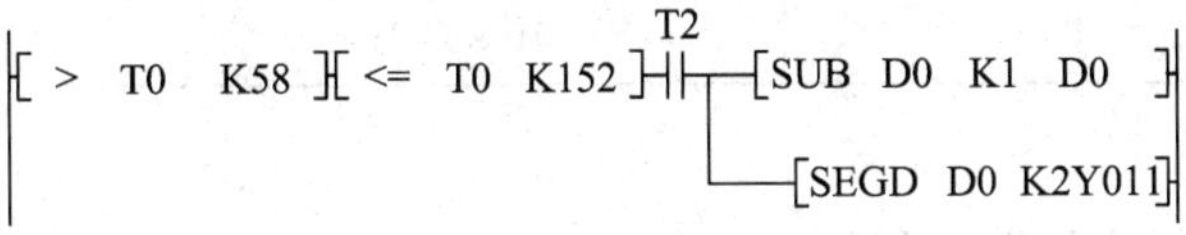 [> T0 K58][<= T0 K152] T2 —[SUB D0 K1 D0] —[SEGD D0 K2Y011]	南北方向倒计时计算
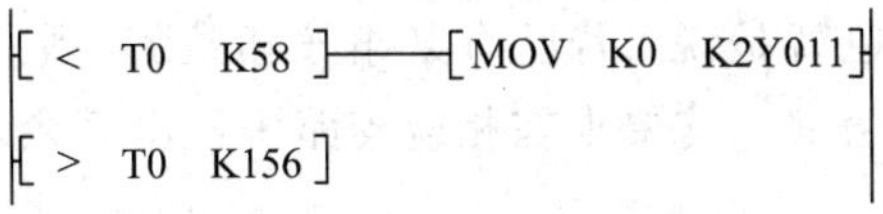 [< T0 K58]—[MOV K0 K2Y011] [> T0 K156]	南北方向倒计时，送到数码管显示

4）方案四：顺控指令

本方案利用顺控指令实现(将在第6章中介绍，具体见表6-1)。

4.6 实训项目：抢答器

1. 控制要求

本实训项目安排5小组参赛，参赛人员中任一人按下抢答按钮均可抢得。在主持人宣读完试题，按下抢答按钮，主持人指示灯亮后，开始抢答。

如果主持人未按下抢答按钮队员就抢答，则犯规，组别指示灯闪烁，主持人按复位按钮，该题作废，返回初始状态，准备下一轮抢答。

10 s 内有人抢答，则抢答成功，组别指示灯常亮，抢答完毕，主持人按复位按钮，主持人指示灯灭，准备下一轮抢答。

如果 10 s 内无人抢答，则该题作废，自动回初始状态，准备下一轮抢答。

表 4－8 给出了本例 PLC 的端子分配情况。

表 4－8　五组抢答器资源分配

项目	内部地址	作用
输入端子	X0	1 号抢答按钮
	X1	2 号抢答按钮
	X2	3 号抢答按钮
	X3	4 号抢答按钮
	X4	5 号抢答按钮
	X5	主持人开始开关
	X6	主持人复位按钮
输出端子	Y0	1 号指示灯
	Y1	2 号指示灯
	Y2	3 号指示灯
	Y3	4 号指示灯
	Y4	5 号指示灯
	Y5	抢答指示灯
内部器件	T0	10 s 定时器

2. 要求分析

考虑各输出之间的制约，主要有以下几个方面：

(1) 抢答器的重要性能是竞时封锁，也就是说，若已有某组按钮抢答，则其它组再按无效，体现在梯形图上，是 M1～M5 间的互锁，这要求在相应支路中互串其余两个输出继电器的动断触点。

(2) 按控制要求，只有在主持人宣布开始的 10 s 内抢答有效，需定时器参与控制。因而梯形图中串入了定时器的触点。

3. 梯形图编程

抢答器梯形图如表 4－9 所示。其中使用辅助继电器，用于记忆某组抢答状态。

表 4－9　五组抢答器梯形图

梯形图	注释
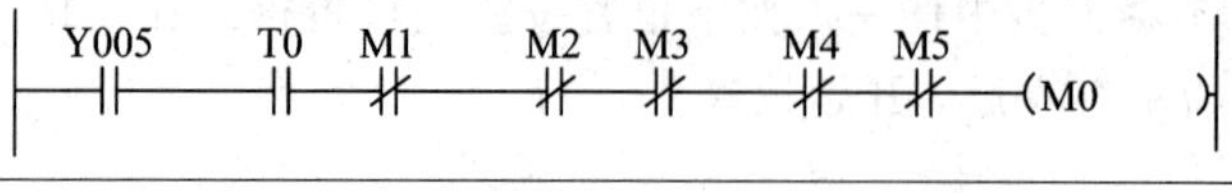 Y005 ─┤├─ T0 ─┤├─ M1 ─┤/├─ M2 ─┤/├─ M3 ─┤/├─ M4 ─┤/├─ M5 ─┤/├─(M0)	10 s 内无人抢答

续表

X005 M0 X006 (Y005) Y005 K001 (T0)	抢答启停及 10 s 计时
X000 M2 M3 M4 M5 X006 M0 (M1) M1	1 组抢答状态
X001 M1 M3 M4 M5 X006 M0 (M2) M2	2 组抢答状态
X002 M2 M1 M4 M5 X006 M0 (M3) M3	3 组抢答状态
X003 M2 M3 M1 M5 X006 M0 (M4) M4	4 组抢答状态
X004 M2 M3 M4 M1 X006 M0 (M5) M5	5 组抢答状态
Y005 M8013 M1 (Y000) Y005	1 组指示灯驱动
Y005 M8013 M2 (Y001) Y005	2 组指示灯驱动
Y005 M8013 M3 (Y002) Y005	3 组指示灯驱动
Y005 M8013 M4 (Y003) Y005	4 组指示灯驱动
Y005 M8013 M5 (Y004) Y005	5 组指示灯驱动

本章小结

1. FX3 系列 PLC 配置了 512 只定时器，编号为 T0～T511。定时器有 1、10、100 ms 三种分辨率，有普通定时器和累计型定时器。定时器的基本要素有编号、类型、分辨率、预置值、工作条件和工作对象。

2. FX 系列 PLC 中共有 256 个计数器，其编号为 C0～C255。这些计数器分为三大类：C0～C199 为 200 个 16 位计数器；C200～C234 为 35 个 32 位计数器；C235～C255 为 21 个高速计数器。FX 系列 PLC 中的 32 位计数器为 32 位加/减计数器，利用特殊继电器 M8200～M8234 可以指定为加计数或减计数。

习　题

4-1　三菱 FX 的定时器是如何分类的？

4-2　定时器的基本要素是什么？

4-3　三菱 FX 的计数器是如何分类的？

4-4　如何对加/减计数器进行加减控制？

4-5　有 4 个彩灯，依次点亮循环往复，每个灯只亮 3 s。试编写梯形图程序。

4-6　有两台电动机，要求第一台工作 1 min 后自行停止，同时第二台启动；第二台工作 1 min 后自行停止，同时第一台启动；如此重复 6 次，两台电动机均停机。试编写梯形图程序。

4-7　试根据下面的要求编写梯形图：当按下启动按钮 X0 后，照明灯 Y0 发光 30 s，如果在这段时间内又有人按下 X0，则时间间隔从头开始。这样可以确保在最后一次按下按钮后，灯光可维持 30 s 的照明。

4-8　某锅炉的鼓风机和引风机的控制要求为：开机时，先启动引风机，10 s 后开鼓风机；停机时，先关鼓风机，5 s 后关引风机。试设计梯形图程序。

4-9　洗手间小便池在有人使用时光电开关 X0 为 ON，冲水控制系统在使用者使用 3 s 后使 Y0 为 ON，冲水 2 s，使用者离开后冲水 3 s。试设计梯形图程序。

4-10　设计喷泉控制程序，要求按下启动按钮后，高水柱喷 10 s、停 2 s，中水柱喷 7 s，停 2 s，低水柱喷 5 s、停 2 s，三水柱喷 4s、停 2 s，如此循环往复。

第 5 章

应用指令基础

第 5 章　课件

5.1　应用指令基础

5.1　应用指令基础

应用指令(也称为功能指令)适用于工业自动化控制中的数据运算和特殊处理，这些指令实际上对应的是许多功能不同的子程序。应用指令扩大了可编程控制器的使用范围，可实现更复杂的控制。应用指令越多，PLC 性能越强，用户编程越方便。

三菱 FX 系列 PLC 的应用指令有 200 余条，本章仅讲解了一些实训和工程中常用的应用指令，其余指令可在需要时再探究。

5.1.1　应用指令格式

图 5-1 是应用指令的梯形图表达形式。在执行条件 X0 后的方框为功能框，分别含有应用指令的名称和参数。

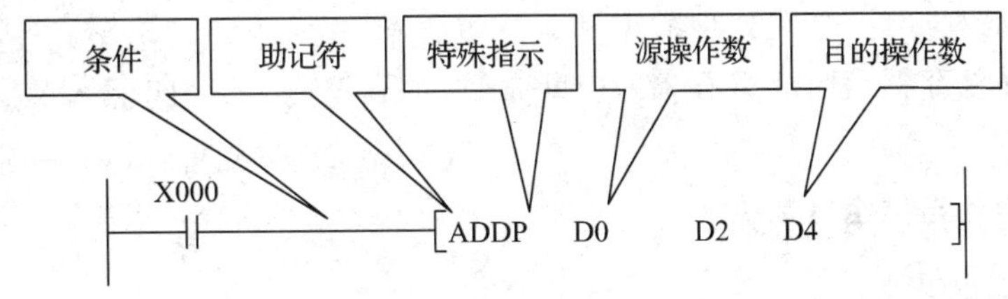

图 5-1　应用指令的梯形图形式

各参数含义如下：

(1) 功能代号(操作码)：每条应用指令都有一个固定的编号，FX 系列 PLC 的应用指令代号为 FNC00～FNC246，由于代号难以记忆，一般不作要求，了解即可，在 GX Works2 编程中功能代号也不可见。

(2) 助记符(操作码)：相应的英文缩写，如 ADD 为加法指令，MOV 为数据传送指令。不同型号的 PLC，应用指令的数量不同，即 PLC 的性能不同。编程中使用助记符更方便快捷，对常用指令的助记符必须熟记，不常用的了解即可。

(3) 操作数：应用指令所涉及的数据，D0、D2 为源操作数，可以是数据寄存器中的数据，也可以是立即数。目标操作数 D4，指的是应用指令执行后数据结果所存放的数据寄存器。源操作数在指令执行后数据不变，而目标操作数在指令执行后可发生变化。

(4) 特殊指示：有 D 表示双字对 32 位数据操作，无 D 表示单字对 16 位数据操作，P 表示上升沿操作，K 表示十进制数，H 表示十六进制数，E 表示浮点数。

2. 应用指令功能

指令功能是对指令的执行条件、过程、结果的完整描述，只有彻底分析透彻指令功能，才能应用自如，灵活修改调试。如图 5-1 所示，在 X0 的上升沿(所在的扫描周期)将 D0 与 D2 的值相加，结果送到 D4 中。无 P，则在 X0 接通期间的每个扫描周期都执行。使用中应注意：指令是连续执行还是脉冲执行；在双字操作中，梯形图只标出低 16 位数据寄存器(即首地址)，而实际上每个操作数占连续的 2 个寄存器。

5.1.2 应用指令分类

FX 系列 PLC 的应用指令有 200 多条，根据指令的功能，大体分为如下几类：

(1) 程序流程指令：包括条件转移、子程序调用、中断允许、中断禁止等。

(2) 传送与比较指令：包括比较、区间比较、传送、码转换等。

(3) 四则运算指令：包括算术运算、逻辑运算、求补码等。

(4) 移位指令：包括循环右移、循环左移、位右移、位左移等。

(5) 数据处理指令：包括区间复位、译码、开方运算、浮点处理等。

(6) 高速处理指令：包括输入/输出刷新、矩阵输入、脉冲输出等。

(7) 方便指令：包括初始化、数据查找、数据排序等。

(8) 外围设备(I/O)指令：包括数字键 0～9 输入、16 键输入、FROM、TO 等。

(9) 外围设备(SER)指令：包括串形数据传送、数据传送、PID 运算、CCD 校验码等。

5.1.3 应用指令操作数说明

5.2 应用指令基础——应用指令的表示形式含义与分类

下面重点介绍应用指令在处理数据和运算过程中均要用到的数据寄存器、变址寄存器、中断指针和特殊辅助继电器。

1. 数据寄存器与位组合数据

1) *数据寄存器(D)*

数据寄存器(变量存储器)用于存储数值数据，它属于字元件(X、Y、M、S 属于位元件)，其值可通过应用指令、数据存取单元及编程装置(编程器)进行读出或写入。每个数据寄存器都是 16 位，最高位为符号位，0 表示正数，1 表示负数。

两个相邻的数据寄存器(如 D10、D11)可组成 32 位数据寄存器，最高位仍为符号位。

数据寄存器分一般型、停电保持型和特殊型。数据寄存器 D0～D199 为一般型，共 200 个；D200～D511 为停电保持型，共 312 个；特殊型 D8000～D8255 共 256 点。一般型数据寄存器一旦写入数据，只要不再写入其它数据，其内容就不会变化，但 PLC 停止运行或停电时所有数据将清零。但在 M8033 被驱动时例外，即数据可以保持。

2）位组合数据

FX系列PLC中，可使用4位连续的位元件组成的BCD码表示1位十进制数据。所以在应用指令中，常用KnXm、KnYm、KnMm、KnSm的位组合数据，表示1个十进制数。例如：

K1X0表示由X0开始的连续4个输入继电器的组合，即X3～X0，范围为0～15；

K2Y0表示由Y0开始的连续8个输出继电器的组合，即Y7～Y0，范围为0～255；

K3S0表示由S0开始的连续12个状态继电器的组合，即S11～S0，范围为0～4095；

K4M0表示由M0开始的连续16个中间继电器的组合，即M15～M0，范围为0～65 535；

一般n的范围为1～4，m取0或4，也可取其它允许值，但一定要明确其范围。

2. 变址寄存器(V、Z)

1）变址寄存器的形式

变址寄存器也是可进行读、写的寄存器，字长为16位，共有16个，分别为V0～V7和Z0～Z7。变址寄存器也可以组成32位数据寄存器，最多可组合16个32位变址寄存器。

注意：在处理16位指令时，可以任意选用V或Z变址寄存器；而在处理32位应用指令中的软元件或处理超过16位范围的数值时，必须使用Z0～Z7。

2）应用举例

【例5-1】 数据寄存器应用。

(1) 16位指令操作数的修改如图5-2(a)所示。当X0=1或X0=0时，则将K0或K10向变址寄存器V0传送。若X1=1接通，当V0=0时，则K500向D0(D0+0=D0)传送；当V0=10时，则将K500向D10(D0+10=D10)传送。

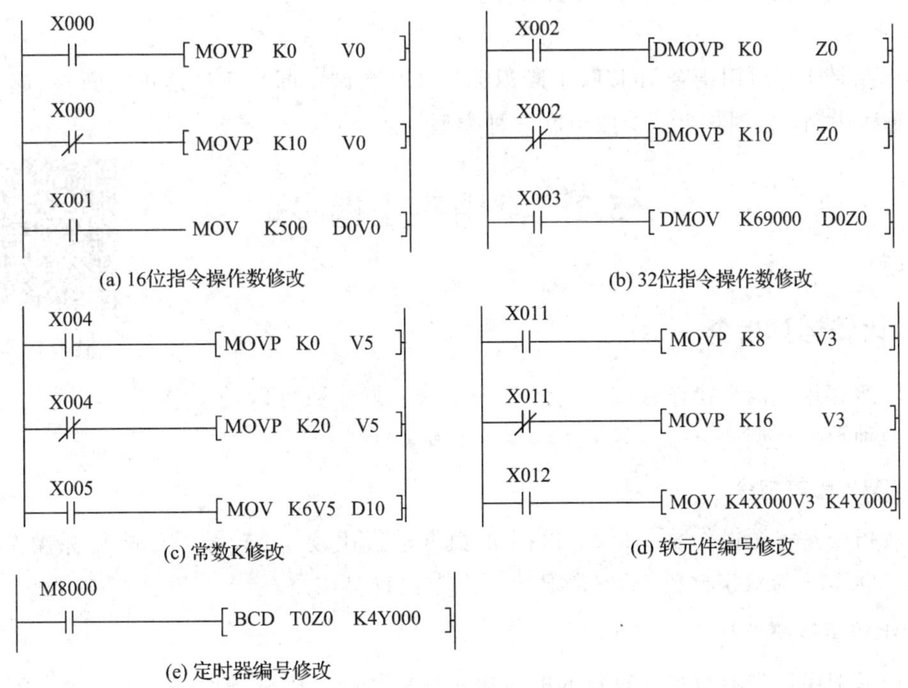

图5-2 变址寄存器操作实例

(2) 32 位指令操作数的修改如图 5-2(b)所示。因为 DMOV 指令是 32 位操作指令，所以在该指令中使用的变址寄存器也必须指定为 32 位。在 32 位指令中应指定变址寄存器的 Z 侧(低位用 Z0～Z7)，实际上就暗含指定了与低位组合的高位侧 V 侧(V0～V7)。

(3) 常数 K 的修改如图 5-2(c)所示。常数 K 的修改情况也同软元件编号 D、Z 等修改一样，若 X5=1 接通，当 V5=0 时，则 K6V5=K6(K6+0=K6)，将 K6 向 D10 传送；当 V5=20 时，则 K6V5=K6(K6+20=K26)，将 K26 向 D10 传送。

(4) 输入/输出继电器八进制软元件编号的修改，如图 5-2(d)所示。用 MOV 指令变址，改变输入，使输入变换成 X7～X0 或 X17～X20 送到输出端 Y7～Y0。

(5) 定时器编号的修改，如图 5-2(e)所示，若要对定时器编号进行修改，则可以利用变址寄存器简单地构成。

3. 指针(P/I)

指针用作跳转、中断等程序的入口地址，与跳转、子程序、中断程序等指令一起应用。其地址号用十进制数分配，用户给指针的命名就是标签。按用途可分为分支指针(P)和中断指针(I)两类。

1) 分支用指针 P

分支用指针 P 用于条件跳转指令、子程序调用指令，地址号为 P0～P62 共 63 点。由于某个指针代表编译后程序存储区的某个固定地址，指针号不能重复使用，否则编程出错不能下载，或下载后 PLC 红灯亮，程序不运行。

P63 是跳转结束指针即 END 指令，用于标记用户程序存储区最后一个存储单元，表示程序存储空间的结束，END 后面无法编程。

2) 中断指针 I

中断指针 I 与应用指令 IRET(中断返回)、EI(允许中断)、DI(禁止中断)一起组合使用，有输入中断、定时中断、计数中断三种类型。

5.2 常用应用指令

5.3 比较运算指令

5.2.1 比较运算指令

比较运算用于两个操作数按一定条件的比较。操作数可以是整数和实数两种数据类型。

1. CMP 比较指令

比较指令是将源操作数[S1]、[S2]中的数据进行比较，比较结果影响目标操作数[D]的状态。DCMP 为双字比较，DECMP 为浮点数比较。

2. 比较运算符

在梯形图中用带参数和运算符的触点表示比较指令，比较条件满足时，触点闭合，否则断开。梯形图程序中，比较触点可以装入，也可以串、并联。不同的操作数类型和比较运算关系，可分别构成各种字节、字、双字和实数比较运算指令。

比较运算符：＝、＜＝、＞＝、＜、＞、＜＞。

3. 区间比较 ZCP

区间比较指令用一个数[S]与两个源操作数[S1]、[S2]进行代数比较，比较结果影响目标操作数[D]的状态。

4. 应用举例

【例 5-2】 比较指令 CMP。当 X0＝OFF 时，CMP 指令不执行，M0、M1、M2 保持不变；当 X0＝ON 时，比较指令执行，即计数器 C0 的当前值与 K100 进行比较。若 C0＞K100，则 M0＝1；若 C0＝K100，则 M1＝1；若 C0＜K100，则 M2＝1，即比较结果影响从目的操作数开始连续的 3 个位。程序如图 5-3 所示。

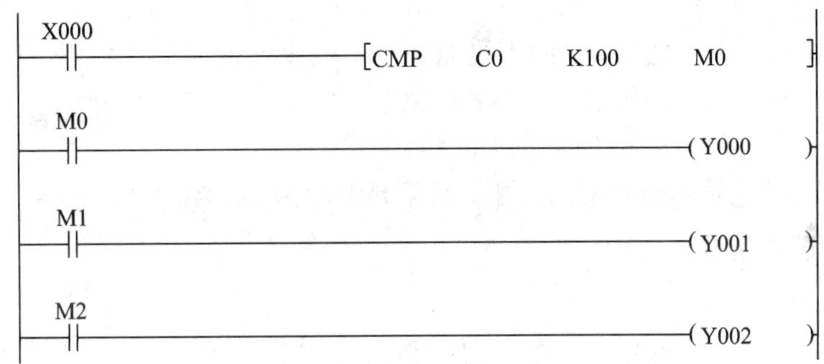

图 5-3 比较指令 CMP

【例 5-3】 比较运算符。该指令的应用详见交通信号灯的方案三，把定时器的当前值与整数进行比较，来确定灯亮的时间范围。

【例 5-4】 区间比较指令 ZCP 如图 5-4 所示。当 X0＝ON 时，比较指令执行。若 C0＜100，则 M0＝1；若 C0＝K100，则 M0＝1；若 100⩽C0⩽120，则 M1＝1；若 C0＞120，则 M2＝1。若需对 M 复位，则必须使用 RST 指令。

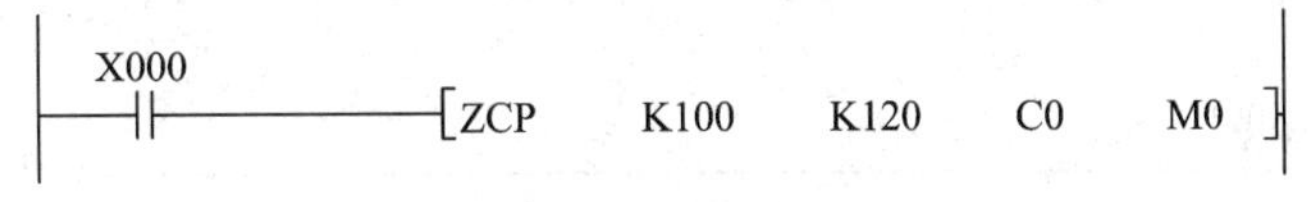

图 5-4 区间比较指令

5.2.2 传送指令

5.4 传送指令

1. 数据传送指令

1）指令说明

数据传送类指令有字传送(MOV)指令、双字传送(DMOV)指令、实数传送(DEMOV)指令和位传送(SMOV)指令，用来实现各存储器单元之间数据的传送和复制。

传送指令的数据类型必须一致，否则在输入时语法检查不能通过，无法输入。

2) 应用举例

【例 5-5】 字传送指令如图 5-5 所示,“MOV K32000 D0”是在 X7 为 1 时,把立即数 32000 传送到 D0 中,则变量 D0 的值为整数 32000。

双字传送指令“DMOV k84471 D2”是在 X10 为 1 时,把立即数 84471 传送到 D2、D3 组成的 1 个存储单元中,则单个变量 D3(高位)、D2(低位)的值已无实际意义。

实数传送指令“DEMOV E9.56 D4”是在 X11 为 1 时,把立即浮点数 9.560 传送到 D4、D5 组成的 1 个存储单元中,则单个变量 D5、D4 的值已无实际意义。

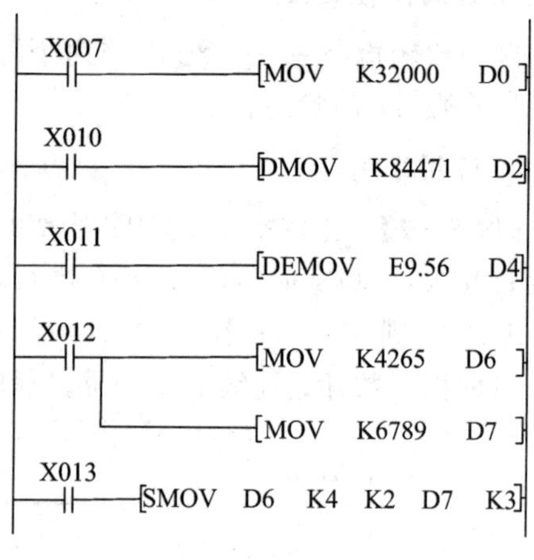

图 5-5 传送指令

位传送指令“SMOV D6 K4 K2 D7 K3”是在 X13 为 1 时,把 D6 中的十进制数 4265 的从第 K4 位(千位)开始的连续 K2 个位(即千位和百位)传送到 D7 中的从 K3 位(百位)开始的连续 K2 个位(百位和十位)中,结果是 D7 中的值为 6429。

2. 反相传送指令

1) 指令说明

反相传送指令是将源操作数中的二进制数每位取反后送到目标操作数中。INV 为位取反指令,仅对触点取反。

2) 应用举例

【例 5-6】 反相传送指令如图 5-6 所示,图中“CML D0 D2”是在 X0 为 1 时,把 D0 中的数据按位取反后,存到 D2 中。若 D0=0,则 D2=-1。

位取反指令 INV,把 X1 的值取反后,赋给 Y1,则 Y1 的值永远与 X1 相反。

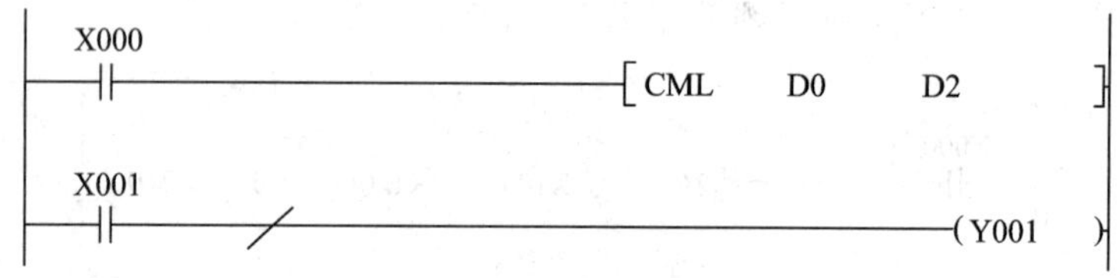

图 5-6 反相传送指令

5.2.3 数据交换指令

1. 指令说明

数据交换指令可实现两个源操作数中的数据交换,结果仍放在源操作数中,因此源操作数中也是目的操作数。

数据交换有两种情况:一是 16 位交换,二是 8 位交换。

2. 应用举例

【例 5-7】 数据交换指令如图 5-7 所示，“XCH　D0　D2”是在 X0 的上升沿，D0 与 D2 中的数据进行 16 位交换。如交换前 D0=5，D2=20，则交换后 D0=20，D2=5。

“XCH　D4　D4”是在 X1 的上升沿，D4 中数据的高 8 位与低 8 位交换。如交换前 D0=H1234，则交换后 D0=H3412，注意在 8 位交换前，需置 M8160 为 1，启动 SWAP(同一元件)功能。

由于交换不需要每个扫描周期都进行，因此一般在边沿执行。

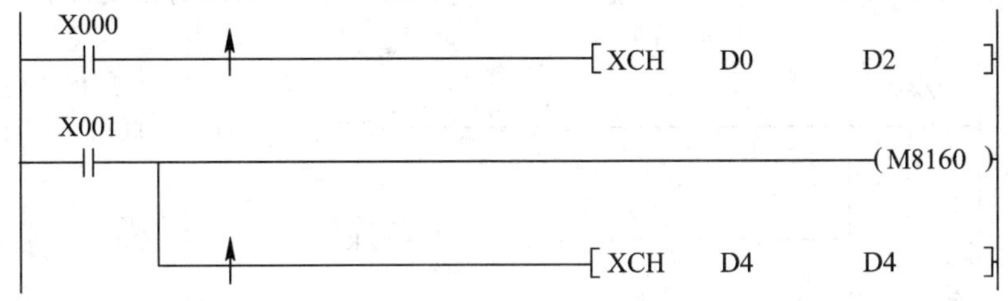

图 5-7　数据交换指令

5.2.4　BCD 码与二进制转换指令

5.5　BCD 码与二进制转换指令

1. 指令说明

BCD 码转换指令是将源地址中的二进制数转换成 BCD 码后送到目标地址中。常用于把二进制数据转换成 BCD 码，并用 LED 七段显示器进行显示。注意源操作数值范围为 0～9999。

BIN 码转换指令是将源地址中的 BCD 码转换成二进制数后送到目标地址中。如果源操作数中不是 BCD 码数则不会转换。

2. 应用举例

【例 5-8】 BCD 码转换指令如图 5-8 所示，“BCD　D6　K2Y000”是当 X2 为 1 时，源操作数 D6 中的二进制数转换为 BCD 码，送到 Y0～Y7 目标地址中。

BIN 指令“BIN　K2Y010　D8”是当 X3 为 1 时，源操作数 K2Y10 中的 BCD 码数转换为二进制数，送到目标地址 D8 中。

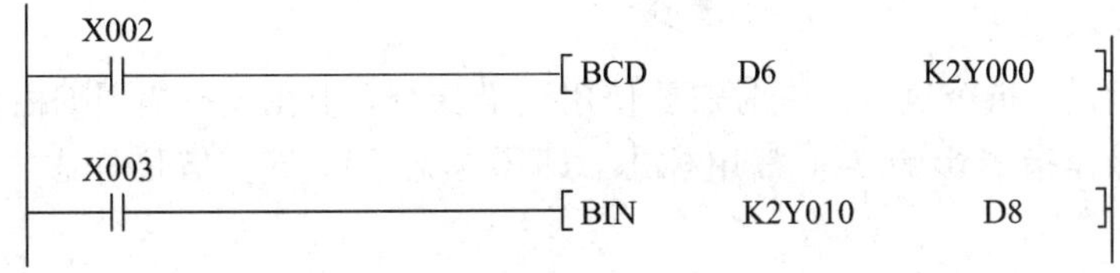

图 5-8　数据转换指令

5.2.5 区间复位指令

1. 指令说明

区间复位指令 ZRST 指定的同类元件成批的复位。目标操作数可以是 T、C、D(字元件)，也可以是 Y、M、S(位元件)。操作数中标号小的写在前面。

2. 应用举例

【例 5－9】 如图 5－9 所示，系统开机送电，进行初始化，在第 1 个扫描周期，T0～T10、C0～C10、D0～D10、Y0～Y10、M0～M10、S20～S30 全部清零复位。

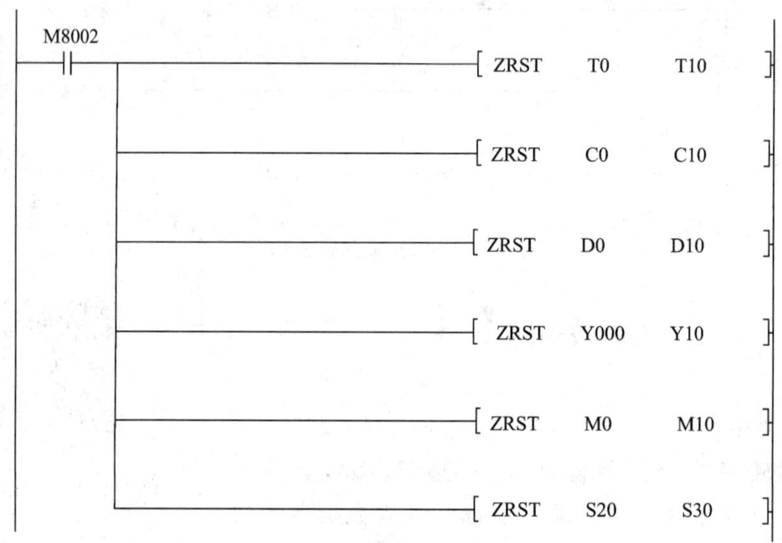

图 5－9 区间复位指令

5.2.6 整数运算指令

5.6 整数运算指令

1. 加法指令

加法指令是将指定源地址中的二进制数相加，其结果送到指定目标地址中。如图 5－10 所示，当 X0 接通时(即条件满足)，源地址的两个数据寄存器 D10、D12 中的二进制数相加后送到目标地址 D14 中，即(D10)＋(D12)→(D14)。ADD 为二进制代数运算。

注意事项：

(1) 条件满足，指令执行。有时需要使用边沿指令，则在该扫描周期内执行。

(2) 加法操作指令影响 3 个常用标志，即零标志 M8020、借位标志 M8021、进位标志 M8022。

(3) 如果运算结果为 0，则零标志 M8020 置 1；如果运算结果超过 32 767(16 位运算)或 2 147 483 647(32 位运算)，则进位标志 M8022 置 1；如果运算结果小于－32767 或－2 147 483 647，则借位标志 M8021 置 1。源地址 S1、S2 中可以是常数。

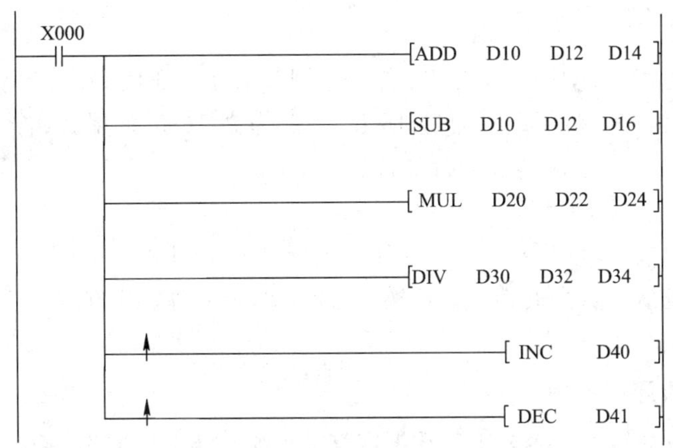

图 5-10 算术运算指令

2. 减法指令

减法指令是将源元件中 S1、S2 的二进制数相减，结果送至目标元件 D 中。如图 5-10 所示，当 X0 接通时，两个源元件 D10、D12 中的数相减，即(D10)-(D12)→(D14)。DSUB 为 32 位数相减，即(D11、D10)-(D13、D12)→(D15、D14)。减法指令对标志位元件的影响与加法指令相同。

3. 乘法指令

乘法指令是将指定的源操作元件中的二进制数相乘，结果送到指定的目标操作元件中去。乘法指令分为 16 位和 32 位两种运算。

图 5-10 所示为 16 位运算。当 X0 接通时，(D20)×(D22)→(D25、D24)。虽源操作数是 16 位，目标操作数却是 32 位。当(D20)=8，(D22)=9 时，(D25、D24)=72。最高位为符号位，0 为正，1 为负。

对于 32 位运算，指令为 DMUL。在图 5-10 中，有(D21、D20)×(D23、D22)→(D27、D26、D25、D24)，源操作数为 32 位，目标操作数为 64 位。

4. 除法指令

除法指令是将指定源地址中的二进制数相除，S1 为被除数，S2 为除数，商送到指定的目标地址 D 中，余数送到 D 的下一个连续目标地址 D+1 中。DIV 指令格式与功能如图 5-10所示。除法指令也分 16 位和 32 位操作，如图 5-10 所示运算情况。

对于 16 位运算，当 X0 接通时，(D30)÷(D32)→(D34)。当(D30)=19，(D32)=3 时，(D34)=6，(D35)=1。对于 32 位运算，指令为 DMUL，在图 5-10 中，有(D31、D30)÷(D33、D23)→(D35、D34)，余数在(D37、D36)中。

除数为 0 时，运算出错，V、Z 不能指定在 D 中。位组合元件(如 K1Y0)用于 D 中，得不到余数。商和余数的最高位为符号位。

5. 加 1 指令和减 1 指令

如图 5-10 所示，在 X0 上升沿，D40 中的数自动加 1，D41 中的数自动减 1。若用连续指令(不带 P)，则在条件满足时，每个扫描周期都会自动加 1 或减 1。

5.2.7 浮点数指令

浮点数又称为实数(REAL),用 32 位二进制数表示,如用 D1、D0 两个相邻数据存储器表示一个浮点数。其中,D0 中为低 16 位,D1 为高 16 位。尾数占低 23 位,指数占高 8 位,最高位为符号位:

5.7 浮点数指令

$$浮点数=(尾数)\times 2^{指数}$$

浮点数表示的数据范围为$\pm 1.175\times 10^{-38}\sim\pm 3.403\times 10^{38}$。

浮点数指令包括浮点数的传送、转换、比较、四则运算、开方运算和三角函数等功能。

1. 整数转换为浮点数指令 FLT

整数与浮点数的转换指令,用于数据寄存器。常数 K、H 在各浮点运算指令中自动转换,不能作为 FLT 指令的源操作数。

2. 浮点数转换为整数指令 INT

INT 将浮点数源操作数取整后,结果作为 BIN 整数存入目的地址中,舍去小数点后面的值。16 位指令对位于-32768~32767 间的任意浮点数,能正确取整;32 位指令对位于-2147483648~2147483647 间的任意浮点数,能正确取整。欲进行四舍五入运算,需先对源操作数加 0.5,再进行取整。

3. 浮点数比较指令 ECMP

DECMP(P)指令将两个源操作数进行比较,比较结果反映在目标操作数中。如果操作数为常数则自动转换成二进制浮点值处理。该指令源操作数可取 K、H 和 D,目标操作数可用 Y、M 和 S。

4. 浮点数区间比较指令 EZCP

浮点数区间比较指令 EZCP 是将源操作数的内容与用二进制浮点值指定的上下二点的范围进行比较,对应的结果用 ON/OFF 反映在目标操作数上。[S1.]应小于[S2.],操作数为常数时将被自动转换成二进制浮点值处理。

浮点数传送、转换、比较指令如图 5-11 所示。

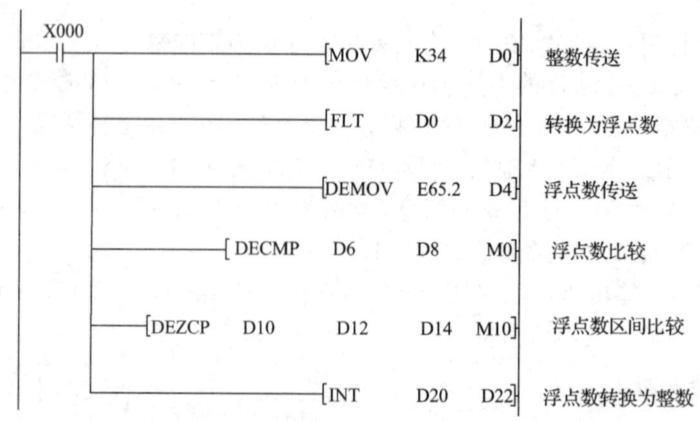

图 5-11 浮点数传送转换与比较

5. 浮点数的四则运算指令

浮点数的四则运算指令有加法指令 EADD、减法指令 ESUB、乘法指令 EMVL 和除法指令 EDIV 四条指令，都是将两个源操作数中的浮点数进行运算后送入目标操作数。当除数为 0 时出现运算错误，不执行指令。此类指令只有 32 位运算。如有常数参与运算则自动转化为浮点数，如图 5－12 所示。

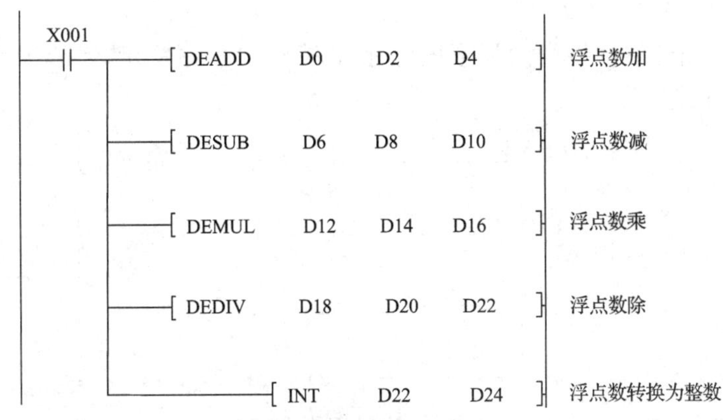

图 5－12　浮点数四则运算示意

5.2.8　逻辑运算指令

字逻辑与指令 WAND、或指令 WOR、异或指令 WXOR，其基本格式及使用说明如图 5－13 所示。当条件满足时，S1、S2 中的 D10、D12 各位进行与运算(或运算、异或运算)运算结果送至目的操作数中。

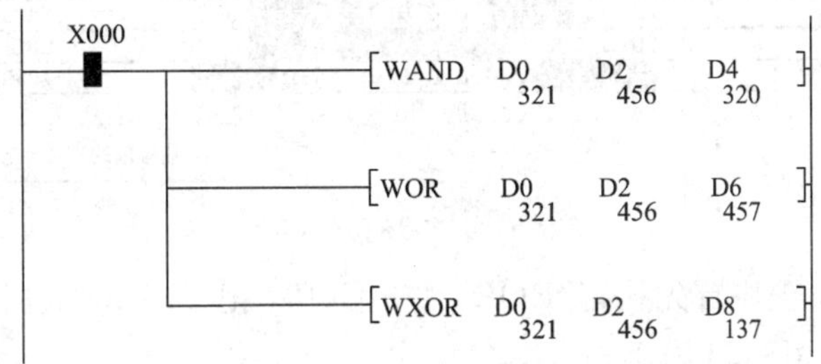

图 5－13　逻辑运算指令

注意：使用上述指令要注意采用连续执行型还是脉冲执行型，16 位操作还是 32 位操作。该指令常用来处理位，使其产生影响或失效。

【例 5－10】 逻辑运算指令如图 5－13 所示。当 X0 为 1 时，进行逻辑运算，若 D0＝321，D2＝456，则与运算结果为 320，或运算结果为 457，异或运算结果为 137。从存储器批量监视还可看到每一位运算的详细情况。

5.2.9　移位指令

5.8　移位指令

1. 循环移位指令

1）指令说明

循环移位指令是将移位数据存储单元的首尾相连，同时又与进位标志 M8022 连接，用来存放最后一次从被移出的位。

循环左(右)移位指令在操使能输入有效时，将目标存储器字数据循环左(右)移 N 位，并将最后一次移出位送 M8022。M8022 仅用来存储进位标志，不参与移位。

带进位的循环左(右)移位指令在操使能输入有效时，将目标存储器字数据连同进位标志一起循环左(右)移 N 位，M8022 成为目标存储器的一位参与移位。

2) 应用举例

【例 5-11】 循环移位指令的梯形图程序如图 5-14(a)所示，(b)为移位前的状态，(c)为一次移位后的状态。

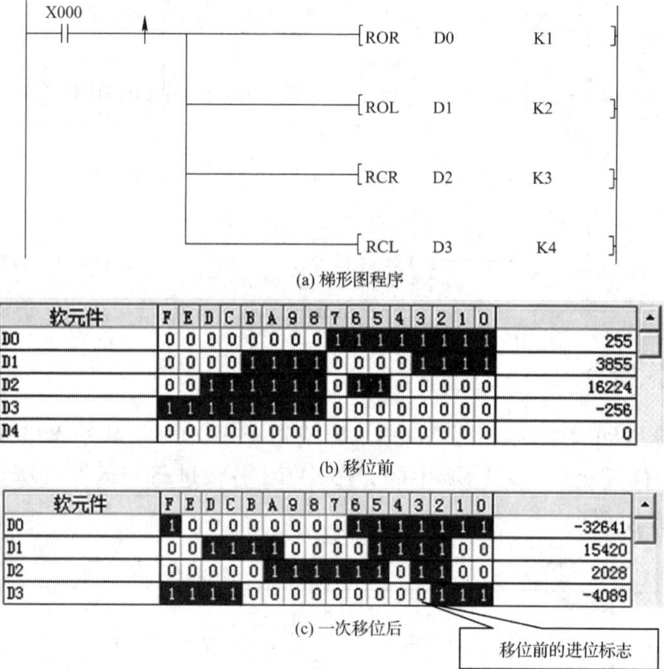

(a) 梯形图程序

软元件	F	E	D	C	B	A	9	8	7	6	5	4	3	2	1	0	
D0	0	0	0	0	0	0	0	0	1	1	1	1	1	1	1	1	255
D1	0	0	0	0	1	1	1	1	0	0	0	0	1	1	1	1	3855
D2	0	0	1	1	1	1	1	1	0	1	1	0	0	0	0	0	16224
D3	1	1	1	1	1	1	1	1	0	0	0	0	0	0	0	0	-256
D4	0	0	0	0	0	0	0	0	0	0	0	0	0	0	0	0	0

(b) 移位前

软元件	F	E	D	C	B	A	9	8	7	6	5	4	3	2	1	0	
D0	1	0	0	0	0	0	0	0	0	1	1	1	1	1	1	1	-32641
D1	0	0	1	1	1	1	0	0	0	0	1	1	1	1	0	0	15420
D2	0	0	0	0	0	1	1	1	1	1	1	0	1	1	0	0	2028
D3	1	1	1	1	0	0	0	0	0	0	0	0	0	1	1	1	-4089

(c) 一次移位后

图 5-14　循环移位指令

在 X0 的上升沿，程序首先执行“ROR　D0　K1”，把 D0 中的数据 255 共 16 位循环右移一位，得－32641，M8022 为 1。

程序再执行“ROL　D1　K2”，把 D1 中的数据 3855 共 16 位循环左移二位，得 15420，M8022 为 0。

程序继续执行“RCR　D2　K3”，把 D2 中的数据 16 224 连同 M8022 的 0 共 17 位循环右移三位，得 2028，M8022 为 0。在这里看不出进位标志对结果的影响。

程序最后执行“RCL　D3　K4”，把 D3 中的数据－256 连同 M8022 的 0 共 17 位循环左移四位，得－4089，M8022 为 1。在这里明显看到进位标志对结果的影响。

2. 移位指令

移位指令将源数据与目标存储器数据一起移位。移位结束，源数据不变，目标数据移位。

位移位指令将 N2 个源位数据与指定长度的目标存储器数据一起左(右)移位。移位结束，源数据不变，目标数据移位。

字移位指令将 N2 个源字数据与指定长度的目标存储器数据一起左(右)移位。移位结束，源数据不变，目标数据移位。

【例 5-12】 位移位指令的梯形图程序如图 5-15(a)所示，(b)为移位前的状态，(c)为一次移位后的状态。

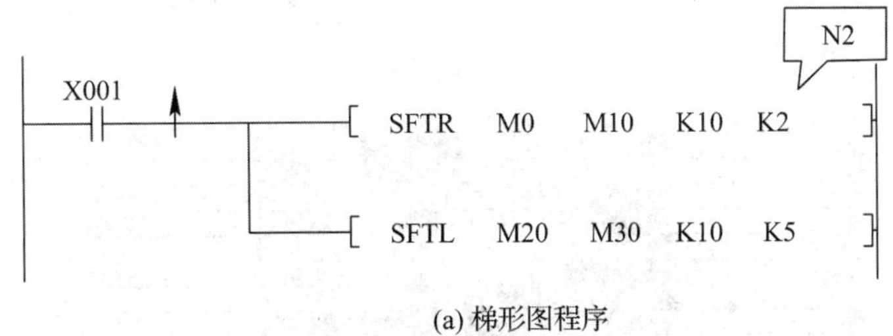

(a) 梯形图程序

软元件	9	8	7	6	5	4	3	2	1	0
M0	0	0	0	0	1	0	0	0	1	1
M10	0	0	0	1	0	0	0	1	0	1
M20	0	0	0	0	1	0	0	0	1	1
M30	0	0	0	1	0	0	0	1	0	1

(b) 移位前状态

软元件	9	8	7	6	5	4	3	2	1	0
M0	0	0	0	0	1	0	0	0	1	1
M10	1	1	0	0	0	1	0	0	0	1
M20	0	0	0	0	1	0	0	0	1	1
M30	0	0	1	0	1	0	0	0	1	1

(c) 移位后状态

图 5-15 位移位指令

在 X1 的上升沿，程序首先执行“SFTR M0 M10 K10 K2”，把 M1、M0 这 2 位源数据与 M10 开始的连续 10 位目标数据 M19～M10，共 12 位右移 2 位。即把 11＋0001000101 右移 2 位，得 1100010001，源数据 11 不变。

然后执行“SFTL M20 M30 K10 K5”，把 M24～M20 这 5 位源数据与 M30 开始的连续 10 位目标数据 M39～M30，共 15 位左移 5 位。即把 0001000101＋00011 左移 5 位，得 0010100011，源数据 00011 不变。

【例 5-13】 字移位指令的梯形图程序如图 5-16(a)所示，(b)为移位前的状态，(c)为一次移位后的状态。

在 X2 的上升沿，程序首先执行“WSFL D0 D3 K5 K2”，把 D1、D0 这 2 个源数据与 D3 开始的连续 5 个目标数据 D7～D3，共 7 个数据左移 2 位。即把(D7、D6、D5、D4、D3)＋(D1、D0)左移 2 位，由原来的(29013、17767、－4096、0、26726)＋(51、－28432)，移位成(－4096、0、26726、51、－28432)，源数据(51、－28432)不变。

程序再执行“WSFR D10 D14 K7 K3”，把 D12～D10 这 3 个源数据与 D14 开始的连续 7 个目标数据 D20～D14，共 10 个数据右移 3 位。即把(D12、D11、D10)＋(D20、D19、D18、D17、D16、D15、D14)右移 3 位，由原来的(18432、20583、80)＋(－32763、28416、111、－26536、0、30722、5120)，移位成(18432、20583、80、－32763、28416、

111、−26536)，源数据(18432、20583、80)不变。

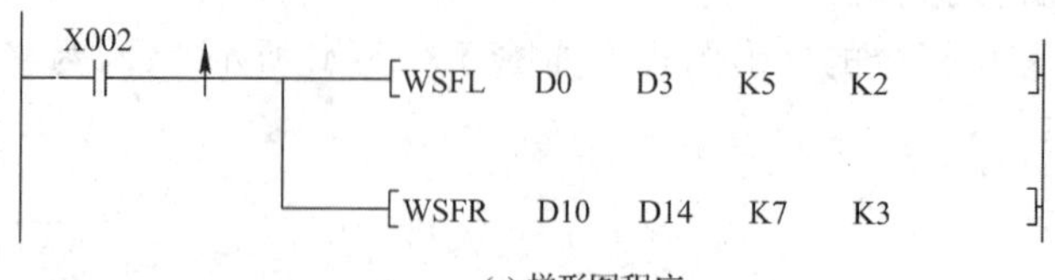

(a) 梯形图程序

软元件	F	E	D	C	B	A	9	8	7	6	5	4	3	2	1	0	
D0	1	0	0	1	0	0	0	0	1	1	1	1	0	0	0	0	-28432
D1	0	0	0	0	0	0	0	0	0	0	1	1	0	0	1	1	51
D2	0	1	1	0	1	0	0	0	0	0	0	0	0	0	0	0	26624
D3	0	1	1	0	1	0	0	0	0	1	1	0	0	1	1	0	26726
D4	0	0	0	0	0	0	0	0	0	0	0	0	0	0	0	0	0
D5	1	1	1	1	0	0	0	0	0	0	0	0	0	0	0	0	-4096
D6	0	1	0	0	0	1	0	1	0	1	1	0	0	1	1	1	17767
D7	0	1	1	1	0	0	0	1	0	1	0	1	0	1	0	1	29013
D8	0	0	0	0	0	0	0	0	0	1	0	1	0	0	0	0	80
D9	0	0	0	0	0	0	0	0	0	0	0	0	0	0	0	0	0
D10	0	0	0	0	0	0	0	0	0	1	0	1	0	0	0	0	80
D11	0	1	0	1	0	0	0	0	0	1	1	0	0	1	1	1	20583
D12	0	1	0	0	1	0	0	0	0	0	0	0	0	0	0	0	18432
D13	0	0	0	0	0	0	0	0	0	0	0	0	0	0	0	0	0
D14	0	0	0	1	0	1	0	0	0	0	0	0	0	0	0	0	5120
D15	0	1	1	1	1	0	0	0	0	0	0	0	0	0	1	0	30722
D16	0	0	0	0	0	0	0	0	0	0	0	0	0	0	0	0	0
D17	1	0	0	1	1	0	0	0	0	1	0	1	1	0	0	0	-26536
D18	0	0	0	0	0	0	0	0	0	1	1	0	1	1	1	1	111
D19	0	1	1	0	1	1	1	1	0	0	0	0	0	0	0	0	28416
D20	1	0	0	0	0	0	0	0	0	0	0	0	0	1	0	1	-32763

(b) 移位前状态

软元件	F	E	D	C	B	A	9	8	7	6	5	4	3	2	1	0	
D0	1	0	0	1	0	0	0	0	1	1	1	1	0	0	0	0	-28432
D1	0	0	0	0	0	0	0	0	0	0	1	1	0	0	1	1	51
D2	0	1	1	0	1	0	0	0	0	0	0	0	0	0	0	0	26624
D3	1	0	0	1	0	0	0	0	1	1	1	1	0	0	0	0	-28432
D4	0	0	0	0	0	0	0	0	0	0	1	1	0	0	1	1	51
D5	0	1	1	0	1	0	0	0	0	1	1	0	0	1	1	0	26726
D6	0	0	0	0	0	0	0	0	0	0	0	0	0	0	0	0	0
D7	1	1	1	1	0	0	0	0	0	0	0	0	0	0	0	0	-4096
D8	0	0	0	0	0	0	0	0	0	1	0	1	0	0	0	0	80
D9	0	0	0	0	0	0	0	0	0	0	0	0	0	0	0	0	0
D10	0	0	0	0	0	0	0	0	0	1	0	1	0	0	0	0	80
D11	0	1	0	1	0	0	0	0	0	1	1	0	0	1	1	1	20583
D12	0	1	0	0	1	0	0	0	0	0	0	0	0	0	0	0	18432
D13	0	0	0	0	0	0	0	0	0	0	0	0	0	0	0	0	0
D14	1	0	0	1	1	0	0	0	0	1	0	1	1	0	0	0	-26536
D15	0	0	0	0	0	0	0	0	0	1	1	0	1	1	1	1	111
D16	0	1	1	0	1	1	1	1	0	0	0	0	0	0	0	0	28416
D17	1	0	0	0	0	0	0	0	0	0	0	0	0	1	0	1	-32763
D18	0	0	0	0	0	0	0	0	0	1	0	1	0	0	0	0	80
D19	0	1	0	1	0	0	0	0	0	1	1	0	0	1	1	1	20583
D20	0	1	0	0	1	0	0	0	0	0	0	0	0	0	0	0	18432

(c) 移位后状态

图 5-16　字移位指令

5.2.10　PID 指令

5.9　PID 指令

三菱 FX 系列 PLC 的 PID 指令格式如图 5-17 所示，由助记符、目标值、测定值、参数、输出值组成。

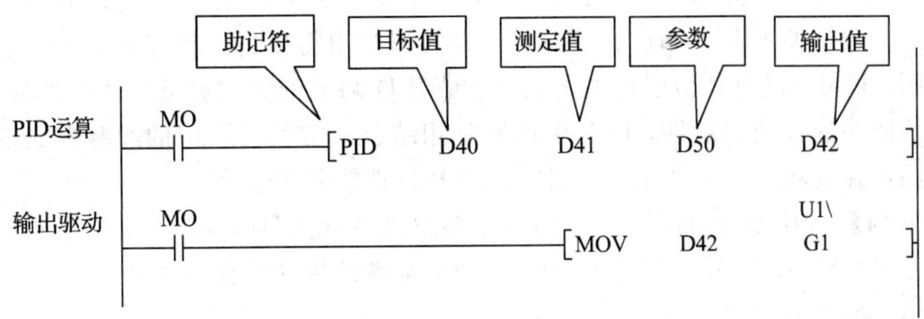

图 5-17 PID 运算指令

参数占用 25 个连续的数据寄存器，对于输出值最好选用非电池保持的数据寄存器，否则应在 PLC 开始运行时使用程序清空旧存的数据。

在使用 PID 指令前，需事先对目标值、测定值及控制参数进行设定。其中测定值是传感器反馈量在 PLC 中产生的数字量值，因而目标值也为结合工程实际值、传感器测量范围、模数转换字长等参数的量值，它应当是控制系统稳定运行的期望值。控制参数则为 PID 运算相关的参数。表 5-1 给出了 25 个参数的名称和设定内容。

表 5-1 PID 参数

偏移量	参数名称	设定值参考
0	取样时间(Tt)	设定范围 1～32767 ms
1	动作方向(ACT)	0 正向动作 1 反向动作
2	输入滤波常数(a)	0～99%，设定为 0 时无滤波
3	比例常数(Kp)	1%～32767%
4	积分时间(Tt)	0～32767(×100 ms)，设定为 0 时无积分处理
5	微分增益(KD)	0～100%，设定为 0 时无微分增益
6	微分时间(Tt)	0～32767(×100 ms)，设定为 0 时无微分处理
7～19		PID 运算内部占用
20	输入变化量(增加方向)报警设定值	0～32767，动作方向(ACT)的 b1=1 有效
21	输入变化量(减少方向)报警设定值	0～32767，动作方向(ACT)的 b1=1 有效
22	输出变化量(增加方向)报警设定值	0～32767，动作方向(ACT)的 b2=1、b5=0 有效
23	输出变化量(减少方向)报警设定值	0～32767，动作方向(ACT)的 b2=1、b5=0 有效
24	报警输出	b0=1 输入变化量(增加方向)溢出报警 动作方向(ACT)的 b2=1、b1=1 有效 b1=1：输入变化量(减少方向)溢出报警 b2=1：输出变化量(增加方向)溢出报警 b3=1：输出变化量(减少方向)溢出报警

表 5－1 中参数 1 为 PID 调节方向设定，一般来说大多数情况下 PID 调节为反方向，即测量值减少时应使 PID 调节输出增加，正方向调节用得较少。偏移量 3～6 是涉及 PID 调节中比例、积分、微分调节强弱的参数，也是 PID 调节的关键参数，这些参数的设定直接影响系统的快速性及稳定性，应与生产实际相结合。工程实践中的经验参数仅作参考。这些参数还可在现场进行自整定，不同厂家的 PID 性能差别较大。

【例 5－14】 PID 运算如图 5－17 所示。期望值存放在 D40 中，过程值存放在 D41 中，PID 运算占用 D50～D74 连续 25 个数据存储器，运算结果存放在 D42 中，运算结果立即输出到 1 号模块的 1 号通道。

5.2.11 译码/编码段译码指令

5.10 译码/编码段译码指令

1. 译码指令 DECO

译码指令 DECO(P)(Decode)是根据 n 位输入的状态对 2^n 个输出进行译码。它是将目标元件的某一位置 1，其它位置 0，置 1 位的位置由操作数的十进制码决定。译码指令的操作规则与数字电路中的状态译码器(如三八译码器等)相同。

如图 5－18 所示，n＝3 则表示[S.]源操作数为 3 位，即 X0、X1、X2。其状态为二进制数，当值为 011 时相当于十进制 3，则由目标操作数 M7～M0 组成的 8 位二进制数的第三位 M3 被置 1，其余各位为 0。如果为 000，则 M0 被置 1。用译码指令可通过[D.]中的数值来控制元件的 ON/OFF。

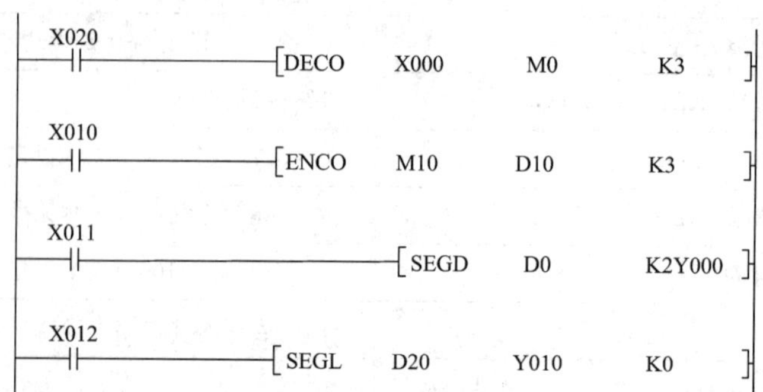

图 5－18 译码指令

使用译码指令时应注意：

(1) 位的源操作数可取 X、T、M 和 S，位的目标操作数可取 Y、M 和 S，字的源操作数可取 K、H、T、C、D、V 和 Z，字的目标操作数可取 T、C 和 D。

(2) 若[D.]指定的目标元件是字元件 T、C、D，则 n≤4；若是位元件 Y、M、S，则n＝1～8。

2. 编码指令 ENCO

ENCO(P)指令的功能是根据 2^n 个输入位的状态进行编码，将结果存放到目标元件中。它是将源操作数为 1 的最高位位置存放到目标寄存器 D 中，只有 16 位运算。若指定的源元件中为 1 的位不止一个，则只有最高位的 1 有效。

如图5-18所示，当X10有效时执行编码指令，将[S.]中最高位的1(M3)所在位数(4)放入目标元件D10中，D10的值为3。

使用编码指令时应注意：

(1) 指令的源操作数和目标操作数可以是位元件，也可以是字元件。

(2) 源操作数是字元件时，可以是T、C、D、V和Z；源的操作数是位元件时，可以是X、Y、M和S。目标元件可取T、C、D、V和Z，编码指令为16位指令。

(3) 操作数为字元件时应使n≤4，为位元件时则n=1～8，n=0时不做处理。

(4) 若指定源操作数中有多个1，则只有最高位的1有效。

3. 七段译码指令SEGD

七段译码器指令，将源操作数低4位(1位数)的0～F(十六位进制数)译码成七段码显示用的数据，并保存到目的操作数低8位中。该指令不能进行仿真运行，要运行这条指令，只能写入实物PLC。

七段数码管必须按照Y0～Y7对应A、B、C、D、E、F、G的顺序接线，若D0的值为1，则输出后Y2、Y1为1，数码管显示“1”，依此类推。

4. 带锁存的七段译码指令SEGL

控制1组或是2组4位数带锁存的7段数码管显示的指令，可将源操作数的4位数值转换成BCD数据，采用时分方式，依次将Dn～D(n+3)每1位数输出到带BCD译码的七段数码管中。

在图5-18中，若使用一组输出(n=0～3)，D20中的数据(二进制)转换为BCD码(0～9999)依次送到Y10～Y13。若使用两组输出(n=4～7)，D20中的数据送到Y10～Y13，D21中的数据送到Y20～Y23，选通信号由Y14～Y17提供。

由于本指令占用了较多的点数，不提倡使用该指令。需要数字显示时，可采用功能强大的触摸屏来实现。

5.3 程序流向控制指令

程序跳转及中断指令共有10条，表5-2列出了这10条程序流程指令含义。

表5-2 程序流向控制指令

功能编号	指令助记符	指令名称及功能
00	CJ	条件跳转，程序跳到P指针标号处
01	CALL	子程序调用，调用P指针标号处程序，可嵌套5层
02	SRET	子程序返回，从CALL调用的子程序返回主程序
03	IRET	中断返回，从中断程序返回主程序
04	EI	中断允许(允许中断)
05	DI	中断禁止(禁止中断)
06	FEND	主程序结束
07	WDT	监视定时器刷新

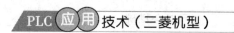

续表

功能编号	指令助记符	指令名称及功能
08	FOR	循环，可嵌套5层
09	NEXT	循环结束
	END	程序存储结束标志

5.3.1 条件跳转指令

5.11 条件跳转指令

1. 指令说明

条件跳转(Condition Jump)指令在条件满足时，程序跳到指针标号处执行。若执行条件为M8000，则变为无条件跳转。一个标号只能使用一次，但两条跳转指令可以使用同一标号。编程时，把鼠标置于左母线左侧，可输入标号，标号占一行。

2. 应用举例

【例5-15】 跳转指令实现手动/自动模式切换，如图5-19所示。工业控制系统经常用模式开关实现手动和自动等模式切换，跳转指令可用于实现模式程序切换。该例由模式开关X0实现手动/自动切换。X0为1执行手动模式，X1和X2分别单独控制Y1、Y2；X0为0执行自动模式，Y1与Y2以周期为1 s、占空比为50%的波形交替闪烁。程序中使用了P0和P1两个指针。执行完手动模式，无条件跳转到程序结束。

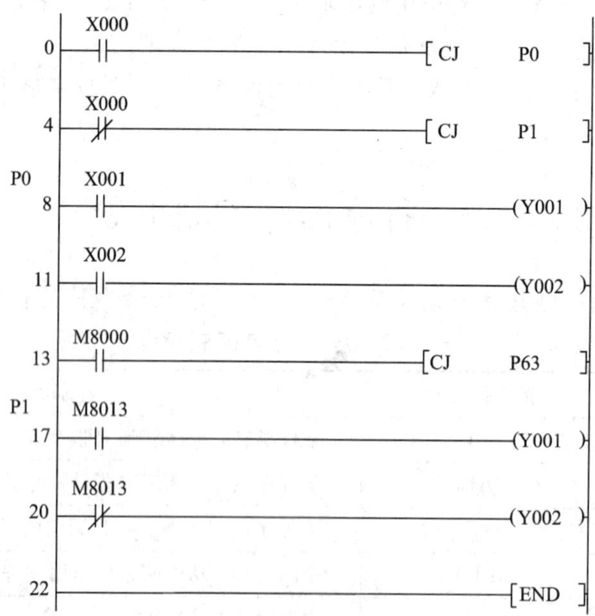

图5-19 手动/自动模式切换

由于跳转指令使程序层次不清，造成程序流程的混乱，使理解和调试都产生困难，也不符合结构化编程思想，用跳转指令的地方都可以用其它指令实现，建议少用或不用它。

5.3.2 子程序指令

5.12 子程序指令

采用子程序，可以优化程序结构，提高编程效果。

1. 指令说明

(1) 子程序指令有两个，是调用指令 CALL 和结束指令 SRET。CALL 指令一般安排在主程序中，子程序开始端有 P(指针号)，最后由 SRET 返回主程序，指针号在程序中只能使用一次。

(2) 调用子程序条件满足时，调用相应指针号 P－SRET 间的子程序并执行；当条件不满足时，不调用子程序，主程序按顺序运行。

(3) 子程序调用指令可以嵌套，最多为 5 级。

2. 应用举例

【例 5－16】 采用子程序实现模式切换。模式开关 X0 为 1 执行手动子程序，实现点动功能；X0 为 0 执行自动子程序，由 X3 和 X4 进行启停控制，实现 Y0 与 YI 交替闪烁功能；程序中使用了标签(程序存储区指针地址)，进行注释。执行完子程序，都需返回主程序。子程序指令如图 5－20 所示。

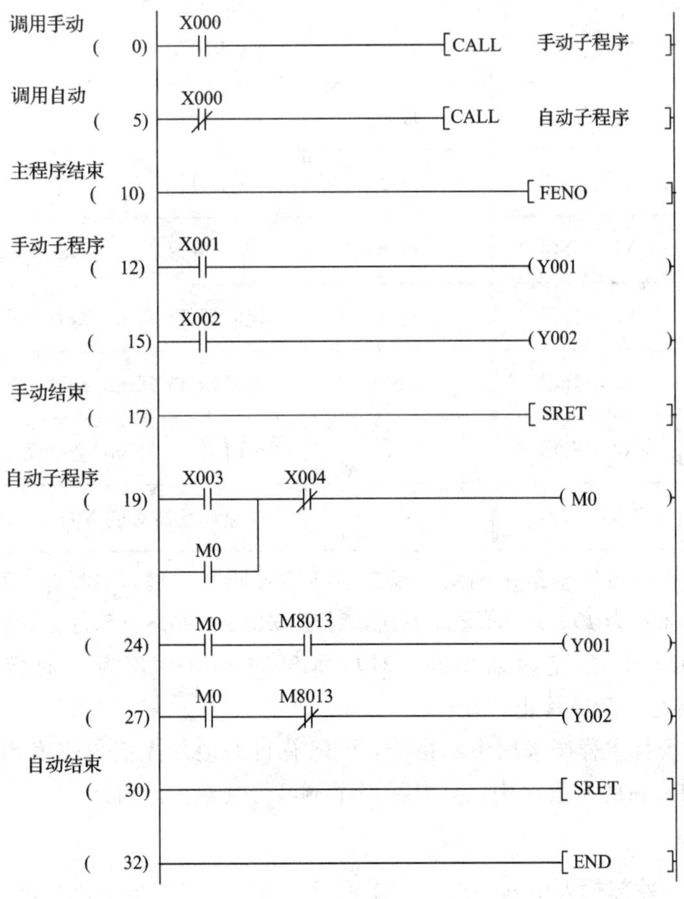

图 5－20 子程序指令

5.3.3 中断指令

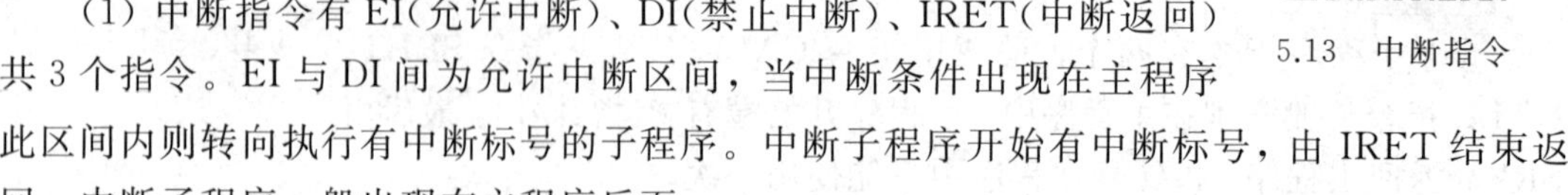

5.13 中断指令

1. 使用说明

(1) 中断指令有 EI(允许中断)、DI(禁止中断)、IRET(中断返回)共 3 个指令。EI 与 DI 间为允许中断区间，当中断条件出现在主程序此区间内则转向执行有中断标号的子程序。中断子程序开始有中断标号，由 IRET 结束返回。中断子程序一般出现在主程序后面。

(2) 中断分为输入中断、定时中断、高速计数中断三种类型，中断标号必须对应允许中断的条件。中断标号含义如表 5-3 所示。在中断条件 0～8 中，0～5 表示与输入条件 X0～X5 对应，如中断标号 I101 表示在 X1 的上升沿执行相应的中断子程序，I100 表示在 X1 的下降沿执行相应的中断子程序；6～8 为定时器中断，如 I610 表示指定由定时器 6 每计时 10 ms 执行一次中断子程序，I899 表示由定时器 8 每计时 99 ms 执行一次中断子程序。高速计数中断占用对应的 X0～X5 输入中断。

表 5-3 中断标号及含义

中断标号	中断条件	中断标号	中 断 条 件
I0	X0 上升沿	I401	X4 上升沿
I001	X0 下降沿	I400	X4 下降沿
I101	X1 上升沿	I501	X5 上升沿
I100	X1 下降沿	I500	X5 下降沿
I201	X2 上升沿	I6mn	定时器 T6 每 mn 毫秒发生一次中断
I200	X2 下降沿	I7mn	定时器 T7 每 mn 毫秒发生一次中断
I301	X3 上升沿	I8mn	定时器 T8 每 mn 毫秒发生一次中断
I300	X3 下降沿	C235～C255	高速计数器对应 X0～X5 的中断

(3) 中断子程序可嵌套最多两级，多个中断信号同时出现，中断标号低的优先权高。

(4) 对中断标号为 I0～15 的输入中断，对应 M8050～M8055 为 1 时输入中断被禁止。对中断标号为 I6～I8 的定时器中断，对应 M8056～M8058 为 1 时定时中断被禁止。M8059 为 1 时高速中断被禁止。

(5) 在特殊场合主程序采用中断指令，可以有目的地预先应付突发事件，也适用于一些精确定时监控诊断的主程序中，但中断程序不可仿真模拟运行。

2. 应用举例

【例 5-17】 外部输入中断如图 5-21 所示。I101 为 X1 上升沿中断，每次中断 D0 加 1，D0 超过 10，Y0 被置位。

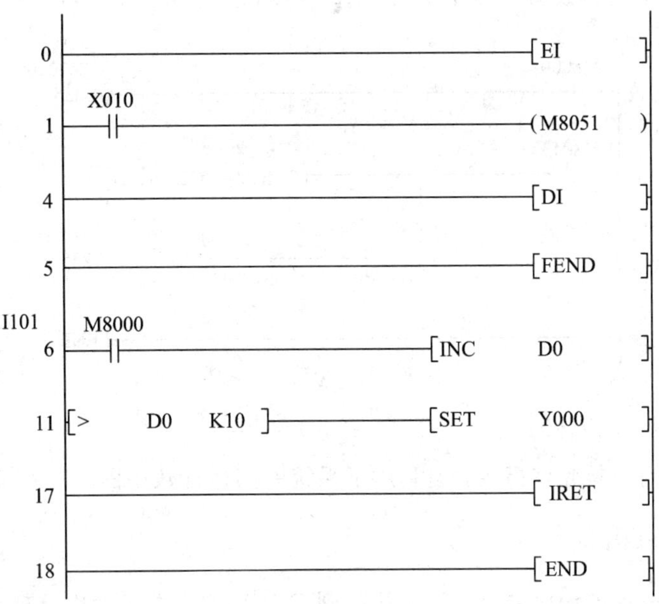

图 5－21 外部输入中断

【例 5－18】 定时中断。中断标号 I610 表示定时器 T6 的 10 ms 中断，每次中断 D0 加 1，D0 超过 1000，Y0 被置位，即开机 10 s，Y0 自动接通，如图 5－22 所示。

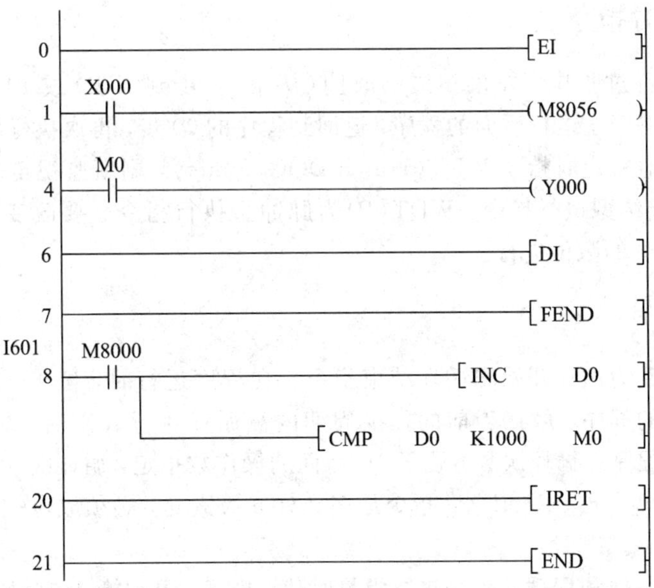

图 5－22 定时中断

【例 5－19】 高速计数中断。电机带动光电编码器产生的高速脉冲进入 X0 端，由 C235 进行高速计数。每秒末将 C235 的值传送到 D0，然后对 C235 复位，这样可在 D0 中得到与转速成正比例的数值。程序如图 5－23 所示。

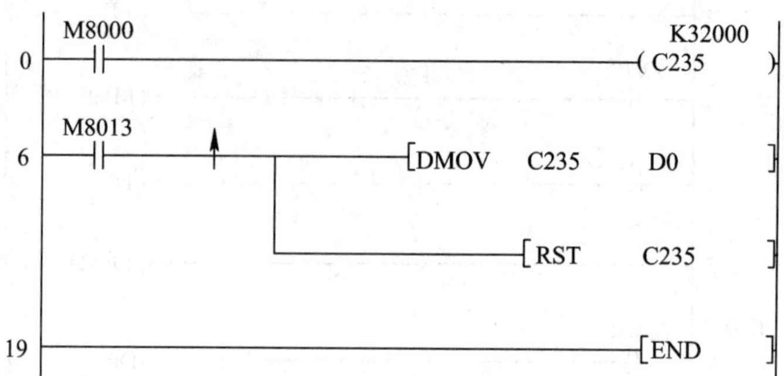

图 5－23　计数中断

程序中看不到中断允许指令，但利用了系统的高速计数中断。

5.3.4　程序结束指令

FEND 指令表示主程序结束，程序执行到 FEND 时，进行输出处理，监视定时器和计数器刷新，返回到程序的 00 步，再次执行用户程序。

在有跳转指令的程序中，用 FEND 作为主程序和跳转程序的结束，用 CALL 调用子程序，用 SRET 返回，中断子程序用 IRET 返回。当主程序中有多个 FEND 指令时，子程序和中断子程序必须写在最后一个 FEND 及 END 之间。

5.3.5　监视定时指令

在程序的执行过程中，如果扫描的时间(从第 00 步到 END 或 FEND 语句)超过了 200ms，则 PLC 将停止运行后面的程序，返回到程序的 00 步，再次执行用户程序。在这种情况下可以使用监视定时指令 WDT(Watch DOG Timer)，刷新监视定时器，使程序继续执行。WDT 为连续型执行指令，WDT(P)为脉冲型执行指令。要改变监视定时器时间，可通过改变 D8000 的数值进行。

5.3.6　循环指令

5.14　循环指令

FOR、NEXT 为循环开始和循环结束指令。在程序运行时，位于 FOR、NEXT 间的程序，可在当前的扫描周期内被循环执行 n 次后，再执行指令后的程序。循环次数 n 由 FOR 后面的操作数指定，循环次数范围为 1～32767。FOR、NEXT 指令最多允许 5 级嵌套，必须成对使用，否则出错。

可与 C 语言一样利用循环指令进行批量赋值、排序、求和等，在模拟量滤波中常用。

【例 5－20】 利用循环指令求和。在 D10～D19 中已采集了 10 个数，求和程序如图 5－24所示。

每秒求和 1 次，使用变址寄存器 Z0，主控指令 N1 中为 1 个完整循环，和存放在 D21 中。

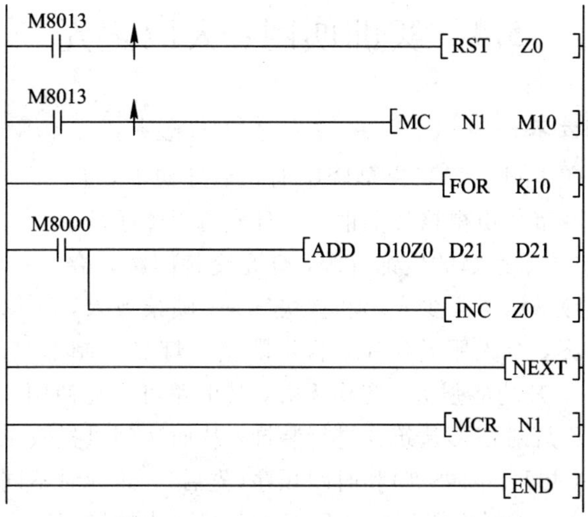

M8013
RST Z0
M8013
MC N1 M10
FOR K10
M8000
ADD D10Z0 D21 D21
INC Z0
NEXT
MCR N1
END

图 5-24 循环求和指令

【例 5-21】 循环的嵌套，比较法排序。若在 D50～D59 中已采集了 10 个数，排序程序如图 5-25 所示。

X0 接通进行排序，循环需嵌套，由主控指令 N2 控制，外循环使用变址寄存器 Z6，内循环使用变址寄存器 Z7，结果升序排列，仍存放在 D50～D59 中。

X000
MC N2 M30
FOR K10
M8000
MOV K0 Z7
FOR K10
> D50Z6 D50Z7
MOV D50Z6 D30
MOV D50Z7 D5026
MOV D30 D5027
M8000
INC Z7
NEXT
M8000
INC Z6
NEXT
MCR N2
END

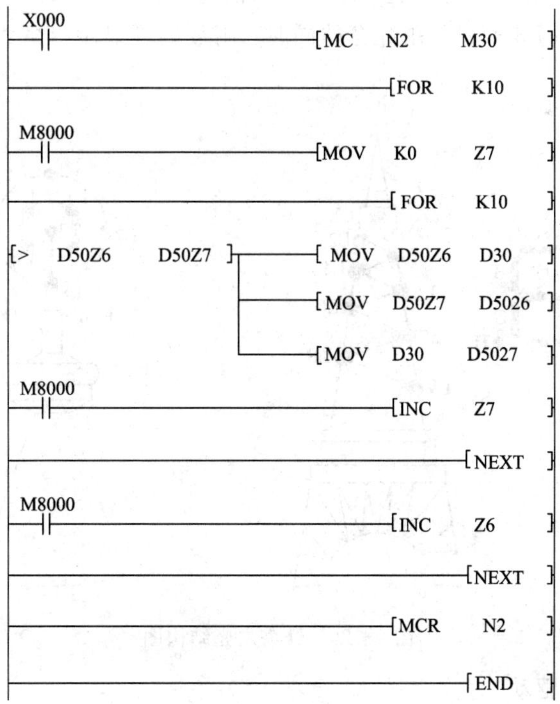

图 5-25 循环的嵌套

5.4 实训项目：天塔之光

5.15 实训项目：天塔之光

1. 天塔之光工艺要求

霓虹灯是城市的美容师，每当夜幕降临时，华灯初上，五颜六色的霓虹灯就把城市装扮得格外美丽；节日彩灯、舞厅灯、卡拉 OK 厅、酒吧、橱窗、家庭的装饰灯等，灯光交替闪耀，给节日晚上(尤其是舞会)增添了不少光彩和欢快气氛；喷泉效果，有多种造型和奇特图案，令人眼花缭乱、目不暇接。灯光控制也是 PLC 的强项之一，其功能强大，变换无穷，其电路可反复使用。

天塔之光是利用彩灯对塔形建筑物进行装饰，从而达到烘托效果。这实际上是考虑了 PLC 输出的空间效果(上下、内外等)和时间顺序(先后)，而针对不同的场合对彩灯的运行方式也有不同的要求，对于要求彩灯有多种不同运行方式的情况下，采用 PLC 中的一些特殊指令来进行控制就显得尤为方便。

本实例中，铁塔(天塔)之光的控制要求如下：

PLC 运行后，灯光自动开始显示，有时每次只亮一盏灯，顺序从上向下，或是从下向上；有时从底层从下向上全部点亮，然后又从上向下熄灭。运行方式多样，学习者可自行设计。

具体地讲，共有 8 盏灯，每灯亮 1s，顺序依次为 L1→L2→L3→L4→L5→L6→L7→L8→L7→L6→L5→L4→L3→L2，在灯亮的同时，用数码管显示灯的编号，循环往复。其结构图如图 5-26 所示。

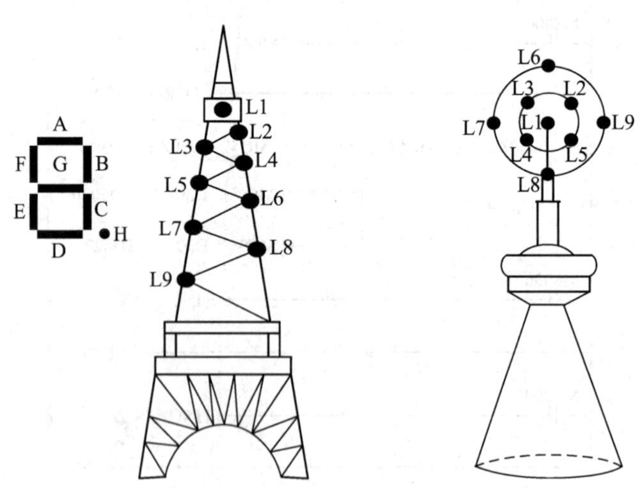

图 5-26 铁塔之光结构图

2. 八段数码管的驱动

50 多年前人们就已经了解半导体材料可产生光线的基本知识，第一个商用二极管诞生于 1960 年。LED 是英文 Light Emitting Diode(发光二极管)的缩写，它的基本结构是一块电致发光的半导体材料，置于一个有引线的架子上，然后四周用环氧树脂密封，起到保护内部芯线的作用，所以 LED 的抗震性能好。

发光二极管的 PN 结中，注入的少数载流子与多数载流子复合时会把多余的能量以光的形式释放出来，从而把电能直接转换为光能。这种利用注入式电致发光原理制作的二极管叫发光二极管。当它处于正向工作状态时(即两端加上正向电压)，电流从 LED 阳极流向阴极时，半导体晶体就能发出从紫外到红外不同颜色的光线，光的强弱与电流有关。

LED 使用低压电源，特别适用于公共场所；效能高；可以制备成各种形状的器件；可工作约 10 万小时；响应时间快，为纳秒级；对环境无污染；改变电流可以变色；价格比较昂贵。基于上述特点，LED 在仪器仪表的指示光源、交通信号灯、计量、大面积显示屏、汽车信号灯、全彩显示屏等领域都得到了应用。

八段数码发光管是由 8 个发光二极管组成的，在空间排列成为 8 字形带一个小数点，只要将电压加在阳极和阴极之间相应的笔画就会发光。8 个发光二极管的阴极并接在一起，8 个阳极分开，接控制端，因此称为共阴八段数码管。另一种是 8 个发光二极管的阳极都连在一起的，称之为共阳极 LED 显示器。通常用 LED 数码显示器来显示各种数字或符号。

八段数码管中由 7 个长条形的发光管排列成“日”字形，另一个点形的发光管在显示器的右下角作为显示小数点用，它能显示各种数字及部分英文字母，如图 5 - 27 所示。

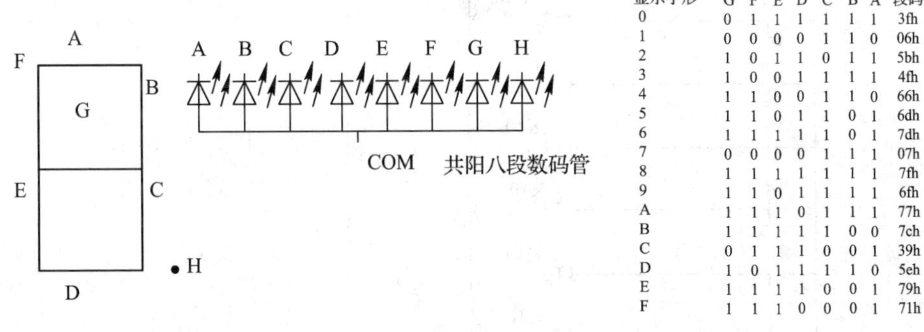

显示字形	G	F	E	D	C	B	A	段码
0	0	1	1	1	1	1	1	3fh
1	0	0	0	0	1	1	0	06h
2	1	0	1	1	0	1	1	5bh
3	1	0	0	1	1	1	1	4fh
4	1	1	0	0	1	1	0	66h
5	1	1	0	1	1	0	1	6dh
6	1	1	1	1	1	0	1	7dh
7	0	0	0	0	1	1	1	07h
8	1	1	1	1	1	1	1	7fh
9	1	1	0	1	1	1	1	6fh
A	1	1	1	0	1	1	1	77h
B	1	1	1	1	1	0	0	7ch
C	0	1	1	1	0	0	1	39h
D	1	0	1	1	1	1	0	5eh
E	1	1	1	1	0	0	1	79h
F	1	1	1	0	0	0	1	71h

图 5 - 27　八段数码管结构与驱动

共阴和共阳结构的 LED 显示器各笔划段名和安排位置是相同的。当二极管导通时，相应的笔划段发亮，由发亮的笔划段组合而显示的各种字符。8 个笔划段 HGFEDCBA 对应于一个字节(8 位)的 D7 D6 D5 D4 D3 D2 D1 D0，于是用 8 位二进制码就可以表示显示字符的字形代码。例如，对于共阴 LED 显示器，当公共阴极接地(为零电平)，而阳极 HG-FEDCBA 各段为 01110011 时，显示器显示“P”字符，即对于共阴极 LED 显示器，“P”字符的字形码是 73H。如果是共阳 LED 显示器，公共阳极接高电平，显示“P”字符的字形代码应为 10001100(8CH)。两者互为反码。这里必须注意的是：很多产品为方便接线，常不按规则的方法去对应字段与位的关系，这时字形码就必须根据接线来自行设计了。

实际设计中，为了节省 I/O 点数，经常采用动态显示。

除了八段数码管外，还有“米”字形等，在此不再介绍，可查阅相关资料。

3. 资源分配

本例中无需输入信号，共 15 个输出，需要辅助继电器和定时器，具体分配见表 5 - 4。

表 5－4　天塔之光资源分配表

项目	名称	地址(范围)	作　用
输出	L1～L8	Y0～Y7	灯
	A～G	Y0～Y6	数码管
内部器件	定时器	T37～T52	延时 1 s
	继电器	M10.0～M11.3	驱动辅助

4. 控制程序

1）方案一：逻辑分析法

采用逻辑分析法，依次设计。梯形图见表 5－5，程序中使用了较多的定时器，T0 负责全程，依次减小控制范围，直到 T15，周期为 16 s。

表 5－5　天塔之光方案一梯形图

梯 形 图	注　释
T15 —|/|— (T0 K10) T0 —| |— (T1 K10) T1 —| |— (T2 K10) T2 —| |— (T3 K10) T3 —| |— (T4 K10) T4 —| |— (T5 K10) T5 —| |— (T6 K10) T6 —| |— (T7 K10) T7 —| |— (T8 K10)	// 上行 L1～L9 亮 1 s 的控制
T8 —| |— (T9 K10) T9 —| |— (T10 K10) T10 —| |— (T11 K10) T11 —| |— (T12 K10) T12 —| |— (T13 K10) T13 —| |— (T14 K10) T14 —| |— (T15 K10)	// 下行 L8～L2 亮 1 s 的控制

续表一

梯形图	注释
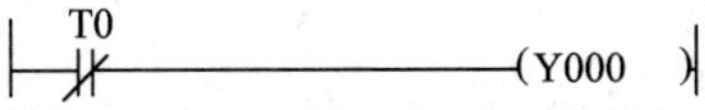 T0 (Y000)	// L1 的驱动
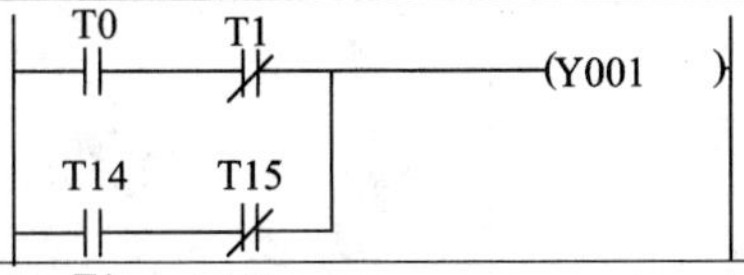 T0 T1 (Y001) T14 T15	// L2 的驱动
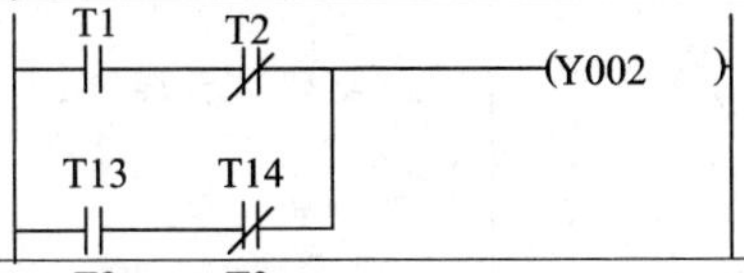 T1 T2 (Y002) T13 T14	// L3 的驱动
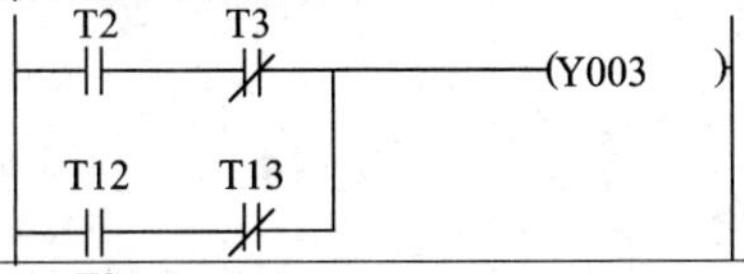 T2 T3 (Y003) T12 T13	// L4 的驱动
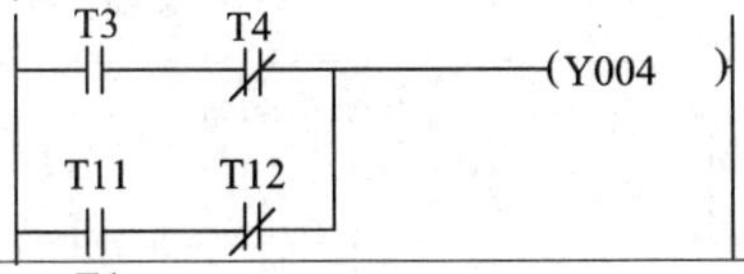 T3 T4 (Y004) T11 T12	// L5 的驱动
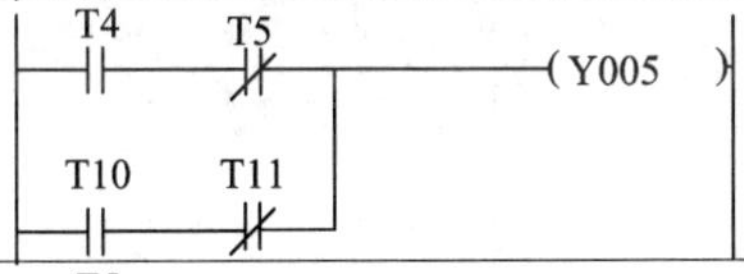 T4 T5 (Y005) T10 T11	// L6 的驱动
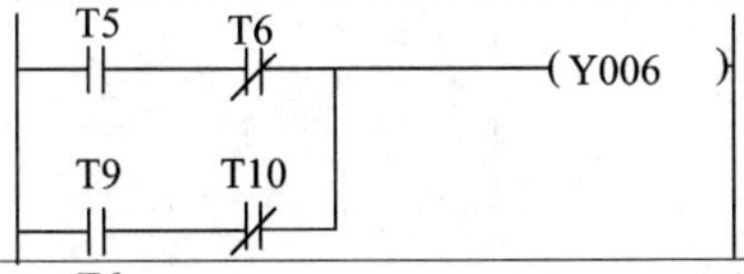 T5 T6 (Y006) T9 T10	// L7 的驱动
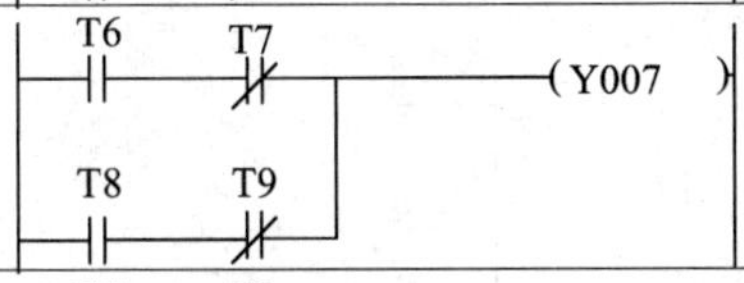 T6 T7 (Y007) T8 T9	// L8 的驱动
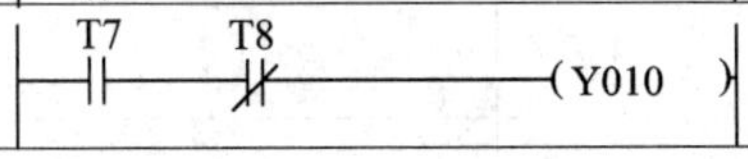 T7 T8 (Y010)	// L9 的驱动
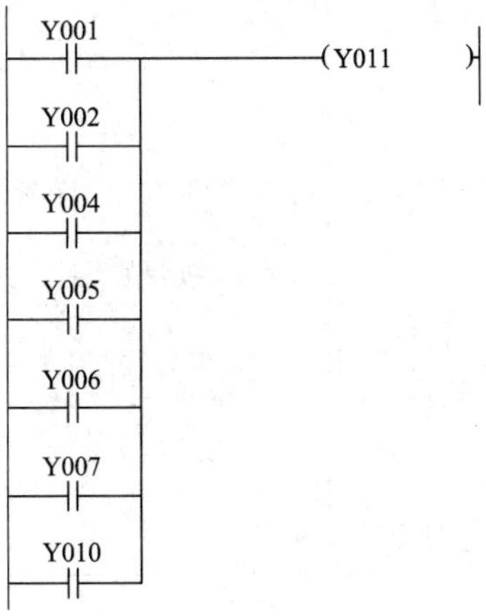 Y001 (Y011) Y002 Y004 Y005 Y006 Y007 Y010	//驱动 A 管

续表二

梯形图	注　释
Y000、Y001、Y002、Y003、Y006、Y007、Y010 常开触点并联 —(Y012)	//驱动 B 管
Y000、Y002、Y003、Y004、Y005、Y006、Y007、Y010 常开触点并联 —(Y013)	//驱动 C 管
Y001、Y002、Y004、Y005、Y007、Y010 常开触点并联 —(Y014)	//驱动 D 管

续表三

梯形图	注　释
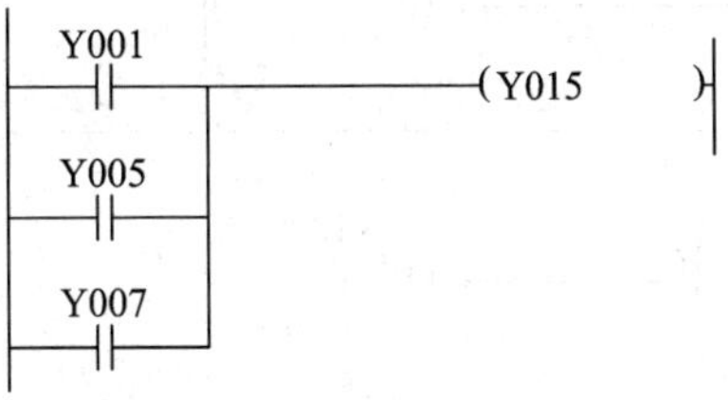 Y001 Y005 Y007 (Y015)	//驱动 E 管
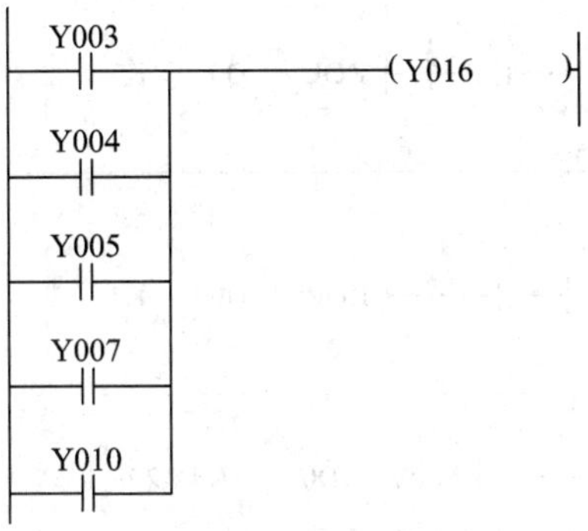 Y003 Y004 Y005 Y007 Y010 (Y016)	//驱动 F 管
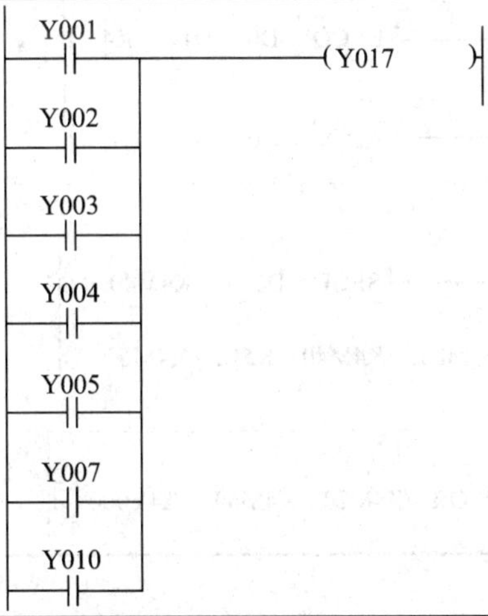 Y001 Y002 Y003 Y004 Y005 Y007 Y010 (Y017)	//驱动 G 管

2）方案二：移位指令

使用移位指令，其梯形图如表 5-6 所示，程序中有 T1 控制的 1s 时钟程序，与大循环同步，T0 控制大循环，分前半周期(T0≤K82)，后半周期(T0>K84)。

表 5-6　天塔之光梯形图(方案二)

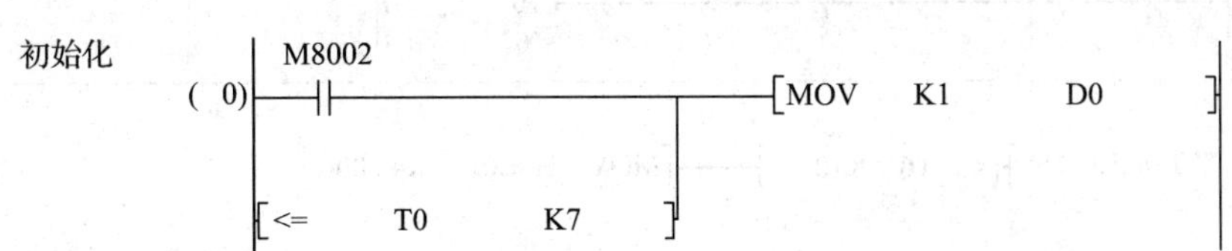

续表

功能	梯形图
大循环	(12) T0(常闭) —— (T0 K161)
小循环	(17) T0(常闭) T1(常闭) —— (T1 K10)
左移增大	(23) [<= T0 K82] T1 ↑ —— [ROL D0 K1]
右移减小	(36) [> T0 K84] T1 ↑ —— [ROR D0 K1]
译码	(49) M8000 —— [MOV D0 K4M20] [ENCO D0 D1 K4] [ADD D0 K1 D2]
段译码	(70) M8000 —— [SEGD D2 K4M40] [MUL K4M40 K512 K4M60]
合并驱动	(84) M8000 —— [WOR K4M20 K4M60 K4Y000]

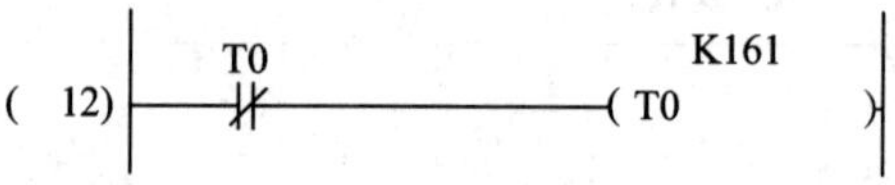

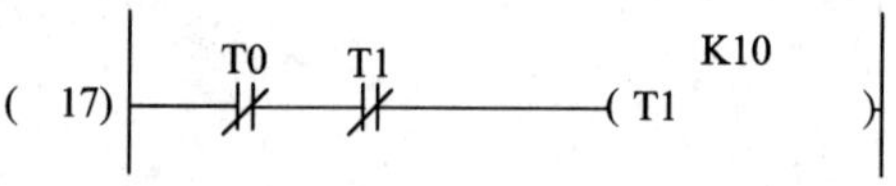

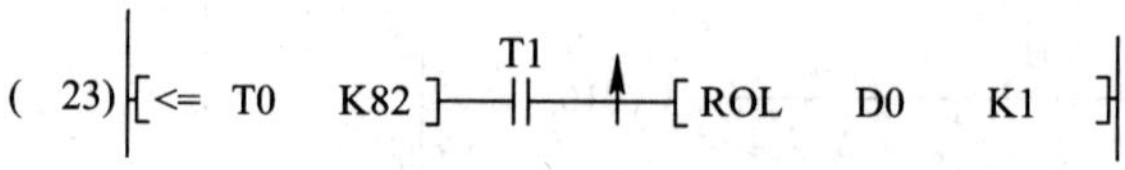

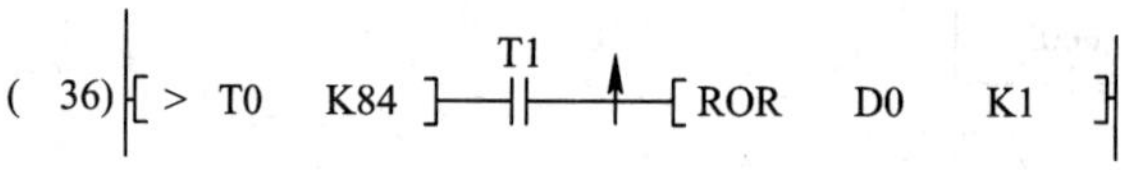

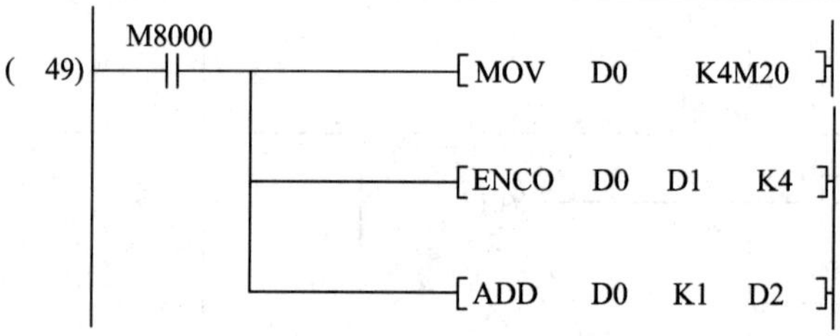

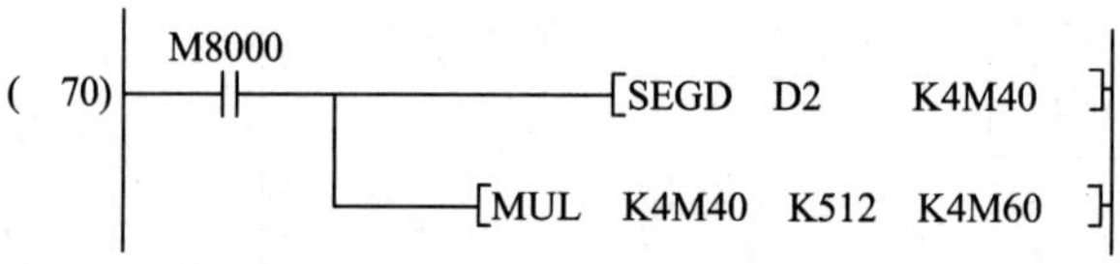

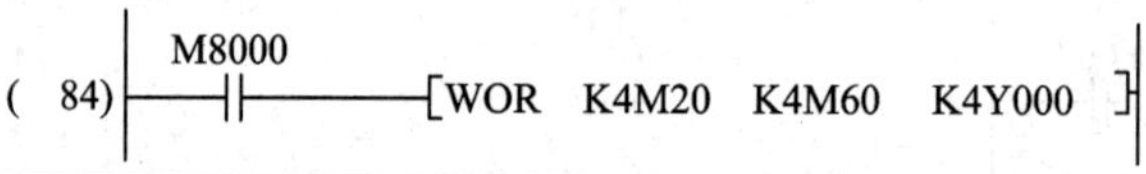

3) 方案三：比较、传送指令

使用比较、传送指令，其梯形图如表 5－7 所示。

表 5－7　天塔之光梯形图(方案三)

梯形图	说明
	初始化
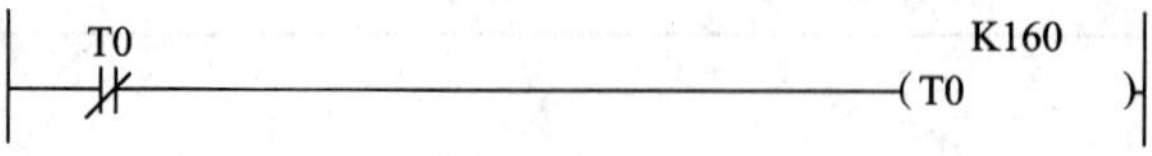 T0(常闭) —— (T0 K160)	循环控制
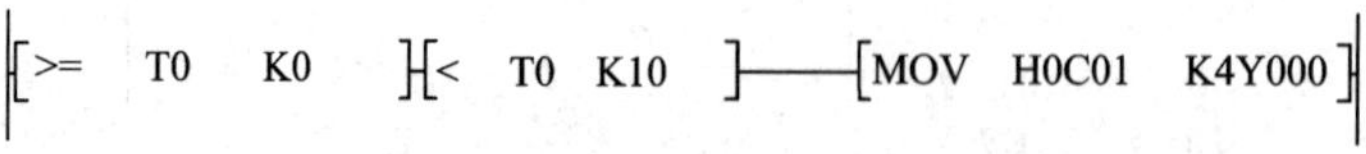 [>= T0 K0] [< T0 K10] —— [MOV H0C01 K4Y000]	L1

续表

	初始化
[>= T0 K10]-[< T0 K20]—[MOV H0B602 K4Y000] [>= T0 K150]-[< T0 K160]	下行、上行 L2
[>= T0 K20]-[< T0 K30]—[MOV H9E04 K4Y000] [>= T0 K140]-[< T0 K150]	下行、上行 L3
[>= T0 K30]-[< T0 K40]—[MOV H0CC08 K4Y000] [>= T0 K130]-[< T0 K140]	下行、上行 L4
[>= T0 K40]-[< T0 K50]—[MOV H0DA10 K4Y000] [>= T0 K120]-[< T0 K130]	下行、上行 L5
[>= T0 K50]-[< T0 K60]—[MOV H0FA20 K4Y000] [>= T0 K110]-[< T0 K120]	下行、上行 L6
[>= T0 K60]-[< T0 K70]—[MOV H0E40 K4Y000] [>= T0 K100]-[< T0 K110]	下行、上行 L7
[>= T0 K70]-[< T0 K80]—[MOV H0FE80 K4Y000] [>= T0 K90]-[< T0 K100]	下行、上行 L8
[>= T0 K80]-[< T0 K90]—[MOV H0DF00 K4Y000]	下行、上行 L9

分析：该循环的周期为 16 s，利用 T0 实现。以 L7 为例，说明编程思路。L7 在第 7 s 内和第 9 s 内亮并显示 7。用 60≤T0<70 表示第 7 s 内，100≤T0<110 表示第 11 s 内，则其控制字为 16＃400E，如图 5－28 所示。

K4Y0															
17	16	15	14	13	12	11	10	7	6	5	4	3	2	1	0
G	F	E	D	C	B	A	L9	L8	L7	L6	L5	L4	L3	L2	L1
0	1	0	0	0	0	0	0	0	0	0	0	1	1	1	0
4				0				0				E			
16＃400E															

图 5－28　灯 L7 的控制字

4）方案四：数学运算指令

使用数学运算指令，其梯形图如表 5－8 所示。

表 5－8　天塔之光梯形图(方案四)

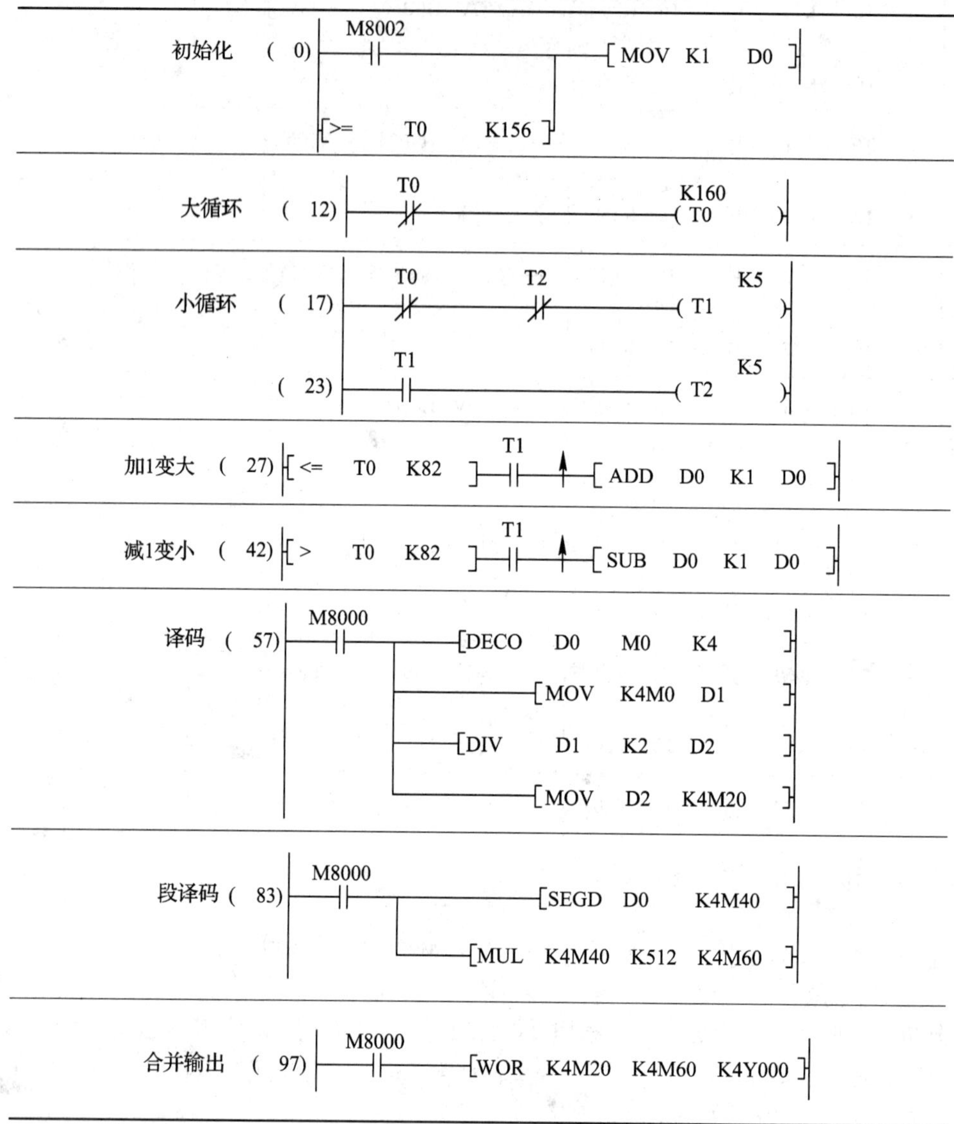

5）方案五：状态法

利用置位、复位指令，将控制要求分为若干个状态，分别编程，此梯形图略。

5.5　课程设计：台车的呼叫控制

1. 工艺要求

一部电动运输车供 8 个加工点使用。PLC 上电后，车停在某个加工点(下称工位)，若无用车呼叫(下称呼车)时，则各工位的指示灯亮表示各工位可以呼车。某工作人员按本工位的呼车按钮呼车时，各工位的指示灯均灭，此时别的工位呼车无效。如停车位呼车，台车不动，则当呼车工位号大于停车位时，台车自动向高位行驶，而当呼车位号小于停车位号时，台车自动向低位行驶，当台车到呼车工位时即自动停车。停车时间为 30 s，供呼车工位使用，其它工位不能呼车。从安全角度出发，停电后再来电时，台车不会自行启动。

2. 硬件设计

为了区别，工位依 1～8 编号并各设一个限位开关。为了呼车，每个工位设一呼车按钮，系统设启动及停机按钮各 1 个，台车设正反转接触器各 1 个。每工位设呼车指示灯各 1 个，但并连接于各个输出口上。呼车系统示意图如图 5－29 所示。

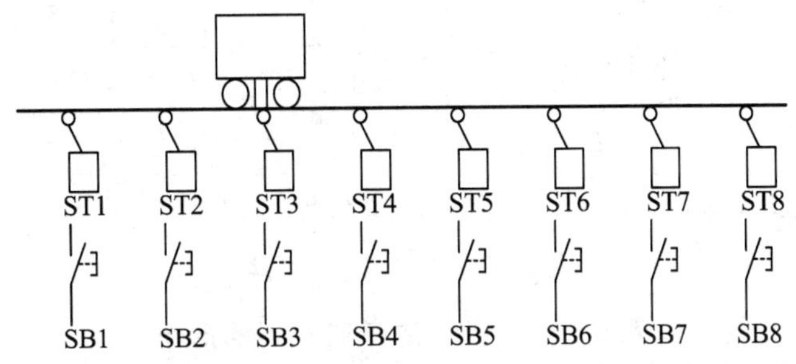

图 5－29 呼车系统示意图

台车控制系统资源分配见表 5－9。

表 5－9 台车控制系统资源分配表

限位开关(停车号)		呼车按钮(呼车号)		其它	
ST1	X20	SB1	X10	X0	系统启动按钮
ST2	X21	SB2	X11	X1	系统停止按钮
ST3	X22	SB3	X12	M1	呼车封锁状态
ST4	X23	SB4	X13	M2	系统运行状态
ST5	X24	SB5	X14	Y0	电机正转
ST6	X25	SB6	X15	Y1	电机反转
ST7	X26	SB7	X16	Y3	可呼车指示
ST8	X27	SB8	X17		

3. 控制程序

程序的编制则拟使用传送比较类指令。其基本原理为分别传送停车工位号及呼车工位号并比较后决定台车的运动方向。根据控制要求，绘制台车呼叫系统工作流程图，如图 5－30所示。

以上述思路设计的梯形图如表 5－10 所示。

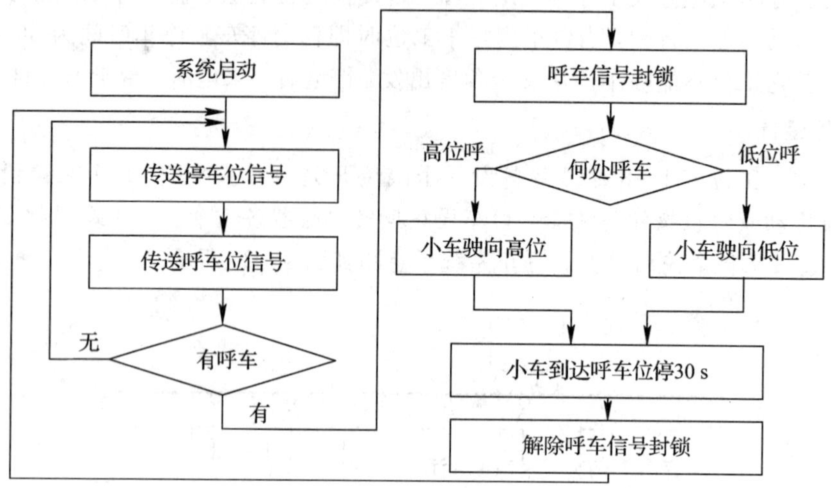

图 5－30　台车呼叫系统工作流程

表 5－10　台车的呼叫控制梯形图

LAD	注　释
X000 ─┤├─ X001 ─┤/├─ (M2) M2 ─┤├─（并联于 X000）	// 台车启停控制
M2 ─┤├─ X020 ─┤├─ [MOV K1 D0] X021 ─┤├─ [MOV K2 D0] X022 ─┤├─ [MOV K3 D0] X023 ─┤├─ [MOV K4 D0] X024 ─┤├─ [MOV K5 D0] X025 ─┤├─ [MOV K6 D0] X026 ─┤├─ [MOV K7 D0] X027 ─┤├─ [MOV K8 D0]	// 传送 1～8 号停车工位
M1 ─┤/├─ (Y003)	// 可呼车指示

续表

LAD	注　释
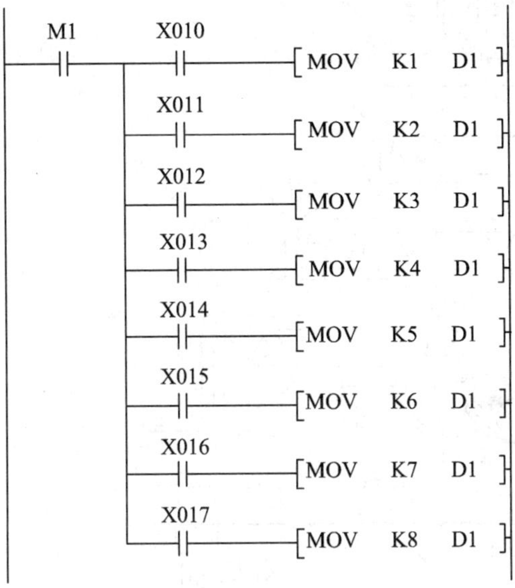 M1 X010 ─┤├─┬─┤├─[MOV K1 D1] X011 ├─┤├─[MOV K2 D1] X012 ├─┤├─[MOV K3 D1] X013 ├─┤├─[MOV K4 D1] X014 ├─┤├─[MOV K5 D1] X015 ├─┤├─[MOV K6 D1] X016 ├─┤├─[MOV K7 D1] X017 └─┤├─[MOV K8 D1]	// 传送 1～8 号呼车工位
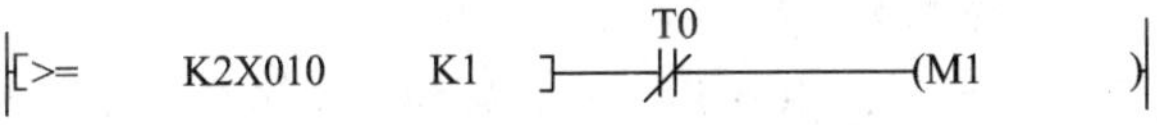 [>= K2X010 K1] T0 ─┤/├─(M1)	// 有工位呼车，指示灯灭，同时封锁其它呼叫
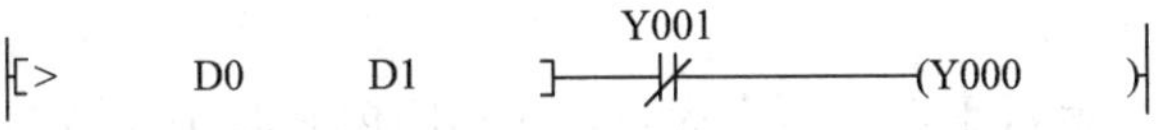 [> D0 D1] Y001 ─┤/├─(Y000)	// 停车工位号大于呼车工位号，电机正转
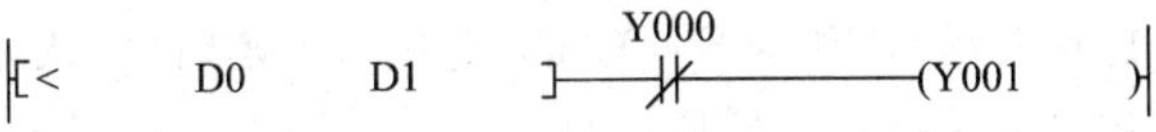 [< D0 D1] Y000 ─┤/├─(Y001)	// 停车工位号小于呼车工位号，电机反转
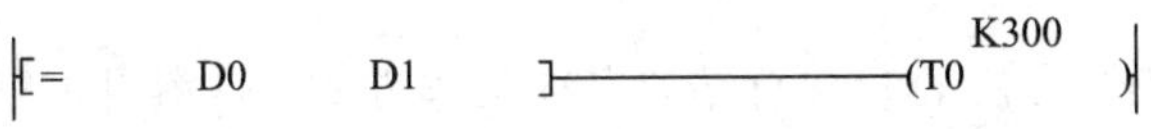 [= D0 D1] ─(T0 K300)	// 停车后计时 30 s，方可再次呼车

5.6 实训项目：自动送料装车系统

1. 运输带简介

运输带又称输送带或胶带，是物料连续运载的重要工具之一，可用于运输块状、粒状、粉状或成件物品等。运输带广泛用于建材、化工、煤炭、电力、冶金等部门，适用于常温下输送非腐蚀性的物料、煤炭、焦炭、砂石、水泥等散物(料)。

2. 工艺要求

自动送料装车系统的结构如图 5－31 所示。该系统有两个工作模式：手动和自动。

自动送料装车系统的控制要求如下：

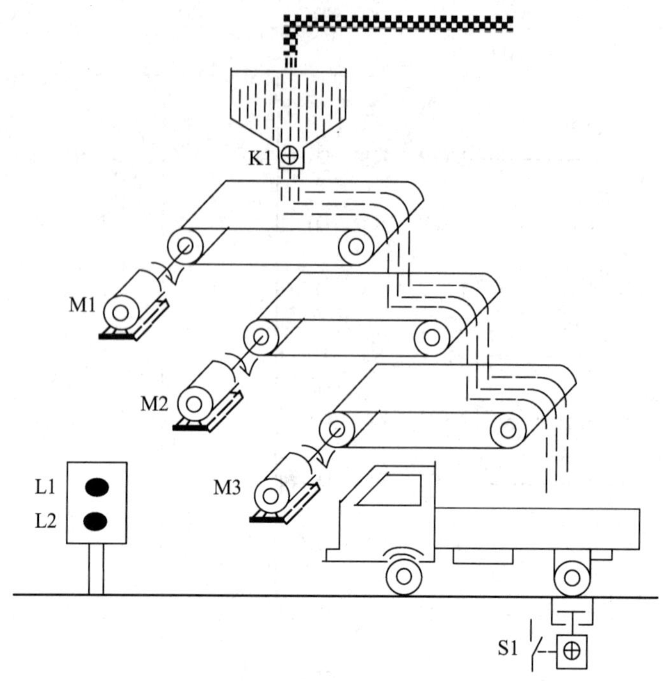

图 5-31　自动送料装车系统结构图

（1）在手动模式下，按相关按钮，控制相关输出动作，松开按钮，无相关输出。

（2）在自动模式下，初始状态，红灯 L1 灭，绿灯 L2 亮，表示允许汽车进来装料。料斗 K1 和电机 M1、M2、M3 皆为 OFF。

当汽车到来时(用 S1 开关接通表示)，L1 亮，L2 灭，表示车间内有车正在装料；M3 运行，电机 M2 在 M3 接通 2 s 后运行，电机 M1 在 M2 启动 2 s 后运行，延时 2 s 后，料斗 K1 打开出料。当汽车装满后(用 S1 断开表示)，料斗 K1 关闭，电机 M1 延时 2 s 后停止，M2 在 M1 停 2 s 后停止，M3 在 M2 停 2 s 后停止。循环往复。

3. 工作模式

电气自动化系统的工作模式是控制方法的归纳总结，也称工作方式，是衡量电气设备的电气性能和电气系统的自动化水平的一个重要指标。常用的工作模式有手动、半手动、自动、单循环(单周期)(半自动)、单步、调试维修等，也有从其它方面命名的模式。

手动模式可单独控制某一输出，可用于所有设备的硬件调试，也可用于简单生产。

自动模式是在生产中使用最多的一种方式，按下自动按钮后，系统应能够实现连续的生产，是生产效率最高的工作方式，此时一般不能单独控制某一输出。

单周期方式每次仅循环一次，即一个周期，又称单循环、半自动方式。这种方式较自动循环方式效率低，常用于具有步进生产的设备，如电镀、淬火、机械手等生产过程，本周期结束后只有再按按钮才能启动下一周期。

单步时按下按钮每次只工作一步，一个周期需按多次按钮，主要用于步进系统的调试，以便设计者能够方便调试出满意的效果。

4. 资源分配

自动送料装车系统资源分配如表 5－11 所示。

表 5－11　自动送料装车系统资源分配

类别	地址	作　用
输入	X0	急停按钮
	X1	模式开关
	X2	装车开关
	X10	手动启停绿灯 L2
	X11	手动启停红灯 L1
	X12	手动启停电机 M3
	X13	手动启停电机 M2
	X14	手动启停电机 M1
	X15	手动启停料斗阀门 K1
输出	Y0	绿灯 L2
	Y1	红灯 L1
	Y2	电机 M3
	Y3	电机 M2
	Y4	电机 M1
	Y5	料斗阀门 K1

5. 控制程序

自动送料装车系统控制梯形图如表 5－12 所示。

表 5－12　自动送料装车系统梯形图

梯 形 图	注　释
主程序	
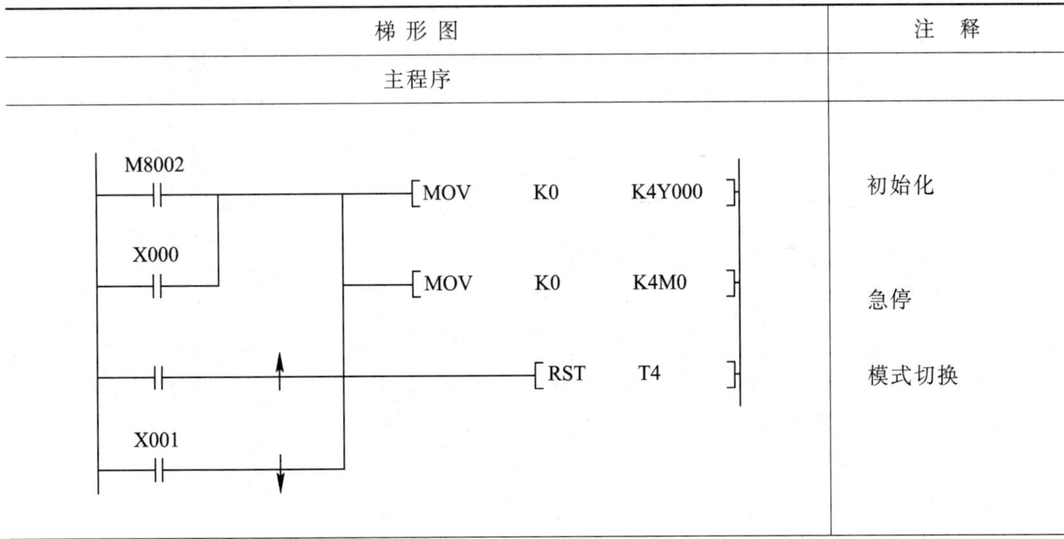	初始化 急停 模式切换

续表一

梯 形 图	注　释
X001 常开、X000 常闭 ——[CALL P1]	调用手动子程序
X001 常闭、X000 常闭 ——[CALL P2]	调用自动子程序
——[FEND]	主程序结束
手动子程序	
P1　M8000 ——[MOV K2X010 K2Y000]	MOV 指令实现手动控制
——[SRET]	
自动子程序	
P2　X001 常闭 ——(T4 K2)	手动缓冲步
T4 ↑ ——[SET M0]	进入自动初始状态
M0 ——[SET Y000]	M0 状态 绿灯亮
——[RST Y001]	红灯灭
——[SET M1]	进下一步
M1 ——[RST M0]	M1 步 退上一步
——[RST M3]	退停运输带状态
X002 ↑ ——[RST Y000]	拨装料开关 绿灯灭
——[SET Y001]	红灯亮
——[SET M2]	进下一步

续表二

梯 形 图	注　释
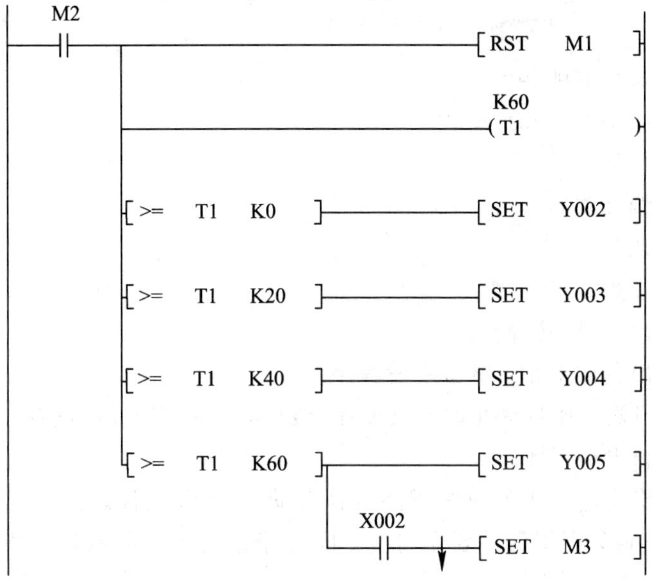 M2 ─┤├─ [RST M1] ├─ (T1 K60) ├─ [>= T1 K0] ─ [SET Y002] ├─ [>= T1 K20] ─ [SET Y003] ├─ [>= T1 K40] ─ [SET Y004] └─ [>= T1 K60] ─┬─ [SET Y005] └─ X002 ─┤├─ ↓ ─ [SET M3]	M2 步 退上一步 6 秒运输带启动过程 启动 M3 启动 M2 启动 M1 打开漏斗开关 开始装料 等待停止指令
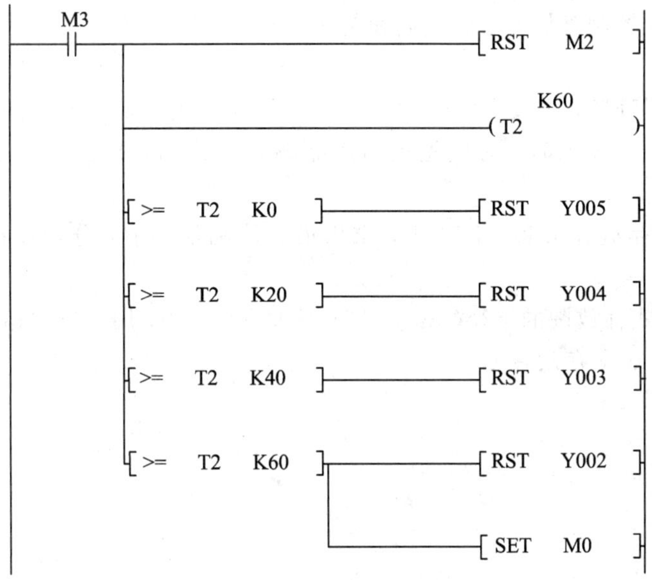 M3 ─┤├─ [RST M2] ├─ (T2 K60) ├─ [>= T2 K0] ─ [RST Y005] ├─ [>= T2 K20] ─ [RST Y004] ├─ [>= T2 K40] ─ [RST Y003] └─ [>= T2 K60] ─┬─ [RST Y002] └─ [SET M0]	M3 状态 退上一步 6 秒运输带停止过程 停止装料 停止 M1 停止 M2 停止 M3 进下一步

本章小结

1. 应用指令的基本参数有功能代号、助记符、源操作数、目的操作数。据指令的功能，分为程序流程指令、传送与比较指令、四则运算指令、移位指令、数据处理指令、高速处理指令、方便指令、外围设备(I/O)指令、外围设备(SER)指令。

2. 三菱 FX 系列 PLC 的 PID 指令参数由助记符、目标值、测定值、参数、输出值组成。

习 题

5－1　应用指令的基本参数有哪些?

5－2　FX系列PLC的应用指令如何分类?

5－3　数据寄存器如何分类?

5－4　指针按用途分为哪几类?

5－5　移位指令分为哪几类?

5－6　PID指令有哪些参数?

5－7　三菱PLC的中断分为哪几种?

5－8　两数相减之后得出其绝对值，试编一段程序。

5－9　设计一段程序，当输入条件满足时，依次将计数器C0的当前值转换成BCD码送到输出元件K2Y0中，试画出梯形图。

5－10　设计一个控制系统，对某车间的成品和次品进行计数统计。当产品数达到1000件时，若次品数大于50件，则报警并显示灯亮，同时停止生产产品的机床主电机运行(用CMP指令实现)。

5－11　用时钟运算指令控制路灯的定时接通和断开，20:00开灯，06:00关灯，试设计梯形图程序。

5－12　设计一个梯形图程序，当按下X20时，来自X0～X17的产品编码被送入连续寄存器D1～D100中。当按下X21时，对应先入的产品编码先输出，并在Y0～Y17中显示。

5－13　已有10个数据存放在D50～D59中，求出最大值和最小值，分别放在D60、D61中。

5－14　D0中以整数形式存放圆的半径(mm)，圆周率取3.14159，用浮点数运算求圆周长，并将其转换为整数(mm)，存放在D2中。

第6章 状态法编程

第6章　课件

6.1　步进指令

6.1　步进指令

对于现实的控制系统，由于内部的联锁、互动，其逻辑关系极其复杂，只有逻辑思维极其缜密的电气工程师才能编写。即使在梯形图上加上注释，这种梯形图的可读性不高，修改调试非常困难。采用状态法编程，即用步进指令或借用这一思想的仿步进方法实现，可有效解决这一难题。

6.1.1　状态转移图

状态转移图(SFC)又称为顺控功能图或功能表图，它是描述控制系统的控制过程、功能和特性的一种图形，也是设计可编程控制器的步进控制程序的有力工具。状态转移图并不涉及所描述的控制功能的具体技术，它是一种通用的技术语言，可以供进一步设计和不同专业的人员之间进行技术交流之用。

状态转移图主要由步(初始步、活动步)、转换、转换条件和动作组成。

1. 步(状态)

状态转移法最基本的思想是将系统的一个工作周期划分成若干顺序相连的状态，这些状态称为步(Step)，并且用编程元件(S)代表各步。

步的划分没有明确的要求，可以有大步、小步，也可以将三步并作两步。但基本原则是逻辑清晰，尽量短小，最好只有一个动作。既然使用了步，就尽量避免出现复杂的逻辑关系，避免出现具有歧义的步。把被控系统划清为步，需对控制工艺进行细致的分析，否则会对后面的编程工作带来混乱，需做大量反复修改工作。

2. 初始步

系统的初始状态相对应的“步”称为初始步，初始状态一般是系统等待启动命令的相对静止的状态。初始步用双线方框表示，每一个状态转移图至少应有一个初始步。

3. 转换、转换条件

在两步之间的垂直短线为转换，其线上的横线为编程元件触点，它表示从上一步转到下一步条件，即横线表示某元件的动合触点或动断触点。其触点接通 PLC 才可执行下一步。转换条件应尽量简单，表述清晰。转换条件说明了下一个步的开始及上的结束，即什么时间或哪个位置等。

4. 动作

对于某一步中要完成某些动作，可能是电机正转、反转、延时等，也可能什么也不执行。例如初始步、暂停步、等待步、虚拟步、冗余步，有动作和无动作一样重要。

5. 活动步

当系统正处于某一步所在的阶段时，称为该步处于活动状态，即“活动步”、“激活步”。步处于活动状态时，相应的动作被执行；处于不活动状态时，相应的非存储型的动作被停止执行。任何一步都能“活动”和“不活动”，适时进入，适时退出。

6.1.2 步进控制的 STL 指令

步进指令(Step Ladder Instruction)简称为 STL 指令。FX 系列还有一条使 STL 指令复位的 RET 指令。利用这两条指令，可以很方便地编制步进程序。

STL 指令有以下特点：

(1) 触点相连的触点应使用 LD 或 LDI 指令，即 LD 点移到触点的右侧，直到出现下一条 STL 指令或出现 RET 指令，RET 指令使 LD 点返回左侧母线。各个 STL 触点驱动的电路一般放在一起，最后一个电路结束时一定要用 RET 指令。

(2) STL 触点可以直接驱动或通过别的触点驱动 Y、M、S、T 等元件的线圈，STL 触点也可以使 Y、M、S 等元件置位或复位。

(3) 触点断开时，CPU 不执行它驱动的电路块，即 CPU 只执行活动步对应的程序。在没有并行序列时，任何时候只有一个活动步，因此大大缩短了扫描周期。

(4) 由于 CPU 只执行活动步对应的电路块，使用 STL 指令时允许双线圈输出，即同一元件的线圈可以分别被不同的 STL 触点驱动。实际上在一个扫描周期内，同一元件的几条 OUT 指令中只有一条被执行。

(5) STL 指令只能用于状态寄存器，在没有并行序列时，一个状态寄存器的触点在梯形图中只能出现一次。

(6) STL 触点驱动的电路块中不能使用 MC 和 MCR 指令，但是可以使用 CJP 和 EJP 指令。当执行 CJP 指令跳入某一 STL 触点驱动的电路块时，不管该触点是否为状态，均执行对应的 EJP 指令之后的电路。

(7) 像普通的辅助继电器一样，可以对状态寄存器使用 LD、LDI、AND、OR、OUT 等指令，这时状态寄存器触点与普通触点功能相同。

(8) 使状态寄存器置位的指令如果不在 STL 触点驱动的电路块内，执行置位指令时系统程序不会自动地将前级步对应的状态寄存器复位。

6.1.3 状态元件(S)

状态元件是用于编制步进控制程序的一种编程元件，它与后面介绍的 STL 指令(步进顺序指令)一起使用。

通用状态(S0～S499)没有断电保持功能，但用程序可以将它们设定为有断电保持功能的状态。

S0～S9 为初始状态用(10 点)；

S10～S19 为供返回原点用(10 点)；

S20～S499 为通用型(480 点)

S500～S899 为有断电保持功能型(400 点)；

S900～S999 为供报警器用(100 点)。

各状态元件的动合和动断触点在 PLC 内可自由使用，使用次数不限，不用步进指令时，状态元件(S)可如同辅助继电器(M)一样使用。

6.2　步进程序结构

6.2.1　单一顺序

6.2　单一顺序

单一顺序是指系统按照唯一一条流程运行，无任何分支，一般是自动或半自动单循环流程，如同串联电路。

SFC 编程步骤：

工艺要求：系统送电，电动机正转 3 s，反转 3 s，循环往复。

1. 新建

打开 GX Works2，新建程序，程序语言为 SFC，点击“确定”，如图 6-1(a)所示。

2. 块信息设置

标题设为“单流程”，块类型为“SFC 块”，点击“执行”按钮，如图 6-1(b)所示。

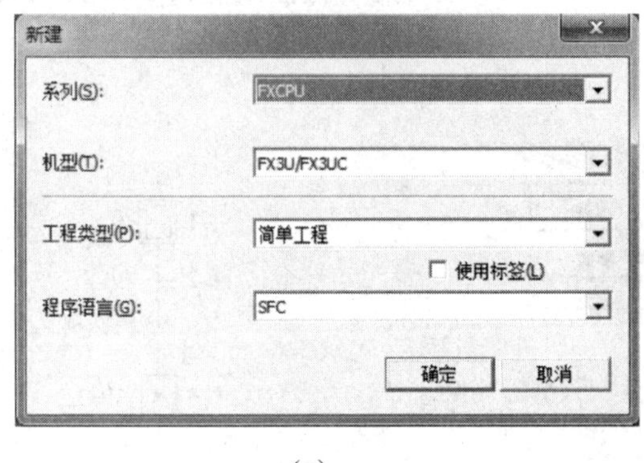

(a)

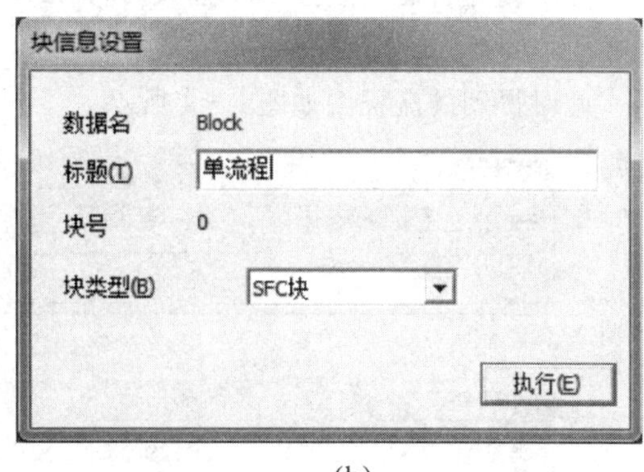

(b)

图 6-1　建立 SFC 程序

3. SFC 编程界面介绍

导航栏中出现“单流程”程序块，工具栏增加了“SFC”工具，编辑区有左侧的流程控制编程区和右侧的梯形图编程区，块标签用于选择不同的 Block，如图 6-2 所示。

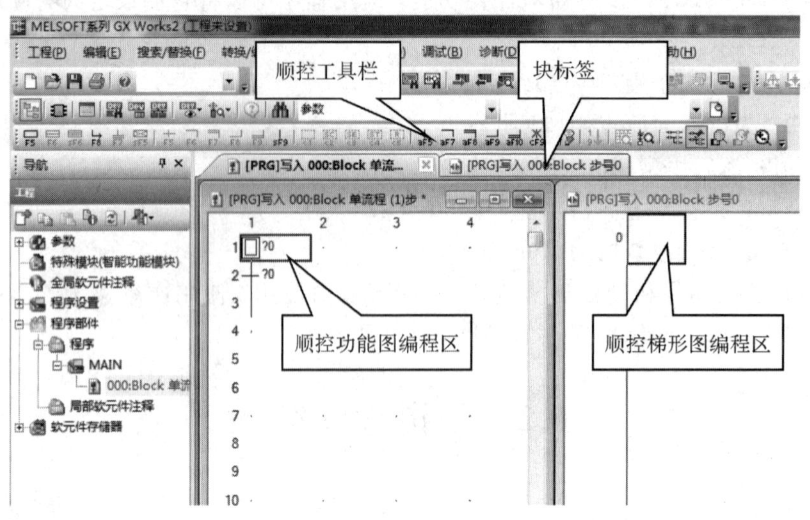

图 6-2　SFC 编程界面

4. SFC 流程图编辑

1) 插入步

程序插入点移至 1 列 4 行，按 F5 或点击 SFC 工具栏中的步，出现“SFC 符号输入”对话框，如图 6-3 所示，图形符号选择步“STEP”，编号为“10”(即 S10)，点击“确定”按钮。

同样在 1 列 7 行插入 S11 步。

在 1 列 10 行插入“JUMP”步，跳至 S10 步。

2) 插入转移

在 1 列 5 行插入点按 F5，插入转移 TR，转移号为 1；在 1 列 8 行插入点按 F5，插入转移 TR，转移号为 2。

此时得到的流程图如图 6-4 所示。

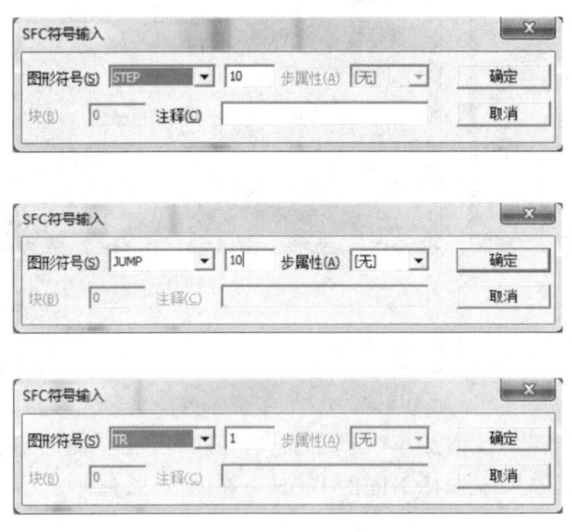

图 6-3　SFC 符号输入

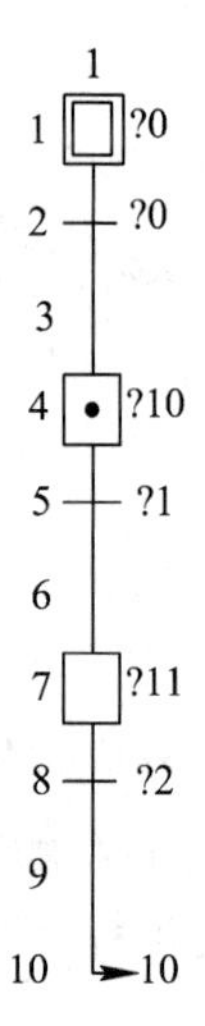

图 6-4　SFC 程序

编译转换块，保存程序。图 6 - 4 中的问号需待相应梯形图编程后，自动消失。

5. 编辑梯形图程序

1）更改程序类型

在图 6 - 2 中点击“工程”→“工程类型更改”→“更改程序语言类型”选项，将 SFC 语言改为梯形图语言。

在导航栏中，再次打开“MAIN”，在第一行插入程序行，用 M8002 初始化，置位 S0，作用是系统送电时，能够进入顺控程序。

再次点击“工程”→“工程类型更改”→“更改程序语言类型”选项，将梯形图语言改为 SFC 语言，出现两个程序块，打开“MAIN_Block001”。

2）编辑 S0 步

将程序更改为编辑状态，点击 S0，在图 6 - 2 中右侧的梯形图编程区，进行初始化，编译并保存，如图 6 - 5 所示。

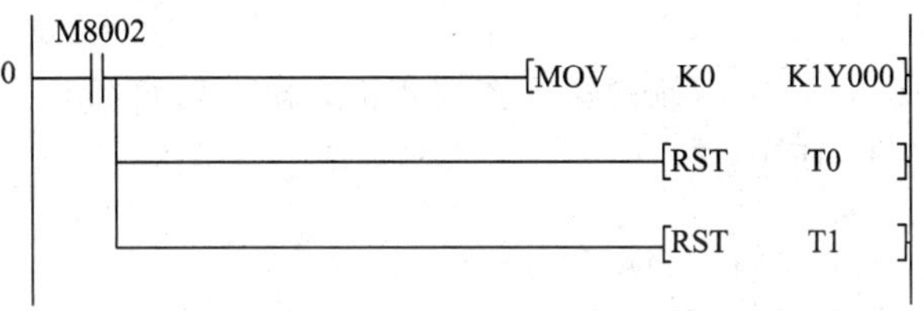

图 6 - 5　初始化

3）编辑转移 0

点击转移 0，在图 6 - 2 中右侧的梯形图编程区，输入转移条件，此处为无条件转移，编译并保存，如图 6 - 6 所示。

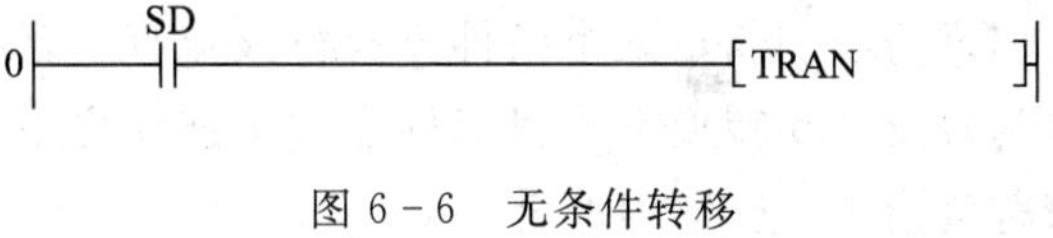

图 6 - 6　无条件转移

4）编辑 S10 步

点击 S1，在图 6 - 2 中右侧的梯形图编程区输入程序，电动机正转 3 s，编译并保存，如图 6 - 7 所示。

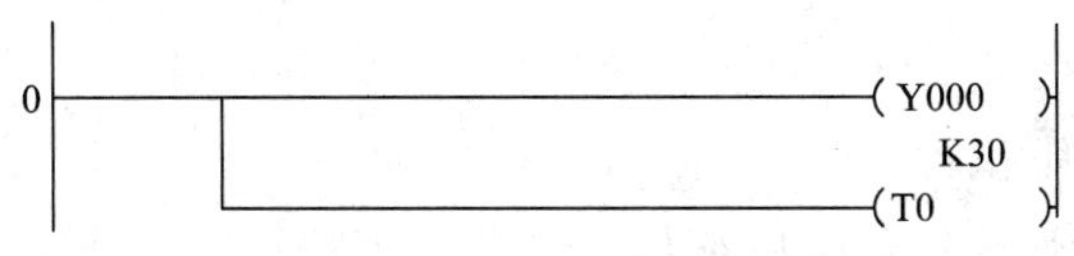

图 6 - 7　电机正转 3 s

5）编辑转移 1

点击转移 1，在图 6 - 2 中右侧的梯形图编程区，输入转移条件 T0，此处为 3 s 转移，编译并保存，如图 6 - 8 所示。

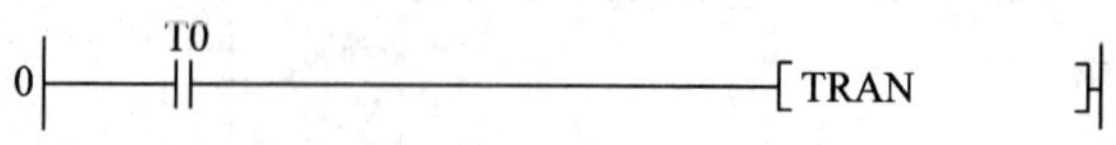

图 6-8 转移条件 T0

6）编辑 S11 步

点击 S11，在图 6-2 中右侧的梯形图编程区输入程序，电动机反转 3 s，编译并保存，如图 6-9 所示。

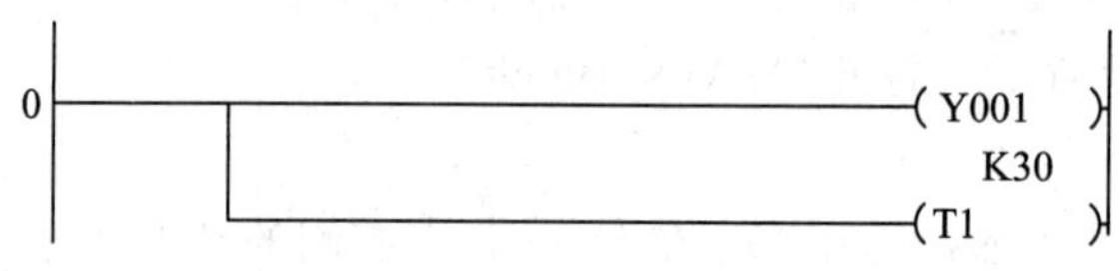

图 6-9 电机反转 3 s

7）编辑转移 2

点击转移 2，在图 6-2 中右侧的梯形图编程区，输入转移条件 T1，此处为 3 s 转移，编译并保存，如图 6-10 所示。

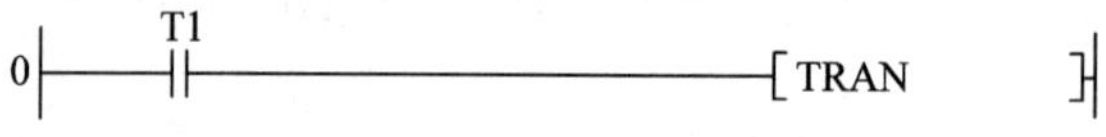

图 6-10 转移条件 T1

下载运行，监控调试。

6.2.2 选择顺序

选择顺序是指程序出现分支，满足某个条件就执行该流程，而不执行其它流程。

选择序列的开始称为分支，其转换符号只能标在水平连线之下。

选择性序列的结束称为合并，也称为汇合，几个选择性序列合并到一个公共序列时，用需要重新组合的序列相同数量的转换符号和水平连线来表示，转换符号只允许标在水平连线之上。

→D：选择分支。

→C：选择合并。

¦：竖线，表示向下执行。

如电动机正/反转控制，系统启动后，如果按正转按钮，电动机正转，如果按反转按钮，电动机反转，两种只能选择其一；不管正转还是反转，按下停止按钮，电动机停止，如图 6-11所示。此外还有块启动步、END 步、虚拟步、注释等，可自行练习。

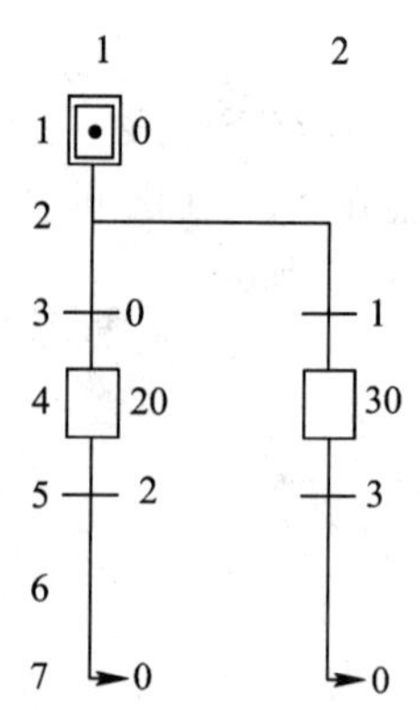

图 6-11 电动机正/反转的 SFC 程序

6.2.3 并发顺序

6.3 选择顺序，并发顺序

并发顺序是两个或以上流程同时开始的程序结构，并发序列的开始称为分支，当转移实现时几个序列同时激活，两个方向并列运行，如交通信号灯控制，东西方向和南北方向同时开始和结束，如并联电路，如图 6－12 所示。

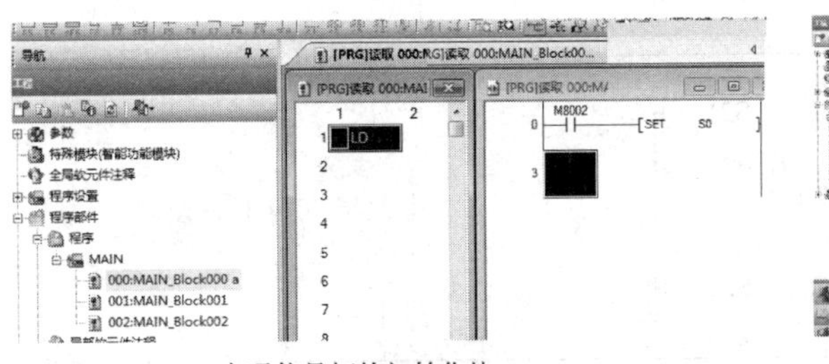
(a) 交通信号灯的初始化块

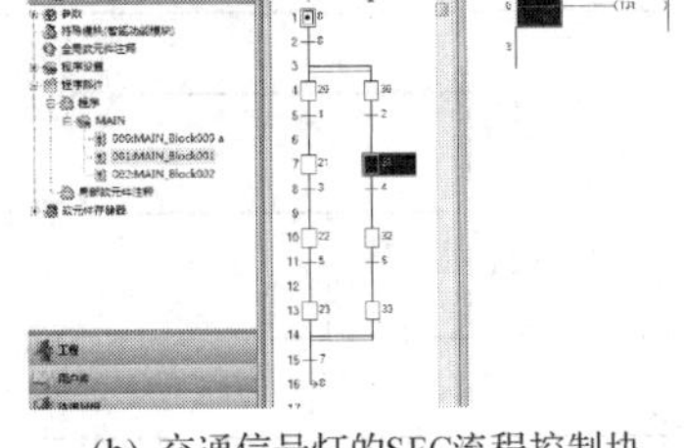
(b) 交通信号灯的SFC流程控制块

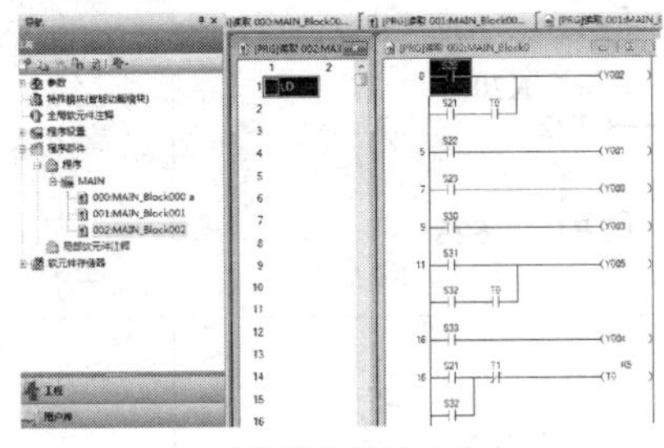
(c) 交通信号灯的驱动块

图 6－12 交通信号灯控制

并行分支、汇合的步进控制组成两个单序列，它们是同时工作的，用同一个跳转 0；也可以同时结束，结束后同时转向同一状态。此时功能图为了与选择性分支分开，其对应的横线画成双线，用同一个跳转 7。

交通信号灯的 SFC 梯形图程序如表 6－1 所示。

表 6－1 交通信号灯的 SFC 梯形图程序

梯 形 图	注 释
M8002 —| |— [SET S0]	初始化块 Block000 初始化状态继电器 S0 进入 SFC 循环
[STL S0] [RST T0] S0 —| |— [SET S20] [SET S30]	SFC 块 Block001 S0 步 同时进入东西和南北两个方向的流程

续表一

梯形图	注　释
[STL S20] K100 (T20) T20 [SET S21]	S20 步 南北绿灯持续亮 10 s 控制 进下一步
[STL S21] K30 (T21) T21 [SET S22]	S21 步 南北绿灯闪烁亮控制 进下一步
[STL S22] K20 (T22) T22 [SET S23]	S22 步 南北黄灯驱动控制 进下一步
[STL S23] K150 (T23)	S23 步 南北红灯时间控制
[STL S30] K150 (T30) T30 [SET S31]	S30 步 东西红灯持续亮 15 s 控制 进下一步
[STL S31] K100 (T31) T31 [SET S32]	S31 步 东西绿灯持续亮控制 进下一步
[STL S32] K30 (T32) T32 [SET S33]	S32 步 东西绿灯闪烁亮控制 进下一步
[STL S33] K20 (T33)	S33 步 东西黄灯控制

续表二

梯 形 图	注　释
[STL S23] [STL S33] T23 —(S0) [RET]	T23 延时时间到 东西南北流程同时结束 块结束
S20 —(Y002) S21 T0 S22 —(Y001) S23 —(Y000)	驱动块 Block002 南北绿灯驱动 南北黄灯驱动 南北红灯驱动
S30 —(Y003) S31 —(Y005) S32 T0 S33 —(Y004)	东西红灯驱动 东西绿灯驱动 东西黄灯驱动
S21 T1 —(T0 K5) S32 T0 —(T1 K5)	绿灯的闪烁及同步控制

6.3 仿步进编程

使用 STL 指令的编程方式很容易掌握，编制出的程序也较短，因此很受梯形图设计人员的欢迎。对于没有 STL 指令的可编程控制器，也可以按照指令的设计思路来设计步进控制梯形图，这就仿 STL 指令的编程方式。

6.4　仿步进编程

由于 STL 指令在内部进行状态的置位与复位，显得不够透明，而用仿步进方法，完全由用户自己设计程序，逻辑清晰，透明度高，因此完全可以代替 STL 指令。

这种编程方式用辅助继电器代替状态寄存器，用普通的动合触点代替触点，与使用指令的编程方式相比，有以下不同之处：

(1) 与代替 STL 触点的动合触点相连的触点，应使用 AND 或 ANI 指令，而不是 LD 或 LDI 指令，从而有明确的状态程序段和固定的功能结构。

(2) 对代表前级步的辅助继电器的复位，由用户程序在梯形图中用 RST 指令来完成，而不是由系统程序完成。

(3) 不允许出现双线圈现象，当某一输出继电器在几步图中均为"1"状态时将代表这几步的辅助继电器的动合触点并联。

6.4 实训项目：运料小车

1. 控制要求

图 6-13 所示为小车一个工作周期的动作，要求如下：

(1) 初始小车停在 SQ2 处。

(2) 按下启动按钮 SB(X0)，小车电动机正转(Y0)，小车第一次前进，碰到限位开关 SQ1(X1)后小车电动机反转(Y1)，小车后退。

(3) 小车后退碰到限位开关 SQ2(X2)后，小车电动机 M 停转。停 5 s 后，小车第二次前进，碰到限位开关 SQ3(X3)，再次后退。

(4) 第二次后退碰到限位开关 SQ2(X2)时，小车停止。

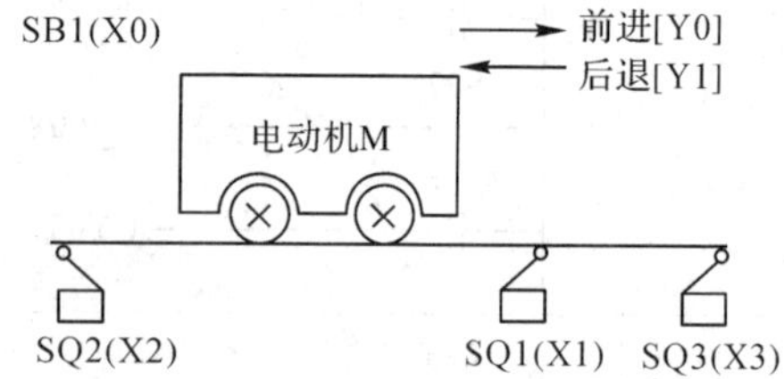

图 6-13　小车自动往返工况示意图

2. I/O 资源分配

运料小车 I/O 资源分配见表 6-2。

表 6-2　运料小车 I/O 资源分配

类别	地 址	功 能
输入	X0	启动按钮
	X1	SQ1 位置
	X2	SQ2 位置
	X3	SQ3 位置
输出	Y0	小车正转
	Y2	小车反转

3. 解决方案

1) 方案一：状态法

用复位置位指令结合一些辅助继电器建立一些对程序段选择的开关实现对程序段的选择。具体的编程思路是，将整个控制过程分成几个步骤：准备，第一次前进，第一次后退，延时，第二次前进，第二次后退，并用辅继电器 M0～M5 表示它们，再辅以置位、复位指令，使各步骤中的控制动作限定在 M0～M5，将一个较复杂的问题分为两个部分处理，控制过程的流程及各控制步骤中的具体工作，如图 6－14 所示。

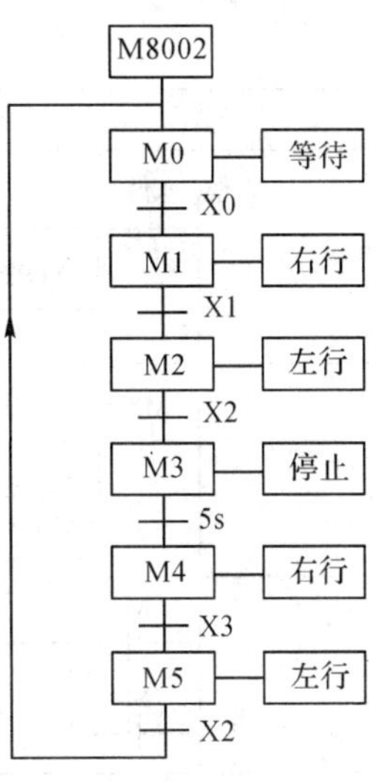

图 6－14　运料小车流程图

2）*方案二：逻辑设计法*

本例的输出较少，只有电动机正转输出 Y0 及反转输出 Y1 而已，但控制工况却比较复杂。由于分为第一次前进、第一次后退、第二次前进、第二次后退，且限位开关 SQ1 在两次前进过程中，限位开关 SQ2 在两次后退过程中所起的作用不同，想直接绘制针对 Y0 及 Y1 的启保停电路梯形图就不容易了。于是我们应当简化启保停电路的内容，不直接针对电机的正转及反转列写梯形图，而是针对第一次前进、第一次后退、第二次前进、第二次后退列写启保停电路梯形图。PLC“记住”第二次前进的“发生”，以辅助作为第二次前进继电器，前进与后退继电器要互锁。详细梯形图略。

4. 梯形图程序

运料小车梯形图程序见表 6－3。

表 6－3　运料小车梯形图程序

梯形图	注　释
M8002 —[ZRST M0 M5] —[RST T0] —[ZRST Y000 Y001] —[SET M0]	初始化辅助继电器 初始化定时器 初始化输出寄存器 进入 M0 状态
M0 —[RST M5] X000 —[SET M1]	M0 状态 等待启动信号
M1 —[RST M0] X001 —[SET M2]	M1 步 到 SQ1 处 进下一步
M2 —[RST M1] X002 —[SET M3]	M2 步 到 SQ2 处 进下一步
M3 —[RST M2] —(T0 K50) T0 —[SET M4]	M3 步 延时 5 s 时间到 进下一步

续表

梯形图	注　释
M4 ─┤├─┬─[RST M3] X003 └─┤├─[SET M5]	M4 状态 到 SQ3 处 进下一步
M5 ─┤├─┬─[RST M4] X002 └─┤├─[SET M0]	M6 状态 到 SQ2 处 进下一循环
M1 ─┤├─┬─(Y000) M4 ─┤├─┘	右行驱动
M2 ─┤├─┬─(Y001) M5 ─┤├─┘	左行驱动

6.5　实训项目：三种液体自动混合

1. 三种液体混合装置简介

如图 6－15 所示为三种液体混合装置示意图。L1、L2、L3 为液面传感器，液面淹没，其动合触点接通。液体阀门 Y1、Y2、Y3 与混合液体阀门 Y4 由电磁阀线圈控制，当电磁阀线圈通电时液体阀门打开，当电磁阀线圈断电时液体阀门关闭。M 为混合液体搅匀三相交流异步电动机。

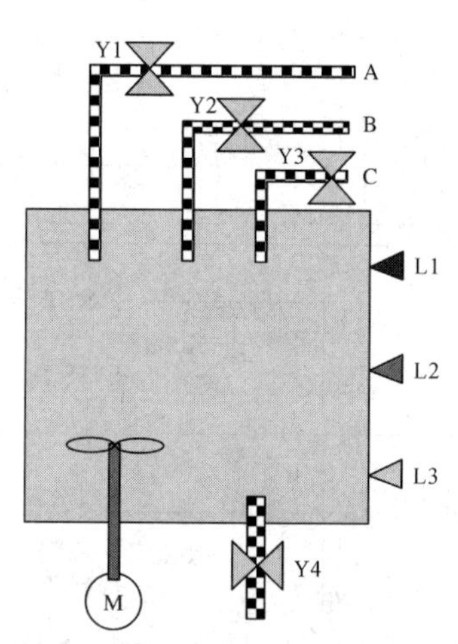

图 6－15　液体混合装置示意图

2. 控制要求

1）手动模式

按相应按钮，Y1、Y2、Y3、Y4、M 点动。

2）自动模式

(1) 初始等待，按下启动按钮，装置开始按下列给定规律运行；

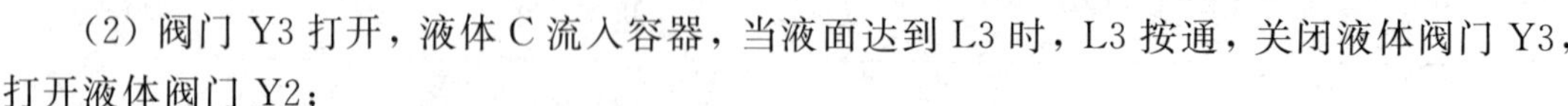

(2) 阀门 Y3 打开，液体 C 流入容器，当液面达到 L3 时，L3 接通，关闭液体阀门 Y3，打开液体阀门 Y2；

(3) 当液面达到 L2 时，关闭液体阀门 Y2，打开液体阀门 Y1；

(4) 当液面达到 L1 时，关闭液体阀门 Y1，搅匀电动机 M 开始搅拌；

(5) 搅匀电动机工作 10 s 后停止搅动，混合液体阀门 Y4 打开，开始放出混合液体(为使混合液体搅拌均匀，搅匀电动机 M 正转 2 s、暂停 2 s，周期性转动)；

(6) 当液面下降时，L1、L2、L3 依次断开；当 L2 由接通变断开时，M 停止；当 L3 断开后，再经过 5 s后，容器放空，混合液体阀门 Y4 关闭，进入状态 2(第(2)步)，再次自动加料混合。

(7) 停止操作。按下停止按钮，当前的混合操作处理完毕后，才会停止操作(停在初始等待状态)。

3) 急停

按下急停开关，系统无任何输出。

3. 操作规程

1) 急停操作

按下急停开关 X0，系统无任何输出；松开 X0 系统才能运行。

2) 工作模式切换

X1 断开为手动模式，X1 接通为自动模式。

3) 手动操作

在手动模式，依次按下 X11～X15，对应的 Y1、Y2、Y3、Y4、M 有输出，松开无输出。

4) 自动操作

(1) 在自动模式，按下启动按钮 X2，系统开始自动运行；

(2) 依次按下 L3、L2、L1，进料完毕；

(3) 10 s后依次按下 L1、L2、L3；

(4) 5 s后，系统进入下一循环。

在自动期间，按下停止按钮，系统执行完本次混料过程，进入等待状态。

4. I/O 资源分配

三种液体混合 I/O 分配如表 6-4 所示。

表 6-4 三种液体混合 I/O 资源分配

类 别	地 址	功 能	类 别	地 址	功 能
输入			输出		
	X0	急停按钮		Y1	阀门 Y1
	X1	模式开关		Y2	阀门 Y2
	X2	自动启动按钮		Y3	阀门 Y3
	X3	自动停止按钮		Y4	放料阀门
	X4	高液位 L1		Y5	搅拌电动机 M
	X5	中液位 L2			
	X6	低液位 L3			
	X10	手动进 A 料			
	X11	手动进 B 料			
	X12	手动进 C 料			
	X13	手动放料			
	X14	手动搅拌			

5. 梯形图程序

三种液体自动混合梯形图程序如表 6－5 所示。

表 6－5　三种液体自动混合梯形图程序

梯 形 图	注　释
主程序	
M8002、M000（并联）、M001（上升沿）、M001（下降沿）；[MOV K0 K4Y000]；[MOV K0 K2M0]；[SET M0]	初始化 急停 模式切换
X002（与 M10 并联）—X003（常闭）—X001—(M10)	自动启停
X001—X000（常闭）—[CALL P2] X001（常闭）—X000（常闭）—[CALL P1] [FEND]	调用自动子程序 调用手动子程序 主程序结束
手动子程序	
P1 M8000—[MOV K2X010 K2Y000] [SRET]	M 手动控制 手动子程序结束
自动子程序	
P2 M0—[RST M8] M10—[SET M1]	M0 状态 等待启动信号
M1—[RST M0] (Y003) X006—[SET M2]	M1 步 进 C 料 到低液位 进下一步

续表一

梯形图	注　释
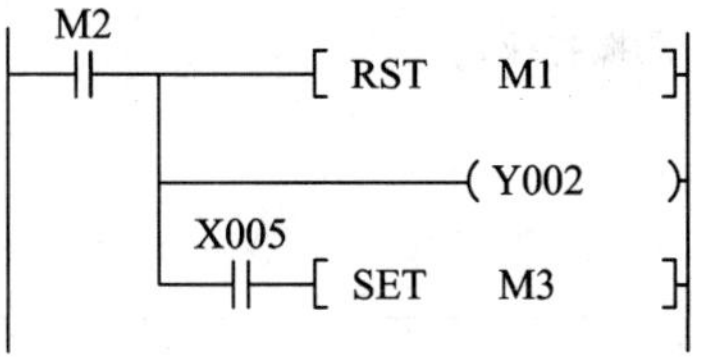 M2 ─┤├─ [RST M1] ─(Y002) X005 ─┤├─ [SET M3]	M2 步 进 B 料 到中液位 进下一步
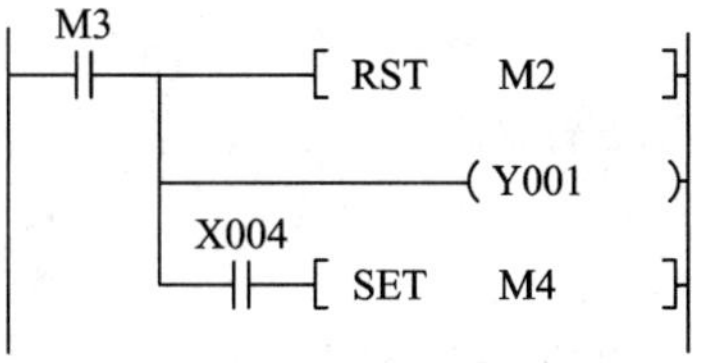 M3 ─┤├─ [RST M2] ─(Y001) X004 ─┤├─ [SET M4]	M3 步 进 A 料 到高液位 进下一步
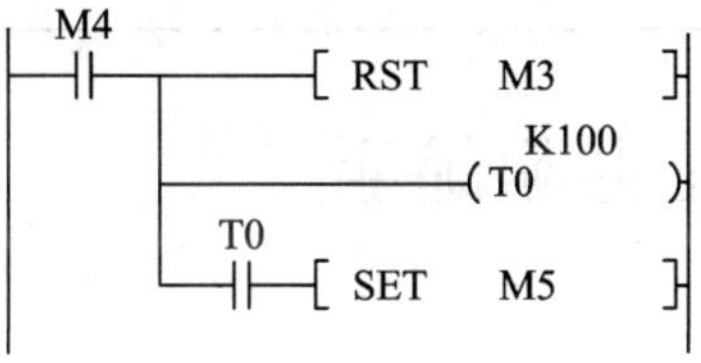 M4 ─┤├─ [RST M3] ─(T0 K100) T0 ─┤├─ [SET M5]	M4 状态 搅拌 10 s 控制 时间到 进下一步
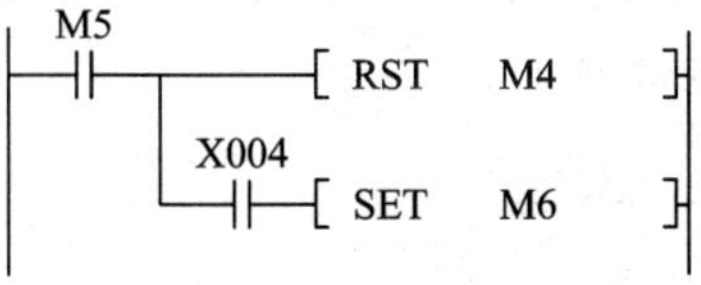 M5 ─┤├─ [RST M4] X004 ─┤├─ [SET M6]	M5 状态 开始放料 到高液位 进下一步
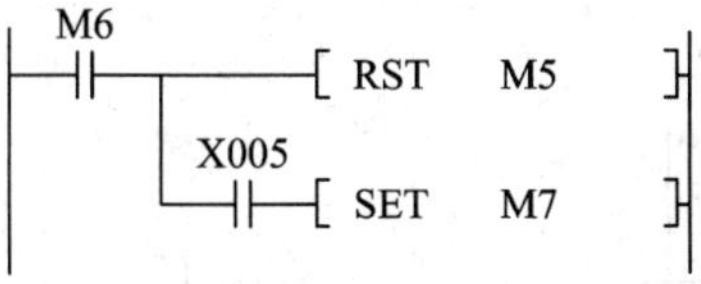 M6 ─┤├─ [RST M5] X005 ─┤├─ [SET M7]	M6 状态 从高液位放料 到中液位 进下一步
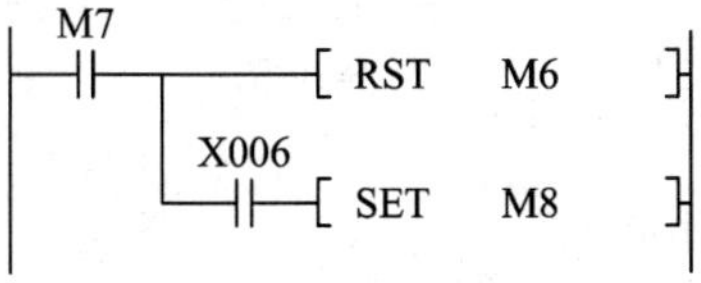 M7 ─┤├─ [RST M6] X006 ─┤├─ [SET M8]	M7 状态 从中液位放料 到低液位 进下一步
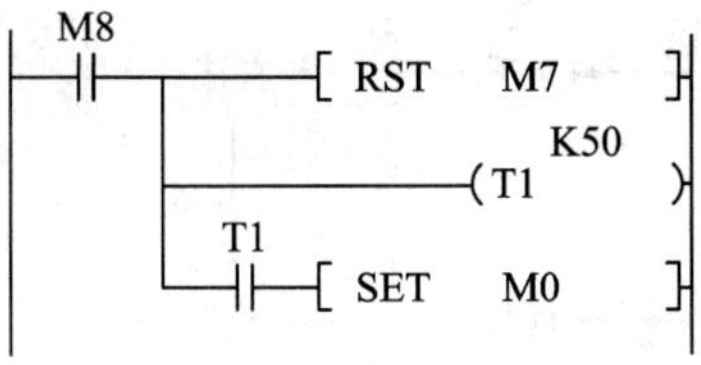 M8 ─┤├─ [RST M7] ─(T1 K50) T1 ─┤├─ [SET M0]	M8 状态 从低液位放料 延时 5 s 进入下一循环

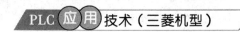

续表二

梯形图	注释
M4 —(Y005) M5 M8013 M6 M8013	搅拌驱动
M5 —(Y004) M6 M7 M8	放料驱动
—[FEND]	自动子程序结束

6.6 课程设计：工业机械手

1. 机械手结构

在自动化生产线上，经常用机械手完成工件的取放操作，图 6－16 是一机械手的工作示意图，其任务是将传送带 A 上的物品搬送至传送带 B 上。

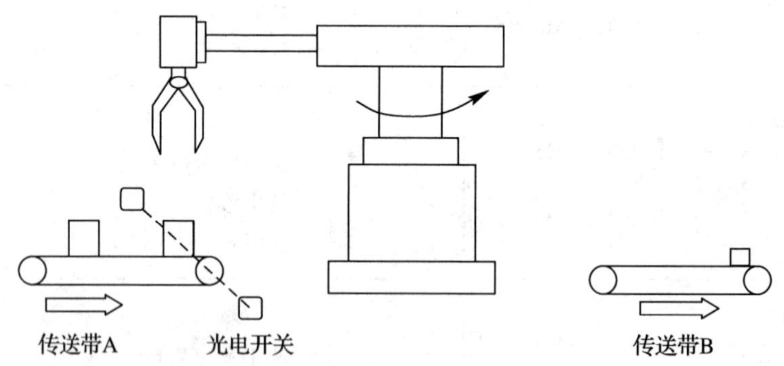

图 6－16 机械手工作示意图

机械手的工作过程示意如下：

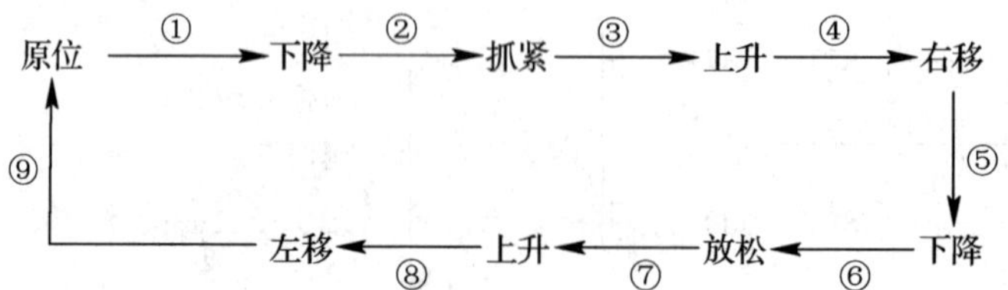

机械手的每次循环动作均从原位开始。

2. 控制要求

(1) 在传输带 A 端部安装了光电开关，用以检测物品的到来。当光电开关检测到物品时为 ON 状态。

(2) 机械在原位时，按下启动按钮，系统启动，传送带 A 运转。当光电开关检测到物品后，传送带 A 停止。

(3) 传输带 A 停止后，机械手进行一次循环动作，把物品从传送带 A 上搬到传送带 B (连续运转)上。

(4) 机械手返回原位后，自动启动传送带 A 运转，进行下一个循环。

(5) 按下停止按钮后，待整个循环完成后，机械手返回原位，才能停止工作。

(6) 机械手的上升/下降和左移/右移的执行结构均采用双线圈的二位电磁阀驱动液压装置实现，每个线圈完成一个动作。

(7) 抓紧/放松由单线圈二位电磁阀驱动液压装置完成，线圈得电时执行抓紧动作，线圈断电时执行放松动作。

(8) 机械手的上升、下降、左移、右移动作均由限位开关控制。

(9) 抓紧动作由压力继电器控制，当抓紧时，压力继电器的动合触点闭合。放松动作为时间控制(设为 2 s)。

3. I/O 资源分配表

I/O 资源分配如表 6－6 所示。

表 6－6　I/O 资源分配

项目	名称	地址	作　　用
输入	SB1	X0	启动按钮
	SB2	X1	停止按钮
	SQ1	X2	上升限位开关
	SQ2	X3	下降限位开关
	SQ3	X4	右移限位开关
	SQ4	X5	左移限位开关
	K	X6	抓紧压力继电器触点
	PS	X7	光电开关
输出	KM1	Y0	传输带 A 驱动
	YV1	Y1	右移电磁阀
	YV2	Y2	左移电磁阀
	YV3	Y3	抓紧/放松电磁阀
	YV4	Y4	上升电磁阀
	YV5	Y5	下降电磁阀

4. 控制程序

根据机械手的工作过程，我们可以将其工作过程分解为九个步骤，这是典型的具有步进性质的顺序控制，因而可以用顺控继电器来设计机械手的控制程序。

用顺控指令设计具有步进性质的顺序控制，其核心是设计各步之间的转换和内容。这里我们介绍画顺序功能图(又称为状态流程图)的方法设计梯形图程序。

顺序功能图的画法如下：

(1) 首先将整个工作过程分解为若干个独立的控制功能步，简称步(本例中机械手的工作过程就可以分解成九个独立的步)，它是为完成相应的控制功能而设计的独立的控制程序或程序段。

(2) 每个独立的步分别用一个方框表示，然后根据动作顺序将各个步用箭头连接起来。

(3) 在相邻的两个步之间画上一条短横线，表示状态转换条件。当转换条件满足时，上一步被封锁，下一步被激活，转向执行新的控制程序，若不满足转换条件，则继续执行上一步的控制程序。

(4) 在每个步的右侧，画上要被执行的控制程序。

机械手步进控制的顺序功能图如图6－17所示。

有了顺序功能图，再设计梯形图控制程序就容易多了。

机械手在原位时，按下启动按钮 SBl，与其对应的输入点 X0 为 ON，使传送带 A 运转(Y0 为 ON)。

当光电开关 PS 检测到有物品后，X7 为 ON，使 Y0 为 OFF，传送带 A 停止运行。在 Y0 的下降沿，下降电磁阀(Y5)得电，进入 M0 步，使机械手执行下降的动作。

机械手下降到位时，下降限位开关 X3 为 ON，下降电磁阀(Y5)失电，机械手停止下降，开始执行抓紧动作，Y3 为 ON，进入 M1 步。

机械手抓紧到位时，压力继电器 K 的动合触点闭合，X6 为 ON。进入 M2 步，此时，Y4 为 ON，机械手紧抓着物品上升。

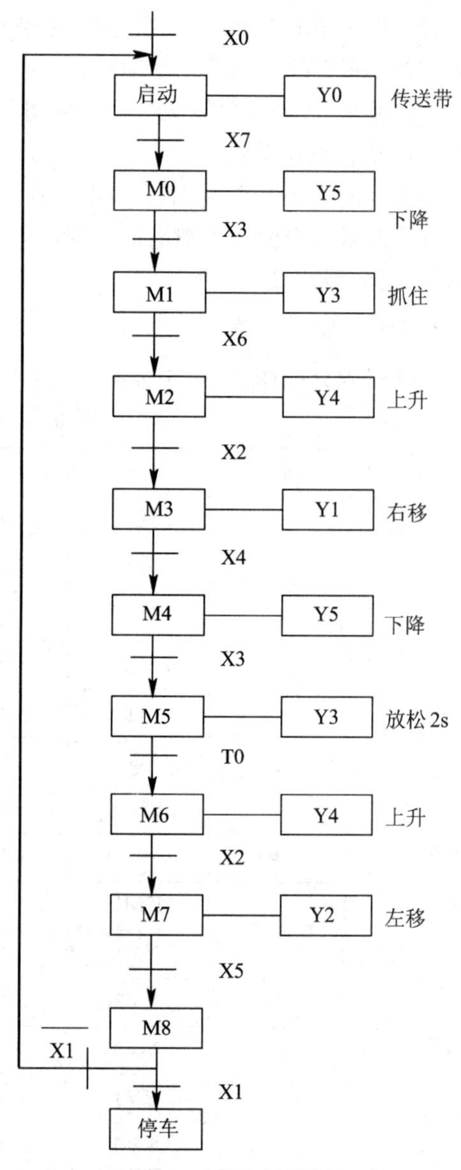

图 6－17　机械手步进控制顺序功能图

机械手上升到位时，上升限位开关 X2 为 ON，进入 M3 步，使 Y4 为 OFF，机械手停止上升。此时，Y1 为 ON，机械手执行右移动作。

机械手右移到位时，右移限位开关 X4 为 ON，进入 M4 步，使 Y1 为 OFF，机械手停止右移。此时，Y5 为 ON，机械手执行下降动作。

机械手下降到位时，下降极限开关 X3 为 ON，进入 M5 步，使 Y5 为 OFF，机械手停止下降。此时，Y3 被复位，机械手执行放松动作，并且启动定时器 T37。

在 T37 的定时时间(2s)到时，机械手放松到位，进入 M6 步。此时，Y4 为 ON，机械手执行上升动作。

机械手上升到位时，上升限位开关 X2 为 ON，进入 M7 步，使 Y4 为 OFF，机械手停止上升。此时，Y2 为 ON，机械手执行左移动作。

机械手左移到位时，左移限位开关 X5 为 ON，进入 M8 步，使 Y2 为 OFF，机械手停止左移。此时，机械手已回到原位，只要在此之前没有按停止按钮，再次将 Y0 置位，传送带 A 重新运行，等待物品检测信号 X7 的到来。

只要按下停止按钮，M10 便断开，但并不影响程序的执行。只有在当前循环全部完成后，M10 才起作用，机械手停于原位。

详细梯形图略。

6.7 工程项目：汽车弹簧钢板液压淬火机

1. 液压淬火机的构造

淬火是将金属工件加热到某一适当温度并保持一段时间，随即浸入淬冷介质中快速冷却的金属热处理工艺。淬火可以提高金属工件的硬度及耐磨性，淬火必须选择合适的冷却方法。

PLC 作为现代工业控制实现自动化的核心技术，它使复杂的工业控制实现变得简单、灵活。本汽车弹簧钢板压力淬火机，弯曲机构由上下两个板簧梁组成，红热钢板工件放置于两梁中间，当上板簧梁在活塞推杆的推动下运动时，会使夹在上下板簧梁中间的工件弯曲成设定的弧形。然后在淬火液中摆动，均匀淬火，使簧片迅速均匀地冷却并成型。该淬火机工艺简单，冷却过程控制比较容易，价格低廉，能生产各种截面(如矩形、梯形等汽车板簧等)及各种长度，特别适用于中小型企业、民营企业，满足当今汽车用钢板弹簧的需求。

液压淬火机的主要特点如下：

(1) 采用 PLC 控制，稳定可靠。

(2) 上下夹采用导柱式导向结构，淬火均匀，弧度可调，长度可调。

(3) 开夹尺寸为 350 mm，可有效保证弧高板簧的淬火要求。

(4) 夹紧力大，摆动时间可在 10～60 s 范围内调整。

(5) 具有手动、试片、自动三种状态，操作简单，调整方便。

淬火系统由加热系统、冷却液与淬火液循环系统、液压系统、淬火机电气控制系统等部分组成。加热系统将一定规格的钢板按照标准加热，为淬火机提供工件；冷却液系统利用软化水对液压油进行冷却，冷却水在工作过程中是绝对不可以停的；淬火液循环系统为淬火机提供一定温度的均匀的淬火液。下面重点介绍淬火机的液压与电气控制系统。

1. 液压系统的组成及功能

液压系统主要是为机械系统提供动力，此外在机构的下降过程中还具有缓冲功能。

淬火机的结构如图 6－18 所示，1 号油缸可使工件夹紧变形（松夹掉落），使直钢板成为设定的弧形；2 号油缸可使夹紧的工件前后摆动，淬火均匀；3 号油缸可使工作台落下（抬起），工件进入（离开）液体中。电磁阀共四个，从上往下依次为油路总开关负责整个油路的通断，为 3 号油缸供油电磁阀，为 1 号油缸供油电磁阀，为 2 号油缸供油电磁阀。

此外还有油箱、油泵、压力表等。

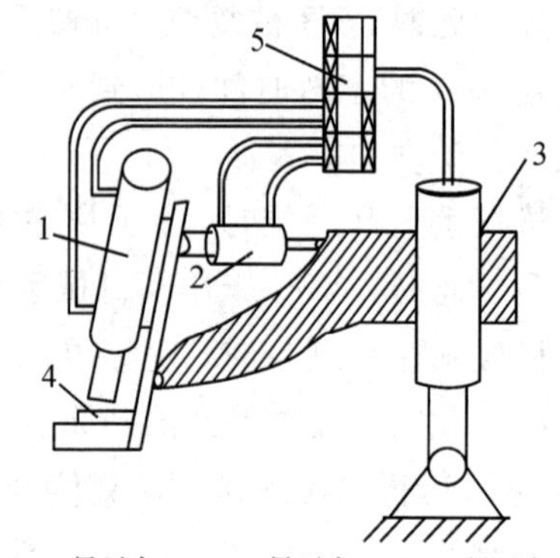

1—1号油缸；2—2号油缸；3—3号油缸；4—工件；5—电磁阀

图 6－18　淬火机结构示意图

2. 电气控制系统的组成

电气控制系统由两部分组成：控制面板和控制箱。

控制面板如图 6－19 所示，选择开关用于选择系统处于“手动”、“自动”或“试片”状态，在任何状态下操作选择开关系统都会立即退出当前状态进入被选择的状态；在任何状态“运行”和“停止”都用于控制电动机的启动和停止，“指示”用于显示电动机的状态；仅在“手动”状态时，按下“夹紧”、“松夹”、“前摆”、“后摆”、“抬起”、“落下”按钮进行相应的动作，松开按钮处于保持状态；仅在“自动”或“试片”状态时，“启动”按钮起作用，用于启动一个淬火周期。

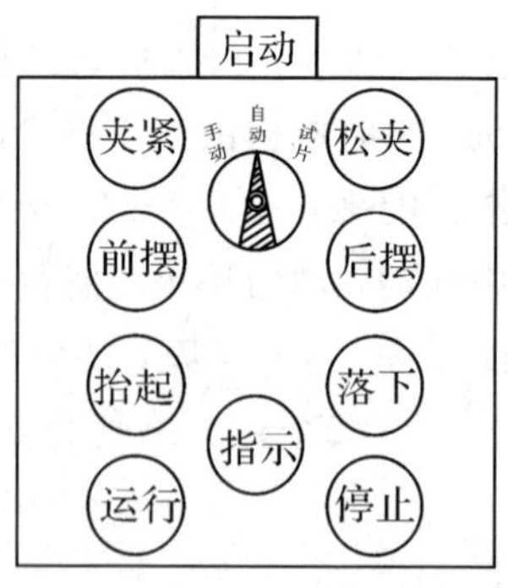

图 6－19　控制面板

淬火机控制箱内电路如图 6－20 所示。图中 TA 为外时间继电器的触点，SQ 为位置开关用于限制自动运行时抬起的高度，KA1～KA6 为电磁阀线圈，KT 为时间继电器的线圈。

淬火机的电气元件如表 6－7 所示。

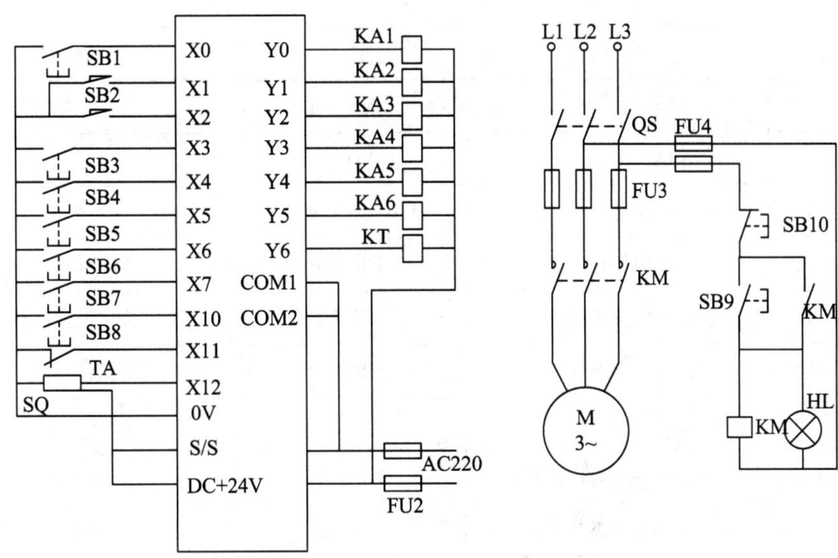

图 6-20 淬火机控制箱内电路

表 6-7 淬火机的电气元件

序号	符号	名　称	型 号	规　格
1	EL	照明灯	JC2	40W，220V
2	FU1	PLC 直流电源熔断器	RLl-15	熔体 1A
3	FU2	PLC 交流电源熔断器	RLl-15	熔体 2A
4	FU3	交流电机熔断器	RLl-60	熔体 10A
5	FU4	控制电路熔断器	RLl-15	熔体 2A
6	HL1	电机运行指示灯	LA19-1ID	绿色、6.3V
7	KM	电动机运行接触器	CJ0-10B	线圈电压 220V
8	KT	时间继电器	JS7-4A	线圈电压 220V
9	M	液压泵电动机	J02-32-4，T2	3kW、380V、6.5A、1430r/min
10	QS1	主电源组合开关	HZ2-25/3	控制箱内
11	SB1	启动按钮	LA19-11	绿
12	SB2	选择开关	K30-51K-L	黑
13	SB3	手动夹紧按钮	LA19-11	绿
14	SB4	手动松夹按钮	LA19-11	绿
15	SB5	手动前摆按钮	LA19-11	绿
16	SB6	手动后摆按钮	LA19-11	绿
17	SB7	手动抬起按钮	LA19-11	绿
18	SB8	手动落下按钮	LA19-11	绿

续表

序号	符号	名 称	型 号	规 格
19	SB9	电机运行按钮	LA19 - 11	绿
20	SB10	电机停止按钮	LA19 - 11	红
21	SQ	上限位接近开关	CJ10 - 30GM - W	0.1A
22	KA1	松夹中间继电器	RR2KP	线圈电压 24V
23	KA2	夹紧中间继电器	RR2KP	线圈电压 24V
24	KA3	前摆中间继电器	RR2KP	线圈电压 24V
25	KA4	后摆中间继电器	RR2KP	线圈电压 24V
26	KA5	总油路开关中间继电器	RR2KP	线圈电压 24V
27	KA6	升降中间继电器	RR2KP	线圈电压 24V
28	YA1	松夹电磁阀	F3 - SQPV2 - 60MF - 1CL - 10	线圈电压 220V
29	YA2	夹紧电磁阀		线圈电压 220V
30	YA3	前摆电磁阀	F3 - SQPV2 - 60MF - 1CL - 10	线圈电压 220V
31	YA4	后摆电磁阀		线圈电压 220V
32	YA5	总油路开关电磁阀	MQJ1 - 3	线圈电压 220V
33	YA6	升降电磁阀	MQJ1 - 3	线圈电压 220V

此外控制电路还采取了下列措施和抗干扰措施：

（1）正确地接地，淬火机机身良好接地；

（2）控制线均采用屏蔽电缆，屏蔽层两端接地。

3. 系统控制要求

系统有三种工作方式：手动、自动、试片。

1）手动工作方式的控制要求

（1）选择工作方式为“手动”。

（2）系统加电，PLC 得电，按“运行”按钮油泵工作，指示灯亮，系统开始初始化，1 号油缸收回，松夹；2 号油缸收回前摆，可装料；3 号油缸伸出，工作台抬起；系统处于等待状态。

（3）按下 SB3 夹紧工件；按下 SB4 松夹。

（4）按下 SB5 前摆；按下 SB6 后摆。

（5）按下 SB7 工作台落下；按下 SB8 工作台抬起。

在手动工作方式下，按下任何按钮动作，松开按钮保持。按“启动”不起作用。

2）自动（试片）控制要求

系统加电，油泵工作。

（1）选择工作方式为自动或试片。

（2）初始化，1 号油缸伸出，松夹；2 号油缸伸出，可装料；3 号油缸收回，工作台抬起。系统处于等待状态。

(3) 把工件放在工作台上。

(4) 按下启动按钮得电。

(5) 夹紧工件 1 s后，工作台落下；同时摆动(周期为 1.5 s)，启动外部时间继电器(摆动总时间由外定时器控制)。

(6) 外定时器延时结束，摆动结束。

(7) 前摆 1 s，1 号油缸收回松夹，2 号油缸伸出，工件掉落(试片无此步)。

(8) 系统回初始状态。若在自动状态则可继续工作；若试片则可人工取出试淬板簧进行检验。

4. 淬火机 PLC 软件设计

由表 6-7 和图 6-14 可以看出，PLC 的输入有 11 点，输出有 7 点，共 18 点，选用 32 点的 FX3U-32MR 便可满足要求，余 6 点备用。

1) PLC 资源分配

淬火机 I/O 分配见表 6-8，内部资源分配见表 6-9。

表 6-8 淬火机 I/O 分配

输入			输出		
名称	地址	说明	名称	地址	说明
SB1	X0	启动	KT	X11	外时间继电器延时断开触点(常闭)
SB2	X1	选择开关(左)	SQ	X2	接近开关(常闭)
	X2	选择开关(右)	KA1	Y1	1 号油缸收回夹紧
SB3	X3	手动夹紧	KA2	Y2	1 号油缸伸出松夹
SB4	X4	手动松夹	KA3	Y3	2 号油缸收回前摆
SB5	X5	手动前摆	KA4	Y4	2 号油缸伸出后摆
SB6	X6	手动后摆	KA5	Y5	3 号油缸收回落下(总油路开关)
SB7	X7	手动抬起	KA6	Y6	3 号油缸伸出抬起
SB8	X10	手动落下	KT	Y7	外时间继电器线圈

表 6-9 内部资源分配

地址	作用	地址	作用	
M0	手动状态	M15	松夹状态	
M1	自动状态	M16	松夹	
M2	试片状态	M17	振荡完，松夹后摆	
M3	自动或试片	M20	回初始化	
M4	初始化	T0	夹紧时间	3.5 s

续表

地址	作　用	地址	作　用	
M5	系统启动	T1	落到底	0.5 s
M6	初始夹紧	T2	振荡后摆	1.6 s
M7	夹紧且下落状态	T3	振荡前摆	1.6 s
M10	下落	T4	振荡完前摆	2 s
M11	下落夹紧	T5	振荡完后摆	1 s
M12	振荡状态			
M13	外定时器延时结束状态			
M14	振荡完后前摆			

2）系统控制流程图

淬火机系统控制流程图如图 6－21 所示。

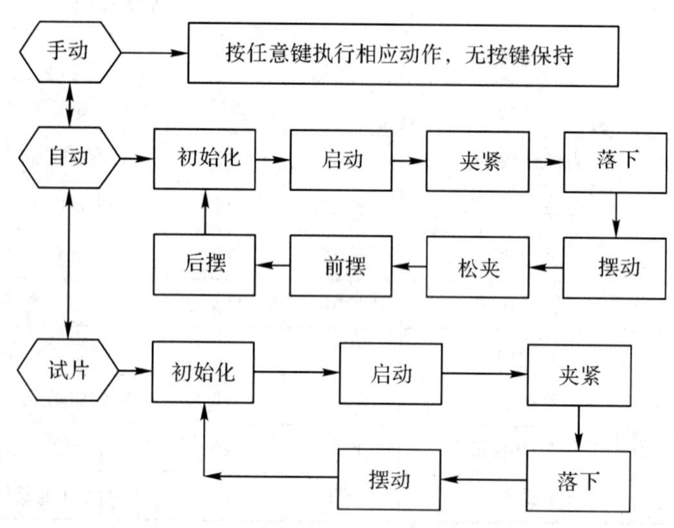

图 6－21　淬火机系统控制流程图

3）自动控制时序图

淬火机自动工作时序图如图 6－22 所示。

4）梯形图

程序由三大部分组成，第一部分为状态选择，以决定系统工作于何种状态；第二部分为程序主体，用于控制程序的流程，它是程序的核心；第三部分为驱动部分，仅与输出有关。电磁阀的驱动与电磁阀的装配密切配合，任何一个动作都与油路总开关相联系。为了保护电磁阀，总开关采用常闭的，线圈不需得电，否则容易烧毁。

详细梯形图略。

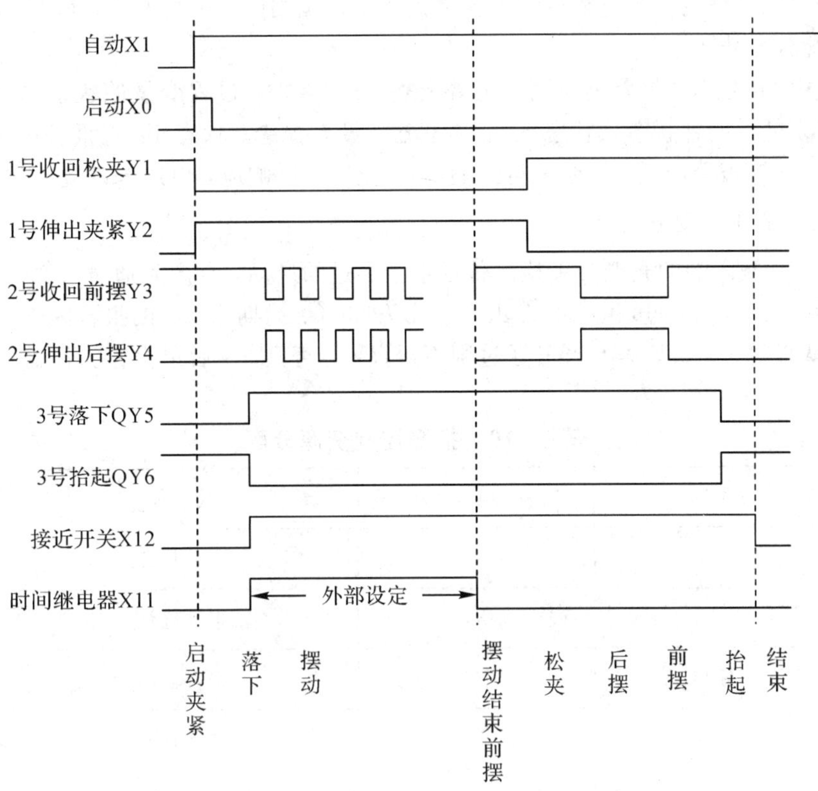

图 6-22 淬火机自动工作时序图

6.8 工控安全保障

工业自动化控制中的报警系统是保障生产安全的第一道屏障。报警对象有很多，如有害气体、液体、温度、水位、时间等，总的来看是一种故障状态，所用报警输出有声、光、声光等。大型的 DCS 系统都有完善的报警软件包，只要组态就能使用。但在一些小的控制系统中，往往没有报警功能，就需要自己设计程序来实现。

当今公司级的报警系统已与通信公司、物联网等结合起来，成为政府安检部门安全监控的有机组成部分，具有社会安全责任。

6.8.1 工业过程报警

1. 报警逻辑

1）报警逻辑

报警系统的逻辑分为四个部分：

(1) 报警生成。将设定的报警限与过程变量值进行比较，产生报警信息。

(2) 报警显示和输出。报警信息应在上位机上进行信息显示，同时输出信号到声报设备(音箱或蜂鸣器)，以达到警示的目的。

(3) 报警确认。操作人员对报警信息做出响应以消除报警。

(4) 报警状态恢复。当过程变量值恢复到正常范围内时，对报警状态做“复位”处理。

2) 报警状态转换

根据“报警产生”、“报警响应”和“报警恢复”三种事件，过程变量的状态属性将发生变化，具体可划分成四种状态。状态 0：正常状态，没有报警；状态 1：有报警产生，报警已响应；状态 2：有报警产生，但还未得到响应；状态 3：已响应，但还未恢复正常。

2. 报警控制工艺要求

用接在 X0 输入端的光电开关检测传送带上通过的产品，有产品通过时 X0 为 ON，如果在 10 s 内没有产品通过，由 Y0 发出占空比为 50%、周期为 1 s 的报警闪烁信号。按钮 X1 用来确认报警，确认后若有产品通过则不再报警，否则 5 s 后仍报警。报警控制资源分配见表 6-10。

表 6-10　报警控制资源分配

类别	地址	功　能
输入	X0	产品检测
	X1	报警确认
输出	Y0	报警输出
定时器	T0	10 s 延时
	T1	5 s 延时
辅助寄存器	M0	报警状态

3. 报警控制梯形图

(1) 方案一：逻辑分析法。逻辑分析法梯形图如图 6-23 所示。

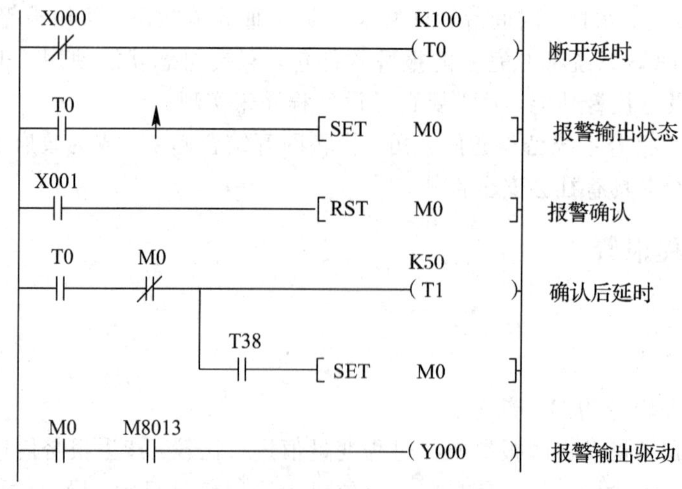

图 6-23　报警控制梯形图(逻辑分析法)

（2）方案二：状态法。状态法梯形图如表6-11所示。

表6-11 报警控制梯形图(状态法)

梯形图	注释
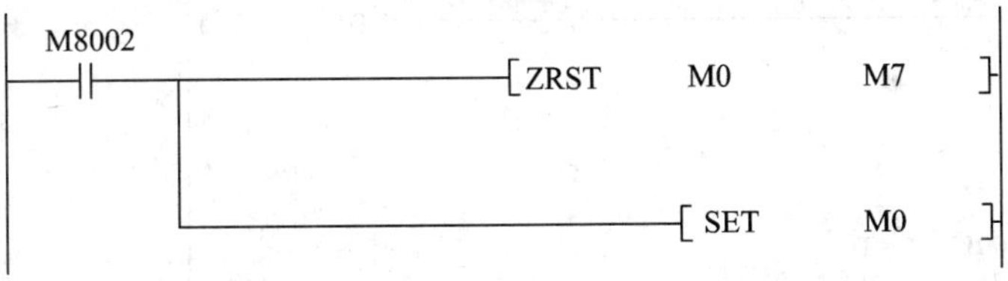 M8002 —[ZRST M0 M7] —[SET M0]	初始化
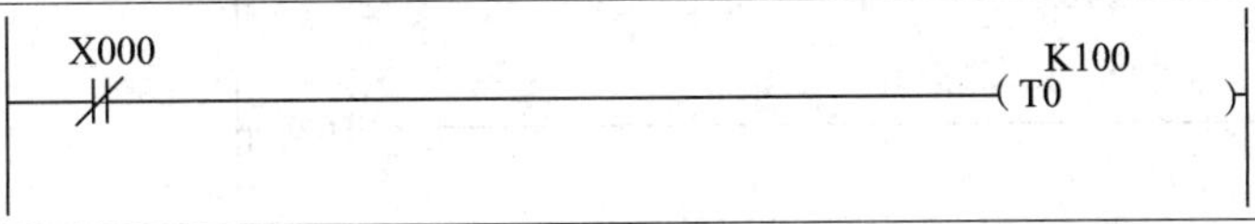 X000 —(T0 K100)	状态0： 正常 故障采集
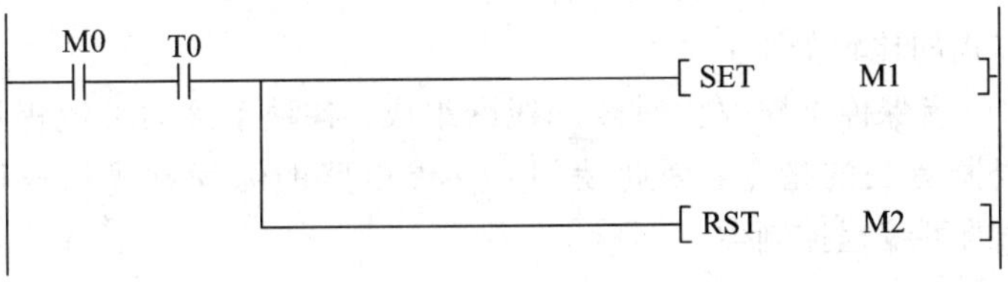 M0 T0 —[SET M1] —[RST M2]	状态1： 有报警产生 进入报警控制
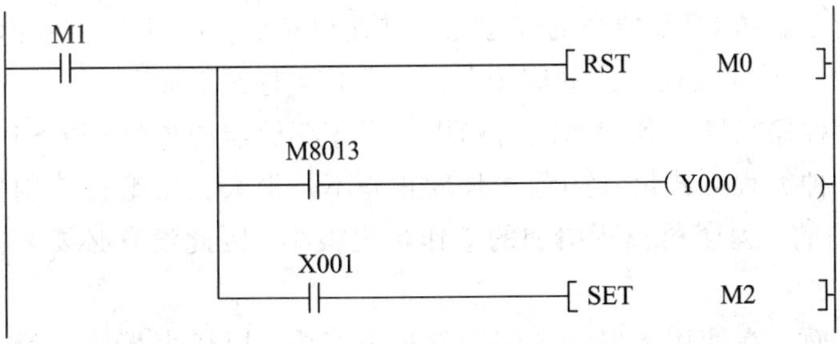 M1 —[RST M0] M8013 —(Y000) X001 —[SET M2]	状态2： 报警确认 报警输出
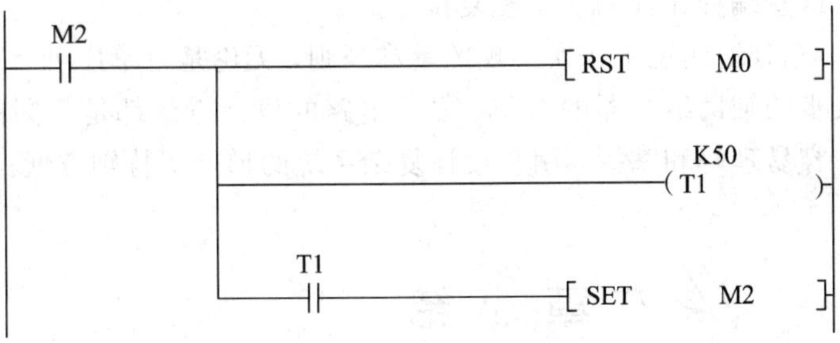 M2 —[RST M0] —(T1 K50) T1 —[SET M2]	状态3： 确认延时 再去采集

6.8.2 双按钮启动

有的设备特别是冲压设备，为了安全起见，采用两个按钮启动。需用两手在短时间内同时按下按钮，操作有效(设备启动)，超过设定时间后操作无效。这样可有效保护双手安全。

若两按钮输入点为X0、X1，设定时间为2 s。

若X0、X1有一个或同时按下，T0开始延时；若同时按下则启动Y0；若只有一个按下，2 s 内按下另一个也可启动 Y0；如超过 2 s 则 T0 接通，封锁启动电路，Y0 不能启动。双按钮启动梯形图如 6－24 所示。

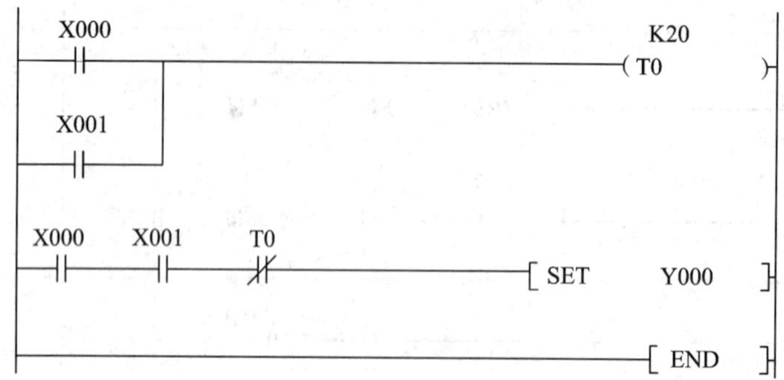

图 6－24　双按钮启动梯形图

状态法编程各种编程方式的比较如下：

(1) 编程方式的通用性。启保停电路仅由触点和线圈组成，各种型号的可编程控制器的指令系统都有与触点和线圈有关的指令，因此使用启保停电路的编程方式的通用性最强，可以用于任意一种型号的可编程控制器。

像 STL 这一类专门为步进控制设计的指令，只能用于可编程控制器厂家的某些可编程控制器产品，属于专用指令。仿 STL 指令的编程方式使用置位、复位指令，各种可编程控制器都有置位和复位指令。这种编程方式的应用范围也很广，且灵活简单。

(2) 不同编程方式设计程序长度。各梯形图占用用户程序存储器的步数，以 STL 指令设计的程序最短，用其它各种编程方式设计的程序长度相差不是很大。可编程控制器的用户程序存储器一般是足够用的，程序稍长所增加的工作量也很小，因此没有必要在缩短用户程序上花太多的精力。

(3) 电路结构及其它方面。在使用起保停电路的编程方式中，以代表步的编程元件为中心，用一个电路来实现对这些编程元件的置位和复位。

仿 STL 编程方式直接、充分地体现了转换实现的基本规则，无论是对单序列、选择序列还是并行序列，控制代表步的辅助继电器的置位、复位电路的设计方法都是相同的。这种编程方式的思路很清楚，容易理解和掌握，用它设计复杂系统的梯形图特别方便。

本章小结

1. 状态转移图又叫功能图(Sequential Function Chart)，它是用状态元件描述工步状态的工艺流程图。它通常由初始状态、步、转移和转移条件组成。每个状态提供三个功能：驱动有关负载、指定转移条件和指定转移目标。状态转移图主要由步、有向连线、转换、转换条件和动作组成。在两步之间的垂直短线为转换，其线上的横线为编程元件触点，它表示从上一步转到下一步的条件，即横线表示某元件的动合触点或动断触点，其触点接通 PLC 才可执行下一步。

2. 状态元件共有 1000 个。S0～S9 供初始状态用，S10～S19 供返回原点用，S20～

S499 为通用型，S500～S899 为有断电保持功能型，S900～S999 供报警器用。

3. 步进程序有单一顺序、选择顺序、并发顺序三种。

习题

6-1　什么是状态转移图？

6-2　状态转移图的主要组成部分是什么？

6-3　什么是转换？

6-4　状态元件是怎样划分的？

6-5　步进程序有哪三种结构？

6-6　电镀生产线具有手动和自动控制功能。手动时，各动作能分别操作；自动时，按下启动按钮后，从原点开始运行一周回到原点，如图 6-25 所示，SQ1～SQ4 为行车进退限位开关，SQ5、SQ6 为吊钩上下限位开关。试画出其自动运行的状态转移图。

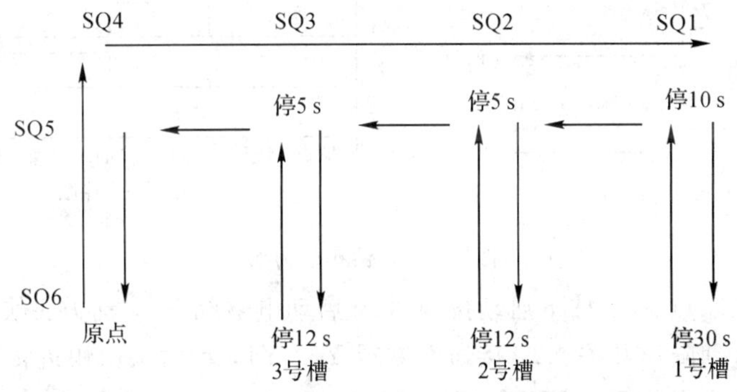

图 6-25　电镀生产线工艺示意图

6-7　某组合机床动力头在初始状态时停在最左边，限位开关 X0 为 ON，按下启动按钮 X4，动力头的进给运动如图 6-26 所示，一个循环结束，回初始状态。控制各电磁阀的 Y0～Y3 在各工作步的状态如表 6-12 所示，试画出顺序控制功能图。

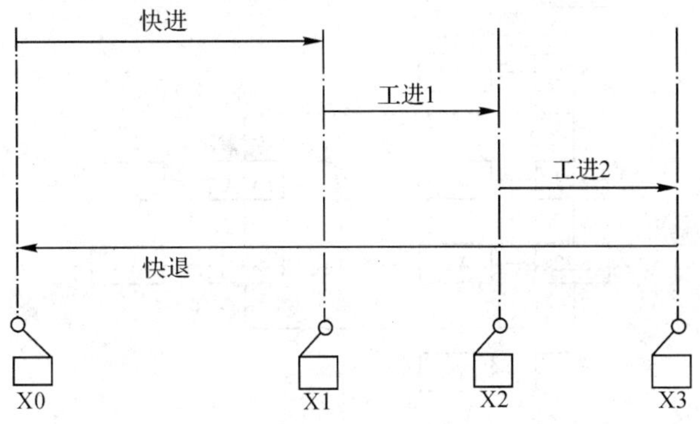

图 6-26　机床动力头运动示意图

表 6-12　工作步状态表

步	Y0	Y1	Y2	Y3
快进	0	1	1	0
工进 1	1	1	0	0
工进 2	0	1	0	0
快退	0	0	1	1

6-8　某冷加工自动线有一个钻孔动力头，其运动示意图如图 6-27(a)所示，运时时序图如图 6-27(b)所示，试编写其控制程序。

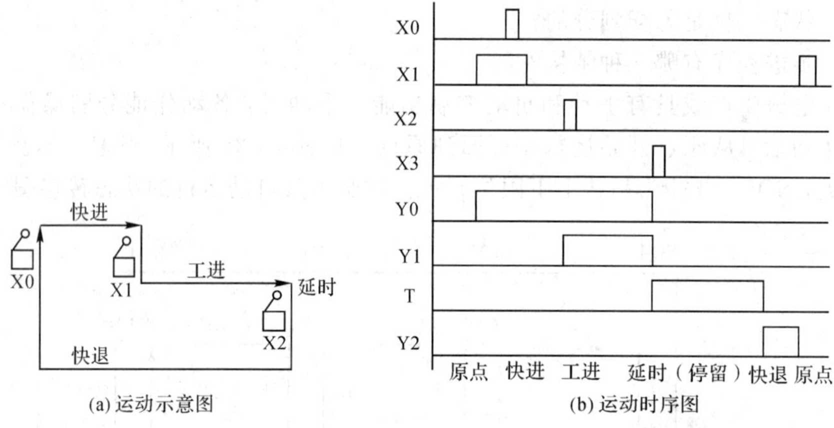

图 6-27　钻孔动力头

(1) 动力头在原点 X0，按下启动按钮 X1，启动电磁阀 Y0，动力头快进；

(2) 动力头碰到限位开关 X2，接通电磁阀 Y0、Y1，动力头由快进转为工进；

(3) 动力头碰到限位开关 X3 后，开始延时 10s；

(4) 延时时间到，接通电磁阀 Y2，动力头快退；

(5) 动力头回原点后，停止。

6-9　有一个选择性分支状态转换图如图 6-28 所示，请对其编程。

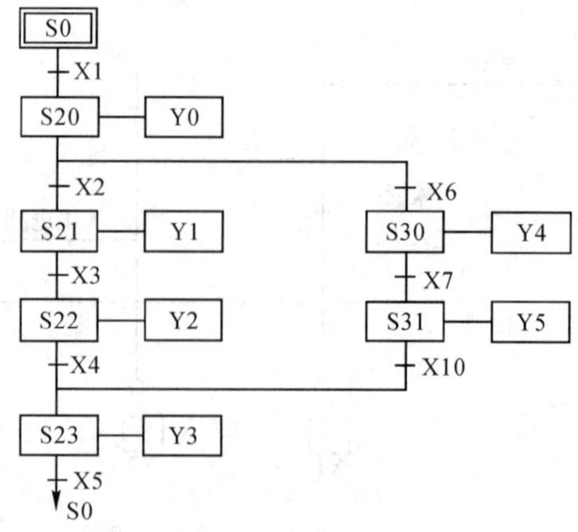

图 6-28　习题 6-9 图

6-10 气压式冲孔加工机结构如图6-29所示。其控制工艺如下：

(1) 工件的补充、冲孔、测试及搬运可同时进行；

(2) 工件的补充由传送带(电机M0驱动)送入；

(3) 工件的搬运分由测孔部分判断，若测孔机在设定时间内能测孔到底(MS2为ON)，则为合格品，否则即为不合格品；

(4) 不合格品在测孔完毕后，由A缸抽离隔离板，自动掉入废料箱；若为合格品，则在工件到达搬运点后，由B缸抽离隔离板，让合格的工件自动调入包装箱。

试设计其控制程序。

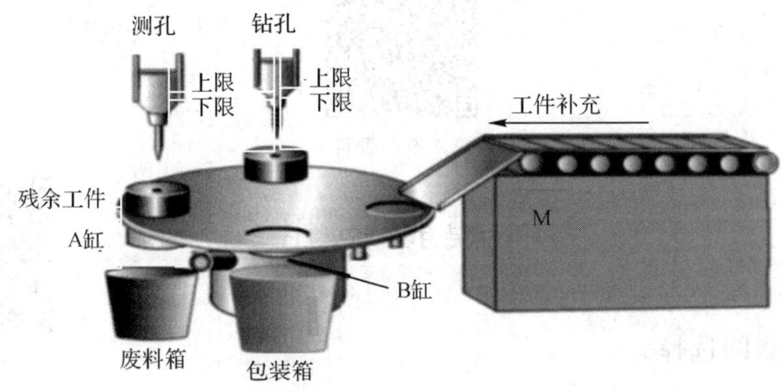

图6-29 气压式冲孔加工机结构示意图

第 7 章 模拟量控制

第 7 章　课件

7.1　模 拟 量 采 集

7.1　模拟量采集

7.1.1　变送器的选择

变送器用于将传感器提供的电量或非电量转换为标准量程的直流电流或直流电压信号，例如 DC0～10 V 和 DC4～20 mA。变送器分为电流输出型和电压输出型。电压输出型变送器具有恒压源的性质，PLC 模拟量输入模块的电压输入端的输入阻抗很高，例如 100 kΩ～10 MΩ。如果变送器距离 PLC 较远，通过线路间的分布电容和分布电感产生的干扰信号电流，在模块的输入阻抗上将产生较高的干扰电压。例如 1 μA 干扰电流在 10 MΩ 输入阻抗上将产生 10 V 的干扰电压信号，所以远程传送模拟量电压信号时抗干扰能力很差。

电流输出型变送器具有恒流源的性质，PLC 模拟量输入模块输入电流时，输入阻抗较小(例如 250 Ω)。线路上的干扰信号在模块的输入阻抗上产生的干扰电压很低，所以模拟量电流信号适于远程传送。

电流传送比电压传送的传送距离远得多，模拟量输入模块使用屏蔽电缆信号时允许的最大传送距离为 200 m。

变送器分为二线制和四线制两种，四线制变送器有两根信号线和两根电源线。二线制变送器只有两根外部接线，它们既是电源线又是信号线，输出 4～20 mA 的信号电流，直流 24 V 电源串接在回路中，有的二线制变送器通过隔离式安全栅供电。通过调试，在被检测信号量程的下限时输出电流为 20 mA。二线制变送器的接线少，信号可以远传，在工业中得到了广泛的应用。

7.2　FX3U 模拟量控制篇

7.1.2　FX3U－4AD 模块

1. 基本功能

FX3U－4AD 模块用来接收模拟信号，并将其转换成数字量；具有 4 个输入通道、12 位分辨率；可接收电流和电压两种输入信号，信号范围：－10～＋10 V、4～20 mA 或－20～20 mA；共有 8063 个 16 位的缓冲存储器(BFM)，用来与主单元交换数据；占用扩展总线 8 个点。

2. 外部接口与配线

FX3U－4AD 外部接口与配线图如图 7－1 所示。

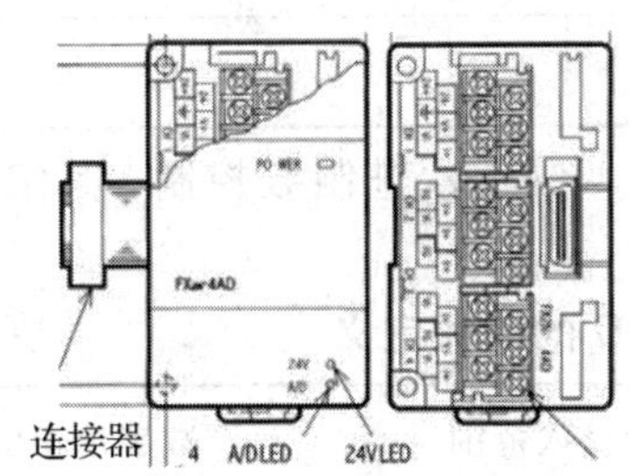

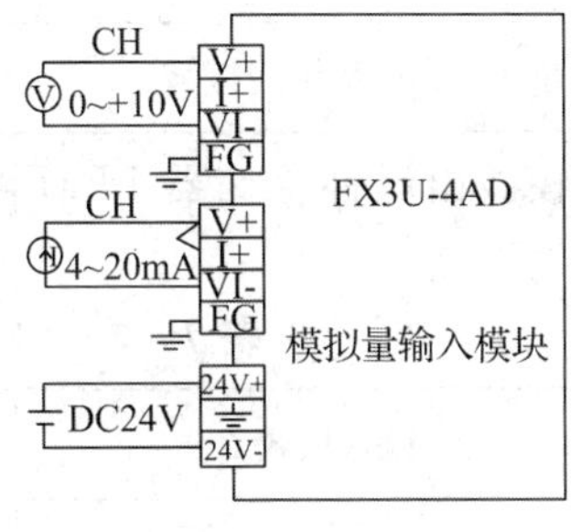

图 7－1　FX3U－4AD 外部接口与配线图

三种模拟输入信号及其分辨率如图 7－2 所示。

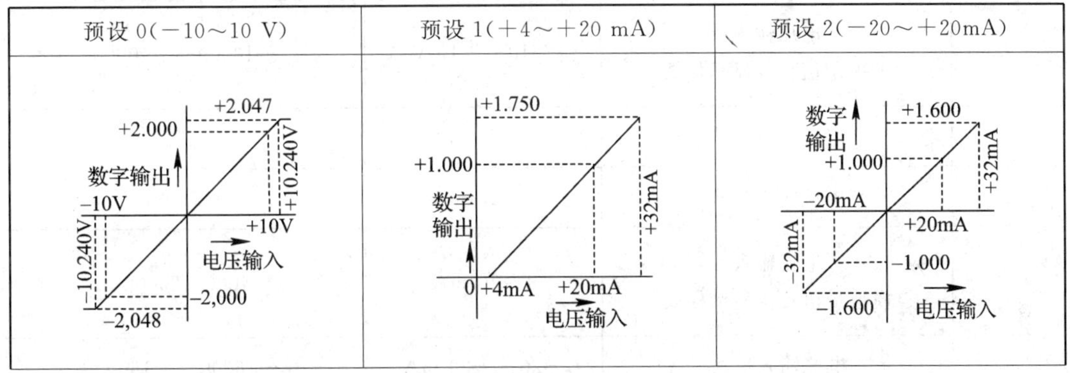

图 7－2　模拟输入信号及其分辨率

3. 缓冲存储器分配

缓冲存储区用来设置输入模式、增益偏置参数，存储转换数据、错误状态、系统数据、历史数据等。熟悉其分配地址，便于使用该模块。FX3U－4AD 模块的常用缓冲存储区如表 7－1 所示。详细了解其存储区，需查阅三菱公司发布的技术手册《模拟量控制篇》。

表 7－1　FX3U－4AD 缓冲存储区

BFM	内　容	
＊＃0	通道初始化，缺省值 H0000	定义通道 4、3、2、1 的工作模式
＃10	通道 1	采样即时值数据或者平均值数据
＃11	通道 2	
＃12	通道 3	
＃13	通道 4	

续表

BFM	内　容	
＃19	01：允许 10：禁止调整偏移、增益值	
＃30	识别码 K2080	
＃8063	系统用区域	—

模块工作模式由缓冲存储器 BFM＃0 中的 4 位十六进制数控制，其定义如表 7-2 所示。

表 7-2　FX3U-4AD 的模式定义

值[HEX]	输入模式	模拟量输入范围	数字量输出范围
0	电压输入模式	－10～＋10 V	－32000～＋32000
1	电压输入模式	－10～＋10V	－4000～＋4000
2	电压输入 模拟量值直接显示模式	－10～＋10 V	－10000～＋10000
3	电流输入模式	4～20 mA	0～16000
4	电流输入模式	4～20 mA	0～4000
5	电流输入 模拟量值直接显示模式	4～20 mA	4000～20000
6	电流输入模式	－20～＋20 mA	－16000～＋16000
7	电流输入模式	－20～＋20 mA	－4000～＋4000
8	电流输入 模拟量值直接显示模式	－20～＋20 mA	－20000～＋20000
9～E	不可以设定		
F	通道关闭		

7.1.3　模拟量采集(FROM 指令)

1. 确认模拟量地址

从左侧的特殊功能单元/模块开始，依次分配单元号 0～7，分配 0～7 的单元编号，如图 7-3 所示。

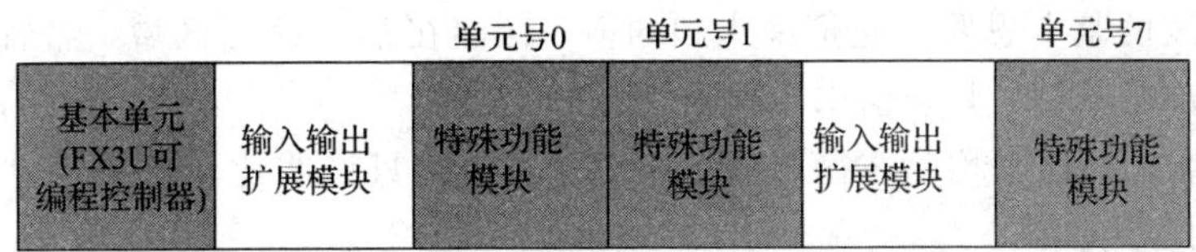

图 7-3 模拟量地址

2. 作为指令直接应用参数

单元号可以作为参数在指令中使用，如 U1\G0，U1 表示单元号，范围为 0～7；\为分隔符；G0 为缓冲存储区，范围为 0～32766。

图 7-4 所示的程序是将单元号 1 的缓冲存储区(BFM＃10)的内容乘以数据(K10)，并将结果读出到数据寄存器(D10、D11)中。

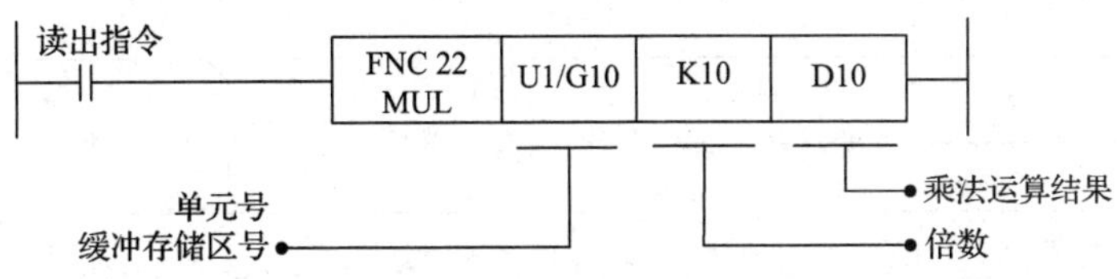

图 7-4 单元号作为参数的指令

3. 在外部设备读/写指令中应用

外部设备读/写指令主要准备了使用可编程控制器的输入/输出与外部设备之间进行数据交换的指令。使用这些指令，可以通过最小的顺控程序和外部接线简便地实现复杂的控制。在 FX3U 可编程控制器中，也可以使用 MOV 指令进行传送，如图 7-5 所示。

FROM 指令(BFM→可编程控制器)可以读出缓冲存储区的内容。在图 7-5 下方的程序中，将单元号 1 的缓冲存储区(BFM＃10)的内容(1 点)读出到数据寄存器 D10 中。

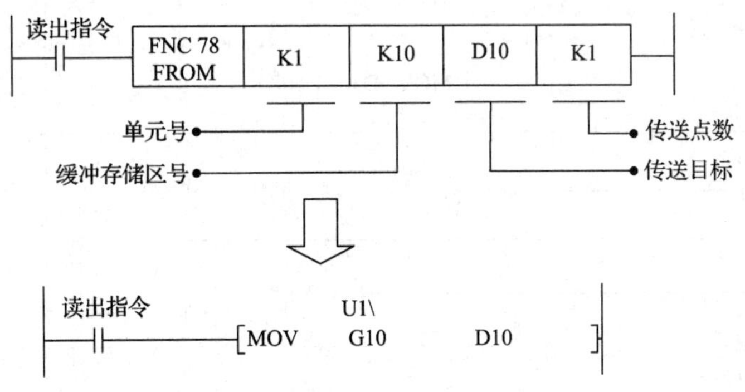

图 7-5 FROM 指令

7.1.4 模拟量滤波(比较法排序)

7.3 模拟量中位值滤波

由于工业环境干扰，采集到的模拟量如果很不稳定，甚至出现明显错误，就需进行滤波。如果采用设置模块参数进行滤波，效果仍不理想，可考虑进行平均值滤波。

平均值滤波的基本思路是先把采集到的值，存储在某一存储区域，然后进行排序，去掉不可信的一部分数值，其余值求和取平均。

采集存储，求和取平均已在循环指令中说明，在此只说明比较法排序，也就是两重循环在 PLC 中的应用。

采集到的模拟量存放在 D50～D59 中，共 10 个数据。

表 7-3　比较法排序

梯形图	注　释
T0（常闭）——(T0 K50)	排序周期为 5 s
T0（上升沿）——[MC N2 M30]	开始排序 主控指令
——[FOR K10]	外循环 10 次
M8000——[MOV K0 Z7]	内循环变量
——[FOR K10]	内循环 10 次
[> D50Z6 D50Z7]——[MOV D50Z6 D30] [MOV D50Z7 D50Z6] [MOV D30 D50Z7]	数据交换
M8000——[INC Z7]	内变量加 1
——[NEXT]	内循环结束
M8000——[INC Z6]	外变量加 1
——[NEXT]	外循环结束
——[MCR N2]	主控结束

如表 7-3 所示，程序中使用了主控指令，确保二重循环的顺利运行，Z7 为内循环变

量，Z6 为外循环变量，如果内循环数据大于外循环数据，则交换，使大数据在后，达到 10 个数升序排列的目的，这与 C 语言的编程方法是一致的。在后面程序中，可只对中间数据求平均，丢掉两端(偏大或偏小)数据，达到滤波的目的。

根据不同类型变量，可采用不同滤波方法，此处的比较法排序仅仅是抛砖引玉。

7.2 模拟量变换

7.4 模拟量变换

1. 模拟量变换

从模块读取的模拟量值仅仅是一个数值，不具有工程意义，应进行工程变换，使之具有物理单位。

2. 变换公式

数据变换是将 PLC 中的变量进行线性处理，即设计其一次函数。例如压力传感器将 0～0.4 MPa 的压力信号转换为 0～4 V 的信号，模拟量输入模块再将其变换为 0～32000 的数字量。在 PLC 内我们需将其再变换为 0～0.4 的数值，单位为 MPa，则压力的计算公式应为

$$T=\frac{(0.4-0)}{(32000-0)}(N-0)+0\ (℃)$$

因为该公式可用多个模拟量的反复转换，可设计为通用公式：

$$\mathrm{OUT}=\frac{(H_i-L_o)}{(K_2-K_1)}(\mathrm{IN}-K_1)+L_o$$

式中，H_i 表示输出量最大值，L_o 表示输出量最小值，K_2 表示输入量最大值，K_1 表示输入量最小值，IN 表示输入量实际值，OUT 表示输出量实际值，如图 7-6 所示，其变换实例如表 7-8 中的压力变换。

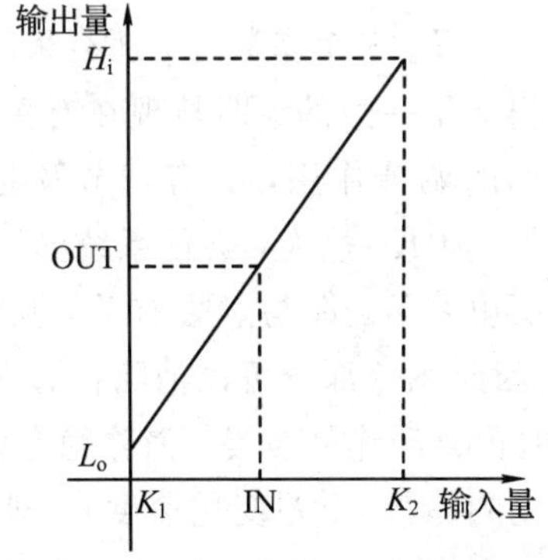

图 7-6 模拟量转换

3. 变换公式使用中的主要事项

(1) 该公式用子程序设计，可反复调用，用局部变量，方便移植。

(2) 使用子程序时，针对不同的传感器，设置不同参数；同一个传感器的不同时期、不

同应用场合，也用不同参数，只需注重其工程含义的变化。

(3) 对于非线性变量，如果难以建模，则可以分段变换，即具有分段函数的意义。

(4) 为了符合工程实际，可设置最大、最小值，以进行限幅，避免出现无意义数值。

(5) 该公式说明的是两个变量的相互转换关系，无输入、输出之分，也用于输出变换，使计算机内部变量具有工程意义。

7.3 压力 PID 运算

1. PID 计算关系式

比例、积分、微分调节(即 PID 调节)是闭环模拟量控制中的传统调节规律。它在改善控制系统品质、保证系统偏差 e(即给定值(SP)和过程变量(PV)的差)达到预定指标、使系统在实现稳定状态方面具有良好的效果。该系统的结构简单，容易实现自动控制，在多个领域得到了广泛的应用。PID 调节控制的原理基于下面的方程式，它描述了输出 $M(t)$ 作为比例项、积分项和微分项的函数关系：

$$M(t)=K_{c}e+\frac{K_{c}}{T_{I}}\int_{0}^{t}e\,\mathrm{d}t+M_{\mathrm{initial}}+K_{c}T_{D}\frac{\mathrm{d}e}{\mathrm{d}t}$$

即输出＝比例项＋积分项＋初始值＋微分项。

式中：$M(t)$表示 PID 回路的输出，是时间的函数；K_c 表示 PID 回路的增益，也叫比例常数；e 表示回路的误差(给定值与过程变量之差)；M_{initial}表示 PID 回路输出的初始值；T_i 表示积分时间常数；T_d 表示微分时间常数。

只有当系统为负反馈时，误差 e 才等于给定值减去反馈值，因此应保证系统为负反馈。当然，在可编程控制器中对关系式进行运算还需进行许多处理，这里不再讨论。近年来，许多 PLC 厂商在自己的产品中增加了 PID 指令，以完成一些工业控制中的 PID 调节。

2. 各参数的作用

PID 控制器除了上述 K_c、T_i、T_d 三个参数外，还有采样周期 T_s，它们的作用如下：

比例部分与误差信号在时间上是一致的，即与现在有关，只要误差一出现，比例部分就能及时地产生与误差成正比例的调节作用，具有调节及时的特点。K_c 越大，比例调节作用越强，系统的稳态精度越高，但 K_c 过大，会使系统的输出量振荡加剧，稳定性降低。

积分部分与误差的大小和历史有关，即与过去有关，只要误差不为零，积分就一直起作用，直到误差消失，无静差，因此积分部分可以消除稳态误差，提高控制精度。T_i 越大，系统的稳定性可能有所改善，但积分动作越缓慢，消除稳态误差的速度减慢。

微分部分反映了被控量变化的趋势(误差变化速度)，即与将来有关，较比例调节更为及时，具有超前和预测的特点。T_d 增大，超调量减小，动态性能得到改善，但系统抑制高频干扰的能力下降。

采样周期 T_s 应能及时反映模拟量的变化，远小于系统阶跃响应的纯滞后时间或上升时间。T_s 越小越能及时反映模拟量的变化，但增加了 CPU 的运算工作量，相邻两次采样的差值几乎没有变化，意义不大，所以不宜将 T_s 取得过小。表 7－4 给出了过程控制中采样周期的经验数据。

表 7－4 采样周期的经验数据

被控制量	流量	压力	温度	液位	成分
采样周期/s	1～5	3～10	15～20	6～8	15～20

这四个参数都需要整定，这对控制效果的影响非常大，也极大地影响调试过程。

3. 压力 PID 运算

三菱 FX 系列 PLC 的 PID 运算指令在第 5 章有所阐述，表 7－7 给出了恒压供水的压力 PID 运算实例，期望值在 D40 中存放，过程值在 D41 中存放，PID 运算占用 D50～D74 的连续 25 个数据存储器，运算结果在 D42 中存放，运算结果立即输出到 1 号模块的 1 号通道。

7.4 模拟量输出

7.4.1 FX3U－4DA 模块

FX3U－4DA 模块用来接收来自 PLC 的数字信号，并转换成等价的模拟信号；具有 4 个输出通道，12 位分辨率；可输出电流和电压两种输出信号。信号范围：－10～＋10 V，4～20 mA 或 0～20 mA；共有 3098 个 16 位的缓冲存储器(BFM)，用来与主单元交换数据，占用扩展总线上的 8 个点。

1. 配线

FX3U－4DA 配线图如图 7－7 所示。

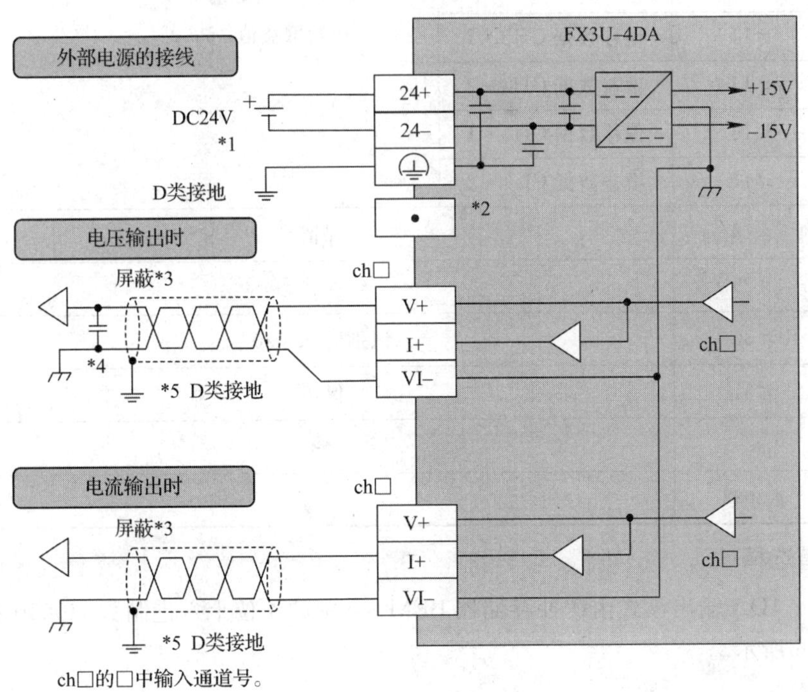

图 7－7 FX3U－4DA 配线图

注意接线与输出信号的类型要一致。

2. 缓冲存储器分配

缓冲存储区用来设置输出模式、增益偏置参数，错误状态、系统数据、表格等，熟悉其分配地址，便于使用该模块。FX3U－4DA模块的常用缓冲存储区如表7－5所示。详细了解其存储区，需查阅三菱公司发布的技术手册《模拟量控制篇》。

表7－5　FX3U－4DA缓冲存储区定义

<table>
<tr><th>BFM</th><th colspan="2">内　　容</th></tr>
<tr><td>#0</td><td colspan="2">输出模式选择，缺省值为H0000</td></tr>
<tr><td>#1</td><td colspan="2" rowspan="4">通道写入值</td></tr>
<tr><td>#2</td></tr>
<tr><td>#3</td></tr>
<tr><td>#4</td></tr>
<tr><td>#5E</td><td colspan="2">数据保持模式，缺省值为H0000</td></tr>
<tr><td>#9E</td><td colspan="2">偏移/增益设置命令</td></tr>
<tr><td>#10</td><td>偏移数据CH1＊1</td><td rowspan="8">初始偏移值：0
初始增益值：5000</td></tr>
<tr><td>#11</td><td>增益数据CH1＊2</td></tr>
<tr><td>#12</td><td>偏移数据CH2＊1</td></tr>
<tr><td>#13</td><td>增益数据CH2＊2</td></tr>
<tr><td>#14</td><td>偏移数据CH3＊1</td></tr>
<tr><td>#15</td><td>增益数据CH3＊2</td></tr>
<tr><td>#16</td><td>偏移数据CH4＊1</td></tr>
<tr><td>#17</td><td>增益数据CH4＊2</td></tr>
<tr><td>#18</td><td colspan="2">保留</td></tr>
<tr><td>#29</td><td colspan="2">错误状态</td></tr>
<tr><td>#30</td><td colspan="2">识别码K3020</td></tr>
<tr><td>#31</td><td colspan="2">保留</td></tr>
<tr><td>～</td><td colspan="2">～</td></tr>
<tr><td>#3098</td><td colspan="2">～</td></tr>
</table>

3. 通道选择

FX3U－4DA输出模式由缓冲存储器BFM#0中的4位十六进制数H0000控制，其定义如表7－6所示。

表 7-6 FX3U-4DA 输出模式定义

值[HEX]	输出模式	数字量输出范围	模拟量输出范围
0	电压输出模式	-32000～+32000	-10～+10 V
1	电压输出 模拟量 mV 指定模式	-1000～+1000	-10～+10 V
2	电流输出模式	0～32000	0～20 mA
3	电流输出模式	0～32000	4～20 mA
4	电流输出模拟量值 mA 指定模式	0～20000	0～20 mA
5～E	无效(设定值不变化)		
F	通道关闭		

模块状态信息 BFM#29：可查阅资料获取。

FX3U-4DA 单元的识别号是 K3020。

7.4.2 模拟量输出(TO 指令)

从左侧的特殊功能单元/模块开始，依次分配单元号 0～7，分配 1～7 的单元编号。

在图 7-8 所示的程序中，数据寄存器(D20)上的内容加上数据(K10)，并将结果写入单元号 1 的缓冲存储区(BFM#6)中。

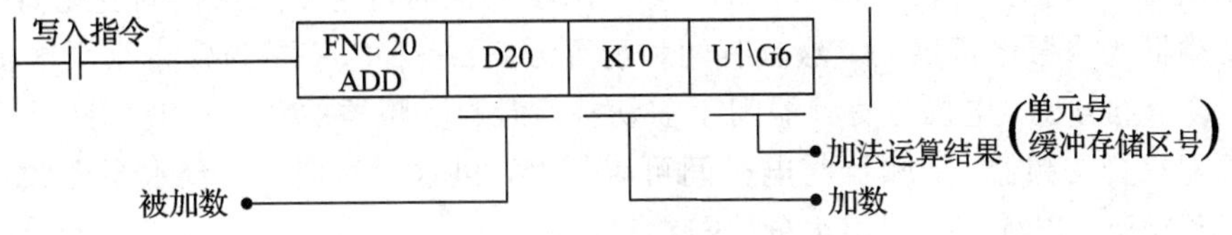

图 7-8 加法运算程序

TO 指令(可编程控制器→BFM，写入)用于向缓冲存储区写入数据。在图 7-9 所示的程序中，向单元 1 号的缓冲存储区(BFM#0)写入一个数据(H3300)。该指令与“MOV H3300 U1\G0”功能一致。

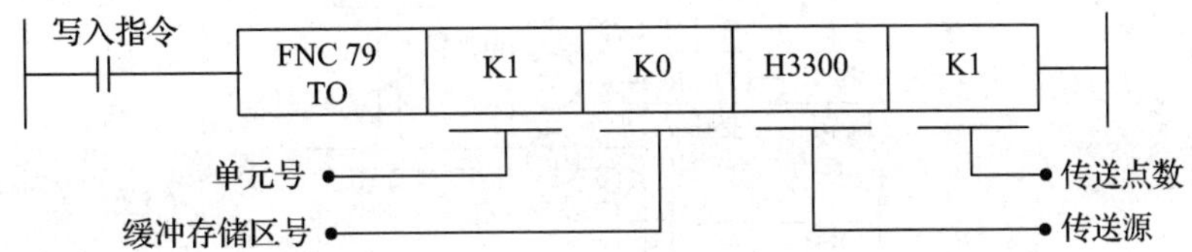

图 7-9 向单元 1 号的缓冲存储器写入一个数据

7.5 课程设计：恒压供水

7.5.1 恒压供水系统基本构成

7.5 恒压供水

生产及生活都离不开水，但如果水源离用水场所较远，就需要用管路来输送。而将水送到较远或较高的地方，管路中是需要有一定水压的，水压高了，才能将水输送到远处或较高的楼层。产生水压的设备是水泵，水泵转动得越快，产生的水压越高。传统的维持水压的方法是建造水塔，打开水泵，将水打到水塔中，水泵休息时，借助水塔的水位继续供水。水塔中的水位变化相对水塔的高度来说很小，即水塔能维持供水管路中水压的基本恒定。

但是，建造水塔需花费财力，水塔还会造成水的二次污染。那么，可不可以不借助水塔来实现恒压供水呢？当然可以，但是要解决水压随用水量的大小变化的问题。通常的办法是：用水量大时，增加水泵数量或提高水泵的转动速度以保持管网中的水压不变，用水量小时又需做出相反的调节。这就是恒压供水的基本思路。交流变频器的诞生为水泵转速的平滑连续调节提供了方便。交流变频器是改变交流电源频率的电力电子设备，输入三相工频交流电后，可以输出频率平滑变化的三相交流电。

1. 恒压供水泵站的组成

恒压供水泵站一般需设多台水泵及电机，这比设单台水泵及电机节能而且可靠。配单台电机及水泵时，它们的功率必须足够大，在用水量少时开一台大电机肯定是浪费的，电机选小了，用水量大时供水会不足。而且水泵与电机都有维修的时候，备用泵是必要的。恒压供水的主要目标是保持管网水压的恒定，水泵电机的转速随用水量的变化而变化，这就要用变频器为水泵电机供电。这也有两种配置方案：一种方案是为每台水泵电机配一台变频器，这当然方便，电机与变频器间不需切换，但购变频器的费用较高；另一种方案是数台电机配一台变频器，变频器与电机间可以切换，供水运行时，一台水泵变频运行，其余水泵工频运行，以满足不同用水量的需求。

图 7－10 为恒压供水泵站的构成示意图。图中压力传感器 PS 用于检测管网中的水压，常装设在泵站的出水口。当用水量大时，水压降低；用水量小时，水压升高。水压传感器将水压的变化转变为电流或电压的变化送给调节器。

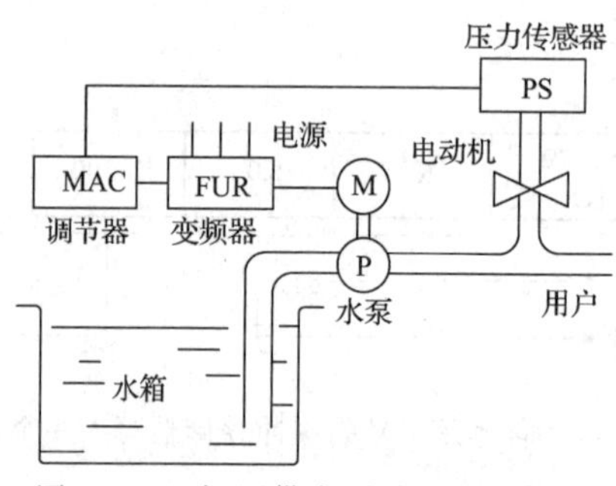

图 7－10 恒压供水泵站的基本构成

2. 调节器在系统中的主要功能

(1) 设定水管压力的给定值。恒压供水水压的高低依据需要设定。供水距离越远，用水地点越高，系统所需供水压力越大。给定值即是系统正常工作时的恒压值。另外有些供水系统可能有多种用水目的，如将生活用水与消防用水共用一个泵站，水压的设定值可能不止一个，一般消防用水的水压要高一些。调节器具有设定给定值功能，可以以数字量进行设定，也可以以模拟量方式设定。

(2) 接收传感器送来的管网水压的实测值。管网实测水压回送到泵站控制装置称为反馈，调节器是反馈的接收点。

(3) 根据给定值与实测值的综合，依一定的调节规律发出系统调节信号。调节器接收了水压的实测反馈信号后，将它与给定值比较，得到给定值与实测值之差。如给定值大于实测值，就说明系统水压低于理想水压，要加大水泵电机的转速；若水压高于理想水压，则要降低水泵电机的转速。这些都由调节器的输出信号控制。为了实现调节的快速性与系统的稳定性，调节器工作中还有个调节规律问题，传统调节器的调节规律多是比例-积分-微分调节，俗称 PID 调节器。调节器的调节参数，如 P、I、D 参数均可以由使用者设定，PID 调节过程视调节器的内部构成有数字式调节及模拟量调节两类，以微计算机为核心的调节器多为数字式调节。

调节器的输出信号一般是模拟信号，即 4～20 mA 变化的电流信号或 0～10 V 间变化的电压信号。信号的量值与前面提到的差值成比例，用于驱动执行设备工作。在变频恒压供水系统中，执行设备就是变频器。

3. PLC 在恒压供水泵站中的主要任务

(1) 代替调节器实现水压给定值与反馈值的综合与调节工作，实现数字式 PID 调节。一只传统调节器往往只能实现一路 PID 设置，用 PLC 作调节器可同时实现多路 PID 设置，在多功能供水泵站的各类工况中 PID 参数可能不一样，使用 PLC 作数字式调节器十分方便。

(2) 控制水泵的运行与切换。在多泵组恒压供水泵站中，为了使设备均匀地磨损，水泵及电机是轮换工作的。在设单一变频器的多泵组泵站中，如规定和变频器相连接的泵为主泵，主泵也是轮流担任的。主泵在运行时达到最高频率时，增加一台工频泵投入运行。PLC 则是泵组管理的执行设备。

(3) 变频器的驱动控制。恒压供水泵站中变频器常常采用模拟量控制方式，这需采用 PLC 的模拟量控制模块，该模块的模拟量输入端接受传感器送来的模拟信号，输出端送出经给定值与反馈值比较并经 PID 处理后得出的模拟量控制信号，并依此信号的变化改变变频器的输出频率。

(4) 泵站的其它逻辑控制。除了泵组的运行管理工作外，泵站还有许多逻辑控制工作，如手动、自动操作转换，泵站的工作状态指示，泵站工作异常的报警，系统的自检等，这些都可以在 PLC 的控制程序中安排。

7.5.2 恒压供水工艺分析

一个三泵生活/消防双恒压无塔供水系统如图 7-11 所示，市网自来水用高低水位控制器 EC 来控制注水阀 YV1，自动把水注满储水水池。当水位低于高水位时，自动往水池注水。水池的高/低水位信号也直接送给 PLC，作为高/低水位报警。为了保证供水的连续性，水位上下限传感器高低距离较小。生活用水和消防用水共用三台泵，平时电磁阀 YV2 处于失电状态，关闭消防管网，三台泵根据生活用水的多少，按一定的控制逻辑运行，维持生活用水低恒压。当有火灾发生时，电磁阀 YV2 得电，关闭生活用水管网，三台泵供消防用水使用，维持消防用水的高恒压值。火灾结束后，三台泵再改为生活供水使用。

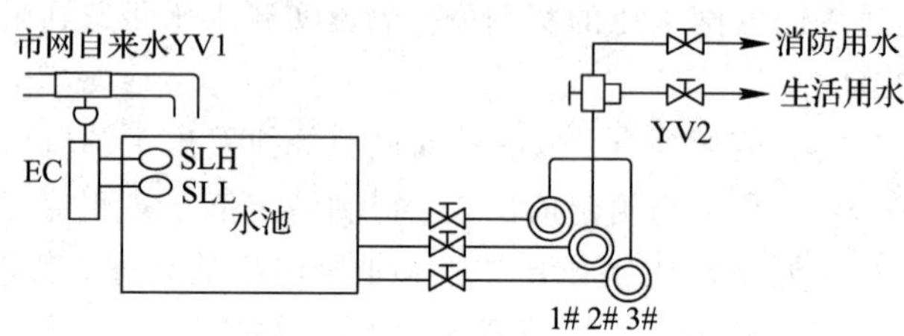

图 7-11　生活/消防双恒压供水系统构成图

对三泵生活/消防双恒压供水系统的基本要求如下：

(1) 生活供水时，系统低恒压值运行；消防供水时，系统高恒压值运行。

(2) 三台泵根据恒压的需要，采取“先开先停”的原则接入和退出。

(3) 在用水量小的情况下，如果一台泵连续运行时间超过 3h，则要切换下一台泵，即系统具有“倒泵功能”，避免某一台泵的工作时间过长。

(4) 三台泵在启动时都要有软启动功能，要有完善的报警功能。

(5) 对泵的操作要有手动控制功能，手动只在应急或检修时临时使用。

7.5.3　恒压供水系统设计

1. I/O 分配

根据图 7-11 及以上控制要求，统计控制系统的输入/输出信号的名称、代码及地址编号，如表 7-7 所示。水位上、下限信号分别为 X1、X2，它们在水淹没时为 0，露出时为 1。

表 7-7　输入/输出信号的名称、代码及地址编码

名　称		代码	地址编号
输入信号	手动和自动消防信号	SA1	X0
	水池水位上限信号	SLL	X1
	水池水位下限信号	SLH	X2
	变频器报警信号	SU	X3
	消防按钮	SB9	X4
	试灯按钮	SB10	X5
	远程压力表模拟量电压值	Up	AIW0

续表

名称		代码	地址编号
输出信号	1#泵工频运行接触器及指示灯	KM1，HL1	Y0
	1#泵变频运行接触器及指示灯	KM2，HL2	Y1
	2#泵工频运行接触器及指示灯	KM3，HL3	Y2
	2#泵变频运行接触器及指示灯	KM4，HL4	Y3
	3#泵工频运行接触器及指示灯	KM5，HL5	Y4
	3#泵变频运行接触器及指示灯	KM6，HL6	Y5
	生活/消防供水转换电磁阀	YV2	Y10
	水池水位下限报警指示灯	HL7	Y11
	变频器故障报警指示灯	HL8	Y12
	火灾报警指示灯	HL9	Y13
	报警电铃	HA	Y14
	变频器频率复位控制	KA	Y15
	控制变频器频率用电压信号	UF	U1\G1

2. PLC 系统选型

从上面的分析可以知道，系统共有6个开关量输入点、12个开关量输出点、1个模拟量输入点、1个模拟量输出点，并选用1个FX3U－32MR主机单元、1个FX3U－4AD模拟量输入模块和1个FX3U－4DA模拟量输出模块。整个恒压供水PLC系统的配置如图7－12所示。

图7－12　恒压供水PLC系统的配置

3. 电气控制主电路

如图7－13为电控系统主电路。三台电动机分别为M1、M1、M3。接触器KM1、KM3、KM5分别控制M1、M2、M3的工频运行；接触器KM2、KM4、KM6分别控制M1、M2、M3的变频运行。

FR1、FR2、FR3分别为三台电动机过载用的热继电器；QS1、QS2、QS3、QS4分别为三台泵电动机主电路的隔离开关；FU1为主电路的熔断器；VVVF为通用变频器。

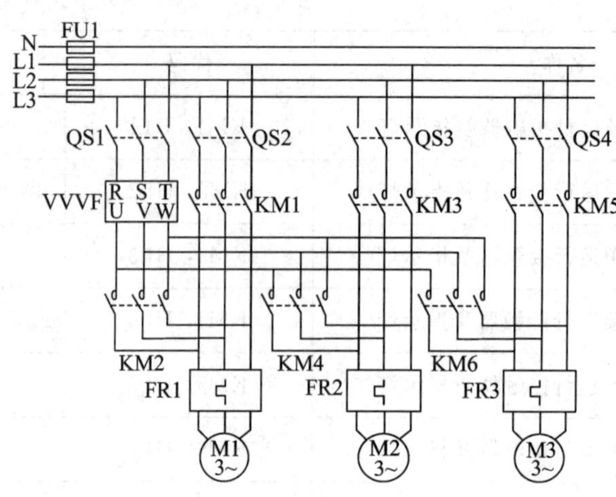

图 7-13　电控系统主电路

4. 系统程序设计

硬件连接确定后，系统的控制功能主要通过软件实现，结合前述泵站的控制要求，对泵站软件设计分析如下：

1）由"恒压"要求出发的工作泵组数量管理

为了恒定水压，在水压降落时要升高变频器的输出频率，且在一台泵工作不能满足恒压要求时，需启动第二台泵或第三台泵。判断需启动新泵的标准是变频器的输出频率达到设定的上限值。这一功能可通过比较指令实现。为了判断变频器工作频率达上限值的确实性，应滤去偶然的频率波动引起的频率达到上限情况，在程序中考虑采取时间滤波。

2）多泵组泵站泵组管理规范

由于变频器泵站希望每一次启动电动机均为软启动，又规定各台水泵必须交替使用，多泵组泵站泵组的投运要有个管理规范。在本例中，控制要求中规定任一台泵连续变频运行不得超过三小时，因此每次需启动新泵或切换变频泵时，以新运行泵为变频泵是合理的。具体操作时，将现行运行的变频泵从变频器上切除，并接上工频电源运行，将变频器复位并用于新运行泵的启动。除此之外，泵组管理还有一个问题就是泵的工作循环控制，本例中使用泵号加 1 的方法实现变频泵的循环控制（3 再加 1 等于 0），用工频泵的总数结合泵号实现工频泵的轮换工作。

3）程序结构

程序的主要功能包括初始化、模拟量采集显示、阀门驱动、模式响应、PID 运算、PID 输出、动画显示、驱动输入，如图 7-14 所示。

下面以自动为例，说明控制流程。模式开关转到自动模式，触摸屏切到自动画面，进入自动状态。首先，将设置的参数送入相应存储器，计算参数对应的百分比，送入主程序，进行 PID 运算，再将 PID 运算结果取回，进行保护处理，最后通信送到变频器。倒泵时先让 1 号电动机为主泵，变频工作，变频器超过 48 Hz，2、3 号电动机工频工作，超 3 小时倒泵；再让 2 号电动机为主泵，变频工作，变频器超过 48 Hz，1、3 号电动机工频工作，超 3 小时倒泵。

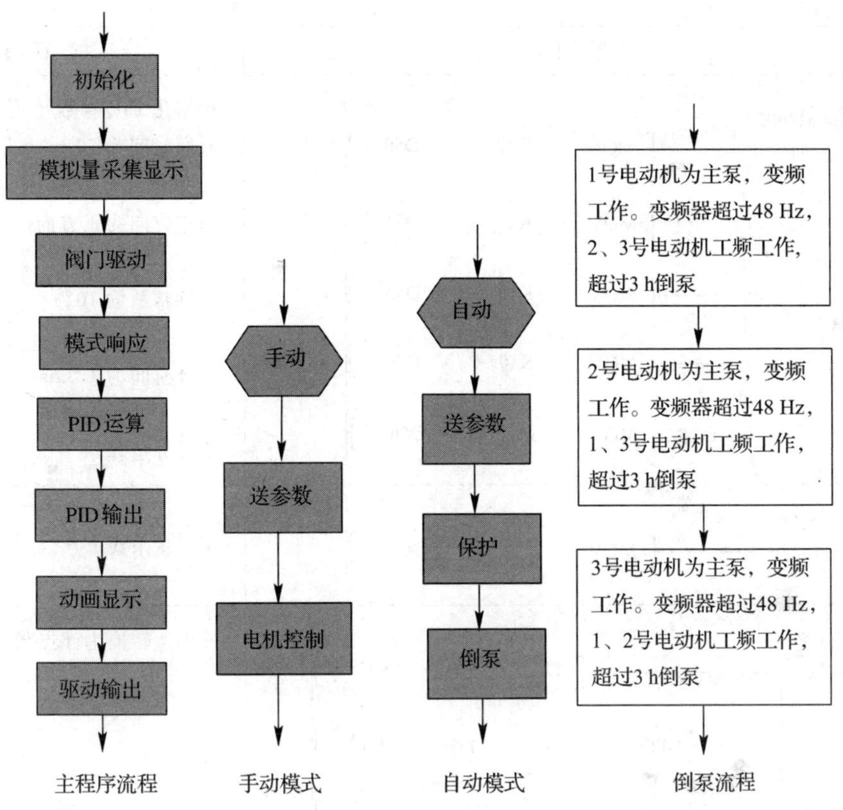

图7-14 程序流程图

其中模拟量的变换、采集、PID运算、输出参见表7-8。其余程序不再列出。

表7-8 恒压供水模拟量处理梯形图

梯形图	注释
M8002 —||— [MOV H0FFF0 U0\G0] [MOV H0FFF0 U1\G0]	启用模拟量输入模块 1号通道为电压输入 启用模拟量输出模块 1号通道为电压输出
M8002 —||— [DEMOV E0.4 D4] [DEMOV E0 D6] [DEMOV E32000 D8] [DEMOV E0 D10]	PID参数 变换后最大为0.4 MPa 变换后最小为0 MPa 模拟量模块输出最大32000 模拟量模块输出最小为0

续表

梯形图	注 释
M8002 — [MOV K20 D50]	初始化 PID 参数 取样时间为 50 ms
[MOV K1 D51]	动作方向为正方向
[MOV K10 D53]	比例常数为 10%
[MOV K10 D54]	积分时间为 10 ms
[MOV K0 D56]	无微分运算
M8000 — [MOV U0\G10 D0]	模拟量采集
M8000 — [FLT D0 D2]	采集值转换为浮点数
[DESUB D4 D6 D12]	Hi－Lo
[DESUB D8 D10 D14]	K2－K1
[DESUB D2 D10 D16]	IN－K1
[DEMUL D12 D16 D18]	(Hi－Lo) * (IN－K1)
[DEDIV D18 D14 D20]	(Hi－Lo) * (IN－K1)/(K2－K1)＋Lo
[DEADD D20 D6 D22]	
[INT D22 D24]	结果转换为整数
M8000 — [PID D40 D25 D50 D42]	PID 运算
M8000 — [MOV D42 U1\G1]	模拟量输出

5. 系统组态

系统还需设计人机界面，包括手动、自动、报警、最大值设置等功能，如图7-15所示。

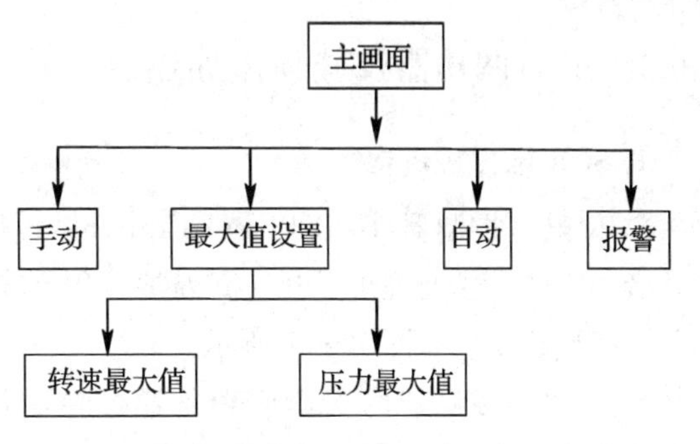

图7-15 触摸屏画面结构示意图

主画面主要用来实现自动、手动、报警、最大值设置画面之间的切换；手动画面可开关阀门，电机的变频工频运行，变频参数设置；自动画面用于生产，可设置参数和系统启停控制；最大值画面可设置变频器转速最大值和管道压力最大值；报警画面监控压力是否超过最大值。

7.6 工程项目：电炉焙烧控制(温控曲线)

现实控制中，有模拟量恒定值的控制，还有变化的期望值，即控制效果符合某种曲线。如新建电炉(窑炉)需进行焙烧处理，才能用于生产。焙烧是为了去除模壳中残留水分、杂质，增加模壳强度及透气性，最大限度地保证窑炉安全。本节仅说明程序设计思路，系统的主电路、控制电路，在此不做说明。

7.6.1 梯形升温曲线

某用于铝液在线处理的电炉，需要20天焙烧周期，要求焙烧过程如图7-16所示。

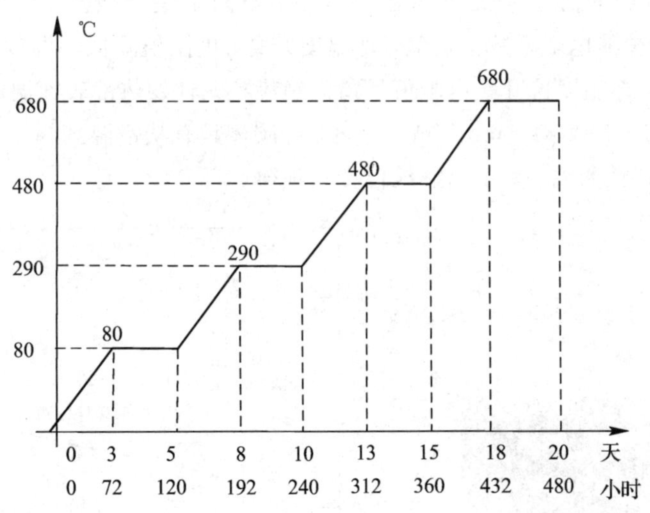

图7-16 电炉焙烧曲线

(1) 从焙烧开始，3天内，炉温从室温线性升至80℃，80℃维持2天；

(2) 从第6天起，用3天时间，炉温从80℃线性升至290℃，290℃维持2天；

(3) 从第11天起，用3天时间，炉温从290℃线性升至480℃，480℃维持2天；

(4) 从第16天起，用3天时间，炉温从480℃线性升至680℃，680℃维持2天。

7.6.2 电力调功器及硅碳棒加热器

1. SCR 电力控制器

SCR 电力控制器(SCR Power Controller)目前在工业中已被广泛应用于各种电力设备中，诸如窑炉、热处理炉、电气高温炉、高周波机械、电镀设备、印染设备、涂装设备、射出机、押出机等，如图 7-17 所示。

SCR 电力控制器的工作原理是通过控制信号输入，去控制串联在主回路中的 SCR(晶闸管)模块，改变主回路中电压的导通与关断，由此达到调节电压或功率的目的。控制器一般是由控制板加上主机(主回路)组成的。SCR 电力控制器又可分为调压器和调功器。

采用相位控制模式的 SCR 电力控制器可叫做调压器，它可以方便地调节电压有效值，可用于电炉温度控制、灯光调节、异步电动机降压软启动和调压调速等，也可用于调节变压器一次侧电压，代替效率低下的调压变压器。

图 7-17 电力控制器

2. 硅碳棒加热器

硅碳棒是棒状、管状非金属高温电热元件，与自动化电控系统配套，可得到精确的恒定温度，又可按曲线自动调温，如图 7-18 所示。

硅碳棒的电气特性是指硅碳棒的电阻随温度变化的关系，其电阻值受温度的影响变化比较大，如图 7-19 所示。通常在室温条件下，电阻值是比较高的，随着温度升高，在 800℃以下，硅碳棒的电阻系数呈负值，即温度升高，电阻值降低。温度继续升高，电阻系数开始变为正值，即温度再升高电阻值呈增大趋势。元件发热部表面温度达到 1050℃左右时，电阻率为 600～1400 $\Omega \cdot mm^2/m$。总之，硅碳棒具有从室温到 800℃为负值、800℃以上为正值的电气特性曲线，呈现出非线性变化规律。

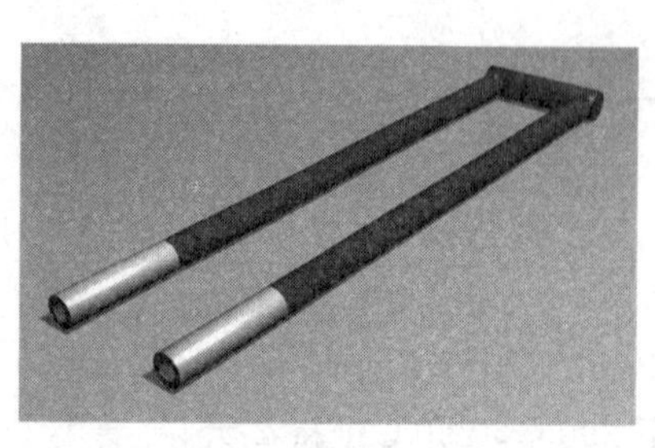

图 7-18 U 型硅碳棒

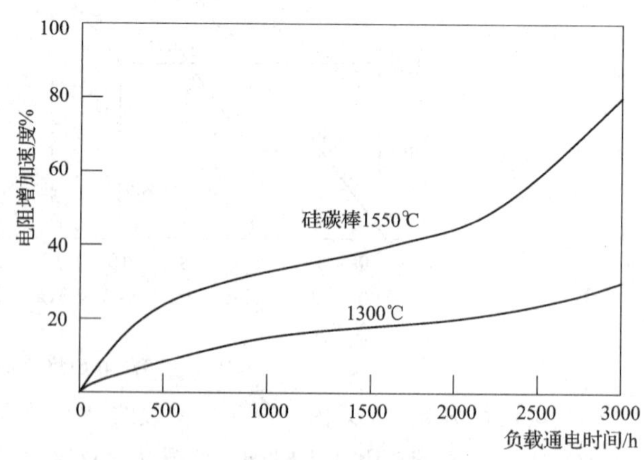

图 7-19 硅碳棒加热电气特性

3. 加热器功率要求

在焙烧期间，加热器功率过大，窑炉体积膨胀甚至产生过大的应力，使窑炉产生裂纹、裂缝，甚至报废。为此，对加热器的功率应进行限制，当加热温度在100℃以下时加热器的功率不超过50 kW，在300℃以下时不超过80 kW；在400℃以下时不超过100 kW；在600℃以下时不超过120 kW。

经测试，调功器的输入模拟量与输出功率的关系如表7-9所示。

表7-9 调功器的输入与输出关系

输入(模拟量)	输出/kW
0	0
9000	30
15000	50
18000	60
27000	90
30000	100
32000	120

7.6.3 焙烧程序设计方案

为了达到期望的温度，需使用PID控制，只要期望值符合升温曲线即可。在20天的焙烧周期中，时间点可精确到小时，共24×20=480小时，可利用定时器和计数器配合，得到时间点。在每个时间点，利用转换公式，求出对应的期望值，然后将期望值代入PID指令中。

整体设计思路如图7-16所示。

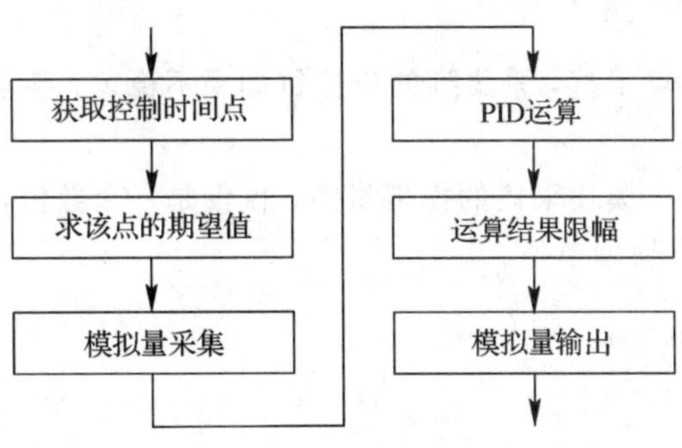

图7-20 升温曲线设计思路

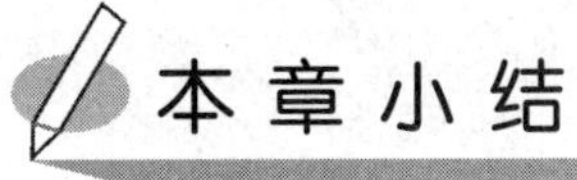

本章小结

1. 电流输出型变送器具有恒流源的性质，线路上干扰电压很低，适于远程传送。

2. FX3U-4AD模块用来接收模拟信号，并转换成数字量，可接收电流和电压两种输入信号；有 4 个输入通道；其缓冲存储区用来设置输入模式、增益偏置参数，并存储转换数据、错误状态、系统数据、历史数据等。

3. 模拟量变换是 PLC 将从模拟量输入模块中读取到的数值，变换成具有工程意义的数值，一般采取线性变换。若输入信号不够稳定，则还需进行滤波处理。

4. FX3U－4DA 模块用来接收来自 PLC 的数字信号，并转换成等价的模拟信号，可输出电流和电压两种输出信号，有 4 个输出通道。

习　题

7－1　电流变送器有什么优点？

7－2　FX3U－4AD 模块有哪些功能？

7－3　FX3U－4AD 的缓存区有哪些功能？

7－4　FX3U－4DA 模块有哪些功能？

7－5　三菱有两条专门的指令，对模块缓冲区进行读/写，即____________指令和____________指令。

7－6　在 PLC 自控系统中，对于压力输入，可用_________扩展模块。

7－7　通常的工业现场的模拟量信号有______________、______________、______________、______________。

7－8　FX2N－4AD－PT 是_________直接输入模块，FX2N－4AD－TC 是_________直接输入模块，FX2N－2LC 是_________控制模块。

7－9　三菱 FX 系列 PLC 的 PID 指令由__________、__________、__________、__________、__________组成，其参数共占用__________个连续的数据寄存器。

7－10　由于工业环境干扰，采集到的模拟量如果不稳定，甚至出现明显错误，就需进行_________。

7－11　从模拟量输入模块采集的模拟量值，仅仅是一个数值，不具有工程意义，应进行_________，使之具有物理单位。

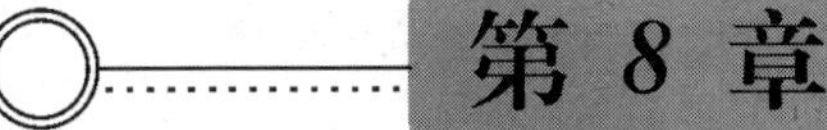

第 8 章　变频与步进伺服控制

第 8 章　课件

8.1　变频器工作原理

8.1　三菱变频器概述

变频器(Variable Frequency Drive，VFD)是应用变频技术与微电子技术，通过改变电机工作电源频率方式来控制交流电动机的电力控制设备，主要由整流、滤波、逆变、制动、驱动、检测、微处理等环节组成。变频器靠内部电力电子器件的开断来调整输出电源的电压和频率，根据电机的实际需要来提供其所需要的电源电压，进而达到节能、调速的目的。随着工业自动化程度的不断提高，变频器得到了广泛的应用。

微计算机是变频器的核心，电力电子器件构成了变频器的主电路。从发电厂送出的交流电的频率是恒定不变的，在我国是 50 Hz。交流电动机的同步转速为

$$N_1 = \frac{60 f_1}{P}$$

式中，N_1 表示同步转速，r/min；f_1 表示定子频率，Hz；P 表示电机的磁极对数。

异步电动机的转速为

$$N = N_1(1-s) = \frac{60 f_1}{P}(1-s)$$

式中，s 表示转差率，$s=(N_1-N)/N_1$，一般小于 3%，N 与送入电机的电流频率 f_1 成正比例或接近于正比例。因而，改变频率可以方便地改变电机的运行速度，也就是说变频对于交流电机的调速来说是十分合适的。

8.1.1　变频器的基本结构

从频率变换的形式来说，变频器分为交-交和交-直-交两种形式。交-交变频器可将工频交流电直接变换成频率、电压均可控制的交流电，称为直接式变频器，价格较高；而交-直-交变频器则是先把工频交流电通过整流变成直流电，然后再把直流电变换成频率、电压均可控制的交流电，又称间接式变频器。市售通用变频器多是交-直-交变频器，其基本结构如图 8-1 所示，由主回路(包括整流器、直流中间环节、逆变器)和控制电路组成。现

将各部分的功能分述如下：

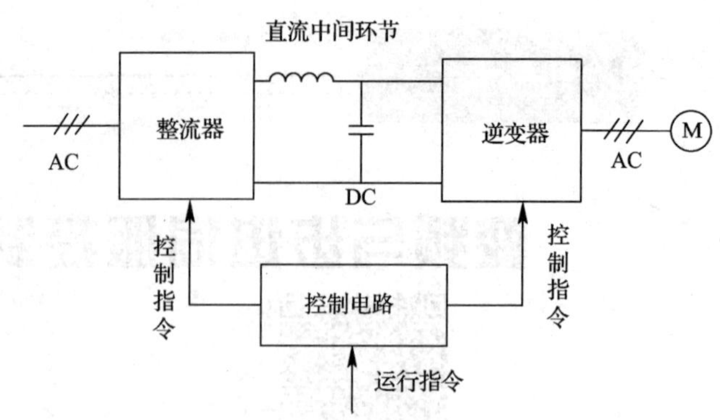

图 8－1　交-直-交变频器的基本结构

(1) 整流器。电网侧的变流器是整流器，它的作用是把三相(也可以是单相)交流整流成直流。

(2) 直流中间环节。直流中间环节的作用是对整流电路的输出进行平滑，以保证逆变电路及控制电源得到质量较高的直流电源。由于逆变器的负载多为异步电动机，属于感性负载。无论是电动机处于电动或发电制动状态其功率因数总不会为 1。因此在直流中间环节和电动机之间总会有无功功率的交换。这种无功能量要靠中间直流环节的储能元件(电容器或电抗器)来缓冲。所以又常称直流中间环节为中间直流储能环节。

(3) 逆变器。负载侧的变流器为逆变器。逆变器的主要作用是在控制电路的控制下将直流平滑输出电路的直流电源转换为频率及电压都可以任意调节的交流电源。逆变电路的输出就是变频器的输出。

(4) 控制电路。变频器的控制电路包括主控制电路、信号检测电路、门极驱动电路、外部接口电路及保护电路等几个部分，其主要任务是完成对逆变器的开关控制、对整流器的电压控制及各种保护功能。控制电路是变频器的核心部分，决定了变频器的性能。

一般三相变频器的整流电路由三相全波整流桥组成，直流中间电路的储能元件在整流电路是电压源时是大容量的电解电容，在整流电路是电流源时是大容量的电感。为了电动机制动的需要，中间电路中有时还包括制动电阻及一些辅助电路。逆变电路最常见的结构形式是利用 6 个半导体主开关器件组成的三相桥式逆变电路。有规律的控制逆变器中主开关的通与断，可以得到任意频率的三相交流输出。现代变频器控制电路的核心器件是微型计算机，全数字化控制为变频器的优良性能提供了硬件保障。图 8－2 为电压型变频器和电流型变频器主电路基本结构。

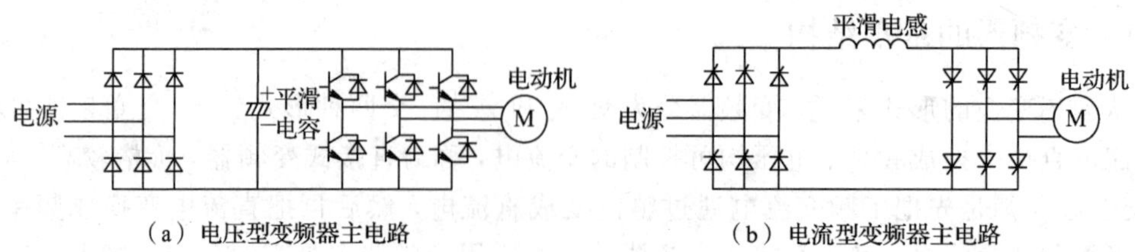

图 8－2　变频器主电路基本结构

8.1.2 变频器的分类及工作原理

变频器的工作原理还与变频器的工作方式有关，通用变频器按工作方式分类如下：

1. U/f 控制

U/f 控制即电压与频率成比例变化控制，又称恒压频比控制。由于通用变频器的负载主要是电动机，出于电动机磁场恒定的考虑，在变频的同时都要伴随着电压的调节。U/f 控制忽略了电动机漏阻抗的作用，在低频段的工作特性不理想。因而实际变频器中常采用 E/f(恒电动势频比)控制。采用 U/f 控制方式的变频器通常被称为普通功能变频器。

2. 转差频率控制

转差频率控制是在 E/f 控制基础上增加转差控制的一种控制方式。从电机的转速角度看，这是一种以电机的实际运行速度加上该速度下电机的转差频率确定变频器的输出频率的控制方式。更重要的是在 E/f 常数条件下，通过对转差频率的控制，可以实现对电机转矩的控制。采用转差频率控制的变频器通常属于多功能型变频器。

3. 矢量控制

矢量控制是受调速性能优良的直流电机磁场电流及转矩电流可分别控制的启发而设计的一种控制方式。矢量控制将交流电机的定子电流采用矢量分解的方法，计算出定子电流的磁场分量及转矩分量并分别控制，从而大大提高了变频器对电机转速及力矩控制的精度及性能。采用矢量控制的变频器通常称为高功能变频器。

通用变频器按工作方式分类的主要工程意义在于各类变频器对负载的适应性。普通功能型变频器适用于泵类负载及要求不高的反抗性负载，而高功能变频器适用于位能性负载。

8.2 三菱 A800 变频器控制

8.2 三菱 FR－A800 变频器使用手册(详细篇)

变频器知名企业有瑞士 ABB、德国西门子、日本安川、日本三菱、美国艾默生等，国产有汇川、英威腾、安邦信、欧瑞等。本节以三菱 FR－A800 系列为例，说明变频器在 PLC 控制系统中的应用技术。

由三菱电机株式会社生产的三菱变频器，是世界知名的变频器之一，在世界各地占有率比较高，在中国已有 20 多年的历史。在国内市场上，三菱变频器因为其稳定的质量，强大的品牌影响，有着相当广阔的市场，并已广泛应用于各个领域。

变频器可接收开关量、模拟量、通信数据，具体讲有面板控制、JOG 点动控制、多段速控制、模拟量控制、通信控制等方式。

变频器在使用前需设置相关参数，主要包括控制方式、参数显示、频率、电动机参数、加减速时间等。根据使用场合不同，还要设置一些更专业的参数。

1. 三菱变频器端子接线

三菱变频器常用接线端子可以分为电源输入、电源输出、开关量输入、继电输出、模拟量输入、模拟量输出、通信 7 组，如图 8－3 所示。

(1) 电源输入端接三相电网。

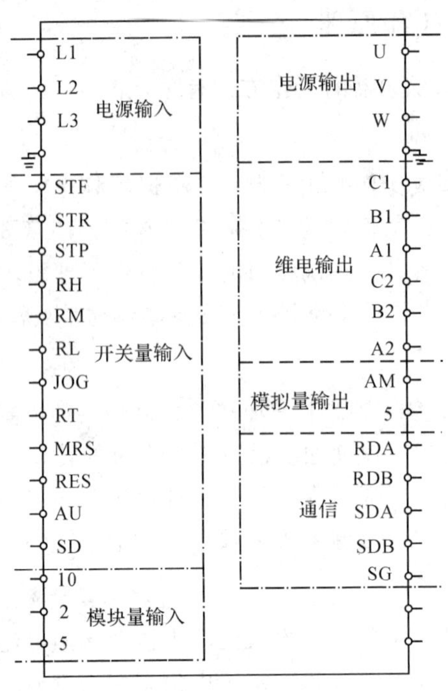

图 8－3　三菱 A800 变频器端子结构

（2）电源输出端接三相电机。

（3）开关量用于接收开关量信号，有自己的独立电源。SD：公共端；STF：电机正转；STR：电机反转；STP：电机停止；RH、RM、RL：多段速。

（4）继电输出有两组，可通过参数设置其功能。

（5）模拟量输入端，可接收电流信号或电压信号。

（6）模拟量输出端，可把 0～50 Hz 转速转换为 0～10 V 电压送出。

（7）通信端子用于变频器与 PLC 的 485 通信控制。

三菱变频器还有诸多功能，可查阅相关使用手册。

2. 变频器操作面板

三菱 A800 变频器面板可分为显示部分和操作部分，如图 8－4 所示。

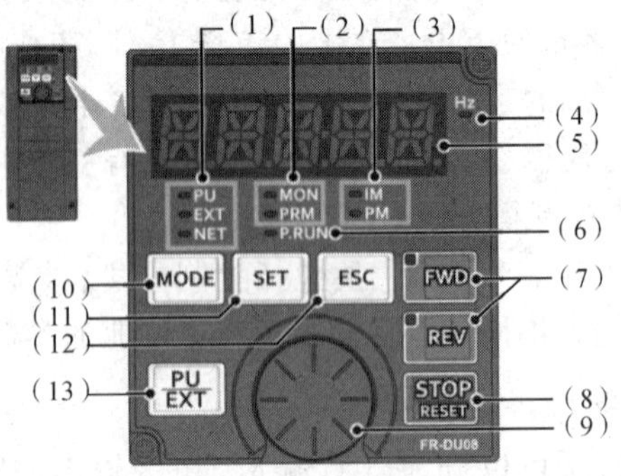

图 8－4　三菱 A800 变频器面板结构

1）按键功能

(1) PU：PU 运行模式；EXT：外部运行模式；NET：网络运行模式。

(2) MON：监视模式；PRM：参数设定模式。

(3) IM：感应电机控制设定；PM：PM 无传感器矢量控制设定。

(4) 转速频率单位：Hz。

(5) 5 位数码管：用于显示频率、电流、电压、参数编号、参数值等。

(6) P.RUN：顺控功能动作。

(7) FWD 按键：正转启动，正转运行中 LED 亮灯；REV 按键：反转启动，反转运行中 LED 亮灯。

(8) STOP/RESET 按键：停止运行指令。

(9) M 旋钮：变更频率设定、参数设定值。

(10) MODE 按键：切换各模式，包括 JOG。

(11) SET 按键：确定各项设定；切换显示物理量(电压、电流、频率等)。

(12) ESC 按键：返回前一个画面。

(13) PU/EXT 按键：切换 PU 运行模式、JOG 运行模式、外部运行模式。

2）面板操作

(1) 模式切换：在通电但不运行、只显示“0.00”的状态下，按“PU”键，可进行 EXT→PU→JOG 切换。

(2) 显示变量切换：在运行状态下，按“SET”键，可进行频率→电流→电压显示数据的切换。

(3) 参数设置(以 P.79 为例)：按“MODE”键，旋转 M 旋钮，直至出现 P.0；再旋转 M 旋钮，直至出现 P.79；按“SET”键，显示 P.79 的值；再旋转 M 旋钮，出现期望设置的值；按“SET”键，变频器蜂鸣器长鸣，表示设置成功。

如果变频器报警(连续 3 次短鸣)，并显示“ERR”，则说明设置不成功。主要原因，一是参数不正确，二是状态不对(例如在多段速运行状态下，切换到网络模式)。可在停止状态下，切掉硬件接线，设置某些参数。

参数设置完毕，变频器需断电 15 s，再送电，全部参数才会生效。

3. 三菱变频器常用参数

三菱变频器常用参数及含义见表 8－1。

表 8－1　三菱变频器常用参数及含义

编号	名　称	单位	初始值	范围	用　途
PrCr	ALLC		0	0.1	0:保存 1：改为出厂值
0	转矩提升	0.1%	6%	0～30%	提升转矩
1	上限频率	0.01 Hz	60 Hz	0～120 Hz	
2	下限频率	0.01 Hz	0 Hz	0～120 Hz	
4	多段速设定(高速)	0.01 Hz	50 Hz	0～400 Hz	第 3 段速

续表

编号	名　称	单位	初始值	范围	用　途
5	多段速设定(中速)	0.01 Hz	30 Hz	0～400 Hz	第 2 段速
6	多段速设定(低速)	0.01 Hz	10 Hz	0～400 Hz	第 1 段速
24	第 4 段速				第 4 段速
25	第 5 段速				第 5 段速
26	第 6 段速				第 6 段速
27	第 7 段速				第 7 段速
73	模拟量设置	1	0	0：0～10 V 1：0～5 V 6：0～20 mA	
79	运行模式选择	1	0	0：通信	3，4，6，7
				1：PU	面板、点动(JOG)
				2：外部	多段速、模拟量
117	变频器站号	1			
118	通信波特率	192			
119	停止长度	10			
120	奇偶校验	2			
160	用户参数组读取选择	1	0	0，1，9999	
161	M 旋钮为调节模式	1	1		M 为模拟电位器
180	RL 低速运行指令	0			
181	RM 中速运行指令	1			
182	RH 高速运行指令	2			

8.2.1　三菱变频器面板控制

面板控制是仅使用面板控制变频器的启停、反向、转速等操作，运行状态可自锁，需按停止键来停止变频器的运行。

1. 硬件接线

变频器面板的硬件接线最简单，只需接入电源和电机，如图 8-5 所示。

图 8-5　变频器面板控制

2. 参数设置

变频器面板的参数设置如表 8-2 所示。

表 8-2　三菱变频器面板控制的参数设置

步骤	参数	设定值	含　义
1	ALLC	1	恢复出厂设置
2	Pr.160	0	扩展功能参数
3	Pr.79	1	面板控制
4	断电 15 s		保存参数
5	通电		初始化
6	Pr.1	120	上限频率
7	Pr.2	0	下限频率
8	Pr.3	50	基准频率

3. 操作步骤

(1) 接通电源，显示监示画面；

(2) 按 FORW 键正转运行，按 REW 键反转运行；

(3) 旋转旋钮 M，直至 LED 显示框显示出希望设定的频率；

(4) 按 STOP 键停止运行。

8.2.2　三菱变频器点动运行

JOG 又称为点动运行、寸动运行，是通过按键或外接数字端子来控制电动机按照预制的点动频率进行点动运行。按住该键，变频器输出设定的频率；松开该键，变频器停止运行，多用于试车。

1. 硬件接线

变频器点动控制的硬件接线同面板控制。

2. 参数设置

三菱变频器点动控制的参数设置见表 8-3。

表 8-3　三菱变频器点动控制的参数设置

步骤	参数	设定值	含　义
1	ALLC	1	恢复出厂设置
2	Pr.160	0	扩展功能参数
3	Pr.79	1	面板控制
4	Pr.13	0.5	启动频率
5	Pr.15	10	点动频率
6	Pr.16	1	点动加速时间
7	Pr.78	0	正反转皆可
8	将变频器由“PU”模式切换到“JOG”模式		

3. 操作步骤

(1) 接通电源，显示监示画面；

(2) 按 FORW 键正转运行，松开该键变频器停止；

(3) 按 REW 键反转运行，松开该键变频器停止。

8.3　变频器开关量控制

8.2.3　三菱变频器多段速控制

1. 硬件接线

图 8-6(a)为利用变频器本身提供的电源实现多段速控制接线图。如通过 PLC 可实现自动控制，如图 8-6(b)所示，但需注意电源接法。

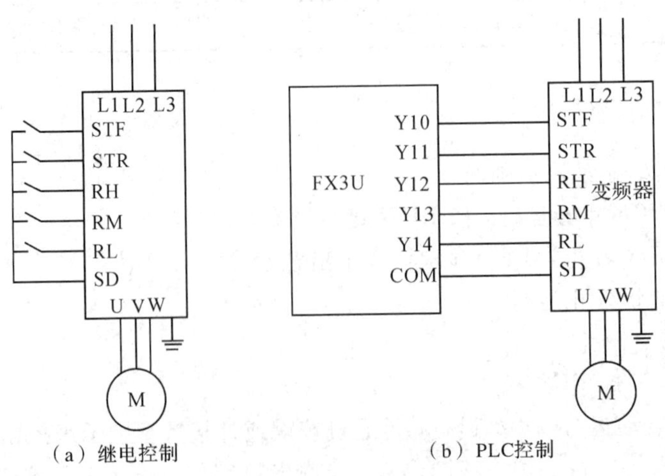

(a) 继电控制　　(b) PLC控制

图 8-6　三菱 A800 变频器多段速控制接线原理

2. 参数设置

三菱变频器点动控制的参数设置见表 8-4。

表 8-4 三菱变频器点动控制的参数设置

步骤	参数	设定值	含 义
1	ALLC	1	恢复出厂设置
2	Pr.160	0	扩展功能参数
3	Pr.79	1	切换为 PU 模式
4	Pr.1	50	上限频率
5	Pr.2	5	下限频率
6	Pr.4	20	第 3 段速度
7	Pr.5	15	第 2 段速度
8	Pr.6	10	第 1 段速度
9	Pr.24	25	第 4 段速度
10	Pr.25	30	第 5 段速度
11	Pr.26	40	第 6 段速度
12	Pr.27	50	第 7 段速度
13	Pr.180	0	RL 低速运行指令
14	Pr.181	1	RM 中速运行指令
15	Pr.182	2	RH 高速运行指令
16	Pr.79	2	切换为 EXT 模式

3. 操作步骤

(1) 接通 STF，变频器据信号组合以设定的频率正转运行；

(2) 接通 STR，变频器据信号组合以设定的频率反转运行。

信号 RH、RM、RL 的组合与 7 段速关系见表 8-5。

表 8-5 三菱变频器 RH、RM、RL 组合与 7 段速关系表

序号	RH	RM	RL	转速/Hz	含 义
0	0	0	0	0	第 0 段速度
1	0	0	1	10	第 1 段速度
2	0	1	0	15	第 2 段速度
3	1	0	0	20	第 3 段速度
4	0	1	1	25	第 4 段速度
5	1	0	1	30	第 5 段速度
6	1	1	0	40	第 6 段速度
7	1	1	1	50	第 7 段速度

8.2.4 三菱变频器模拟量控制

8.4 变频器转速 PID 控制

1. 模拟电压控制

（1）硬件接线。变频器本身已提供 5V 直流电源，如通过 PLC 模拟量输出控制，控制电压接在 2 和 5 端子上，如图 8－7 所示。

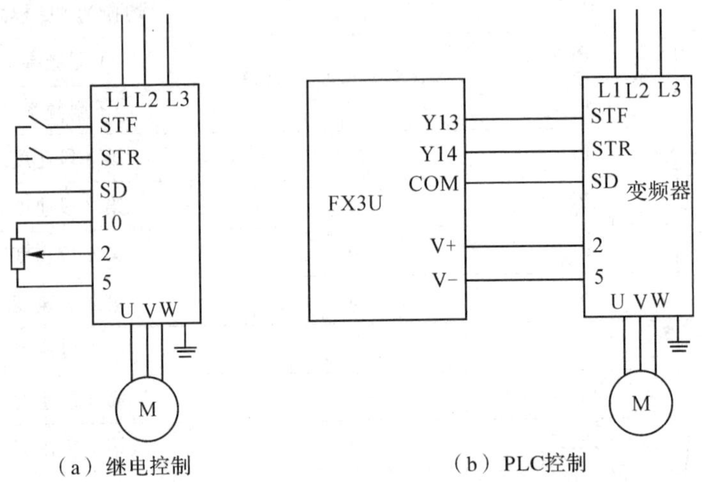

（a）继电控制　　（b）PLC控制

图 8－7　三菱 A800 变频器模拟电压控制接线原理图

（2）参数设置见表 8－6。

表 8－6　三菱变频器模拟电压控制参数设置表

步骤	参数	设定值	含　义
1	ALLC	1	恢复出厂设置
2	Pr.160	0	扩展功能参数
3	Pr.79	2	外部模拟量
4	断电 15 s		保存参数
5	通电		初始化
6	Pr.73	1	0～5 V 范围
		0	0～10 V 范围

2. 模拟电流控制

（1）硬件接线。变频器本身已提供 5 V 直流电源，如通过 PLC 模拟量输出控制，控制电流接在 2 和 5 端子上，如图 8－8 所示。

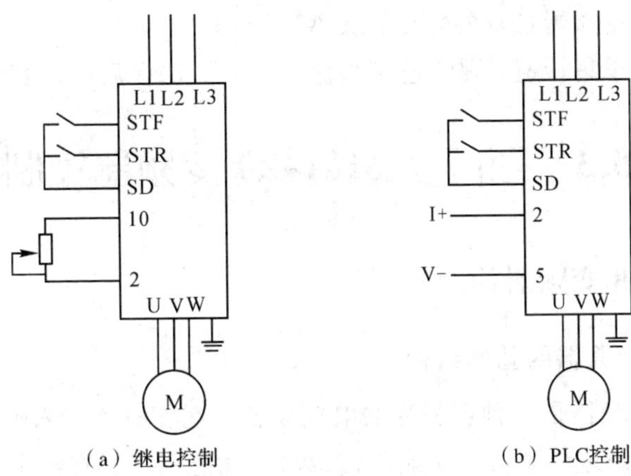

（a）继电控制　（b）PLC控制

图 8-8　三菱 A800 变频器模拟电流控制接线原理图

（2）参数设置见表 8-7。

表 8-7　三菱变频器模拟电流控制参数设置表

步骤	参数	设定值	含　义
1	ALLC	1	恢复出厂设置
2	Pr.160	0	扩展功能参数
3	Pr.79	2	外部 EXT 模式
4	断电 15 s		保存参数
5	通电		初始化
6	Pr.73	6	0～20 mA 电流

3. 转速 PID 闭环控制

为稳定转速，可采用 PID 闭环控制，包括转速采集、期望值设定、PID 运算、模拟量输出。硬件接线如图 8-9 所示。

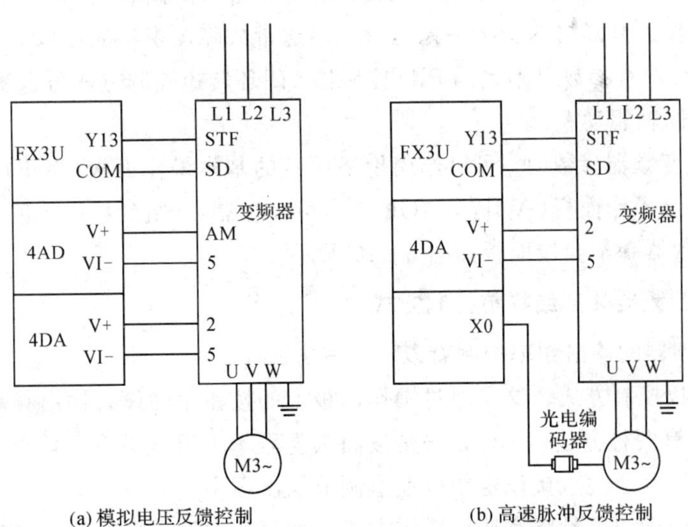

(a) 模拟电压反馈控制　(b) 高速脉冲反馈控制

图 8-9　三菱 A800 变频器模拟量闭环控制接线原理图

模拟量采集可用变频器自身的输出，从 AM、5 两个端子引出信号，但该数波动较大。如果采用光电编码器采集转速，则转速相当稳定。此方法在后续内容中介绍。

8.3 西门子 MM420 变频器控制

8.3.1 MM440/420 变频器简介

1. MM440/420 变频器的基本结构

和 PLC 一样，变频器是一种可编程的电气设备。在变频器接入电路工作前，要根据通用变频器的实际应用修定变频器的功能码(参数)。功能码一般有数十甚至上百条，涉及调速操作端口指定、频率变化范围，力矩控制、系统保护等各个方面。功能码在出厂时已按默认值存储，修订是为了使变频器的性能与实际工作任务更加匹配。变频器与外界交换信息的接口很多，除了主电路的输入与输出接线端外，控制电路还设有许多输入输出端子，另有通信接口及一个操作面板，功能码的修订一般就通过操作面板完成。

西门子的 MicroMaster440/420(以下简称为 MM440/420)变频器是用于三相交流电动机调速的系列产品，由微处理器控制，采用绝缘栅双极性晶体管(IGBT)作为功率输出部件，具有很高的运行可靠性和很强的功能。它采用模块化结构，组态灵活，有多种完善的变频器和电动机保护功能，内置的 RS-485/232C 接口和用于简单过程控制的 PI 闭环控制器，可以根据用户的特殊需求对 I/O 端子进行功能自定义。快速电流限制(FCL)改善了动态响应特性，低频时也可以输出大力矩。

MM420 的输出功率为 0.12～11 kW，适合于各种变速传动，尤其适合于作为水泵、风机和传送带系统的驱动控制。

MM440 变频器的输出功率为 0.75～90kW，适合于要求高、功率大的场合。它采用无传感器矢量控制和 ECO 节能控制，有提升类专用功能和机械制动的延时释放、超前吸合控制功能，可以保证升降机的安全平稳运行。传送带故障监视功能可以保证生产线安全运行。MM440 变频器有参数自整定的 PID 控制器，闭环转矩控制方式可以实现主/从方式的控制，适合多机同轴驱动。

用户在设置变频器参数时，可以选用价格便宜的基本操作面板(BOP)，或具有多种文本显示功能的高级操作面板(AOP)，AOP 最多可以存储 10 组参数设定值。

MM420 变频器基本操作面板如图 8-10 所示。

2. MM420 变频器外部结构与控制方式

MM420 变频器的输出频率控制有以下四种方式：

(1) 操作面板控制方式。这是通过操作面板上的按钮手动设置输出频率的一种操作方式。具体操作又有两种方法：一种方法是按面板上频率上升或频率下降的按钮，调节输出频率；另一种方法是通过直接设定频率数值调节输出频率。

(2) 外输入端子数字量频率选择操作方式。变频器常设有多段频率选择功能。各段频率值通过功能码设定，频率段的选择通过外部端子选择。变频器通常在控制端子中设置一

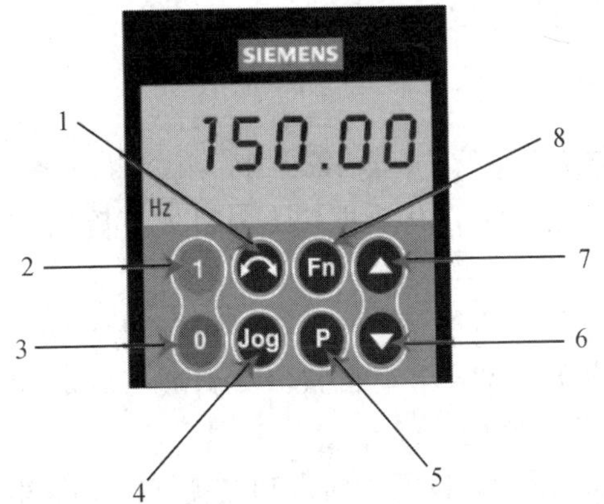

1—改变电动机的转动方向；2—启动变频器；3—停止变频器；4—电动机点动；
5—访问参数；6—减少数值；7—增加数值；8—功能

图 8-10　MM420 基本操作面板

些控制端，如图 8-11 中的端子 DIN1、DIN2、DIN3，它们的 7 种组合可选定 7 种工作频率值。这些端子的接通组合可通过机外设备，如 PLC 控制实现。

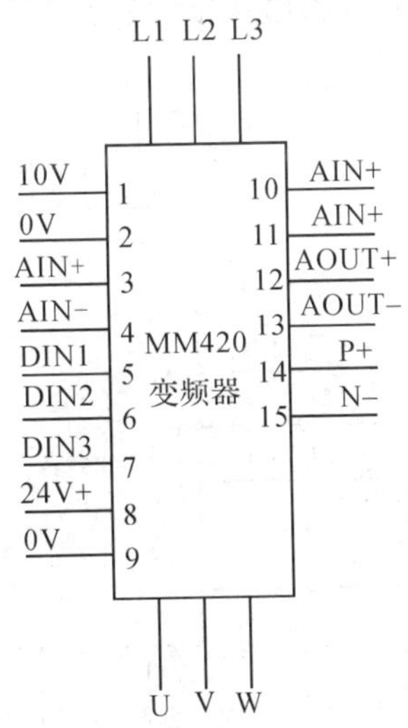

图 8-11　MM420 端子结构图

(3) 外输入端子模拟量频率选择操作方式。为了方便与输出量为模拟电流或电压的调节器、控制器的连接，变频器还设有模拟量输入端，如图 8-11 中的 AIN＋端为电压模拟量的正极，AIN -为电压模拟量的负极。L1、L2、L3 端为三相电压输入端，当接在这些端口上的电流或电压量在一定范围内平滑变化时，变频器的输出频率在一定范围内平滑变化。

(4) 通信数字量操作方式。为了方便与网络接口，变频器一般都设有网络接口，都可以通过通信方式，接收频率变化指令，不少变频器生产厂家还为自己的变频器与 PLC 通信设计了专用的协议，如西门子公司的 USS 协议即是 MM420 系列变频器的专用通信协议，P＋和 N－与 485 线相接。

8.3.2 西门子变频器开关量控制

1. 控制要求

(1) 电动机正向运行。闭合开关 SB1 时，电动机正向启动，经 5 s 后稳定运行在 560 r/min的转速上；断开 SB1，电动机按 5 s 斜坡下降时间停车，经 5 s 后电动机停止运行。

(2) 电动机反向运行。闭合开关 SB2 时，电动机 5 反向启动，经 5 s 后反向运行在 560 r/min的转速上；断开 SB2，电动机按 5 s 斜坡下降时间停车，经 5 s 后电动机停止运行。

(3) 电动机正向点动运行。按下正向点动按钮 SB3 时，电动机按 5 s 点动斜坡上升时间正向点动运行，经 5 s 后稳定运行在 280 r/min 的转速上。放开 SB3，电动机按 P1061 所设定的 5 s 点动斜坡下降时间停车。

2. 硬件接线

MM420 变频器有 4 个数字输入端口(端口接线图见《MM420 使用大全》，开关量控制接线原理如图 8－12 所示。需说明的是 24 V 电源来自外部，8 端口是变频器自身提供的24 V正极。

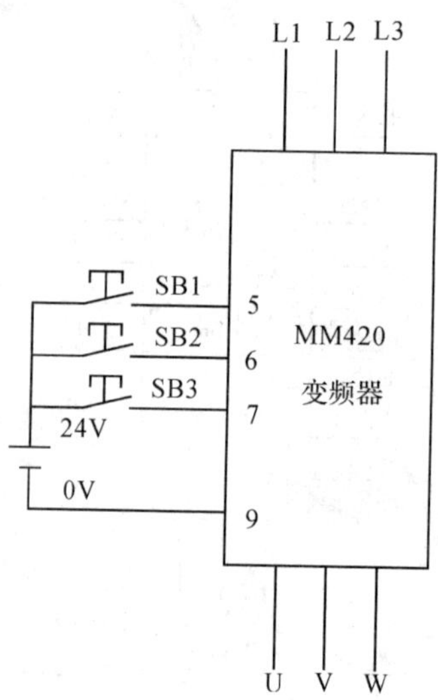

图 8－12 MM420 开关量控制接线原理

3. 参数设置

西门子变频器端口功能很多，用户可根据需要设置。从 P0701～P704 为数字量输入 1～4功能。每一个数字输入功能设置参数值从 0～99(参数功能见《MM420 使用大全》)，下面是几个常用的参数值及其含义。

0：禁止数字输入；

1：ON/OFF1(接通正转/停车命令 1)；

2：ON REVERSE/OFF1(接通反转/停车命令 1)；

3：OFF2(停车命令 2)，按惯性自由停车；

4：OFF3(停车命令3)，按斜坡函数曲线快速降速停车；

9：故障确认；

10：正向点动；

11：反向点动；

12：反转；

17：固定频率设定值；

25：直流注入制动。

MM420变频器的数字输入端口5、6、7接三个按钮SB1、SB2、SB3，5端口(DIN1)设为正转控制，其功能由P701的参数值设置；6端口(DIN2)设为反转控制，其功能由P702的参数值设置；7端口(DIN3)设为正向点动控制，其功能由P703的参数值设置。参数设置步骤如下：

(1) 接好线路，检查无误后接通变频器电源。

(2) 恢复变频器工厂缺省值，如表8-8所示。

表8-8　恢复工厂设置

步骤	参数	设定值	含义
1	P0010	30	工厂的设定值
2	P0970	1	参数复位

(3) 设置电动机参数，如表8-9所示。

表8-9　电动机参数设置

步骤	参数号	设置值	说　明
1	P0003	1	设用户访问级为标准级
2	P0010	1	快速调试
3	P0100	0	选择工作地区
4	P0304	380	电动机额定电压(V)
5	P0305	0.2	电动机额定电流(A)
6	P0307	30	电动机额定功率(W)
7	P0310	50	电动机额定频率(Hz)
8	P0311	1430	电动机额定转速(r/min)

设置完成后，使P0010=0，变频器处于准备状态，可正常运行。

(4) 设置数字输入控制端口开关量控制参数，如表8-10所示。

表8-10　开关量控制参数设置

步骤	参数号	设置值	说　　明
1	P0003	1	设用户访问级为标准级
2	P0004	7	命令和数字I/O
3	P0700	2	命令源选择“由端子排输入”
4	P0003	2	设置访问级为扩展级

续表

步骤	参数号	设置值	说　明
5	P0004	7	命令和数字 I/O
6	P0701	1	数字输入 1，ON 接通正转，OFF 停止
7	P0702	2	数字输入 2，ON 接通反转，OFF 停止
8	P0703	10	正向点动
9	P0003	1	设用户访问级为标准级
10	P0004	10	设定值通道和斜坡函数发生器
11	P1000	1	由键盘(电动电位计)输入设定值
12	P1080	10	电动机运行的最低频率(Hz)
13	P1082	50	电动机运行的最高频率(Hz)
14	P1120	5	斜坡上升时间(s)
15	P1121	5	斜坡下降时间(s)
16	P0003	2	设置访问级为扩展级
17	P0004	10	设定值通道和斜坡函数发生器
18	P1040	20	设定键盘控制的频率值
19	P1058	10	正向点动频率(Hz)
20	P1060	5	点动斜坡上升时间(s)
21	P1061	5	点动斜坡下降时间(s)

4. 操作控制

(1) 电动机正向运行。闭合开关 SB1 时，变频器数字输入 5 端口为 ON，电动机按 P1120 所设定的 5 s 斜坡上升时间正向启动，经 5 s 后稳定运行在 560 r/min 的转速上，此转速与 P1040 所设置的 20Hz 频率对应；断开 SB1，数字输入 5 端口为 OFF，电动机按 P1121 所设定的 5 s 斜坡下降时间停车，经 5 s 后电动机停止运行。

(2) 电动机反向运行。闭合开关 SB2 时，变频器数字输入 6 端口为 ON，电动机按 P1120 所设定的 5 s 斜坡上升时间反向启动，经 5 s 后反向运行在 560 r/min 的转速上，此转速与 P1040 所设置的 20Hz 频率对应；断开 SB2，数字输入 6 端口为 OFF，电动机按 P1121 所设定的 5 s 斜坡下降时间停车，经 5 s 后电动机停止运行。

(3) 电动机正向点动运行。按下正向点动按钮 SB3 时，变频器数字输入 7 端口为 ON，电动机按 P1060 所设定的 5 s 点动斜坡上升时间正向点动运行，经 5 s 后稳定运行在 280 r/min的转速上，此转速与 P1058 所设置的 10 Hz 频率对应；放开 SB3，数字输入 7 端口为 OFF，电动机按 P1061 设定的 5 s 点动斜坡下降时间停车。

8.2.3 西门子变频器模拟量控制

1. 控制要求

(1) 闭合开关 SB1 时，电动机正向运转，转速由外接给定电位器来控制，电动机转速可由 0 到额定值连续变化；断开 SB1，电动机停止运行。

(2) 电动机反转。闭合开关 SB2 时，变频器数字输入 6 端口为 ON，电动机反向运转，与电动机正转相同，反转转速的大小可由 0 到额定值连续变化；断开 SB2，电动机停止运行。

2. 硬件接线

MM420 变频器可以通过数字量输入端口控制电动机的正反转方向，由模拟输入端控制电动机转速大小。MM420 变频器的模拟量输入为 0～10 V 电压，在模拟量输入端接一电位器便可，如图 8－13 所示。

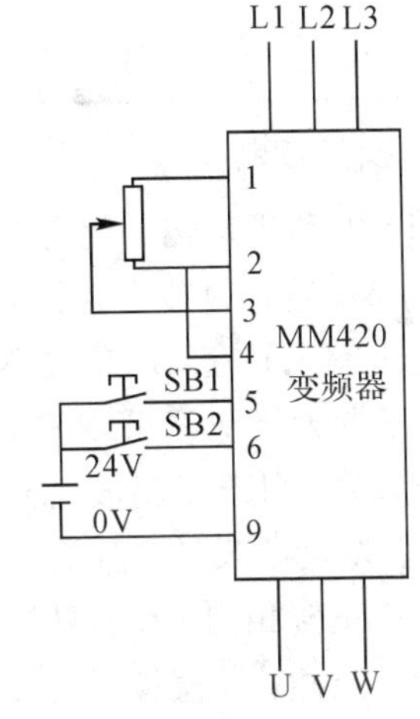

图 8－13 MM420 模拟量接线原理图

通过设置 P0701 的参数值，使数字输入 5 端口具有正转控制功能；通过设置 P0702 的参数值，使数字输入 6 端口具有反转控制功能(参数功能见《MM420 使用大全》)；模拟量输入 3 和 4 端口外接实验台模拟量给定输出，通过 3 端口输入大小可调的模拟电压信号，控制电动机转速大小。即由数字量控制电动机的正反转方向，由模拟控制电动机转速大小。

3. 参数设置

(1) 恢复变频器工厂缺省值。

(2) 设置电动机参数。设置完成后，使 P0010＝0，变频器处于准备状态，可正常运行。

(3) 设置模拟信号操作控制参数，如表 8－11 所示。

表 8－11 模拟信号操作控制参数的设置

步骤	参数号	设置值	说 明
1	P0003	1	设用户访问级为标准级
2	P0004	7	命令和数字 I/O
3	P0700	2	命令源选择“由端子排输入”
4	P0003	2	设置访问级为扩展级
5	P0004	7	命令和数字 I/O
6	P0701	1	ON 接通正转，OFF 停止
7	P0702	2	ON 接通反转，OFF 停止
8	P0003	1	设用户访问级为标准级
9	P0004	10	设定值通道和斜坡函数发生器

续表

步骤	参数号	设置值	说　明
10	P1000	2	频率设定值选择为“模拟输入”
11	P1080	0	电动机运行的最低频率(Hz)
12	P1082	50	电动机运行的最高频率(Hz)
13	P1120	5	斜坡上升时间(s)
14	P1121	5	斜坡下降时间(s)

4. 操作控制

(1) 电动机正转。闭合开关 SB1 时，变频器数字输入 5 端口为 ON，电动机正向运转，转速由外接给定电位器来控制，模拟电压信号从 0～＋15 V 变化(调节时注意电动机转速不要超过额定转速，以免损坏电动机)，通过调节电位器改变 3 端口模拟输入电压信号的大小，可平滑无级地调节电动机转速的大小；断开 SB1，电动机停止运行。通过 P1120 和 P1121 参数，可改变斜坡上升时间和斜坡下降时间。

(2) 电动机反转。闭合开关 SB2 时，变频器数字输入 6 端口为 ON，电动机反向运转，与电动机正转相同，反转转速的大小仍由实验台给定电位器来调节；断开 SB2，电动机停止运行。当然，该模拟量也可来自模拟量输出模块，利用 PLC 来控制。

8.4　步进电动机控制

8.5　步进驱动控制

步进电动机是将电脉冲信号转变为角位移或线位移的开环控制元件。在非超载的情况下，电动机的转速、停止的位置只取决于脉冲信号的频率和脉冲数，即给电动机加一个脉冲信号，电动机则转过一个步距角。因此步进电动机只有周期性的误差而无累积误差，在速度、位置等控制领域用步进电动机来控制变得非常简单。步进电动机的结构和控制简单、容易调整，故在速度和精度要求不太高的场合具有一定的使用价值。

8.4.1　雷赛步进驱动器

步进电动机的驱动器是将电脉冲转化为角位移的执行机构，它接收到一个脉冲信号，就驱动步进电动机按设定的方向转动一个固定的角度(称为步距角)，可以通过控制脉冲个数来控制角位移量，进行准确定位，可以通过控制脉冲频率来控制电动机转动的速度和加速度，进行调速。

雷赛两相步进电动机，具有温升低、可靠性高的特点，由于其具有良好的内部阻尼特性，因而运行平稳，无明显震荡区。其高端三相步进电动机驱动系统，具有交流伺服电机的某些运行特性，其运行效果可与进口产品相媲美。

步进电动机的驱动器有三种驱动模式：整步、半步、细分。细分驱动模式具有低速振动极小和定位精度高两大优点。其基本原理是对电动机的两个线圈分别按正弦和余弦形的台阶进行精密电流控制，从而使得一个步距角的距离分成若干个细分步完成。例如十六细分的驱动方式可使每圈200标准步的步进电机达到每圈200×16=3200步的运行精度(即0.1125°)。

M535是细分型高性能步进驱动器，适合驱动中小型的任何3.5A相电流以下的两相或四相混合式步进电动机。由于采用新型的双极性恒流斩波驱动技术，使用同样的电动机时可以比其它驱动方式输出更大的速度和功率。其细分功能使步进电动机运转精度提高，振动减小，噪声降低。其实物如图8-14所示。

图8-14 雷赛步进驱动器及电动机

1. 硬件配线

P1口弱电接线信号见表8-12。

表8-12 P1口弱电接线信号

信号	功 能
PUL+(+5 V) PUL-(PUL)	脉冲信号：单脉冲控制方式时为脉冲控制信号，此时脉冲上升沿有效；双脉冲控制方式时为正转脉冲信号，脉冲上升沿有效。为了可靠响应，脉冲的低电平时间应大于3 μs
DIR+(+5 V) DIR-(DIR)	方向信号：单脉冲控制方式时为高低电平信号，双脉冲控制时为反转脉冲信号。脉冲上升沿有效。电动机的初始运行方向与电动机的接线有关，互换任一相绕组(A+、A-交换)可以改变电动机初始运行的方向
ENA+(+5 V) ENA-(ENA)	使能信号：此输入信号用于使能/禁止，高电平使能，低电平时驱动器不能工作

P2口强电接线信号见表8-13。

表8-13 P2口强电接线信号

信号	功 能
GND	直流电源地
V+	直流电源正级，+24～+46 V之间任何值均可，但推荐理论值+40 V左右
A	电机A相，A+、A-互调，可更换一次电机运转方向
B	电机B相，B+、B-互调，可更换一次电机运转方向

2. 细分和电流设定

M535驱动器采用八位拨码开关设定细分精度、动态电流和半流\全流，详见表8-14。

表 8-14　M535 驱动器细分设置表

动态电流			半流\全流	细分精度			
SW1	SW2	SW3	SW4	SW5	SW6	SW7	SW8

1～3 位拨码开关用于设定电机运动时电流(动态电流)，而第 4 位拨码开关用于设定静止时电流(静态电流)。细分精度由 5～8 四位拨码开关设定，详见驱动器自身所印刷表格。

8.4.2　高速脉冲指令

对 PLC 系统，高速脉冲有两种产生方式，第一种是 PLC 自身发出高速脉冲供其它设备用(脉冲输出指令)，第二种是外围设备发出高速脉冲供 PLC 采集用(如光电编码器)。

1. 脉冲输出指令 PLSY

PLSY 为 16 位连续执行型脉冲输出指令，DPLSY 为 32 位连续执行型脉冲输出指令。FX 系列 PLC 的 PLSY 指令的编程格式：

PLSY　K1000　D0 Y0

其中，K1000 指定输出脉冲频率为 1000Hz，可以是 T、C、D 数值或是位元件组合如 K4X0；D0 指定输出脉冲数；Y0 指定脉冲输出端子，只能是 Y0 或 Y1。

2. 带加减速的脉冲输出 PLSR

PLSR 为带加减速的脉冲输出指令。指令格式：

PLSR　K1000　D0　K3000　Y0

其中，K1000 为最高频率，D0 为脉冲数，K3000 为加减速时间(ms)，Y0 为脉冲输出口。输出的速度图像为等腰梯形。

D8140(32 位)存储 PLSY、PLSR 指令中由 Y0 输出的脉冲数；32 位寄存器 D8142 存储 PLSY、PLSR 指令中由 Y1 输出的脉冲数。

3. 可变频率的脉冲指令 PLSV

可变频率的脉冲指令 PLSV，即使在脉冲输出状态中，仍能够改变频率。指令格式：

PLSV　K1000 D0　Y0

其中，K1000 指定输出脉冲频率，通过＋(正)、－(负)号控制旋转方向，D0 指定输出脉冲数，Y0 指定脉冲输出端子。

4. 脉宽调制指令 PWM

脉宽调制指令 PWM 是产生指定脉冲宽度和周期的脉冲串。操作数的类型与 PLSY 相同。该指令只有 16 位操作数，指令格式：

PWM　K1000　D0 Y0

其中，K1000 指定输出脉冲宽度(ms)，D0 指定输出周期(ms)，Y0 指定脉冲输出端子，显然 D0 大于 1000。

5. 速度检测指令 SPD

速度检测指令 SPD 用来检测单位时间内(时间单位是 ms)从指定的输入继电器读入的脉冲个数(上升沿有效)，并存入指定的数据寄存器中。指令格式：

SPD　X0　K1000　D0

其中，X0 为脉冲输入端子，K1000 为测量时间(1 s)，D0 为存储速度的寄存器。

6. 绝对定位指令 DRVA

绝对定位指令 DRVA 是以绝对驱动方式执行单速定位的指令，用来指定从原点(零点)开始的移动距离的方式，也称为绝对驱动方式。指令格式：

DRVA　D0　D2　Y0　Y2

其中，D0 为输出的脉冲数，D2 为输出脉冲频率，Y0 为脉冲输出地址，Y2 为方向控制输出(正向显示 ON，反向显示 OFF)。

7. 相对定位指令 DRVI

相对定位指令 DRVI 是以相对驱动方式执行单速定位的指令，是用带正/负的符号指定从当前位置开始的移动距离的方式，也称为增量(相对)驱动方式。指令格式：

DRVI　D0　D2　Y0　Y2

其中，D0 为输出的脉冲数，D2 为输出脉冲频率，Y0 为脉冲输出地址，Y2 为方向控制输出(正向显示 ON，反向显示 OFF)。

该指令只要条件满足就输出 D0 个脉冲数，而 DRVA 输出 D0 个脉冲后，不再输出。

8. 原点回归指令 ZRN

ZRN 是执行原点回归，使机械位置与可编程控制器内的当前值寄存器一致的指令。指令格式：

ZRN　K1000　K200　X10　Y0

其中，K1000 为开始原点回归时的速度，K200 为爬行速度，X10 为原点，Y0 为输出端子。

8.4.3 光电编码器

1. 光电编码器的结构及工作原理

光电编码器是一种新型的转速及定位控制用传感器，其工作原理可以用图 8-15 中的光电编码盘说明。光电编码盘是沿圆周开有均匀的孔或齿的圆盘，一发光元件及一光敏元件分置在圆盘的两边，当圆盘转动时，光时而通过孔或齿隙照到光敏元件上，时而被圆盘

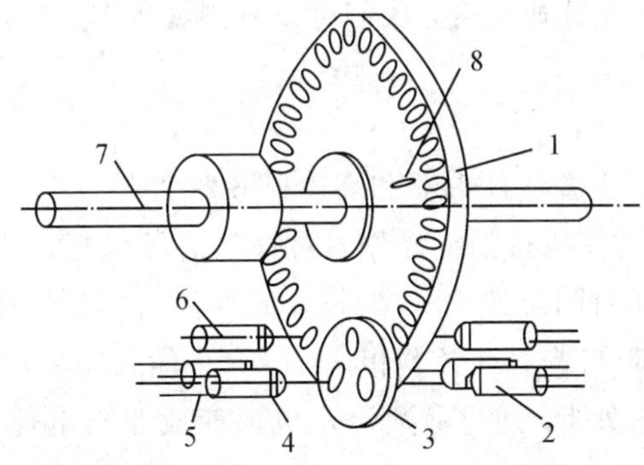

1—均匀分布透光槽码盘； 2—LED光源； 3—狭缝； 4—sin信号接收器；
5—cos信号接收器； 6—零位读出光电元件； 7—转轴； 8—零位标志槽

图 8-15　光电编码盘结构示意图

阻挡，这样光敏元件上就产生了脉冲串波形的电信号，将该信号放大、整形，就能用来测量转速及位移。对于光电编码盘来说，显然其中的齿孔越多控制的分辨率越高，但由于尺寸及加工能力的限制，编码盘的齿孔数是不可能太多的。但光电编码器又不一样，光电编码器中的“编码盘”引入了光栅技术。多层光栅的使用，使光电编码器在旋转一周时可以产生数千以至上万的脉冲以满足高精度的转速及定位控制要求。编码器在产生脉冲的同时解决了转向判断的问题，在编码器中设两套光电装置也就可以了(图 8－15 中安装了包括零位测量用在内的三套)，两套光电装置产生的脉冲的相位有一定的差别，这样就产生了方向信号，如 A 装置产生脉冲相位超前于 B 相时是正转的话，反转时，B 装置产生脉冲的相位就会超前于 A 装置产生的脉冲相位。

2. 光电编码器的信号

光电编码器需 24 V 直流供电，输出 A 相、B 相、Z 相 3 个信号，A、B 两个通道的信号一般是正交(即互差 90°)脉冲信号，而 Z 相是零脉冲信号，作为参考脉冲。

A、B 相是两列脉冲，或正弦波、或方波，根据编码器的细分度不同，每圈有很多个，既可以测量转速，又可以测量电机的旋转方向。

当主轴以顺时针方向旋转时，输出脉冲 A 通道信号位于 B 通道之前；当主轴逆时针旋转时，A 通道信号则位于 B 通道之后。从而由此判断主轴是正转还是反转。

编码器每旋转一周发一个脉冲，称之为零位脉冲或标识脉冲(即 Z 相信号)，零位脉冲用于决定零位置或标识位置，脉冲宽度往往只占 1/4 周期，其作用是编码器自我校正。

光电编码器的接线示意如图 8－16 所示。光电编码器与被测电机同轴安装。

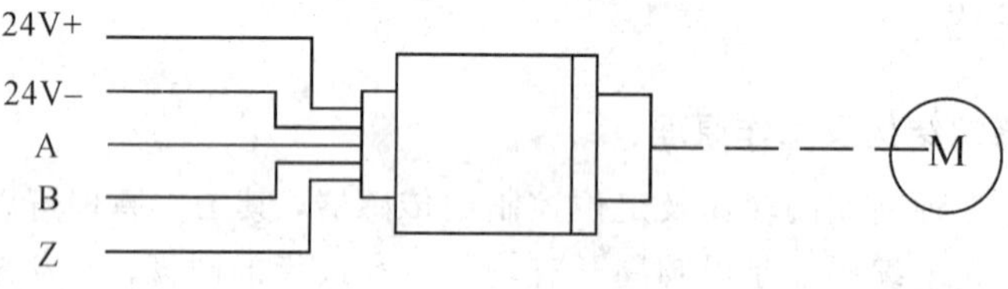

图 8－16　光电编码器连接示意图

根据编码器的工作原理，在低速场合，我们可以自制编码器，进行定位、预警处理。

8.4.4　高速计数器

FX 系列 PLC 的计数器分为普通计数器和高速计数器两类。

普通计数器(C0～C234)是在执行扫描操作时对普通信号(如 X、Y、M、S、T 等)进行计数。普通信号的接通和断开时间应比 PLC 的扫描周期稍长，不会丢失脉冲。

高速计数器(C235～C255)与普通计数器相比，除允许输入频率高之外，应用也更为灵活，高速计数器均有断电保持功能，通过参数设定也可变成非断电保持，适合用来作为高速计数器输入的 PLC 输入端口有 X0～X7。X0～X7 不能重复使用，即某一个输入端已被某个高速计数器占用，它就不能再用于其它高速计数器，也不能再做它用。各高速计数器对应的输入端如表 8－15 所示。

表 8-15 高速计数器简表

计数器 \ 输入		X0	X1	X2	X3	X4	X5	X6	X7
单相单计数输入	C235	U/D							
	C236		U/D						
	C237			U/D					
	C238				U/D				
	C239					U/D			
	C240						U/D		
	C241	U/D	R						
	C242			U/D	R				
	C243				U/D	R			
	C244	U/D	R					S	
	C245			U/D	R				S
单相双计数输入	C246	U	D						
	C247	U	D	R					
	C248				U	D	R		
	C249	U	D	R				S	
	C250				U	D	R		S
双相	C251	A	B						
	C252	A	B	R					
	C253				A	B	R		
	C254	A	B	R				S	
	C255				A	B	R		S

表中：U 表示加计数输入，D 为减计数输入，B 表示 B 相输入，A 为 A 相输入，R 为复位输入，S 为启动输入。X6、X7 只能用作启动信号，而不能用作计数信号。

高速计数器可分为三类：

(1) 单相单计数输入高速计数器(C235～C245)：其触点动作与 32 位增/减计数器相同，可进行增或减计数(取决于 M8235～M8245 的状态)。

如图 8-17(a)所示为无启动/复位端单相单计数输入高速计数器的应用。当 X10 断开时，M8235 为 OFF，此时 C235 为增计数方式(反之为减计数)。由 X12 选中 C235，从表 8-15中可知其输入信号来自于 X0，C235 对 X0 信号增计数，当前值达到 500 时，C235 常开接通，Y10 得电。X11 为复位信号，当 X11 接通时，C235 复位。

如图 8-17(b)所示为带启动/复位端单相单计数输入高速计数器的应用。由表 8-15 可知，X1 和 X6 分别为复位输入端和启动输入端。利用 X10 通过 M8244 可设定其增/减计数方式。当 X12 为接通，且 X6 也接通时，则开始计数，计数的输入信号来自于 X0，C244

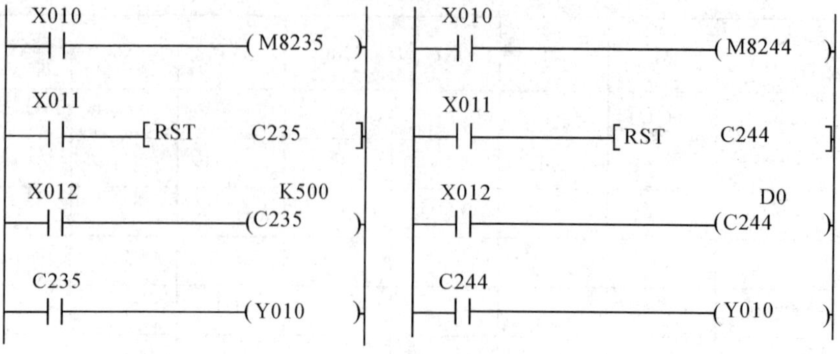

(a) 无启动/复位端　　(b) 带启动/复位端

图 8－17　单相单计数输入高速计数器

的设定值由 D0 和 D1 指定。除了可用 X1 立即复位外，也可用梯形图中的 X11 复位。

(2) 单相双计数输入高速计数器(C246～C250)：这类高速计数器具有两个输入端，一个为增计数输入端，另一个为减计数输入端。利用 M8246～M8250 的 ON/OFF 动作可监控 C246～C250 的增记数/减计数动作。

如图 8－18 所示，X10 为复位信号，其有效(ON)则 C248 复位。由表 8－15 可知，也可利用 X5 对其复位。当 X11 接通时，选中 C248，输入来自 X3 和 X4。

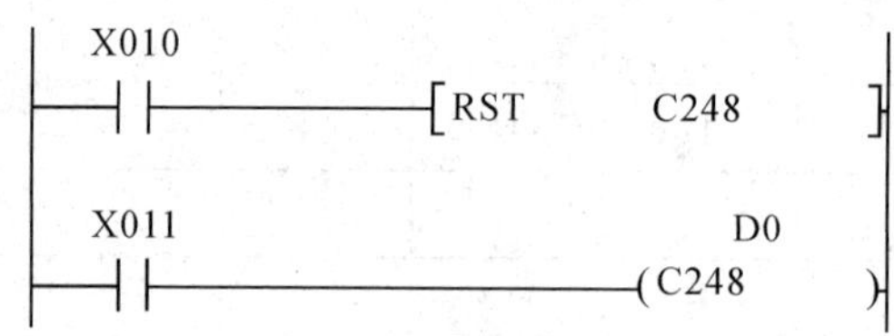

图 8－18　单相双计数输入高速计数器

(3) 双相高速计数器(C251～C255)：A 相和 B 相信号决定计数器是增计数还是减计数。当 A 相为 ON 时，若 B 相由 OFF 到 ON，则为增计数；当 A 相为 ON 时，若 B 相由 ON 到 OFF，则为减计数，如图 8－19 所示。

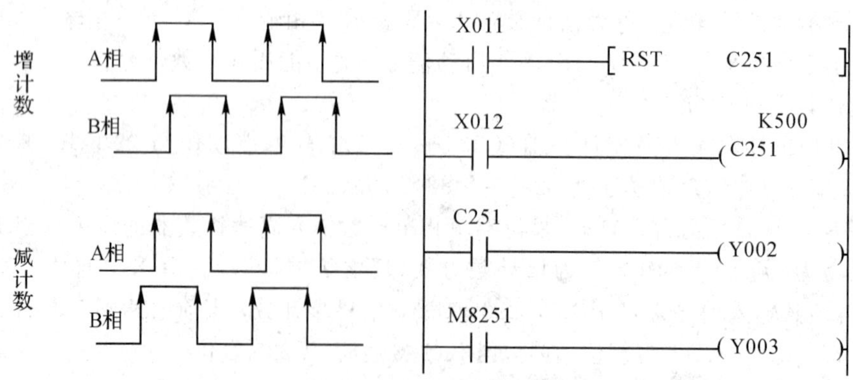

图 8－19　双相高速计数器

在图 8－19 中，当 X12 接通时，C251 计数开始。由表 8－15 可知，其输入来自 X0(A 相)和 X1(B 相)。只有当计数使当前值超过设定值，则 Y2 为 ON。如果 X11 接通，则计数器复位。根据不同的计数方向，Y3 为 ON(增计数)或为 OFF(减计数)，即用 M8251～M8255，可监视 C251～C255 的加/减计数状态。

注意：高速计数器的计数频率较高，它们的输入信号的频率受两方面的限制。一是全部高速计数器的处理时间，因它们采用中断方式，所以计数器用得越少，则可计数频率就越高；二是输入端的响应速度，其中 X0、X2、X3 的最高频率为 10 kHz，X1、X4、X5 的最高频率为 7 kHz。

脉冲密度指令 SPD 在 S2 指定的时间(单位为 ms)范围内计算 S1 指定的输入的脉冲，并将该结果存储到目标指定的元素中。

可以利用脉冲密度计算电机的转速、位移等工程物理量。

例如“SPD　X001　K1000　D20”将一秒内输入的脉冲数存入 D20，若电动机轴上安装光电编码器，其分辨率为 500 线，则将 D20 除 500，可得电机的实时转速(Hz)。

8.4.5　雷赛步进驱动最小化系统

1. 步进开环控制

步进电动机开环控制，就是电动机运行状态不反馈给控制系统，如图 8－20 所示，在开环系统中，步进电动机的旋转速度取决于指令脉冲的频率。也就是说，控制步进电动机的运行速度，实际上就是控制系统发出脉冲的频率或者换相的周期。如果系统以要求的运行速度直接启动，由于该速度已经超过极限启动频率而导致系统不能正常启动，即可能发生失步或根本不运行的情况。系统运行起来之后，如果到达终点时突然停发脉冲串，令其立即停止，则因为系统的惯性原因，会发生冲过终点的滑步现象。

因此，必须用低速启动，然后再慢慢加速到高速，实现高速运行。同样停止时也要从高速慢慢降到低速，最后停下来，只有这样才能保证开环控制的高速定位。要满足这种升降速规律，步进电动机必须采用变速方式工作。

1) 控制系统接线原理图

在图 8－20 中，PLC 通过 Y0 发出高速脉冲，Y1 为 OFF 电动机正转，Y1 为 ON 电动机反转，Y2 为使能信号。拨码开关缺省。

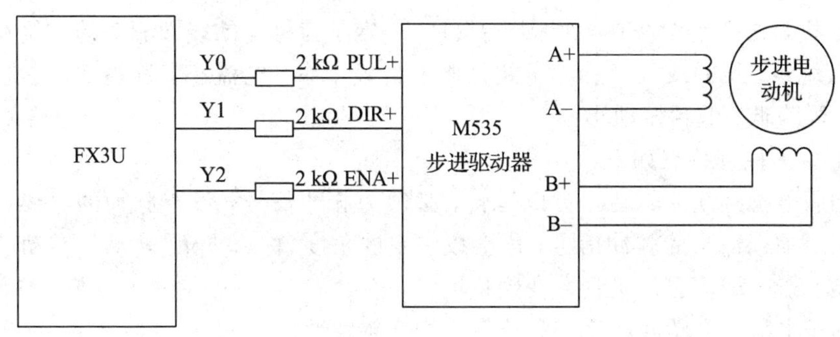

图 8－20　雷赛 M535 步进驱动器接线原理图

2）参考程序

高速脉冲输出指令如图 8-21 所示。利用启保停电路，控制高速脉冲的发出，频率为 1000 Hz，频率在 800～2000 Hz 范围效果较好。频率太低，脉动性太大，噪声也大；频率超过 2000，电动机不能启动，出现失步。PLC 发出 32000 个脉冲后，停止发送。

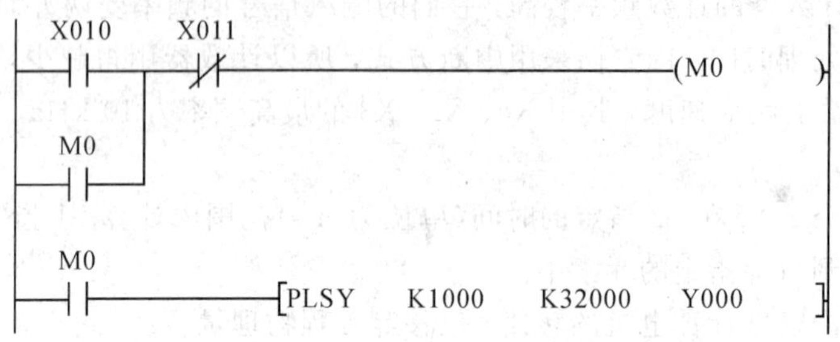

图 8-21 高速脉冲输出指令

2. 步进闭环控制

步进电动机一般都是开环控制(即电动机运行状态不反馈给控制系统)，特殊情况下采用闭环控制提高精度，即步进电动机加反馈装置(如编码器)，可以把运动情况反馈到控制系统(现在这种情况叫步进伺服)。

8.5 伺服电机控制

在现代工业，特别是航空、航天、电子领域中，要求完成的工作量大，任务复杂，精度高，利用人工操作不仅劳动强度大，生产效率低，且难以达到所要求的精度，还有一些工作环境是对人体健康有害的或人类无法到达的，这就需要数控机床和机器人来完成这些工作。

随着嵌入式系统的日益流行，伺服电机的使用也开始暴增。不论在工业、军事、医疗、汽车还是娱乐业中，只要需要把某件物体从一个位置移动到另一个位置，伺服电机就一定能派上用场。伺服电机最大的应用是在数控机床的制造中，因为伺服电机不需要 A/D 转换，能够直接将数字脉冲信号转化成为角位移，所以被认为是理想的数控机床的执行元件。

伺服电机是由一组缠绕在电机固定部件——定子齿槽上的线圈驱动的。绕在齿上的金属丝则叫做绕组、线圈或相。感应子式伺服电机效率高，电流小，发热低，在运转过程中比较平稳、噪声低、低频振动小。

伺服电机的控制特点如下：

(1) 伺服电机必须加驱动才可以运转，必须为脉冲信号，没有脉冲的时候，伺服电动机静止，如果加入适当的脉冲信号，就会以一定的角度(称为步角)转动。转动的速度和脉冲的频率成正比，即伺服电机具有变频特性。

(2) 伺服电机具有瞬间启动和急速停止的优越特性。

(3) 改变脉冲的顺序，可以方便地改变转动的方向。

(4) 伺服电机低速时可以正常运转，但若高于一定速度就无法启动，并伴有啸叫声。

如果要使电机达到高速转动，脉冲频率应该有加速过程，即启动频率较低，然后按一定加速度升到所希望的高频(电机转速从低速升到高速)。

8.5.1 松下 MINAS A4 伺服最小化系统

1. 松下 MINAS A4 伺服驱动器

松下 MADDT1207003 的含义：MADDT 表示松下 A4 系列 A 型驱动器，T1 表示最大瞬时输出电流为 10 A，2 表示电源电压规格为单相 200 V，07 表示电流监测器额定电流为 7.5 A，003 表示脉冲控制专用。

2. 面板及接线

MADDT1207003 伺服驱动器面板如图 8－22 所示，面板上有多个接线端口，常用端口的含义及接线如下：

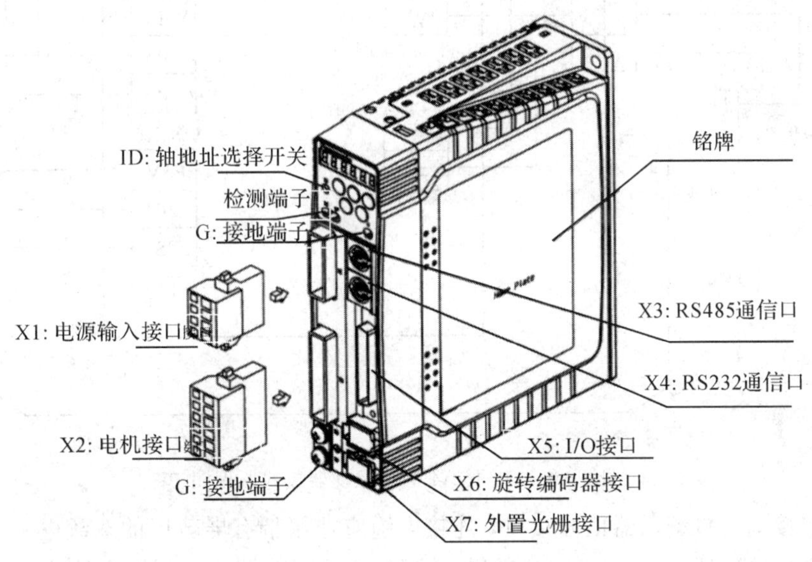

图 8－22 松下 A4 驱动器面板图

X1：电源输入接口，AC220V 电源连接到 L1、L3 主电源端子，同时连接到控制电源端子 L1C、L2C 上。

X2：电机接口和外置再生放电电阻器接口。U、V、W 端子用于连接电机。必须注意，电源电压务必按照驱动器铭牌上的指示，电机接线端子(U、V、W)不可以接地或短路，必须保证驱动器上的 U、V、W、E 接线端子与电机主回路接线端子按规定的次序一一对应，否则可能造成驱动器的损坏。电机的接线端子和驱动器的接地端子以及滤波器的接地端子必须保证可靠地连接到同一个接地点上，机身也必须接地。RB1、RB2、RB3 端子是外接放电电阻，此处没有使用外接放电电阻。

X5：I/O 控制信号端口，其部分引脚信号定义与选择的控制模式有关，不同模式下的接线请参考《松下 A 系列伺服电机手册》。此处伺服电机用于定位控制，选用位置控制模式，采用了简化接线方式，如图 8－23 所示。

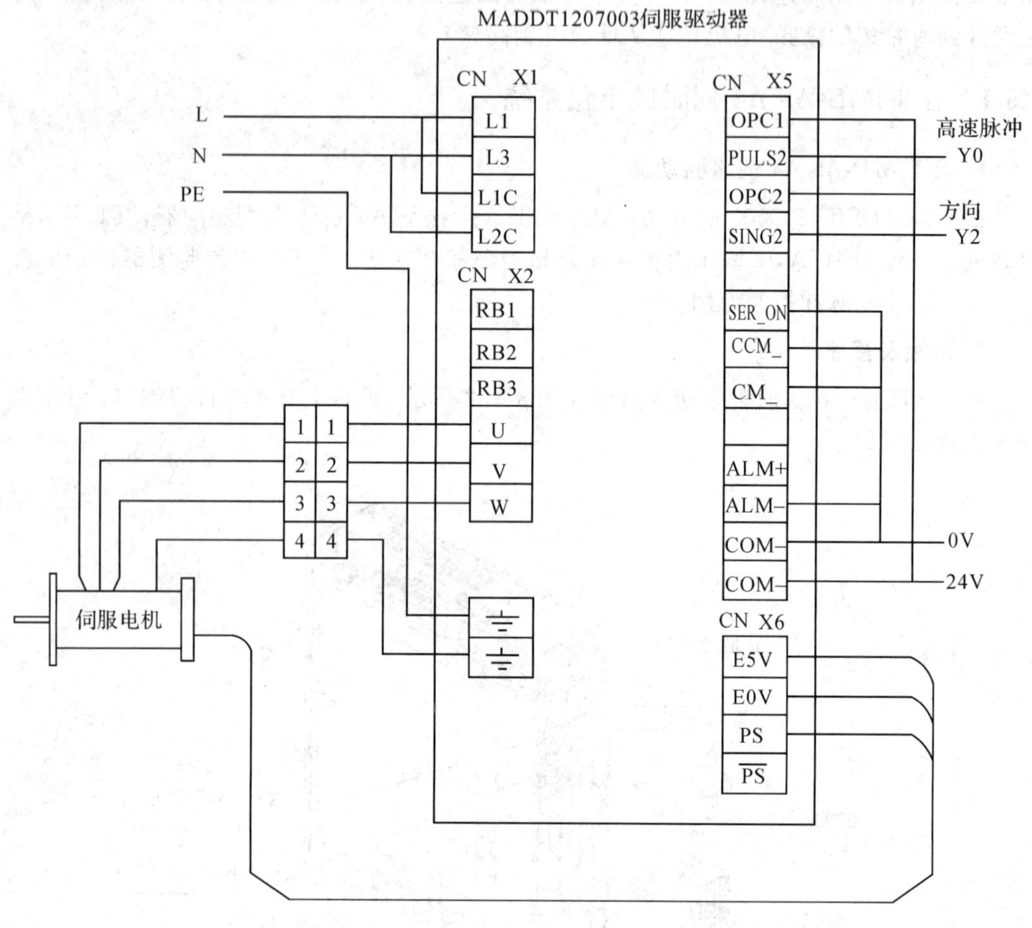

图 8-23　松下 A4 伺服驱动器接线原理图

X6：连接到电机编码器信号接口，连接电缆应选用带有屏蔽层的双绞电缆，屏蔽层应接到电机侧的接地端子上，并且应确保将编码器电缆屏蔽层连接到插头的外壳(FG)上。

3. 伺服驱动器的参数设置

伺服驱动器有三种基本控制运行方式，即位置控制、速度控制、转矩控制。位置方式就是输入脉冲串来使电机定位运行，电机转速与脉冲串频率相关，电机转动的角度与脉冲个数相关。松下 A4 伺服位置控制模式参数设置见表 8-16。

表 8-16　松下 A4 伺服位置控制模式参数设置

序号	参数编号	参数名称	设置值	功能和含义
1	Pr5.28	LED 初始状态	1	显示电机转速
2	Pr0.01	控制模式	0	位置控制(相关代码 P)
3	Pr5.04	驱动禁止输入设定	2	当左或右(POT 或 NOT)限位动作，则会发生 Err38 行程限位禁止输入信号出错报警。设置此参数值必须在控制电源断电重启之后才能修改、写入成功

续表

序号	参数编号	参数名称	设置值	功能和含义
4	Pr0.04	惯量比	250	此参数值设得越大，响应越快
5	Pr0.02	实时自动增益设置	1	实时自动调整为标准模式，运行时负载惯量的变化情况很小
6	Pr0.03	实时自动增益的机械刚性选择	13	此参数值设得很大，响应越快
7	Pr0.06	旋转方向	0	指令脉冲旋转方向设置
8	Pr0.07	脉冲输入方式	3	指令脉冲输入方式
9	Pr0.08	脉冲数	6000	电机每旋转一转的脉冲数

4. 加减速曲线运行

松下 A4 伺服加减速控制梯形图如图 8－24 所示。只要 M0 接通，系统安装等腰梯形加减速曲线包络运行，在 0.5 s 内，脉冲频率由 0 升至 1000 Hz 加速运行，然后以 1000 Hz 匀速运行，最后在 0.5 s 内，频率由 1000 减至 0 Hz，总共发出 5000 个脉冲。其中 D10 中存放运行实时频率，C235 存放发送脉冲的累加和。曲线未执行完毕，松开 M0，停止发送脉冲。曲线运行完毕一次，M0 仍未断开，也停止发送脉冲。曲线运行完毕一次，再次接通 M0，会重新执行一次，这也是相对定位的特点。

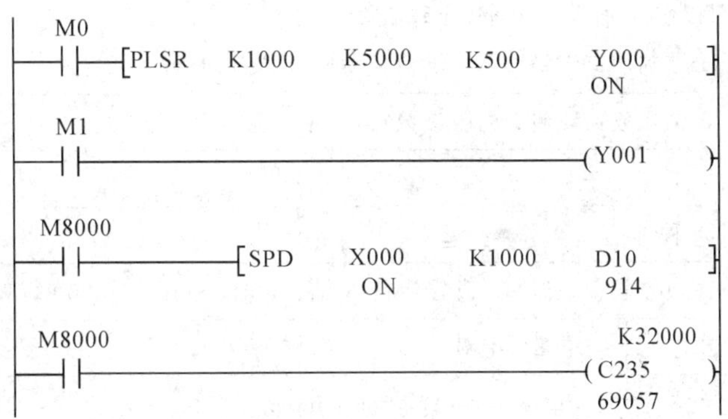

图 8－24　松下 A4 伺服加减速控制梯形图

8.5.2　三菱 SSCNET 二轴伺服驱动

SSCNET 是 Servo System Control NETwork 的缩写，指伺服系统控制网络，是由三菱公司开发的，用来连接三菱运动控制器 CPU 与伺服放大器的高速串行通信网络。SSCNET 是一个专为运动控制所制定的网络通信协议，它是由三菱电机名古屋制作所于 20 世纪 90 年代初期发展的新一代运动控制架构，最新的一代(SSCNET Ⅲ)采用光纤系统，并配合更高性能的伺服驱动器(J3B)。

1. FX3U－20SSC－H

FX3U－20SSC－H 是一种定位模块，每 1.77 ms 可扫描一次，能实现高性价比高精度耐噪声性能优越的定位控制，定位参数伺服参数表格信息都可保存在闪存中。其特点如下：

（1）FX3U－20SSC－H 支持 SSCNETⅢ，实现了高性价比高精度耐噪声性能优越的定位控制；采用光纤从而节省了接线，并能实时监控伺服信息，通过这些新增的使用便捷的功能，可支持各种各样的定位控制。

（2）FX3U－20SSC－H 支持 MR－J3 伺服电机的高分辨率编码器，可设定 262144PLS/REV 的脉冲率，在追求精度的控制中以及低速区域的稳定性方面发挥了效果。

（3）FX3U－20SSC－H 通过 SSCNETⅢ的高同步性高速串行通信实现了高精度的 2 轴控制插补功能：2 轴直线插补 2 轴圆弧插补同时启动功能，X、Y 轴的同时启动性得到提升。

（4）具备了使用简便的各种特性，伺服站间的连接距离最长达 50 m。采用表格运行功能大大缩短了程序的开发时间。可以在定位过程中改变速度或者改变目标位置。

三菱 FX3U－20SSC－H 模块性能参数见表 8－17。

表 8－17　三菱 FX3U－20SSC－H 模块性能参数

控制轴数		2 轴
掉电保持		定位参数伺服参数表格信息都可保存在闪存中，写入次数最大 10 万次
连接的伺服		MELSERVO MR－J3－DB 最多可连接 2 台标准电缆，站间最大 20 m 长距离电缆
伺服总线		SSCNETⅢ
扫描周期		1.77 ms
控制输入		中断输入：每轴 2 个输入（INT0、INT1） DOG 输入：每轴 1 个输入 START 输入：每轴 1 个输入 手动脉冲发生器输入：每轴 1 个输入 A 相/B 相
参数		定位参数：21 种；伺服参数：50 种
控制数据		17 种
监控数据		26 种
定位程序		在顺控程序中编写，直接运行 X 轴、Y 轴，各用 1 个 300 行表格
定位	方式	增量、绝对
	单位	PLS，mm，10" inch，mdeg
	单位倍率	1、10、100、1000 倍
	定位范围	－2 147 483 648 ～ 2 147 483 647PLS
	速度指令	Hz，cm/min，inch/min，10deg/min
	加减速处理	梯形加减速、近似 S 形加减速 1～5000 ms 插补时，R 有梯形加减速
	启动时间	1.6 ms 以下伺服总线的运算周期除外
	插补功能	2 轴直线插补、2 轴圆弧插补
参数设定软件		参数设定、监控/测试用软件 SW1D5C－FXSSC－E 型 FX Configurator－FP
输入/输出占用点数		8 点（计算在输入或者输出侧都可）
与 PLC 的通信		使用 FROM、TO 指令等访问缓存来执行

续表

控制电源	DC5V/100 mA，由 PLC 通过扩展电缆供电
驱动电源	DC24V +20% -15%脉动(p-p)5%P 内、5W 由外部端子供电
适用的 PLC	FX3U、FX3UC Ver2.20

2. MR-J4-20B 伺服驱动器

三菱伺服系统主要系列有：MR-J2S 列，MR-J 系列、MR-H 系列、MR-C 系列；MR-J2 系列；MR-J2S 系列；MR-E 系列；MR-J3 系列；MR-ES 系列。2013 年推出了全新的 MR-JE 系列。

日本三菱电机新产品 MR-J4 伺服马达，配备常规接口，最多可对应 4Mpps 脉冲频率；针对运动控制网络 SSCNETⅢ/H 的驱动器，标配全闭环控制，可以驱动旋转伺服电机，直线伺服电机；可同时驱动 2 台伺服电机，节省安装空间和接线。

三菱 MR-J4-20B 伺服驱动器接线原理图如图 8-25 所示，其中 CN1A 口与 SSCNETⅢ/H 相连，CN1B 口与另一台驱动器的 CN1A 口相连，形成 X、Y 轴控制系统。

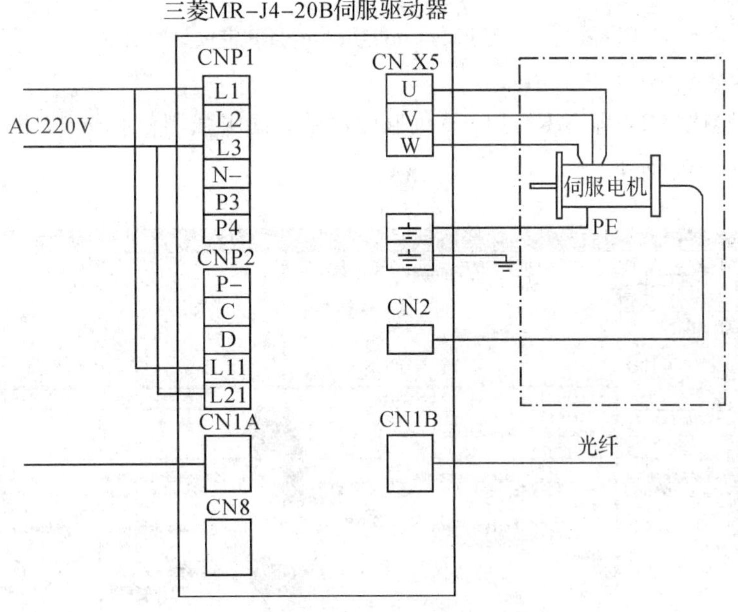

图 8-25　三菱伺服驱动器接线原理图

3. 参数设置

8.6　MR-J3-B 伺服驱动器技术手册

1. 参数设置软件

专用软件 FX-Configurator-FP 可用于伺服参数设置及定位设定，还可对运行数据进行在线监控，如图 8-26 所示。

2) 设置定位参数

对 X、Y 轴的 MR-J3-B 伺服电机编码器可设定为 262144PLS/REV 的分辨率，每周脉冲为 52428800 个，如图 8-26 所示。

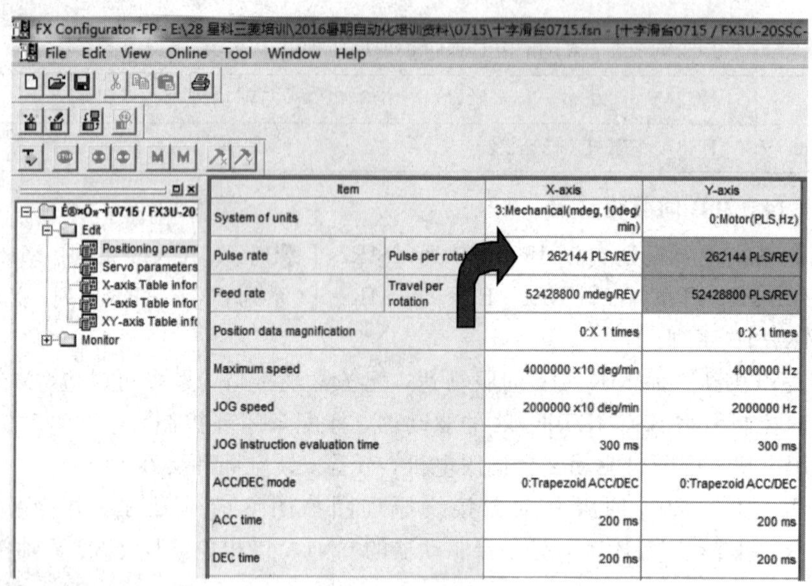

图 8-26　三菱 FX-Configurator-FP 定位参数设置

3）伺服参数

伺服放大器选择 1，即 MR-J3-B 伺服驱动器；伺服强制停止选 1，即不使用强制停止信号，如图 8-27 所示。

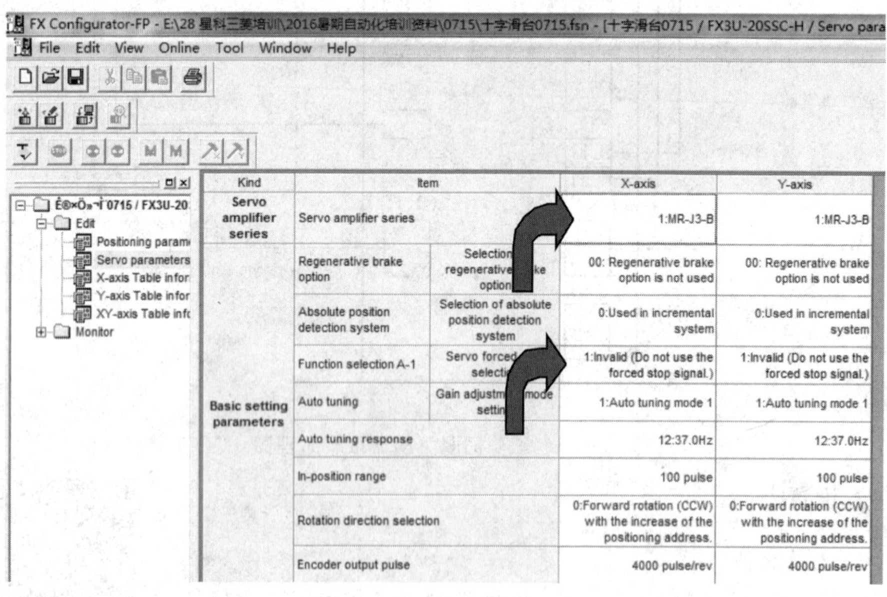

图 8-27　三菱 FX-Configurator-FP 伺服参数设置

4）下载

单击“Online(在线)”→“Connection setup”选项，设置参数如图 8-28(a)所示，通信口设为 COM4(要与 PLC 数据线通信口一致)，模块号设为 2(要与 PLC 实际组态一致)。

如果通信设置正确，点击“OK”按钮，出现图 8-28(b)所示的对话框，不需再修改参数，点击“OK”按钮，将进行下载。

之后又弹出“This will overwrite the flash ROM. Is it OK? ”对话框，点击“是”，下载完毕。

如果硬件连接良好，会听到轻微的“咔嚓”声，X 轴驱动器显示“d01”，Y 轴驱动器显示“d02”，且都在闪烁，说明系统已准备好，等待运行指令。

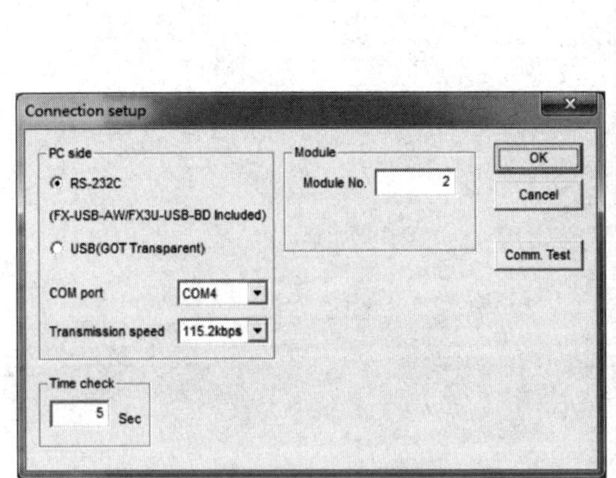

(a) 通信设置

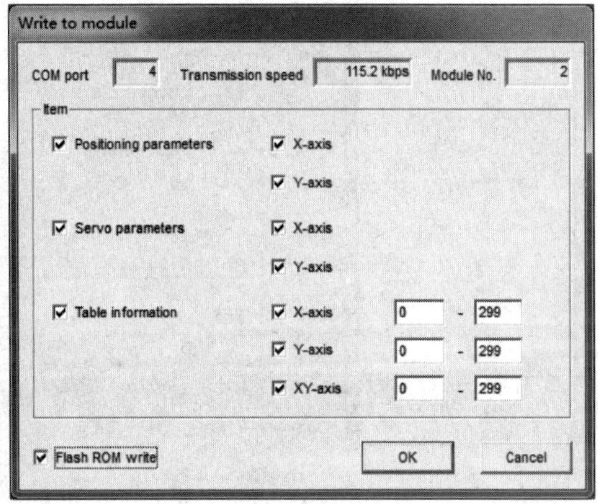

(b) 参数下载

图 8-28 三菱 FX-Configurator-FP 参数下载

4. X 轴点动控制

SSCNETⅢ/H 有诸多缓冲存储区用来运行控制，G14012 为手动运行速度；G518 用于控制 X 轴，其 0 号位用于清除复位，4 号位用于正转，5 号位用于反转。点动程序如图 8-29所示。该模块安装在 2 号槽。

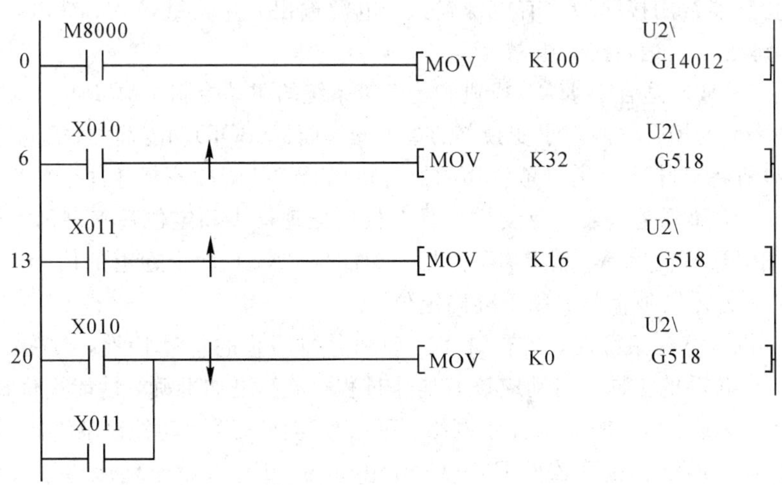

图 8-29 X 轴点动程序

运行监视：点击“Monitor”→“Operation monitor”→“Monitor Star”选项，出现图8-30所示的界面，即可监视X、Y轴的相关当前数据。

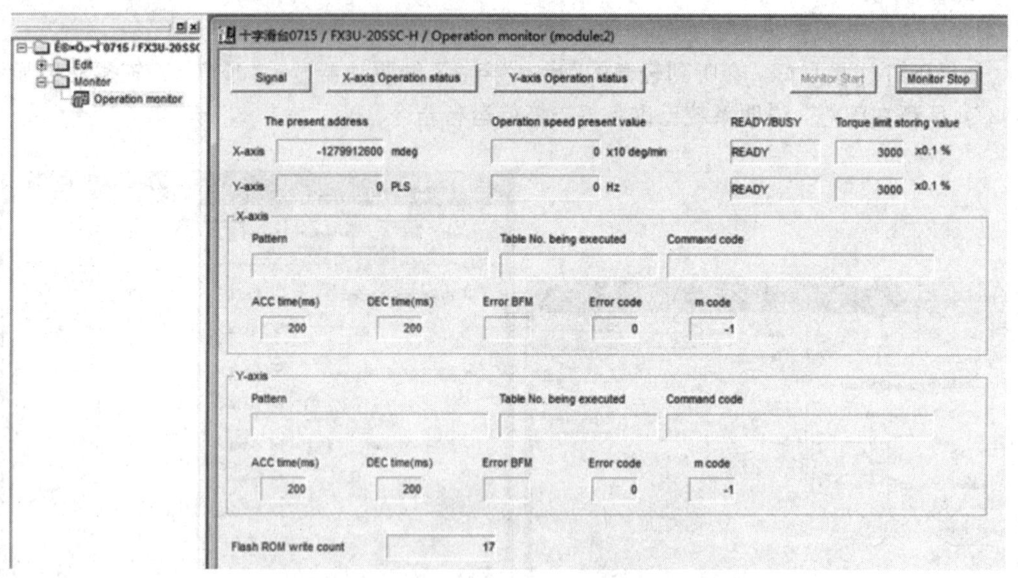

图8-30 三菱FX-Configurator-FP伺服参数监控界面

本章小结

1. 变频器一般由主回路、整流器、中间直流环节、逆变器和控制回路组成。通用变频器按工作方式分U/f控制、转差频率控制、矢量控制三类。变频器有面板控制、开关量控制、模拟量控制、通信控制等方式。

2. 三菱变频器常用接线端子有电源输入、电源输出、开关量输入、继电输出、模拟量输入、模拟量输出、通信，共7组。

3. 西门子MM420适合于水泵、风机和传送带系统的驱动控制。MM440的输出功率适合于要求高、功率大的场合。西门子变频器的基本操作面板(BOP)功能简洁，AOP功能强大。

4. 步进电机将电脉冲转化为角位移的执行机构，可以通过控制脉冲个数来控制角位移量，进行准确定位和调速。细分驱动模式具有低速振动极小和定位精度高两大优点。

5. 光电编码器可输出A相、B相、Z相3个信号，A、B两个通道的信号一般是正交脉冲信号，而Z相是零脉冲信号，用于准确定位。

6. 伺服电机具有变频特性，具有瞬间启动和急速停止的优越特性，改变脉冲的顺序，可以方便地改变转动的方向，启动应该有加速过程，定位更加准确，性能更优良。

7. 三菱SSCNET是伺服系统控制网络，可用来连接三菱运动控制器CPU与伺服放大器的高速串行通信网络。三菱软件FX-Configurator-FP可用于伺服参数设置及定位设定，还可对运行数据进行在线监控。

习 题

8-1 变频器一般由哪几部分组成？

8-2 通用变频器按工作方式分哪几类？

8-3 国际上变频器知名企业有哪些？

8-4 变频器有哪几种控制方式？

8-5 三菱变频器常用接线端子有哪些？

8-6 三菱变频器的开关量端子有哪几个？各有什么功能？

8-7 变频器参数设置不成功有什么提示？如何解决？

8-8 西门子 MM420 与 MM440 变频器有什么区别？

8-9 西门子变频器的操作面板有 BOP 和 AOP，其区别是什么？

8-10 步进电动机有何特点？

8-11 什么是步进细分驱动？

8-12 光电编码器有哪些输出信号？

8-13 高速计数器有哪 3 种计数模式？

8-14 伺服电机有何控制特点？

8-15 三菱 SSCNET 的含义是什么？

8-16 三菱软件 FX-Configurator-FP 有什么用途？

第9章 工业网络控制

第9章 课件

9.1 计算机通信简介

近年来，计算机控制技术迅速地推广和普及，相当多的企业已经在大量地使用各式各样的自动化设备，如工业控制计算机、可编程控制器、变频器、机器人、柔性制造系统等。将不同厂家生产的这些设备连在一个网络上，相互之间进行数据通信，实现分散控制和集中管理，是计算机控制系统发展的大趋势。可编程控制器相互之间的连接，可使众多相对独立的控制任务构成一个控制工程整体，形成模块控制体系；可编程控制器与计算机的连接，将可编程控制器应用于现场设备直接控制，计算机用于编程、显示、打印和系统管理，构成“集中管理，分散控制”的分布式控制系统（DCS），满足工厂自动化（FA）系统发展的需要。因此有必要掌握工厂自动化通信网络和可编程控制器通信方面的知识。

9.1.1 通信方式

1. 并行通信与串行通信

并行数据通信是以字节或字为单位的数据传输方式，除了8根或16根数据线、一根公共线外，还需要通信双方联络用的控制线。并行通信的传送速度快，但是传输线的根数多，成本高，一般用于近距离的数据传送，如打印机与计算机之间的数据传送。串行数据通信是以二进制的位（bit）为单位的数据传输方式，每次只传送一位，除了公共线外，在一个数据传输方向上只需要一根数据线，这根线既作为数据线又作为通信联络控制线，数据信号和联络信号在这根线上按位进行传送。串行通信需要的信号线少，最少的只需要两根线（双绞线），适用于距离较远的场合。计算机和可编程控制器都有通用的串行通信接口（如RS-232C），工业控制中一般使用串行通信。

在串行通信中，传输速率（又称波特率）的单位是比特每秒，即每秒传送的二进制位数，其符号为bit/s或b/s。常用的标准波特率为300 b/s、600 b/s、1200 b/s、2400 b/s、4800 b/s、9600 b/s和19200 b/s等。不同的串行通信网络的传输速率差别极大，有的只有数百比特每秒，高速串行通信网络的传输速率可达1000 Mb/s，10 Gb/s速率的光纤技术已相当成熟。

2. 异步通信与同步通信

在串行通信中，通信的速率与时钟脉冲有关，接收方的接收速率和发送方的传送速率应相同，但是实际的发送速率与接收速率之间总是有一些微小的差别，如果不采取措施，在连续传送大量的信息时，将会因积累误差造成错位，使接收方收到错误的信息。为了解决这一问题，需要使发送过程和接收过程同步。按同步方式的不同，可将串行通信分为异步通信和同步通信。

异步通信的信息格式如图 9-1 所示，发送的字符由一个起始位、7～8 个数据位、1 个奇偶校验位(可以没有)和停止位(1 位、1 位半或两位)组成。在通信开始之前，通信的双方需要对所采用的信息格式和数据的传输速率作相同的约定。接收方检测到停止位和起始位之间的下降沿后，将它作为接收的起始点，并在每一位的中点接收信息。由于一个字符中包含的位数不多，即使发送方和接收方的收发频率略有不同，也不会因两台机器之间的时钟周期的积累误差而导致收发错位。异步通信传送附加的非有效信息较多，它的传输效率较低，可编程控制器一般使用异步通信。

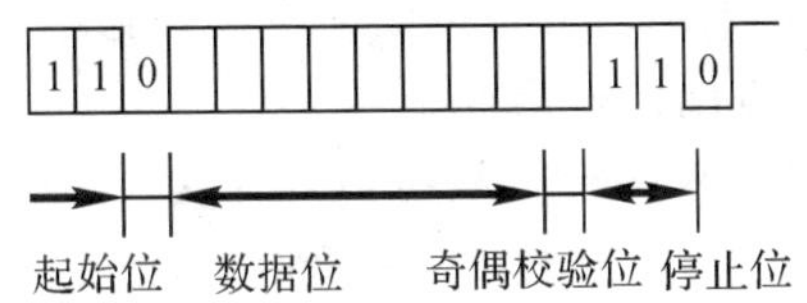

图 9-1　异步通信的信息格式

同步通信以字节为单位(一个字节由 8 位二进制数组成)，每次传送 1～2 个同步字符、若干个数据字节和校验字符。同步字符起联络作用，用它来通知接收方开始接收数据。在同步通信中，发送方和接收方要保持完全的同步，这意味着发送方和接收方应使用同一时钟脉冲。在近距离通信时，可以在传输线中设置一根时钟信号线。在远距离通信时，可以通过调制解调方式在数据流中提取出同步信号，使接收方得到与发送方完全相同的接收时钟信号。

由于同步通信方式不需要在每个数据字符中加起始位、停止位和奇偶校验位，只需要在数据块(往往很长)之前加一两个同步字符，所以传输效率高，但是对硬件的要求较高，一般用于高速通信。

3. 单工通信与双工通信

单工通信方式只能沿单一方向发送或接收数据。双工方式的信息可沿两个方向传送，每一个站既可以发送数据，也可以接收数据。双工方式又分为全双工和半双工两种方式。

(1) 全双工方式：数据的发送和接收分别由两根或两组不同的数据线传送，通信的双方都能在同一时刻接收和发送信息，这种传送方式称为全双工方式(见图 9-2)。

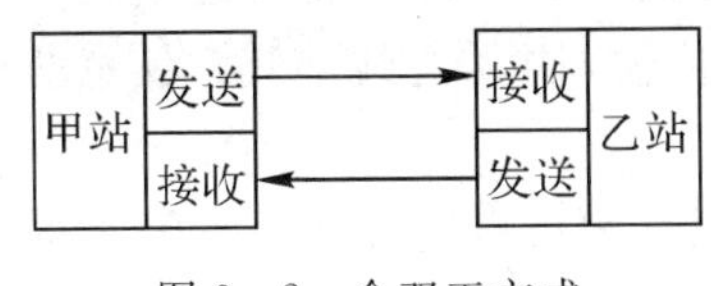

图 9-2　全双工方式

(2) 半双工方式：用同一组线接收和发送数据，通信的双方在同一时刻只能发送数据或接收数据，这种传送方式称为半双工方式(见图9-3)。

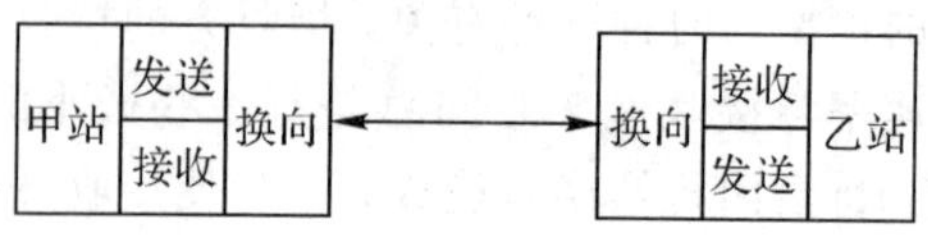

图9-3　半双工方式

9.1.2　网络拓扑结构

网络结构又称为网络的拓扑结构，它主要指如何从物理上把各个节点连接起来形成网络。常用的网络结构有链接结构、联网结构。

1. 链接结构

链接结构较简单，它主要指通过通信接口和通信介质(如电缆线等)把两个节点链接起来。链接结构按信息在设备间的传送方向可分为单工通信、半双工通信、全双工通信。

假设有两个节点A和B。单工通信是指数据传送只能由A流向或B，或只能由B流向A，即在同一时刻只能朝一个方向进行传送。

两个PLC之间或一个PLC和一台计算机建立连接，一般叫做链接(Link)，而不称为联网。在PLC链接及联网中较为常用半双工和全双工通信，可实现双向数据传输。

2. 联网结构

联网结构是指多个节点的连接形式，常用连接方式有3种，如图9-4所示。

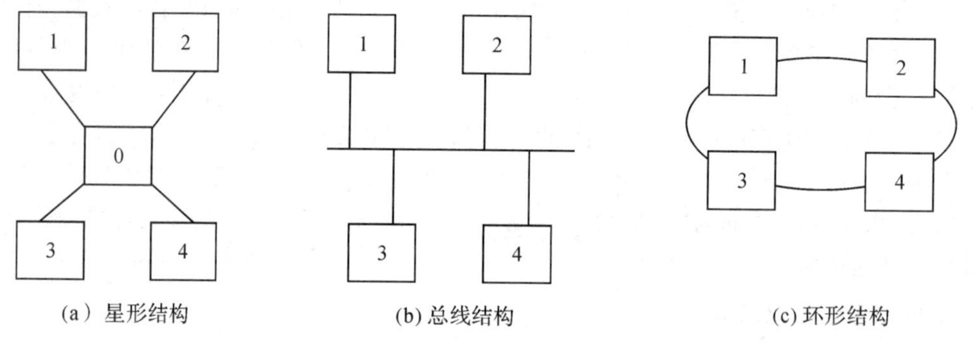

图9-4　联网结构示意图

(1) 星形结构：只有一个中心节点，网络上其它各节点都分别与中心节点相连，通信功能由中心节点进行管理，并通过中心节点实现数据交换。

(2) 总线结构：所有节点都通过相应硬件接口连接到一条无源公共总线上，任何一个节点发出的信息都可沿着总线传输，并被总线上其它任意节点接收。它的传输方向是从发送节点向两端扩散传送。

(3) 环形结构：各节点通过有源接口连接在一条闭合的环形通信线路中，是点对点式结构，即一个节点只能把数据传到下一个节点。若下一个节点不是数据发送的目的节点，则再向下传送，直到被目的节点接收为止。

9.1.3 IEEE 802 通信标准

IEEE(国际电工与电子工程师学会)的802委员会于1982年颁布了一系列计算机局域网分层通信协议标准草案，总称为IEEE 802标准。它把OSI参考模型的底部两层分解为逻辑链路控制层(LLC)、媒体访问控制层(MAC)和物理传输层。前两层对应于OSI模型中的数据链路层，数据链路层是一条链路(Link)两端的两台设备进行通信时所共同遵守的规则和约定。IEEE 802的媒体访问控制层对应于三种已建立的标准，即带冲突检测的载波侦听多路访问(CSMA/CD)协议、令牌总线(TokenBus)和令牌环(TokenRing)。

1. CSMA/CD

CSMA/CD(802.3)通信协议的基础是Xerox公司研制的以太网(Ethernet)，其中各站共享一条广播式的传输总线，每个站都是平等的，采用竞争方式发送信息，也就是说，任何一个站都可以随时广播报文，并为其它各站接收。当某个站识别到报文上的接收站名与本站的站名相同时，便将报文接收下来。由于没有专门的控制站，两个或多个站可能因同时发送信息而发生冲突，造成报文作废，因此必须采取措施来防止冲突。具体措施是发送站在发送报文之前，先监听一下总线是否空闲，如果空闲，则发送报文到总线上，称之为“先听后讲”。但是这样做仍然有发生冲突的可能，因为从组织报文到报文在总线上传输需一段时间，在这一段时间中，另一个站通过监听也可能会认为总线空闲并发送报文到总线上，这样就会因两站同时发送而发生冲突。为此，可以采取两种措施：一种是发送报文开始的一段时间，仍然监听总线，采用边发送边接收的办法，把接收到的信息和自己发送的信息相比较，若相同则继续发送，称之为“边听边讲”。若不相同则发生冲突，立即停止发送报文，并发送一段简短的冲突标志(阻塞码序列)。通常把这种“先听后讲”和“边听边讲”相结合的方法称为CSMA/CD(带冲突检测的载波侦听多路访问技术)，其控制策略是竞争发送、广播式传送、载体监听、冲突检测、冲突后退和再试发送；另一种措施是准备发送报文的站先监听一段时间(大约是总线传输延时的2倍)，如果在这段时间中总线一直空闲，则开始作发送准备，准备完毕，真正要将报文发送到总线之前，再对总线做一次短暂的检测，若仍为空闲，则正式开始发送；若不空闲，则延时一段时间后再重复上述的二次检测过程。CSMA/CD允许各站平等竞争，实时性好，适合于工业自动控制计算机网络。以太网在个人计算机网络系统中得到了极为广泛的应用，以太网的硬件(如网卡)非常便宜。由于以上原因，以太网在工业控制中也得到了广泛的应用。

2. 令牌总线

IEEE 802标准中的另一种媒质访问技术是令牌总线，其编号为802.4。它吸收了GM(通用汽车公司)支持的MAP(Manufacturing Automation Protocol，制造自动化协议)系统的内容。在令牌总线中，媒体访问控制是通过传递一种称为令牌的特殊标志来实现的。按照逻辑顺序，令牌从一个装置传递到另一个装置，传递到最后一个装置后，再传递给第一个装置，如此周而复始，形成一个逻辑环。令牌有“空”、“忙”两个状态，令牌网开始运行时，由指定站产生一个空令牌沿逻辑环传送。任何一个要发送信息的站都要等到令牌传给自己，判断为空令牌时才发送信息。发送站首先把令牌置成“忙”，并写入要传送的信息、发送站名和接收站名，然后将载有信息的令牌送入环网传输。令牌沿环网循环一周后返回发送站时，信息已被接收站拷贝，发送站将令牌置为“空”，送上环网继续传送，以供其它站使用。

如果在传送过程中令牌丢失，由监控站向网中注入一个新的令牌。

令牌传递式总线能在很重的负荷下提供实时同步操作，传送效率高，适于频繁、较短的数据传送，因此它最适合于需要进行实时通信的工业控制网络系统。

3. 令牌环

令牌环媒质访问方案是IBM开发的，它在IEEE 802标准中的编号为802.5，它有些类似于令牌总线。在令牌环上，最多只能有一个令牌绕环运动，不允许两个站同时发送数据。令牌环从本质上看是一种集中控制式的环，环上必须有一个中心控制站负责网的工作状态的检测和管理。

9.1.4 网络配置

网络结构配置与建立网络的目的、网络结构以及通信方式有关，但任何网络，其结构配置都包括硬件、通信协议及现场总线。

1. 硬件配置

硬件配置主要考虑两个问题，一是通信介质，以此构成信道；二是通信接口。常用的通信介质有多股屏蔽电缆、双绞线、同轴电缆及光缆。此外，还可以通过电磁波实现无线通信。通信接口包括RS-232C、RS-422A和RS-485等。

(1) RS-232C。RS-232C是美国EIC(电子工业联合会)在1969年公布的通信协议，至今仍在计算机、可编程控制器、触摸屏中广泛使用。

RS-232C采用负逻辑，用−5～−15 V表示逻辑状态“1”，用+5～+15 V表示逻辑状态“0”。RS-232C的最大通信距离为15 m，最高传输速率为20 kb/s，只能进行一对一的通信。RS-232C可使用9针或25针的D型连接器，可编程控制器一般使用9针的连接器，距离较近时只需要3根线(见图9-5，GND为信号地)。RS-232C使用单端驱动、单端接收的电路(见图9-6)，容易受到公共地线上的电位差和外部引入的干扰信号的影响。

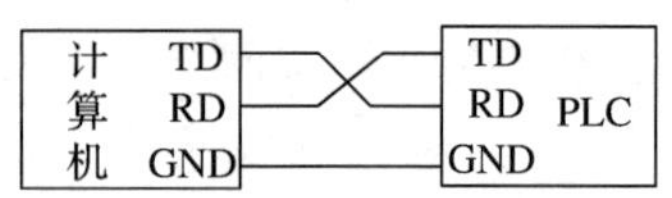

图9-5 RS-232C的信号线连接

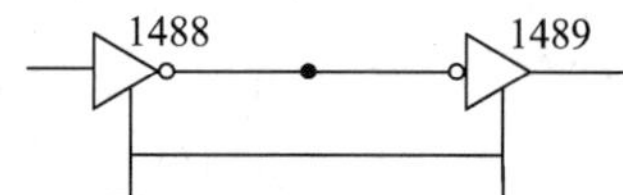

图9-6 单端驱动、单端接收

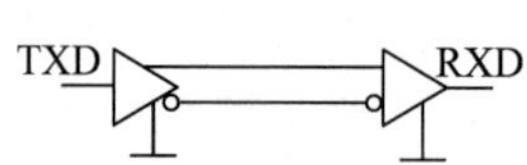

图9-7 平衡驱动、差分接收

(2) RS-422A。美国的EIC于1977年制定了串行通信标准RS-499，对RS-232C的电气特性作了改进，RS-422A是RS-499的子集。RS-422A采用平衡驱动、差分接收电路(见图9-7)，从根本上取消了信号地线。平衡驱动器相当于两个单端驱动器，其输入信号相同，两个输出信号互为反相信号，图中的小圆圈表示反相。外部输入的干扰信号是以共模方式出现的，两根传输线上的共模干扰信号相同，因接收器是差分输入，共模信号可以互相抵消。只要接收器有足够的抗共模干扰能力，就能从干扰信号中识别出驱动器输出的有用信号，从而克服外部干扰的影响。RS-422A在最大传输速率(10 Mb/s)时，允许的最大通信距离为12 m；传输速率为100 kb/s时，最大通信距离为1200 m。一台驱动器可以连接10台接收器。RS-422A接口属于全双工通信方式，在工业计算机上配备得较多，三菱 FX 的程序下载口也采用该接口。

(3) RS-485。RS-485 是 RS-422A 的变形，RS-422A 是全双工，两对平衡差分信号线分别用于发送和接收。RS-485 为半双工，只有一对平衡差分信号线，不能同时发送和接收。

使用 RS-485 通信接口和双绞线可组成串行通信网络(见图 9-8)，构成分布式系统，系统中最多可有 32 个站，新的接口件已允许连接 128 个站。RS-485 接口多用双绞线实现连接。计算机一般不配 RS-485 接口，但工业计算机配备 RS-485 接口较多。PLC 的不少通信模块也配用 RS-485 接口。如三菱触摸屏、三菱变频器、一些工业传感器都采用了 485 通信。

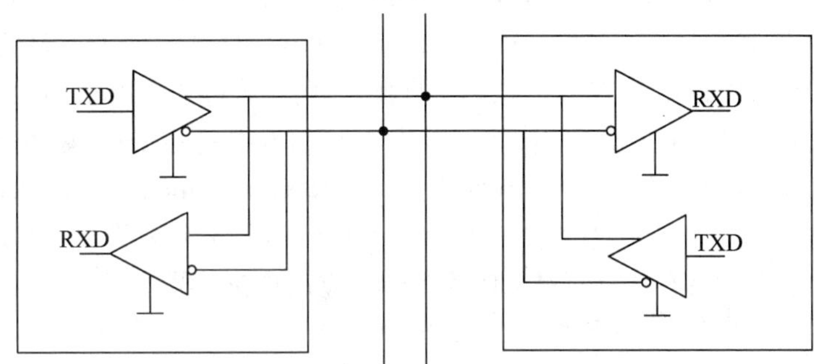

图 9-8　RS-485 网络

2. 通信协议

通信协议是指双方实体完成通信或服务所必须遵循的规则和约定。约定中包括对数据格式、同步方式、传送速度、传送步骤、检查纠错方式以及控制字符定义等问题做出统一规定，通信双方必须共同遵守，它也叫做链路控制规程。

工业上常用的通信协议有：Modbus、RS-232、RS-485、HART、PROFIBUS、MPI、PPI、Profibus-DP、Devicenet、Ethernet、CC-Link 等。

3. 现场总线

现场总线(Field bus)是近年来迅速发展起来的一种工业数据总线，它主要解决工业现场的智能化仪器仪表、控制器、执行机构等现场设备间的数字通信以及这些现场控制设备和高级控制系统之间的信息传递问题。它是一种工业数据总线，是自动化领域中底层数据通信网络。现场总线就是以数字通信替代了传统模拟信号及普通开关量信号的传输，是连接智能现场设备和自动化系统的全数字、双向、多站的通信系统。

现场总线有很多，常用的现场总线包括：

(1) 基金会现场总线(Foundation Fieldbus)。现场总线基金会(FF)是不依附于某个公司或企业集团的非商业化的国际标准化组织，它致力于建立国际上统一的现场总线协议。基金会现场总线(FF)标准无专利许可要求，可供所有的生产厂家使用，其总线标准、产品检验等信息全部公开。

(2) PROFIBUS(过程现场总线)。PROFIBUS 是用于车间级和现场级的国际标准，传输速率最大为 12 Mb/s，响应时间的典型值为 1 ms，使用屏蔽双绞线电缆(最长 9.6 km)或光缆(最长 90 km)，最多可接 127 个从站。

PROFIBUS是不依赖生产厂家的、开放式的现场总线，各种各样的自动化设备均可通过同样的接口交换信息。PROFIBUS已被纳入现场总线的国际标准IEC61158和EN50170，已有500多家制造厂商提供种类繁多的带有PROFIBUS接口的现场设备，用户可以自由地选择最合适的产品，PROFIBUS在全世界拥有大量的用户。PROFIBUS可用于分布式I/O设备、传动装置、可编程控制器和基于PC的自动化系统。

PROFIBUS由3个部分组成，即PROFIBUS-FMS(Fieldbus Message Specification，现场总线报文规范)、PROFIBUS-DP(Decentralized Periphery，分布式外部设备)和PROFIBUS-PA(Process Automation，过程自动化)。

(3) CAN(控制器局域网络)。现场总线领域中，在IEC61158和62026标准之前，CAN(Controller Area Network)总线是惟一被批准为国际标准的现场总线。CAN总线的总线规范已被ISO制定为ISO11898和ISO11519。CAN总线得到了主要的计算机芯片商的广泛支持，它们纷纷推出带有CAN接口的微处理器(MCU)芯片。带有CAN的MCU芯片总量已经超过1亿片，广泛应用于汽车，并在该领域中遥遥领先于其它所有现场总线。

(4) CC-Link现场总线。CC-Link是Control&Communication Link(控制与通信链路系统)的缩写，在1996年11月，由三菱电机为主导的多家公司推出，其增长势头迅猛，在亚洲占有较大份额，具有性能卓越、使用简单、应用广泛、节省成本等优点。CC-Link是一个以设备层为主的网络，同时也可覆盖较高层次的控制层和较低层次的传感层。2005年7月CC-Link被中国国家标准委员会批准为中国国家标准指导性技术文件。

9.1.5 三菱串行通信扩展版

在许多工业环境中，要求使用最少的信号线，在远距离内实现通信任务。PLC主要是通过RS-232、RS-422和RS-485等通用通信接口进行联网通信的。若联网通信的两台设备都具有同样类型的接口，可以直接通过适配的电缆连接实现通信。若两台设备的通信接口不同，则要采用一定的硬件设备进行接口类型的转换。三菱公司生产的这类设备有采用功能扩展板和独立机箱型的两种基本结构形式。功能扩展板通信接口(如FX3U-485-BD)没有外壳，安装在PLC的机箱内使用。而独立机箱型接口(如FX3U-485ADP)属于扩展模块一类。

通信扩展板的性能主要从传输规格、最大传输距离、隔离、外部设备的连接方法、显示LED、通信方式、传输速度、通信协议、供电电源、输入/输出占用点数等方面描述。

常用的通信扩展板有FX3U-232-BD、FX3U-422-BD RS-422、FX3U-485-BD、FX3U-CNV-BD、FX3U-USB-BD，部分实物如图9-9所示。

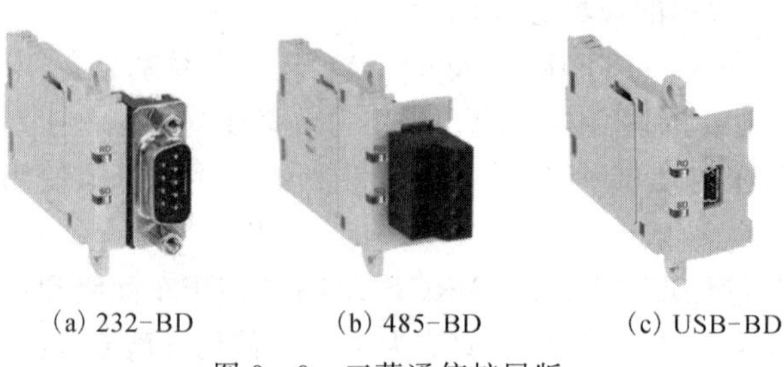

(a) 232-BD　(b) 485-BD　(c) USB-BD

图9-9　三菱通信扩展版

通过追加功能扩展板，便于实现数据链接以及与外部串行接口设备的通信，包括：

(1) 使用无协议的数据传送。不使用任何协议，通过RS-485(422)转换器，可在各种带有RS-232C单元的设备之间进行数据通信，如个人电脑、条形码阅读机和打印机。在这种应用中，数据的发送和接收是通过由RS指令指定的数据寄存器来进行的。

(2) 使用专用协议的数据传送。使用专用协议，可在1∶N基础上通过RS-485(422)进行各种数据的传输。

(3) 使用并进行连接的数据传输。通过可编程控制器，可在1∶1基础上对100个辅助继电器和10个数据寄存器进行数据传输。

(4) 使用N∶N网络的数据传输。通过可编程控制器，可在N∶N基础上进行数据传输。

9.2 三菱工业网络

9.1 三菱工业网络及N∶N通信

三菱公司PLC网络继承了传统使用的MELSEC网络，并使其在性能、功能、使用简便等方面更胜一筹。其层次清晰的三层网络，可为各种用途提供最合适的网络产品，如图9-10所示。

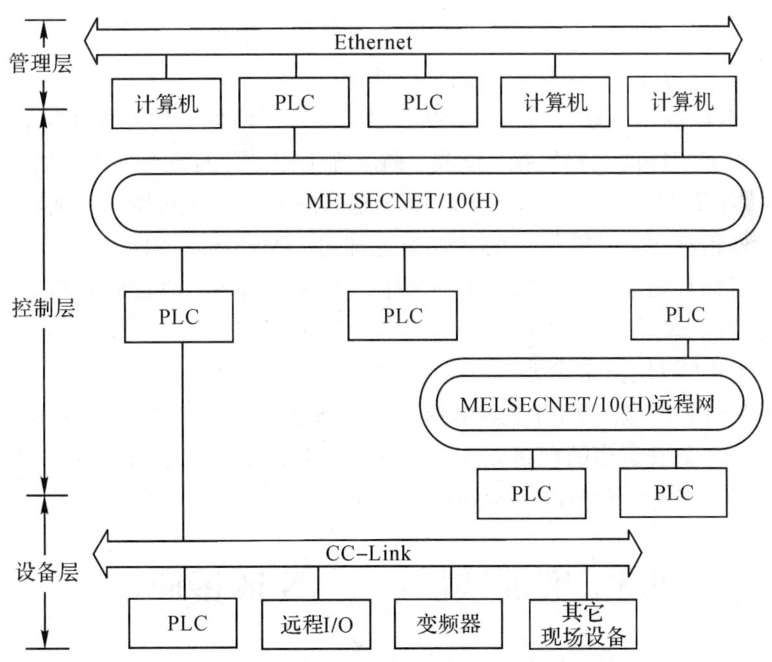

图9-10 三菱工业网络结构

1. 信息层/Ethernet(以太网)

信息层为网络系统中的最高层，主要是在PLC、设备控制器以及生产管理用PC之间传输生产管理信息、质量管理信息及设备的运转情况等数据。信息层使用最普遍的Ethernet。它不仅能够连接Windows系统的PC、UNIX系统的工作站等，而且还能连接各种FA设备。Q 系列 PLC 系列的 Ethernet 模块具有了日益普及的因特网电子邮件收发功能，使用户无论在世界的任何地方都可以方便地收发生产信息邮件，构筑远程监视管理系统。利用因特网的 FTP 服务器功能及 MELSEC 专用协议可以很容易地实现程序的上传/下载和信息的传输。

2. 控制层/MELSECNET/10(H)

控制层是整个网络系统的中间层，在是 PLC、CNC 等控制设备之间方便且高速地进行处理数据互传的控制网络。作为 MELSEC 控制网络的 MELSECNET/10，以它良好的实时性、简单的网络设定、无程序的网络数据共享概念，以及冗余回路等特点获得了很高的市场评价，被采用的设备台数在日本达到最高，在世界上也是屈指可数的。MELSECNET/H 不仅继承了 MELSECNET/10 优秀的特点，还使网络的实时性更好，数据容量更大，进一步适应市场的需要。但目前 MELSECNET/H 只有 Q 系列 PLC 才可使用。

3. 设备层/现场总线 CC - Link

设备层是把 PLC 等控制设备和传感器以及驱动设备连接起来的现场网络，是整个网络系统最底层的网络。采用 CC - Link 现场总线连接，布线数量大大减少，提高了系统可维护性。而且，不只是 ON/OFF 等开关量的数据，还可连接 ID 系统、条形码阅读器、变频器、人机界面等智能化设备，从完成各种数据的通信，到终端生产信息的管理均可实现，加上对机器动作状态的集中管理，使维修保养的工作效率也大有提高。在 Q 系列 PLC 中使用，CC - Link 的功能更好，而且使用更简便。

在三菱的 PLC 网络中进行通信时，不会感觉到有网络种类的差别和间断，可进行跨网络间的数据通信和程序的远程监控、修改、调试等工作，而无需考虑网络的层次和类型。

MELSECNET/H 和 CC - Link 使用循环通信的方式，周期性自动地收发信息，不需要专门的数据通信程序，只需简单的参数设定即可。MELSECNET/H 和 CC - Link 是使用广播方式进行循环通信发送和接收的，这样就可做到网络上的数据共享。

对于 Q 系列 PLC 使用的 Ethernet、MELSECNET/H、CC - Link 网络，可以在 GX Works2 软件画面上设定网络参数以及各种功能，简单方便。

另外，Q 系列 PLC 除了拥有上面所提到的网络之外，还可支持 PROFIBUS、Modbus、DeviceNet、ASi 等其它厂商的网络，还可进行 RS - 232/RS - 422/RS - 485 等串行通信，通过数据专线、电话线进行数据传送等多种通信方式。

9.3 实训项目：N：N 链接通信

N：N 链接通信协议用于最多 8 台 FX 系列 PLC 的辅助继电器和数据寄存器之间的数据的自动交换，其中一台为主站，其余的为从站，最大距离 50 m。图 9 - 11 所示为 N：N 网络数据传输示意图。

N：N 网络中的每一台 PLC 都在其辅助继电器区和数据寄存器区分配有一块用于共享的数据区，这些辅助继电器和数据寄存器如表 9 - 1 和表 9 - 2 所示。数据在确定的刷新范围内自动在 PLC 之间进行传送，刷新范围内的设备可由所有的站监视。但数据写入和

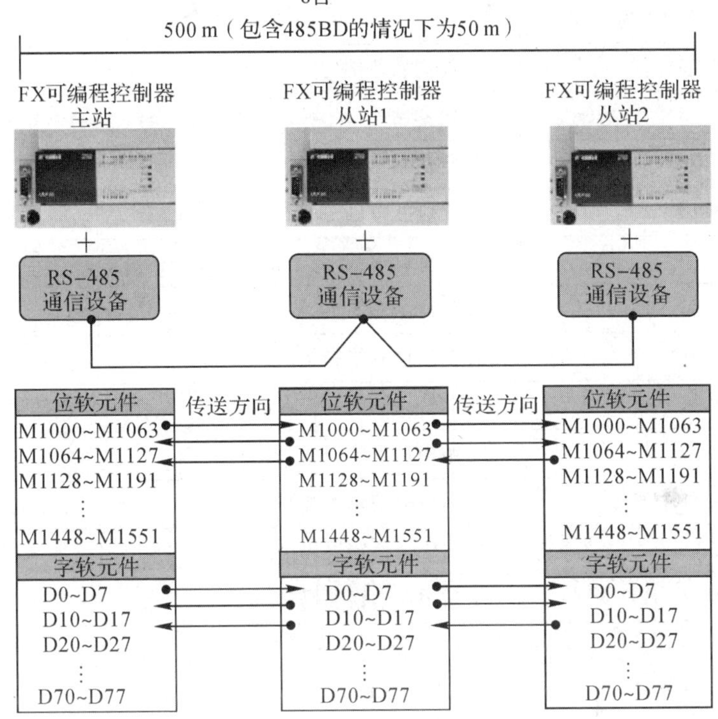

图 9-11　N∶N 网络数据传输示意图

ON/OFF 操作只在本站内有效。因此，对于某一台 PLC 的用户程序来说，在使用其它站自动传来的数据时，就如同读/写自己内部的数据区一样方便。

表 9-1　N∶N 网络链接相关的辅助继电器

属性	特殊辅助继电器	功　能	响应类型
只写	M8038	设定 N∶N 网络参数	主站，从站
只读	M8063	当主站参数错误时置 ON	主站，从站
只读	M8183	当主站通信错误时置 ON①	从站
只读	M8184 - M190②	当从站通信错误时置 ON①	主站，从站
只读	M8191	当与其它站通信时置 ON	主站，从站
只写	M8179	设定通道。OFF：通道 1，ON：通道 2	主站，从站

注：① 表示在本站中出现的通信错误数，不能在 CPU 出错、程序出错和停止状态下记录。

② 表示与从站号一致。例如，1 号站为 M8184，2 号站为 M8185，3 号站为 M8186。

表 9-2　N∶N 网络链接相关的数据寄存器

属性	特殊数据寄存器	功　能	响应类型
只读	D8173	存储从站站号	主站，从站
只读	D8174	存储从站总数	主站，从站

续表

属性	特殊数据寄存器	功　能	响应类型
只读	D8175	存储刷新范围	主站，从站
只写	D8176	设定本站号	主站，从站
只写	D8177	设定从站总数	主站
只写	D8178	设定刷新范围	主站
只写	D8179	设定重试次数	主站
只写	D8180	设定命令超时	主站
只读	D8201	存储当前网络扫描时间	主站，从站
只读	D8202	存储最大网络扫描时间	主站，从站
只读	D8203	主站中通信错误数①	从站
只读	D8204－D8210②	从站中通信错误数①	主站，从站
只读	D8211	主站中通信错误码	从站
只读	D8212－D8218②	从站中通信错误码	主站，从站

注：① 表示在本站中出现的通信错误数，不能在CPU出错、程序出错和停止状态下记录。

② 表示与从站号一致。例如，1号从站为D8204、D8212，2号从站为D8205、D8213，3号从站为D8206、D8214。

1. N：N链接网络的通信设置

N：N网络的设置仅当程序运行或PLC通电时才有效，设置内容如下：

(1) 工作站号设置(D8176)。D8176的设置范围为0～7，主站应设置为0，从站设置为1～7。

(2) 从站个数设置(D8177)。D8177用于在主站中设置从站总数，从站中不须设置，设定范围为0～7之间的值。默认值为7。

(3) 刷新范围(模式)设置(D8178)。刷新范围是指在设定的模式下主站与从站共享的辅助继电器和数据寄存器的范围。刷新模式由主站的D8178来设置，可以设为0、1或2值(默认值为0)，分别代表3种刷新模式，从站中不需设置此值。表9－3是D8178对应的3种刷新模式，对应的PLC中辅助继电器和数据寄存器的刷新范围，这些辅助继电器和数据寄存器供各站的PLC共享。

表9－3　N：N网络共享的辅助继电器和数据寄存器

站号	模式0		模式1		模式2	
0	→	D0～D3	M1000～M1031	D0～D3	M1000～M1063	D0～D7
1	→	D10～D13	M1064～M1095	D10～D13	M1064～M1127	D10～D17
2	→	D20～D23	M1128～M1159	D20～D23	M1128～M1191	D20～D27
3	→	D30～D33	M1191～M1123	D30～D33	M1192～M1255	D30～D37
4	→	D40～D43	M1256～M1287	D40～D43	M1256～M1319	D40～D47

续表

站号	模式 0		模式 1		模式 2	
5	→	D50～D53	M1320～M1351	D50～D53	M1320～M1383	D50～D57
6	→	D60～D63	M1384～M1415	D60～D63	M1384～M1447	D60～D67
7	→	D70～D73	M1448～M1479	D70～D73	M1448～M1511	D70～D77

例如，当 D8178 设置为模式 2 时，如果主站的 X001 要控制 7 号从站的 Y005，可以用主站的 X001 来控制它的 M1000。

通过通信，各从站中的 M1000 的状态与主站的 M1000 相同。用 7 号从站的 M1000 来控制它的 Y005，这就相当于用主站的 XO01 来控制 7 号从站的 Y005。

(4) 重试次数设置(D8179)。D8179 用以设置重试次数，设定范围为 0～10(默认值为 3)，该设置仅用于主站。当通信出错时，主站就会根据设置的次数自动重试通信。

(5) 通信超时时间设置(D8180)。D8180 用以设置通信超时时间，设定范围为 5～255(默认值为 5)，该值乘以 10 ms 就是通信超时时间。该设置限定了主站与从站之间的通信时间。

2. N∶N 网络通信举例

【例 9－1】 编制 N∶N 网络参数的主站设定程序。

图 9－12 所示是 N:N 网络参数的主站设定程序。从站不需设定程序，数据在确定的刷新范围内自动在 PLC 之间进行传送(映像)，不需编程。

设定要求：本机为主站，从站数为 2,采用方式 1 刷新，重试次数为 3 次，通信超时为 40 ms。

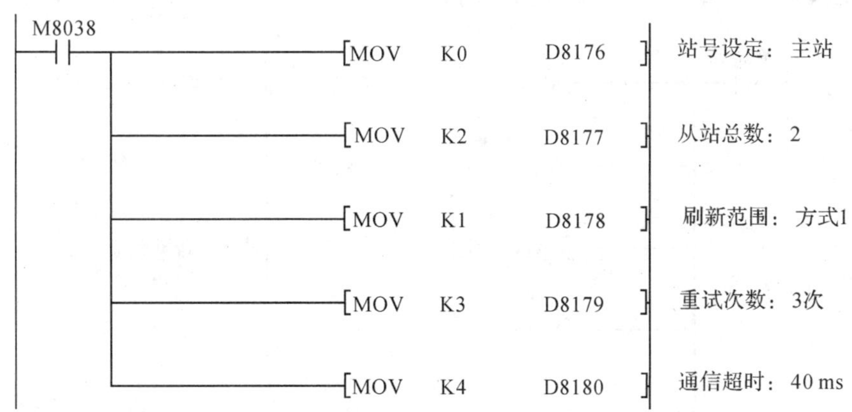

图 9－12 N∶N 网络主设定程序

【例 9－2】 有 3 台 FX2N 系列 PLC 通过 N∶N 并行通信网络交换数据，设计其通信程序。

(1) 该网络的系统配置如图 9－13 所示，PLC 与 PLC 之间采用一对带屏蔽层的导线连接。

(2) 工艺要求。

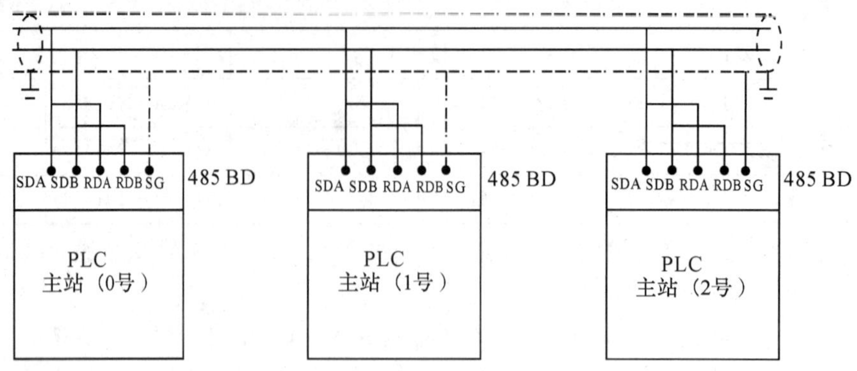

图 9-13　N：N 并行通信网络传输示意图

该并行网络的初始化设定程序的要求如下：

刷新范围：32 位元件和 4 字元件(模式 1)。

重试次数：3 次。

通信超时：50 ms。

该并行网络的通信操作要求如下：

通过 M1000～M1003，用主站的 X000～X003 来控制 1 号从站的 Y010～Y013。[操作 1]

通过 M1064～M1067，用 1 号从站的 X000～X003 来控制 2 号从站的 Y014～Y017。[操作 2]

通过 M1128～M1131，用 2 号从站的 X000～X003 来控制主站的 Y020～Y023。[操作 3]

(3) 梯形图程序。

主站通信程序见图 9-14，首先对主站、从站 1 和从站 2 的通信参数进行设置。

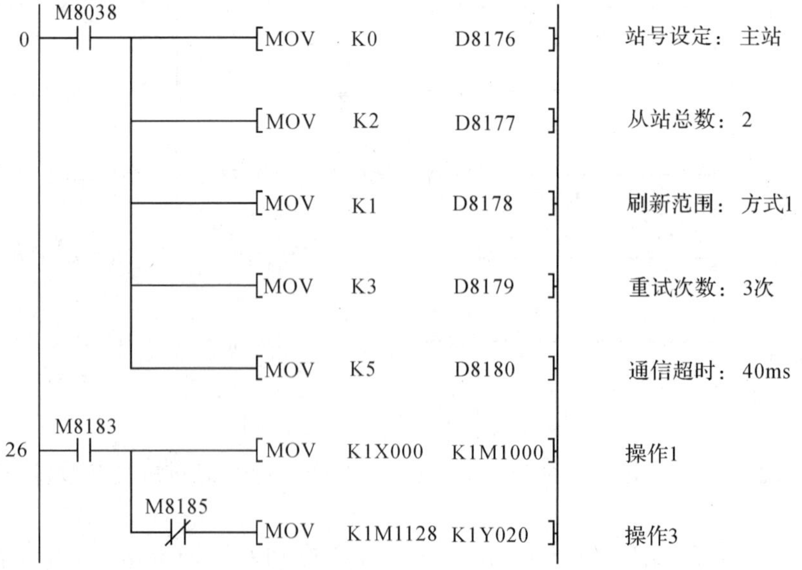

图 9-14　主站通信程序

1号从站程序如图9-15所示，2号从站程序如图9-16所示。

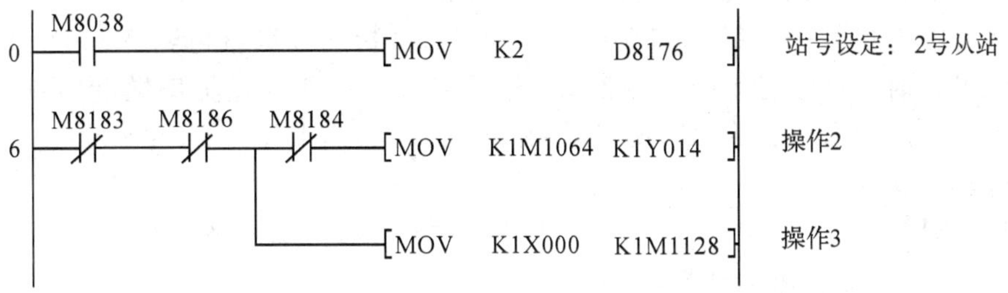

图9-15 1号站通信程序

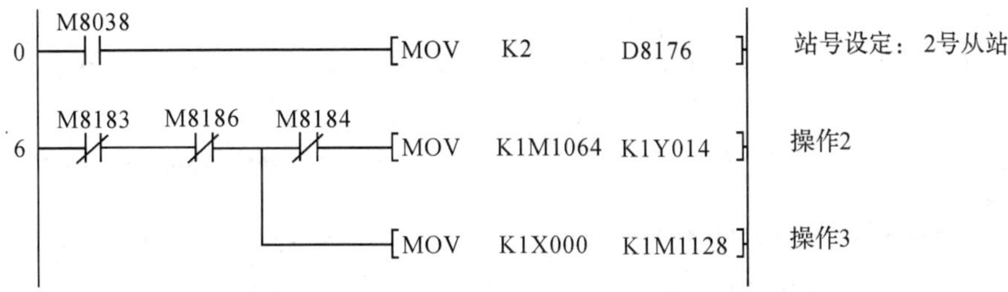

图9-16 2号从站通信程序

9.4 实训项目：PLC双机并联通信

双机并行连接是指使用RS-485通信适配器或功能扩展板连接两台FX系列PLC(1：1方式)以实现两个PLC之间的信息自动交换(见图9-17)。

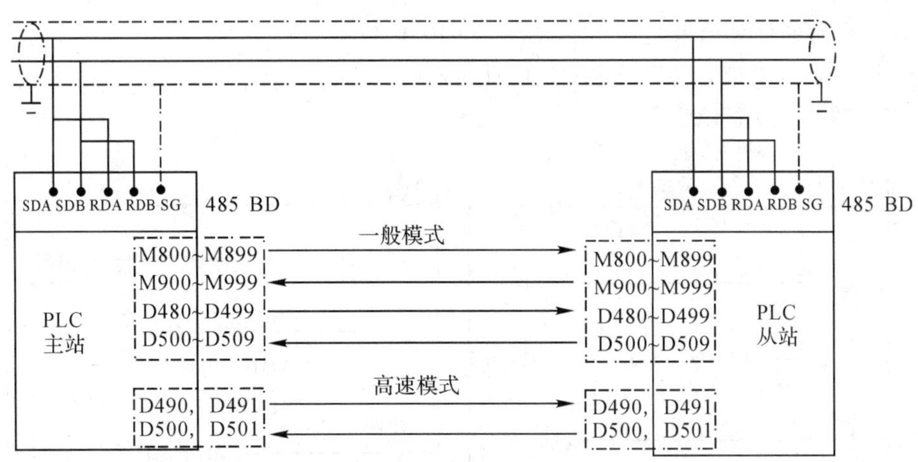

图9-17 双机并联通信示意图

双机并行连接时，其中一台PLC作为主站，另一台PLC作为从站。主从站分别由M8070和M8071继电器设定：M8070＝ON时，该PLC被设定为主站；M8071＝ON时，该PLC被设定为从站。双机并行连接方式下，用户不需编写通信程序，只需设置与通信有关的参数，两台计算机之间就可以自动地传送数据。

1∶1并行连接有一般模式和高速模式两种，由特殊辅助继电器M8162识别模式：M8162＝OFF时，并行连接为一般模式，最多可以链接100点辅助继电器和10点数；M8162＝ON时，并行连接为高速模式，主站向从站仅传送D490、D491两个字，从站向主站仅传送D500、D501两个字。

【例9-3】 2台FX2N系列PLC通过1∶1并行连接通信网络交换数据，设计其一般模式的通信程序。通信操作要求如下：

(1) 主站X000～X007的ON/OFF状态通过M800～M807输出到从站的Y000～Y007。

(2) 从站中的M0～M7的ON/OFF状态通过M000～M007输出到主站的Y000～Y007。

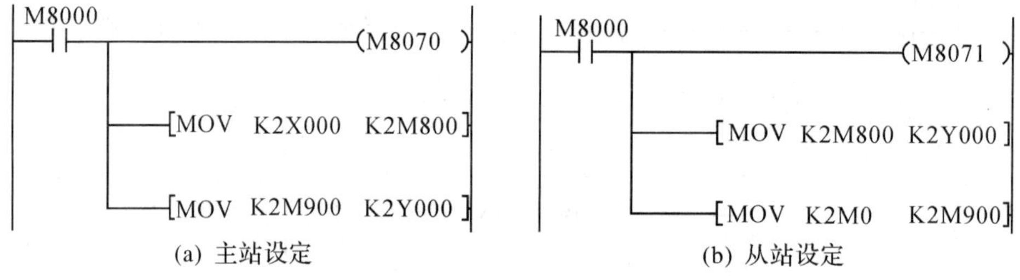

图9-18 1∶1双机并联通信一般模式程序

图9-18(a)所示为主站设定，完成了X0～X7状态的输入，及Y0～Y7状态的输出。图9-18(b)所示为从站设定，完成了Y0～Y7状态的输出，及M0～M7状态的输入操作。

【例9-4】 2台FX2N系列PLC通过1∶1并行连接通信网络交换数据，设计其高速模式的通信程序。通信操作要求如下：

(1) 当主站的计算结果≤100时，从站Y010变ON。

(2) 从站D10的值，用于设定主站的计时器(T0)值。

程序如图9-19所示。

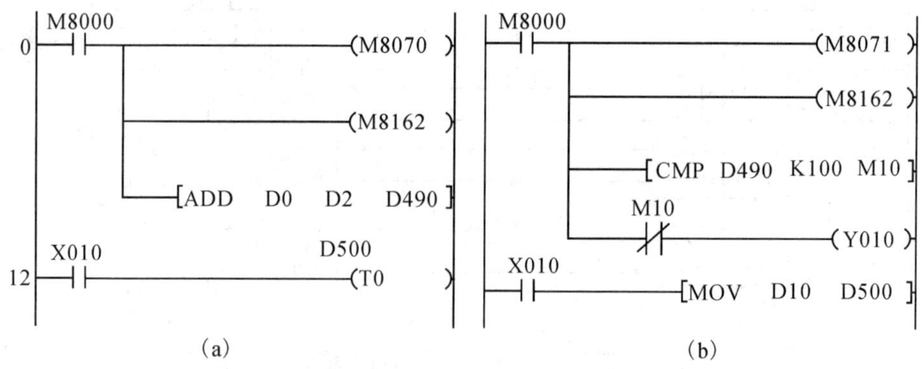

图9-19 1∶1并行连接高速模式通信程序

图9-19(a)中M8070为1，设定为主站，M8162为1，设定为高速模式，计算结果通过D490传给从站，接收从站传送过来的D500作为T0的设定时间值。图9-19(b)中M8071为1，设定为从站，M8162为1，设定为高速模式，接收主站通过D490传来的数据影响Y10，把D10的值赋给D500，再传给主站作为T0的设定时间值。

9.5 工程项目：PLC与A800变频器无协议通信

1. 变频器通信控制的特点

通信控制接线少，传送信息量大，可以连续地对多台变频器进行监控和控制；还可以通过通信修改变频器的参数，实现多台变频器的联动控制和同步控制，有效解决直接控制中出现的占用PLC点数多、价格昂贵的功能模块、现场布线多容易引入噪声干扰、获得的信息少和对变频器的控制手段都很有限的问题。

无协议通信就是利用系统已经设计好的通信指令、按照固定格式进行通信，可对变频器进行监控、读/写、复位等。

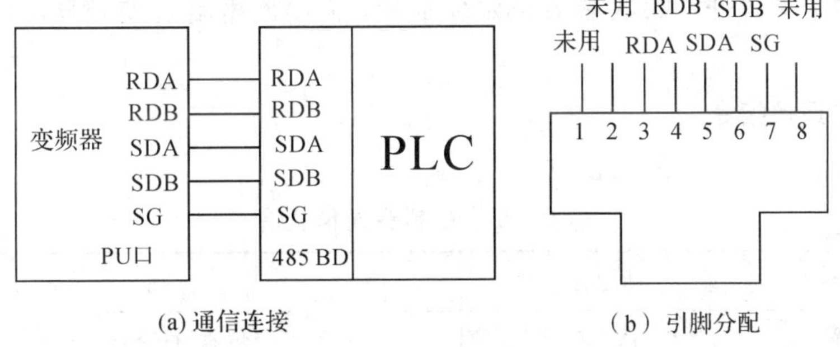

(a) 通信连接　　(b) 引脚分配

图9-20　变频器通信控制接线示意图

2. 硬件接线

变频器通信控制接线如图9-20所示，PLC端需加485 BD通信模块，引脚分配如图9-20(a)所示。变频器端接PU插座，该插座需网线的RJ插头，该插头引脚分配如图9-20(b)所示。

9.2　变频器通信控制

3. 设置变频器参数

变频器通信控制参数设置见表9-4。

表9-4　变频器通信控制参数设置

步骤	参数	设定值	含　义
1	ALLC	1	恢复出厂设置
2	Pr.160	0	显示扩展功能参数
3	Pr.117	1	变频器为1号站
4	Pr.118	192	波特率

续表

步骤	参数	设定值	含　义
5	Pr.119	10	长度
6	Pr.120	2	偶校验
7	Pr.121	9999	重试次数
8	Pr.122	9999	通信检测时间
9	Pr.123	9999	等待时间
10	Pr.124	0	无 CR、LF 选择
11	Pr.79	0	通信模式
12	断电 15 s		保存参数
13	通电		初始化

说明：122 号参数一定要设为 9999，否则当通信结束后且通信校验互锁时间到时，变频器会产生报警并停止。每次参数设定完成后，需要断电复位变频器，否则参数设置无效。

4. 变频器通信指令

变频器通信指令有 7 条，如表 9－5 所示。

表 9－5　变频器通信指令

功能号	助记符	功　能
270	IVCK	变频器的运转监视
271	IVDR	变频器的运转控制
272	IVRD	读取变频器参数
273	IVWR	写入变频器参数
274	IVBWR	变频器的参数批量写入
275	IVMC	变频器的复数个命令
276	ADPRW	MODBUS 数据读出/写入

指令格式为：【S1　S2　S3　n】，S1 为变频器站号，S2 为对变频器的操作码，S3 为操作数，n 为长度。指令代码值含义如表 9－6 所示。

表 9－6　变频器通信指令部分代码

功能	读/写属性	代码	内　容
运行模式	只读	H7B	H0000：网络运行；H0001：外部运行；H0002：PU 运行
运行模式	写入	HFB	
运行频率	读出	H6F	输出频率单位 0.01 Hz

续表

功能	读/写属性	代码	内　　容
运行指令	写入	HFA	b0：AU(端子 4 输入选择) b1：正转指令 b2：反转指令 b3：RL(低速指令) b4：RM(中速指令) b5：RH(高速指令) b6：RT(第 2 功能选择) b7：MRS(输出停止)
设定频率	写入	HED	频率值
…	…	…	…
复位	写入	HFD	H9696：变频器复位

5. 控制程序

工艺要求：系统送电后，变频器自动启动，以 10 Hz 正转 3 s，暂停 3 s，再以 10 Hz 反转 3 s，暂停 3 s，循环往复。

梯形图程序如下：

(1) 初始化通信模式，见图 9-21。

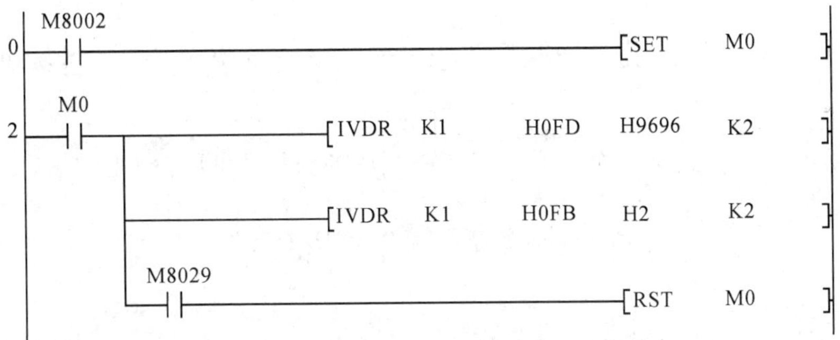

图 9-21　初始化通信模式

(2) 运行设置见图 9-22。

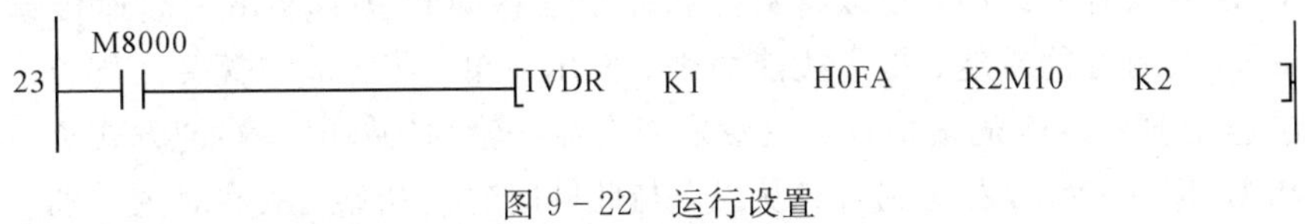

图 9-22　运行设置

(3) 12 s 循环见图 9-23。

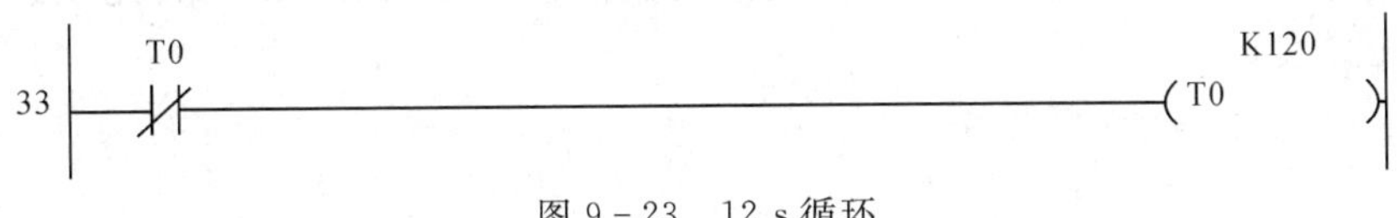

图 9-23　12 s 循环

(4) 暂停 3 s，以 10 Hz 正转(M11 为正转控制)3 s，见图 9-24。

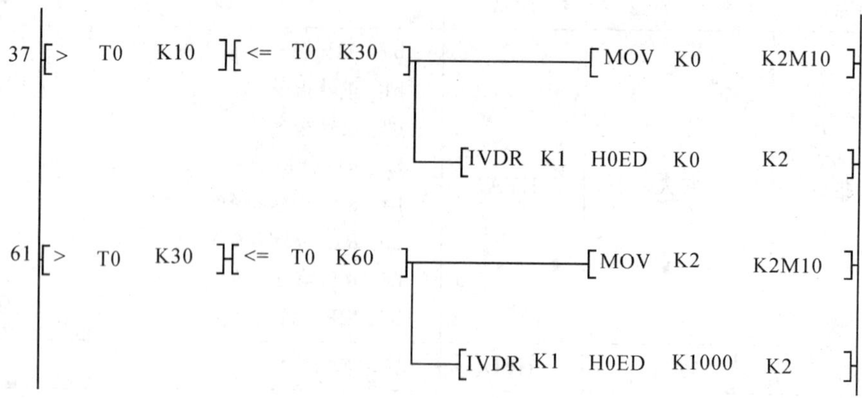

图 9-24　暂停 3 s 后以 10 Hz 正转 3 s

(5) 暂停 3 s，以 10 Hz 反转 3 s(M12 为反转控制)，见图 9-25。

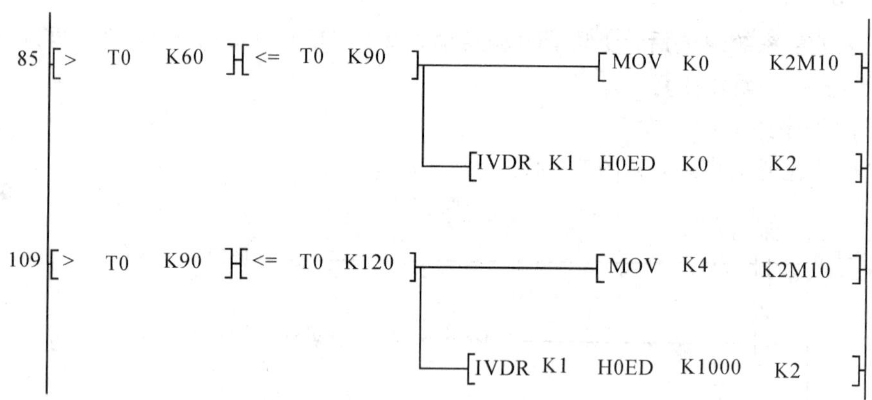

图 9-25　暂停 3 s 后以 10 Hz 反转 3 s

9.6　工程项目：FX3U 间的 CC-Link 通信

CC-Link 在工控系统中，可以将数据和控制信息同时以 10 Mb/s 高速传输的现场网络。CC-Link 具有性能卓越、抗干扰能力强、使用简单、节省成本等突出优点。

其底层遵循 RS-485 通信协议，主要采用广播—轮询(循环传输)的方式进行通信。主站将刷新数据(RY/RWw)发送到所有从站，与此同时轮询从站；从站对主站的轮询作出响应(RX/RWr)，同时将该响应告知其它从站；然后主站轮询其它从站(此时并不发送刷新数据)，并将该响应告知其它从站，从站之间交换信息需通过主站来中转完成。CC-Link 网络站类型见表 9-7。

表 9-7 CC-Link 网络站类型

站类型	内　容
主站	控制 CC-Link 上的全部站，可设置网络参数，每个系统必须有 1 个主站，如 PLC
本地站	具有 CPU 模块，可以与主站及其它本地站通信，如 PLC
远程 I/O 站	智能处理位信息的站，如远程 I/O、电磁阀等
远程设备站	可处理位信息及字信息的站，如模拟量模块、变频器等
智能设备站	可处理位信息及字信息、数据传送的站，如 PLC、触摸屏等

1. 初识 CC-Link 网络

CC-Link 系统有 1 个主站，可以连接远程 I/O 站、远程设备站、智能设备站等，各站之间的连接示意如图 9-26 所示。

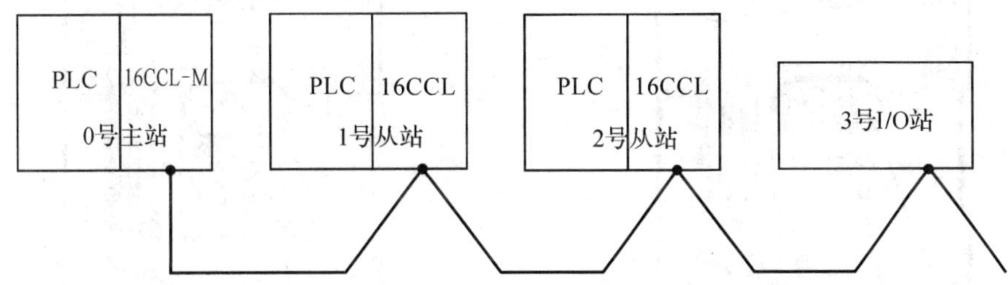

图 9-26　FX3U CC-Link 网络结构

CC-Link 专用电缆的 DA 是通信 A 线、DB 是通信 B 线，DG(FG)是通信公共端，SLD 是屏蔽层，内部 SLD 和 DG 是连通的。这种总线基于 RS485 开发的一种现场总线通信协议，DA、DB、DG 就相当与 RS485 的 DATA+、DATA−和信号地 SG。具体接法见图 9-27。

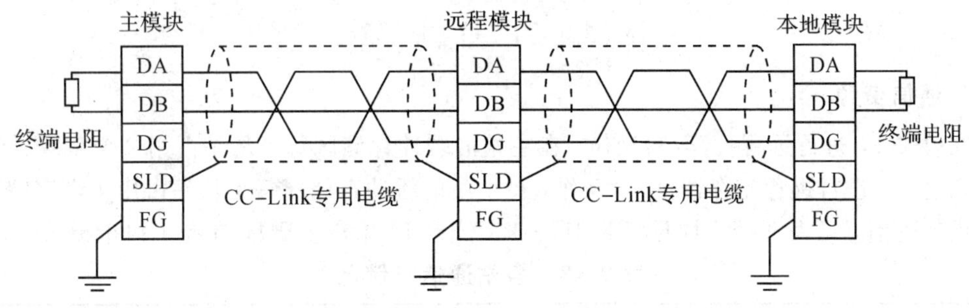

图 9-27　CC-Link 网络接线图

2. 网络硬件配置

FX3U-16CCL-M 配备了以 FX PLC 作为 CC-Link 主站的主站模块以及可将 FX PLC 作为 CC-Link 远程设备站连接的接口模块，是将 FX PLC 作为 CC-Link 主站的模块，最多可以连接 8 个从站；而 FX3U－16CCL 作为 CC－Link 远程设备站连接的接口模块，是将 FX PLC 作为 CC－Link 从站的模块。

9.3　FX3U－16CCL－M(主站)

9.4　FX3U－64CCL(从站)

9.5　三菱 PLC CC－Link 通信

CC－Link 模块的结构如图 9－28 所示，电源接 24 V，通信速率设为 0(156 kb/s)，站号为 0、1、2，每个站只占用 1 个站号。

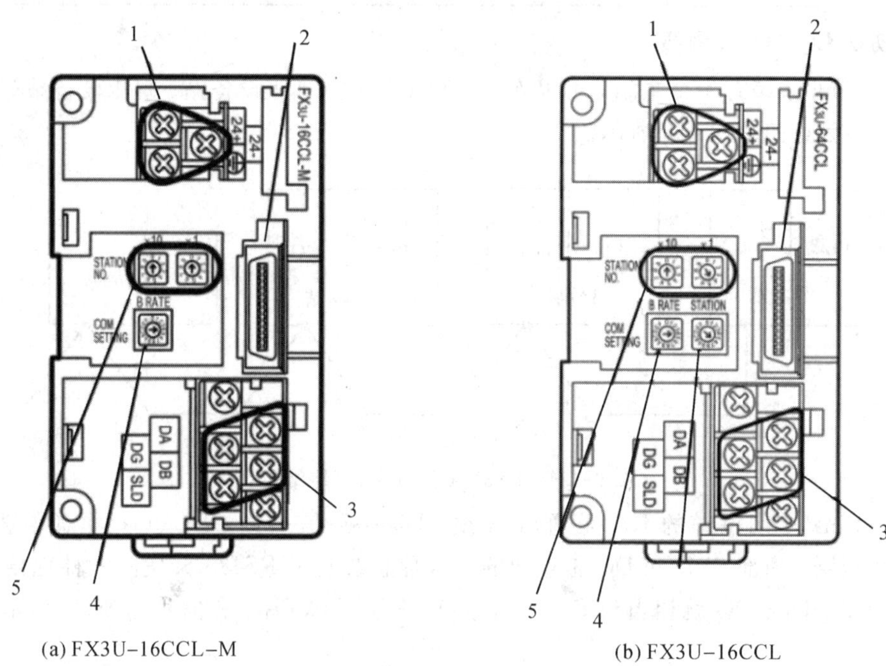

(a) FX3U－16CCL－M　　(b) FX3U－16CCL

1—电源；2—扩展接口；3—CC-Link端子；4—通信速率；5—站号

图 9－28　CC－Link 模块结构

3. 通信资源

在模式 1，进行远程位读/写操作，在主站的缓冲存储区每个从站占用 2 个字缓冲存储区用来通信；进行远程寄存器读/写操作，在主站的缓冲存储区每个从站占用 4 个字缓冲存储区用来通信，见表 9－8，详见《FX 3U －16CCL－M 用户手册》，在此不讨论模式 2。

表 9－8　各站通信存储区

	主站 FROM 指令	主站 TO 指令	从站 TO 指令	从站 FROM 指令
从站号	位寄存器	位寄存器	数据寄存器	数据寄存器
1	E0H E1H	160H 161H	1E0H 1E1H 1E2H 1E3H	2E0H 2E1H 2E2H 2E3H

续表

	主站 FROM 指令	主站 TO 指令	从站 TO 指令	从站 FROM 指令
2	E2H E3H	162H 163H	1E4H 1E5H 1E6H 1E7H	2E4H 2E5H 2E6H 2E7H
3	E4H E5H	164H 165H	1E8H 1E9H 1EAH 1EBH	2E8H 2E9H 2EAH 2EBH
⋮	⋮	⋮	⋮	⋮
16	FEH FFH	17EH 17FH	21CH 21DH 21EH 21FH	31CH 31DH 31EH 31FH

【例 9-5】 利用 CC-Link 网络，用主站的 X0～X7 控制 1 号从站的 Y0～Y7；用 2 号从站的 X0～X7 控制主站的 Y0～Y7。

1）主站配置

在项目中，点击“工程/参数/网络参数/CC-Link”，出现如图 9-29 所示的界面，设置连接块为“有”，特殊块号(安装位置)为“3”，模式设置为“远程网络(Ver.1 模式)”。

点击站信息，如图 9-30 所示，添加 2 个智能设备站(即 2 个 PLC 从站)。

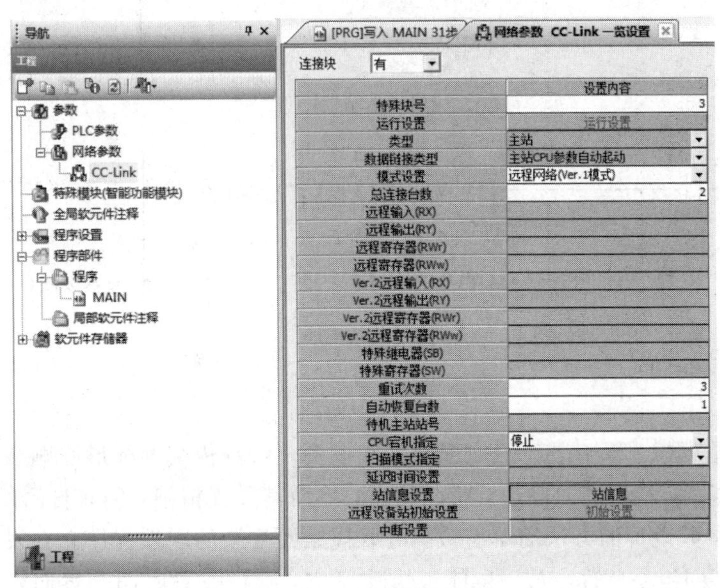

图 9-29　CC-Link 网络参数设置主界面

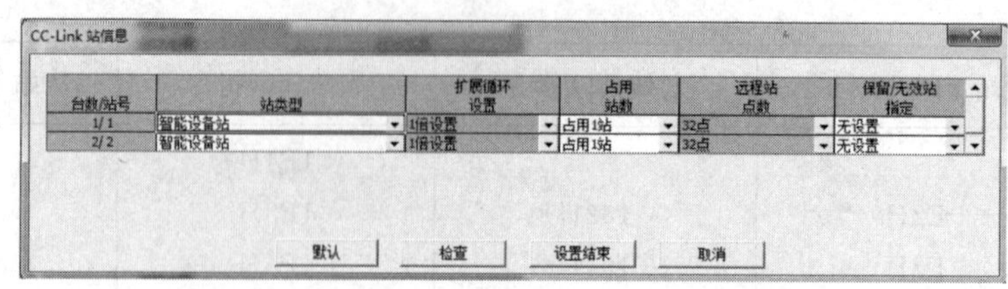

图 9-30 CC-Link 网络结构

点击“设置结束”，即关闭设置窗口。从站不需要配置网络参数。

2）梯形图程序

梯形图程序如图 9-31 所示。

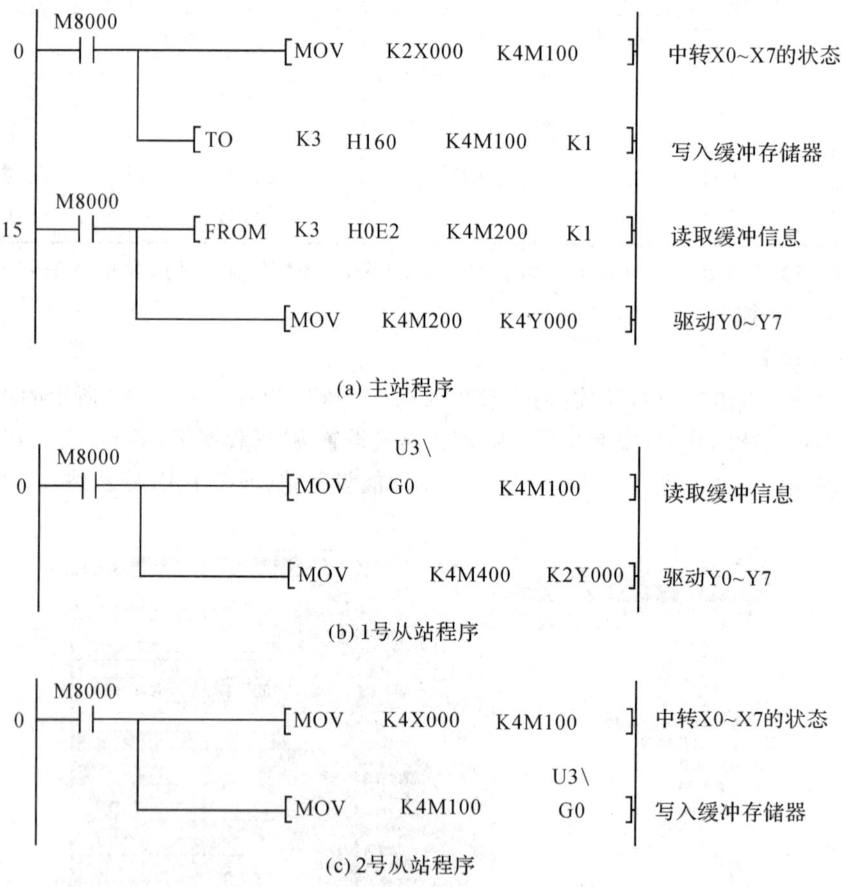

图 9-31 梯形图程序

本方法简单可靠，源于最新的编程软件和设备。编制传统的梯形图顺控程序来设置通信参数，程序复杂，耗费的时间长，难以调试，然而其过程精细，仍有自己的优势。

利用网络参数设置的方法简单有效，可取代繁冗复杂的顺控程序。在发生错误或是需要修改参数时，同组态软件一样，也能很快地完成，减少设置时间。然而它跳过了很多重要的细节，无法真正掌握 PLC 的内部的运作过程，无法理解这些参数之间是如何联系的、如何作用的，以及如何使得各站的数据链接得以正常完成，但这是发展方向。

本章小结

1. 通信方式有并行通信与串行通信、同步通信与异步通信、单工通信与双工通信之分。

2. 工业上常用的通信接口有 RS－232 为全双工，采用负逻辑，最大通信距离为 15 m，只能进行一对一的通信。RS－422 为全双工，采用平衡驱动、差分接收，抗干扰能力强，通信距离可达 1000 m 以上。RS－485 为半双工，是 RS－422 的变形，只有一对平衡差分信号线，不能同时发送和接收。

3. 国际上常用的现场总线有基金会现场总线、PROFIBUS 总线、CAN 总线、CC－Link 现场总线等。

4. 三菱工业网络分为信息层/Ethernet(以太网)、控制层/MELSECNET/10(H)、设备层/现场总线 CC－Link 共三层。FX 系列有 N∶N 网络、1∶1 通信方式。

习 题

9－1　按照通信方向，如何划分通信方式?

9－2　工业上常用的通信接口有哪几种?

9－3　试举出四种国际上常用的现场总线。

9－4　三菱工业网络分为哪几层?

9－5　什么是 N∶N 网络?

9－6　试说明 CC－Link 专用电缆的结构。

第10章 上位机监控组态

第10章 课件

10.1 触摸屏简介

上位机是指可以直接发出操控命令的计算机，一般是工控机、触摸屏，又称为人机界面(HMI)，屏幕上有控制按钮，还可显示各种信号(液压、水位等)。下位机是直接控制设备获取设备状况的计算机，一般是PLC、单片机、仪表、变频器等，两者需要通信驱动。

当大型的电气控制系统需要数十数百个操作按钮，需要随时显示机器运行中的大量数据，需要用图画的形式显示设备各关键部位的工作状态，并需在面积只有普通电视机屏幕大小的区域完成操作及显示时，这就只有使用目前最先进的图示化显示操作技术了。在PLC领域中，这项技术的代表产品就是触摸屏。

触摸屏(Touch Panel Monitor)是一种交互式图形化人机界面设备，它可以设计及储存数十至数百幅黑白或彩色的画面，也可以直接在面板上用手指点击换页或输入操作命令，还可以连接打印机打印报表，是一种理想的操作面板设备。

由于触摸屏具有坚固耐用、反应速度快、节省空间、易于交流等许多优点，只要用手指轻轻地碰计算机显示屏上的图符或文字就能实现对主机操作，从而使人机交互更为直截了当。作为一种最新的电脑输入设备，它是目前最简单、方便、自然的一种人机交互方式，触摸屏在生产和生活中已得到广泛应用。

1. 触摸屏工作原理

触摸屏根据所用的介质以及工作原理，可分为红外线式、电容式、电阻式和表面声波式多种。

1）红外线式触摸屏

红外线式触摸屏原理很简单，只是在显示器上加上光点距架框，无需在屏幕表面加上涂层或接驳控制器。光点距架框的四边排列了红外线发射管及接收管，在屏幕表面形成一个红外线网。用户以手指触摸屏幕某一点，便会挡住经过该位置的横竖两条红外线，计算机便可即时算出触摸点位置。红外触摸屏不受电流、电压和静电的干扰，适宜某些恶劣的环境条件。其主要优点是价格低廉、安装方便、不需要存储卡或其它任何控制器，可以用在各档次的计算机上。但由于只是在普通屏幕上增加了框架，因而在使用过程中架框四周的红外线发射管及接收管很容易损坏，且分辨率较低。

2）电容式触摸屏

电容式触摸屏的构造主要是在玻璃屏幕上镀一层透明的薄膜导体层，再在导体层外加上一块保护玻璃，双玻璃设计能彻底保护导体层及感应器。

电容式触摸屏在触摸屏四边均镀上狭长的电极，在导电体内形成一个低电压交流电场。用户触摸屏幕时，由于人体电场，手指与导体层间会形成一个耦合电容，四边电极发出的电流会流向触点，而电流强弱与手指到电极的距离成正比，位于触摸屏幕后的控制器便会计算电流的比例及强弱，准确地算出触摸点的位置。电容触摸屏的双玻璃不但能保护导体及感应器，更能有效地防止外在环境因素对触摸屏造成的影响，就算屏幕沾有污秽、尘埃或油渍，电容式触摸屏依然能准确算出触摸位置。

3）电阻式触摸屏

触摸屏的屏体部分是一块与显示器表面非常配合的多层复合薄膜，由一层玻璃或有机玻璃作为基层，表面涂有一层透明的导电层（OTI，氧化铟），上面再盖有一层外表面硬化处理、光滑防刮的塑料层，它的内表面也涂有一层 OTI，在两层导电层之间有许多细小（小于千分之一英寸）的透明隔离点把它们隔开绝缘。当手指接触屏幕时，两层 OTI 导电层出现一个接触点，因其中一面导电层接通 Y 轴方向的 5V 均匀电压场，使得侦测层的电压由零变为非零，控制器侦测到这个接通后，进行 A/D 转换，并将得到的电压值与 5V 相比，即可得触摸点的 Y 轴坐标，同理得出 X 轴的坐标，这就是电阻技术触摸屏共同的最基本原理。电阻屏根据引出线数多少，分为四线、五线等多线电阻触摸屏。五线电阻触摸屏的 A 面是导电玻璃而不是导电涂覆层，导电玻璃的工艺使其的寿命得到极大的提高，并且可以提高透光率。

4）表面声波式触摸屏

表面声波式触摸屏的触摸屏部分可以是一块平面、球面或是柱面的玻璃平板，安装在 CRT、LED、LCD 或是等离子显示器屏幕的前面。这块玻璃平板只是一块纯粹的强化玻璃，区别于其它触摸屏技术是没有任何贴膜和覆盖层。玻璃屏的左上角和右下角各固定了竖直和水平方向的超声波发射换能器，右上角则固定了两个相应的超声波接收换能器。玻璃屏的四个周边则刻有 45°角由疏到密间隔非常精密的反射条纹。

2. 三菱触摸屏

10.1 三菱触摸屏教程

三菱触摸屏是一种可接收触头等输入信号的感应式液晶显示装置，利用压力感应进行控制，当手指触摸屏幕时，电阻薄膜屏的两层导电层在触摸点位置就有了接触，电阻发生变化，然后送触摸屏控制器处理。可用以取代机械式的按钮面板，并借由液晶显示画面制造出生动的影音效果。目前，该触摸屏已广泛应用于机械、纺织、电气、包装、化工等行业。

其新一代人机界面产品有 GOT2000、GOT1000、GOT Simple、GT SoftGOT 系列。经济型人机界面 GOT Simple 系列机型简洁且功能强大，下面以 GS2107 机型为例说明其应用。

GS2107－WTBD 主机的主要特点如下：

（1）可轻松地实施对可编程控制器的位软元件的监视和强制、对字软元件的设置值/当前值的监视以及该数值的更改等。

（2）监视性能和FA设备连接性的提高。

① 采用Unicode2.1对应的字体，可实现多语言显示功能；采用TrueTyep、高质量字体，可以绘制优美的文字。

② 备有65536色显示和单色显示2种机型。65536色显示采用了高亮度、大可视角度、高清晰度的TFT彩色液晶，全彩显示更鲜艳、更美丽，较小的文字也能够清晰显示(65536色，还可对应BMP等数字图像显示)，通过最大115.2 kb/s的高速通信实现高速监视。

③ 实现了高速显示和高速的触摸开关响应。

④ 通过采用模拟式触摸面板，提高了操作性。

（3）画面设计/启动·调试/运行/维护工作的高效化。搭载了标准为9MB的内置快闪卡，标准配置中包括SD卡接口、RS-232接口、RS-422接口、USB接口、Ethernet接口；通过采用字体安装格式，实现系统字体的字体扩展；综合4种(用户报警、报警记录、报警弹出显示)报警，实现有效的报警通知。

（4）强化了与FA设备设置工具的兼容性。与QnA、L、Q、FX系列可编程控制器的CPU连接时，用连接在GOT上的计算机就可以传送、监视顺控程序。

10.2 三菱触摸屏组态平台搭建

10.2.1 触摸屏接口

10.2 触摸屏应用

GS2107触摸屏背面布局如图10-1所示，其标准接口有4个。

（1）标准I/F-1(RS-422)：用于与连接设备PLC的通信。

（2）标准I/F-2(RS-232)：用于与计算机（作图软件）、调制解调器、连接设备、条形码阅读器、透明传输功能的通信。

（3）标准I/F-3(USB)：用于与计算机(作图软件)、透明传输功能的通信。

（4）标准I/F-4(以太网)：用于与计算机(作图软件)或与连接设备的通信。

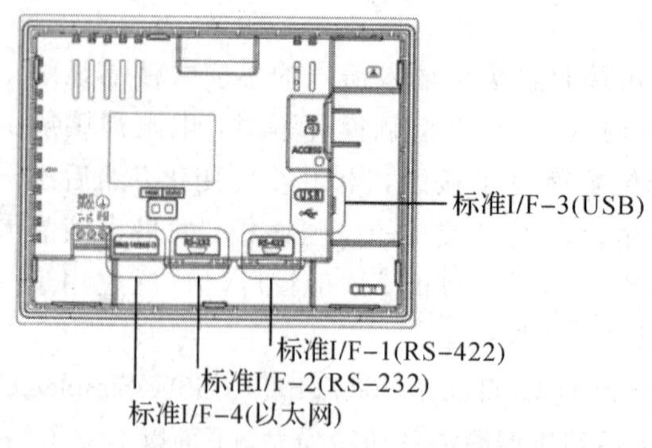

图10-1 GS2107背面接口布局

为了 PLC 编程、触摸屏组态调试方便，编程 USB 数据线通过计算机 USB 口与触摸屏相连，触摸屏通过 RS－232 与 PLC 连接(使用 GOT(直接连接)透明传输功能)。这样，计算机即可以监控 PLC，也可实时下载触摸屏程序，而触摸屏可实时控制 PLC，如图 10－2 所示。对 XP 及以下系统，需安装 GX Works2 安装文件夹的“Easysocket USBDrivers”，以驱动 USB 数据线。

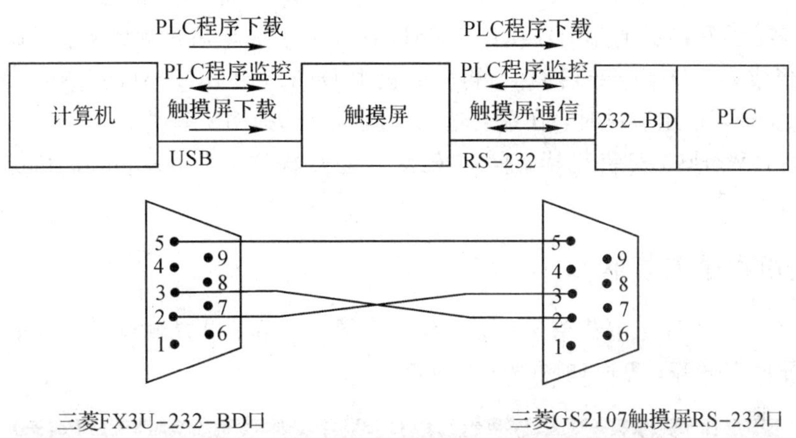

图 10－2　触摸屏组态平台搭建

注意 RS－232 口线的接法，只要 2、3 口交叉相连，5、5 口相连即可。

10.2.2　触摸屏组态软件 GT Works3

1. 软件特点

GT Works3 是可视化设计和配置的最典型环境，基于三大理念(简单性、明确性和实用性)集成了各种面向用户的功能，可设置简单逼真的高分辨率图形，操作直观，与其它 HMI(人机界面)设计环境相比，画面开发工作量明显降低。

GT Works3 设计了大量的库，有图形库、部件库、字体库等。大量的库缩短了库的检索时间，从部件库中查找对象更为容易，根据对象、功能或最近使用的库清单，可方便地进行选择。在字体库中，可自由选择、显示各种不同的字体。图形库是目前市场上最齐全的图形库之一，有大量的图形对象，包括各种仪表和管道。

对象设置、开/关状态和其它状态均可直接通过配置对话框进行修改，通过从菜单中选择位开关来创建新的开关对象，仅需单击该图标即可创建新的位开关，而无需从功能菜单中选择。

GT Works3 无需实际设备即可检查、创建数据，进行仿真模拟，可简单有效地设计画面，大量实用便利的功能仅需操作鼠标即可完成，而单击鼠标即可布置大量图片和对象，利用连续拷贝功能布置大量图片和对象，一次完成指定数量的图片或对象复制。复制包含软元件的对象时，可通过设置增量这一参数分配软元件号。

GT Works3 支持 Windows 2000/XP/Vista/7/10 版本，可通过 USB/RS－232/以太网数据传输工具传输画面数据。安装需要管理员权限，使用 GT Works3 需要以权限高于标准用户的账户进入。

2. 软件获取

在三菱官网上下载最新正版 GT Works3 软件，也可在网络上搜索下载。为了保存相关有价值的资料，可把驱动程序、学习资料等放在同一文件夹内。

3. 安装

打开安装目录，找到 Disk1\\setup 进行安装；在弹出的“用户信息”窗口中，任意填写姓名和公司名；填写产品通用 ID:570-986818410；安装完毕后重启计算机，此时编程软件安装完成，形成 GT Designer3 图标。再安装盘中 Disk1\\TOOL\\GS Installer，完成后启动 GT Designer3，新建项目时，在系列选项中就可以选择 GS 系列了。

说明：GT Works3 安装完毕，同时安装了组态软件 GT Designer3 和仿真软件 GT Simulator3。

10.2.3 应用程序主菜单

三菱触摸屏应用程序主菜单又称为系统设置界面，用来设置触摸屏的显示语言、IP 地址、口令、屏幕亮度等，界面如图 10-3 所示。

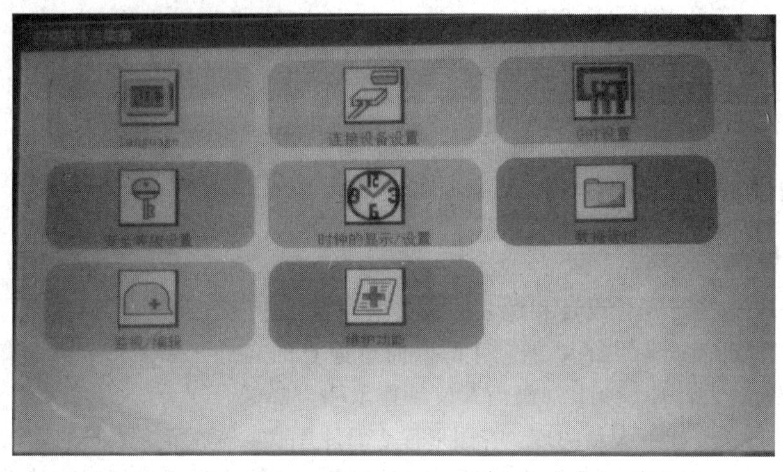

图 10-3 应用程序主菜单

触摸左上角，即可显示主菜单，在画面中设置扩展功能开关，也可显示主菜单，包括 Language、连接设备设置、GOT 设置、安全登记设置、时钟的显示/设置、数据管理、监视/编辑、维护功能。

Language：选择语言，中文、英文。

连接设备设置：标准 I/F 设置，GOT IP 地址，通信设置，以太网状态检查、Ping 送信，透明模式设置(CH 1、CH 2)，关键字。

GOT 设置：显示的设置(屏保)，操作的设置(蜂鸣音、校准等)，固有信息。

安全登记设置：安全等级变更，操作员认证，登录/注销。

时钟的显示/设置：时间调整。

数据管理：OS 信息，资源数据信息(报警信息、配方信息、日志信息、图像文件)，SD 卡存储，SD 卡格式化，清除用户数据，数据复制，备份/恢复。

监视/编辑：软元件监视，FX 列表编辑，FX3U－ENET－ADP。

维护功能：触摸面板校准，触摸盘检查，画面清屏。

每项的具体功能可在使用时体会。

10.3 三菱 GT Works3 操作入门

10.3.1 新建工程

点击 GT Designer3，打开组态软件，在工程选择对话框中选择“新建”；弹出“新建工程向导”，单击“下一步”；选择系列中的“GS 系列”，也就是我们要用的 GS2107－WTBD 触摸屏。单击“下一步”会出现确认信息，再次单击“下一步”；连接机器设置：在“制造商”栏中选择“三菱电机”，“机种”为“MELSEC－FX”，单击“下一步”；选择通信方式“I/F(I)”为“RS－232”，单击“下一步”；“通信驱动程序”为“MELSEC－FX”，单击“下一步”，确认信息。有错误时，单击“上一步”至相应位置更改；如果无错误，就单击“下一步”；画面切换文件，先不理会，单击“下一步”；确认所有信息后，单击“结束”。这样就设置了用“RS－232”实现 PLC 与触摸屏的通信。如图 10－4 所示的组态界面中标出了各部分功能。

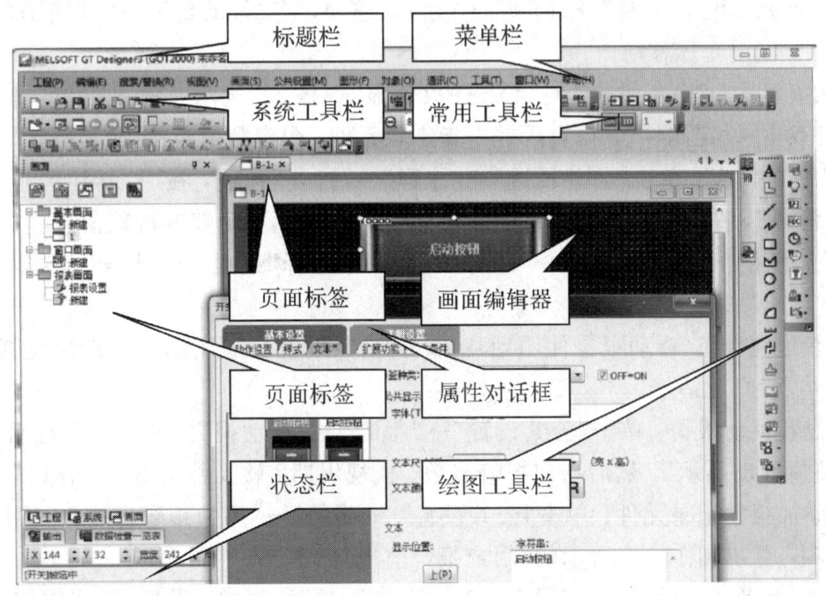

图 10－4　三菱触摸屏组态界面

不用工程向导设置的方法：出现触摸屏的第一个画面后，此时如果想更改刚才的设置，则在“公共设置”中进行相应操作。

显示日期/时刻：单击“对象”→“日期/时刻显示”→“日期显示/时间显示”选项，在画面适当位置单击，对象便插入页面相应的位置，双击对象可打开设定其格式。

保存工程：单击“工程”→“另存为”→“工程另存为”选项，选择保存的文件夹中的“文件名”，单击“保存”。

10.3.2 组态画面

(1) 新建画面：单击“画面”→“新建”选项选择所需的画面类型，如“基本画面”，设置画面编号，也可对设计的基本画面做文字说明，再点击“确定”按钮。

(2) 添加画面切换开关：单击“对象→开关”选项，双击其中的画面切换开关，在“画面编号”中选择要切换到的画面，其它设置与开关相同。

(3) 添加开关：单击“对象→开关”选项，双击其中的画面切换开关，在“动作追加”中选择“位”，可以有4种选择：① 点动，触摸过程中是对应元件ON；② 位反转，每次触摸时在ON/OFF之间切换；③ 置位，触摸时使对应软件ON；④ 位复位，触摸时使对应软件OFF。

按钮还有指示灯功能，单击左下角的“位”，出现输入框，指定被显示的位信号；设定动作、样式和文本属性，一定要将“ON＝OFF取消”勾选。可以在工具栏中找到“ON、OFF”两个按键测试一下效果。

(4) 指示灯：单击“对象”→“指示灯”→“位指示灯”选项指定软元件、样式和文本。

(5) 图形元件：单击“图形”→“文本/直线/圆弧/矩形”选项，再单击“落选”，在弹出的对话框中进行设置。

(6) 移动量：单击“工具”→“选项”→“显示”选项，将“移动量”更改成所需的值，可用鼠标拖动也可以用光标移动。

(7) 数值显示/输入：单击“对象”→“数值显示/输入”选项，输入数值，落选后显示“123456”，双击“设定属性”，在对话框中指定软元件、限定数值范围。

(8) 注释的设置：单击“公共设置”→“注释”→“打开”选项，在“打开注释组”对话框中双击“基本注释”，在“基本注释一览表”中右击“新建”并填写足够的行数信息。

(9) 位/字注释：单击“对象”→“注释”→“位/字注释”选项，再单击“落选”，双击打开设置属性。

(10) 新建注释组(浮动报警使用到)：单击“公共设置”→“注释”→“新建注释组”选项，打开“注释组属性”对话框。

(11) 设置浮动报警：单击“公共设置”→“报警”→“浮动报警”选项，在对话框中，“显示”勾选“使用浮动显示”，然后指定报警点数、监视周期、软元件类型、注释组名。

(12) 添加报警记录元件：单击“公共设置”→“报警”→“用户报警监视”→“新建”→“系统报警”选项，弹出图10－5所示的“用户报警监视”标签。

在“基本”标签中，设置“报警ID”为1。在“软元件”标签中，设置“监视周期”和报警点数(比实际点数稍多)。

在图10－5最下方的表格中，依次输入报警信息。“软元件”为PLC中的相应报警点(如M10)，“注释号”为报警的内容，可在此对报警的编号、地点、原因进行具体说明，以便维修。

在“工具栏”找到“报警显示”，添加到界面中并编辑，至此报警编辑完毕。

(13) 系统画面的调出方法：按住触摸屏界面四个角中的几个角(具体视开发时的设置)，单击“公共设置→GOT环境设置→GOT设置”选项，在环境设置对话框中勾选“环境设置有效”，使用菜单调整键，单击设置触摸位置(大黑点)，单击“确定”按钮，只有将该设

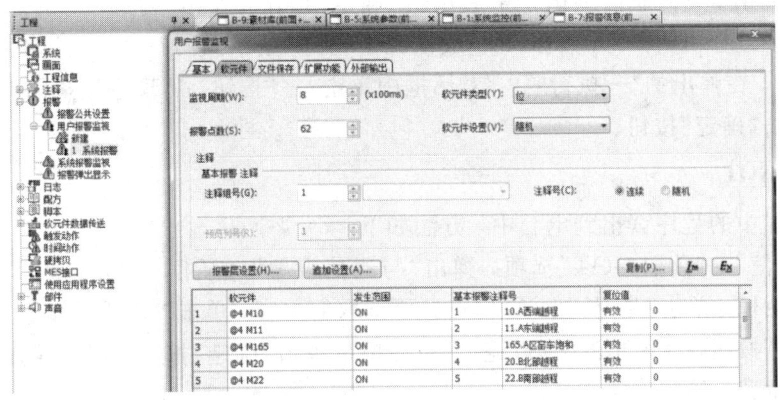

图 10-5　触摸屏报警组态

置下载到触摸屏后才能生效，注意下载时勾选“公共设置”项目。

(14) 关于倍数：比如定时器 T0，是以 100 毫秒为单位的，但是如果想在触摸屏中的数值输入中以秒为单位，如“9 秒”，操作如下：

单击“对象”→“数值显示/输入”→“数值显示”选项，在界面上单击“落选”，双击打开“数值显示”对话框，单击“详细设置”→“运算”→“数据运算”选项，对“运算式”进行设置，在“式的输入”菜单下，将“式的形式”设置为“A/B”，其中 A 为监视原件，B 为“常数 10”，点击“确定”按钮。

10.3.3　下载调试

1. 连接设备设置

点击“公共设置”→“标准 I/F 一览表”选项，出现“I/F 连接一览表”对话框。

在通道号(CH No.)中，0 表示未使用，1 为触摸屏与 PLC 连接的通道，8 为触摸屏与条形码设备通道，9 为触摸屏与 PC 连接的通道，如图 10-6 所示。

图 10-6　触摸屏连接组态

2. 写入到 GOT

将电脑中的程序写入到触摸屏中，方法如下：

单击“通信”→“写入到 GOT”选项，弹出“与通信设置”对话框，选择 USB 或 RS-232，测试通信是否正常，当通信测试正常后单击“确定”按钮，弹出“与 GOT 的通信”对话框，在写入模式中选择“选择写入数据”，一般情况下勾选“基本画面”、“公共设置”即可，单击“GOT 写入”，在弹出的“…执行吗？”对话框中单击“是”按钮，出现进度显示对话框，弹出“完成”→单击“确定”按钮。

3. 读取 GOT

将触摸屏中的程序读出到电脑中，方法如下：

单击“通信”→“读取 GOT”选项，弹出“与通信设置”对话框，单击“GOT 信息读取”，出现提示对话框，单击“是”按钮，再勾选想要读取的内容，单击“GOT 读取”，在确认对话框中单击“是”按钮，在弹出的“读取完成”对话框中单击“确定”按钮，最后在弹出的对话框中选择保存位置，保存文件。

4. 与 GOT 对照

将触摸屏中的程序与电脑中的程序进行比较，查看是否相同，方法如下：单击“通信”→“与 GOT 对照”选项，在弹出的“与通信设置”对话框中，单击“对照”按钮，对照结果会以列表形式显示出来。

5. 通信设置

该功能用于设置通过哪个口和触摸屏通信，并可测试是否正常连接。

透明功能：电脑连接触摸屏，触摸屏连接 PLC，电脑就可以直接与 PLC 通信的功能，打开 PLC 软件，单击“连接目标”，双击“connect1”后弹出“连接目标 connect1”对话框，在可编程控制器侧设置，单击“GOT(GOT 透明传输)”→“连接路径一览”选项，出现图 10－7 所示的触摸屏透明连接。

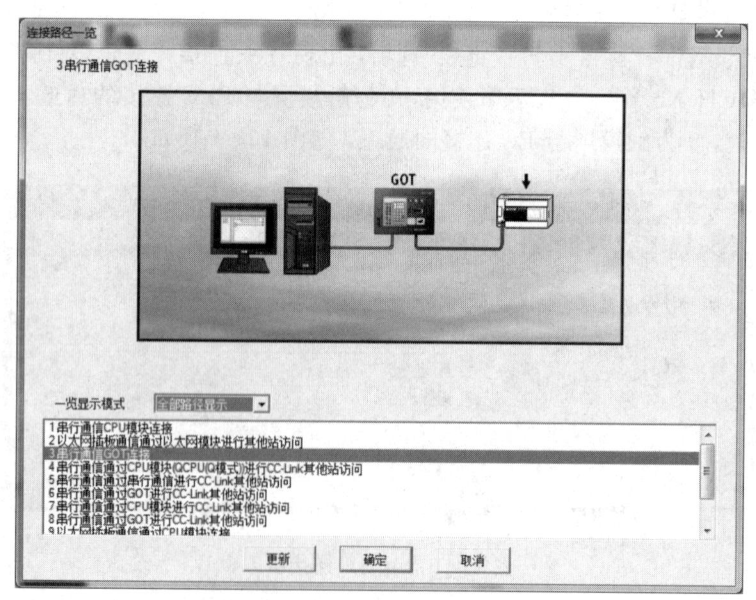

图 10－7　触摸屏透明连接

【例 10－1】 试在触摸屏上设计电动机正反转界面，有正转按钮、反转按钮、停止按钮、电动机正转指示灯、电动机反转指示灯，显示运行时间，运行超过 10 s，报警灯闪烁。

在 PLC 中编程，操作触摸屏，实现控制要求。

(1) 硬件连线：PLC 与触摸屏通过“RS－232”控制。

(2) 资源分配：M0 正转按钮，M1 反转按钮，M2 停止按钮，Y0 电动机正转，Y1 电动机反转，T0 计时，M3 报警指示灯。

(3) PLC 编程：编写启保停电路，并下载调试，梯形图如图 10－8(a)所示。

(4) 触摸屏组态：正转按钮 M0、反转按钮 M1、停止按钮 M2、电动机正转指示灯 Y0、电动机反转指示灯 Y1、报警灯 M3，文本包括电动机正反转控制、正转、反转、报警。触摸屏界面如图 10－8(b)所示。

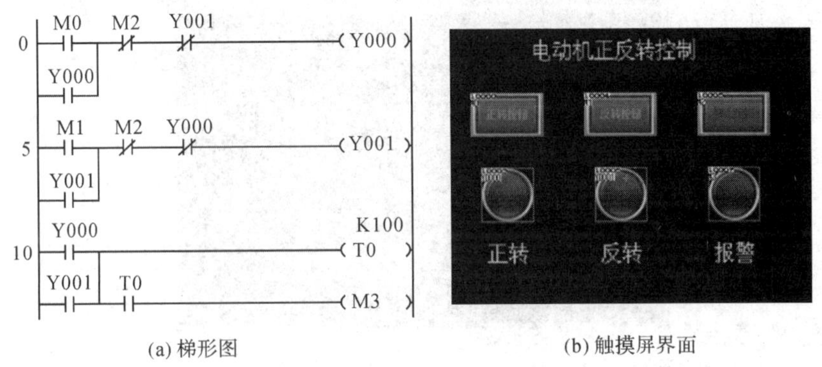

(a) 梯形图　　(b) 触摸屏界面

图 10－8　触摸屏电动机正/反转控制

10.3.4　基于 Wifi 的透明传输

Wifi 是一种允许电子设备连接到一个无线局域网(WLAN)的技术，几乎所有智能手机、平板电脑和笔记本电脑都支持 Wifi 上网，是使用最广的一种无线网络传输技术。当今的许多工业环境，如工业机器人、工业 4.0，都会用到 Wifi 无线局域网。

基于 Wifi 的透明传输是利用 Wifi 无线局域网，编程器向触摸屏、PLC 下载程序，并进行监控，用户调试 PLC 程序时不需经常插拔触摸屏与 PLC 的连接电缆，触摸屏只负责中继传送，保证传输的质量，而不对传输的内容进行处理的传送方式。

1. 系统组成

在透明传输的基础上，增加 Wifi 路由器，即系统包括笔记本电脑、Wifi 路由器、以太网线、触摸屏和 PLC，如图 10－9 所示。其中 Wifi 路由器负责与笔记本的无线传输及与触摸屏的有线传输。

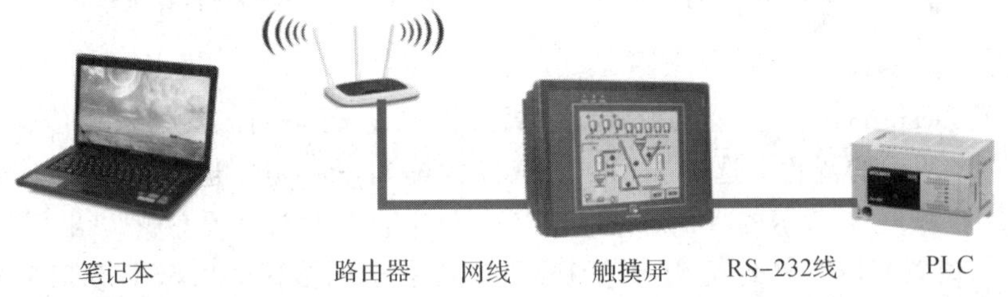

图 10－9　基于 Wifi 的透明传输系统结构图

2. 系统设置

系统设置用来设置笔记本、触摸屏的 IP 地址，使之与路由器在同一网段中，顺利进行传输与监控。

1）查找路由器分配给笔记本的 IP 地址

单击“开始→运行”选项，在“运行”中输入“cmd”，回车运行命令行程序；在出现的窗口中输入“ipconfig”，然后点击回车，显示当前的 TCP/IP 配置的设置值，即可看到本机的 IP 地址，如图 10-10 所示，也就确定了路由器的网段(也可以修改路由器接入网段)。

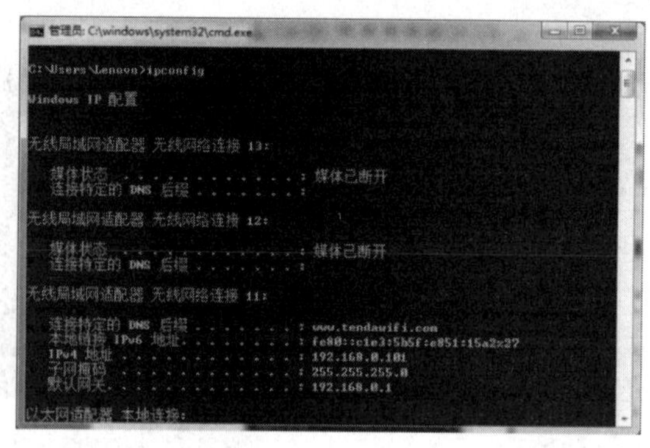

图 10-10　利用 IPconfig 查找本机 IP 地址

还可以利用电脑桌面右下角的无线图标，打开网络和共享中心，更改适配器设置，进行无线网络连接，如图 10-11 所示，点击“详细信息”，出现如图 10-12 所示的界面，从中可以查看本机 IPv4 地址为“192.168.0.101”，默认网关为“192.168.0.1”。

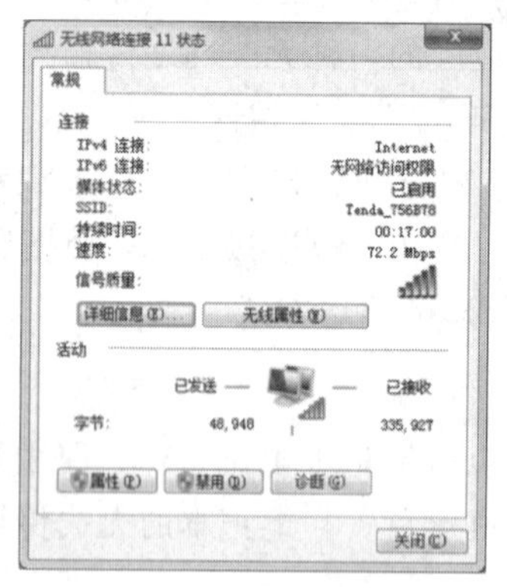

图 10-11　无线网络连接

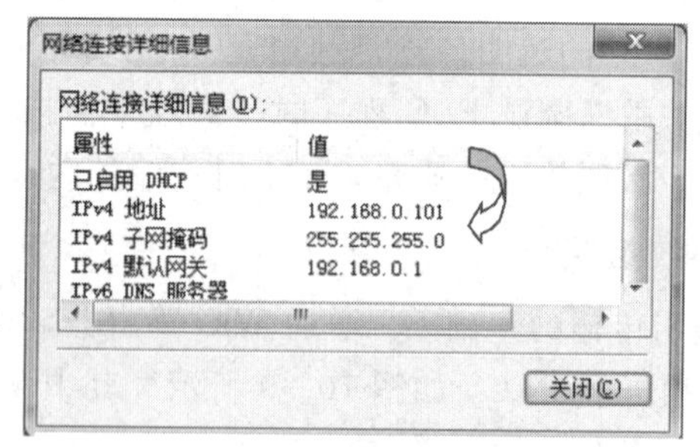

图 10-12　网络连接详细信息

2）设置触摸屏 IP

打开 GT Design3，单击“公共设置”→“周边机器设置”→“计算机(数据传送)”选项，出现如图 10-13 所示的界面，选中“标准 I/F(以太网)：多 CPU 连接对应”；点击“详细设置”，出现如图 10-14 所示的界面；再点击“GOT 标准以太网设置 G…”，出现如图 10-15 所示的界面，设置 GOT IP 地址为“192.168.0.110”，子网掩码为“255.255.255.0”，默认网关为“192.168.0.1”，周边 S/W 通讯用端口号为“5015”，最后勾选最上端的“将 GOT 标准以太网设置反映到 GOT 本体”，确保设置能够下载到 GOT 并存储。依次点击“确定”按钮，关闭保存。

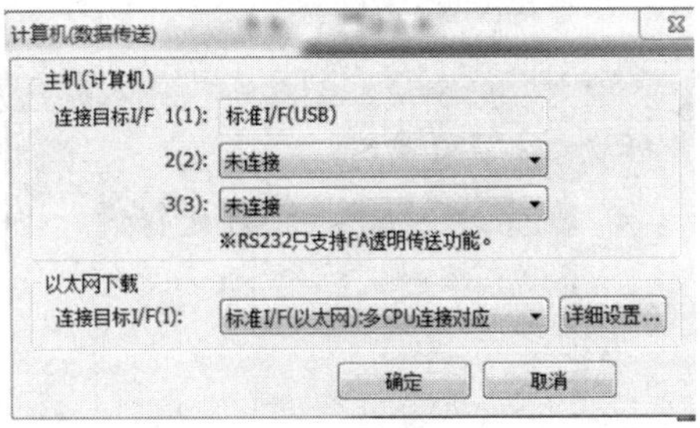

图 10－13　计算机数据传送

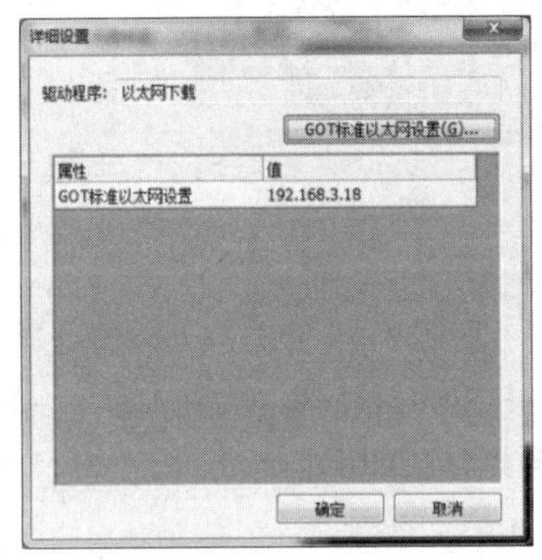

图 10－14　详细设置

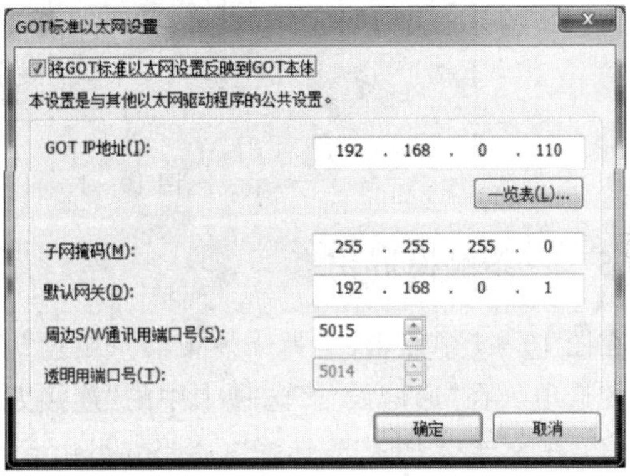

图 10－15　GOT 标准以太网设置

还可通过触摸屏自身的设置来设置 IP。

3）传输下载

(1) 首先进行 USB 下载，使设置的 IP 有效。

(2) 以太网下载。单击“通信”→“通讯设置”选项，点击计算机侧的“USB”，出现“以太网”，如图 10－16 所示，设置要下载的触摸屏 IP 及端口号，进行“通讯测试”，直至连接成功，点击“确定”按钮。

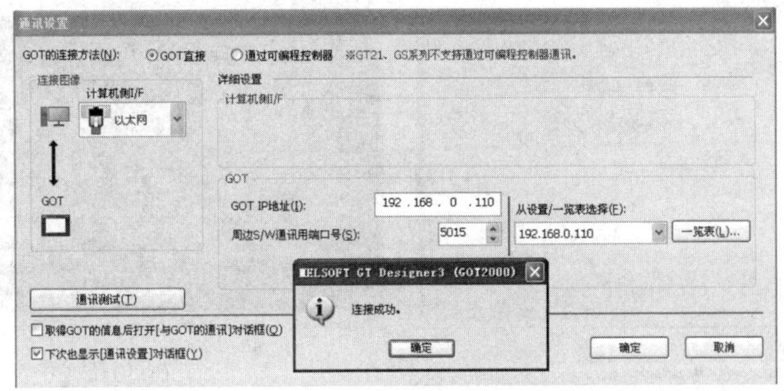

图 10－16　以太网下载通讯设置

再点击“确定”，出现如图 10－17 所示的界面，点击“GOT 写入”，出现“正在通讯”界面，开始下载。下载结束后，可以进行触摸屏调试及 PLC 程序下载监控。

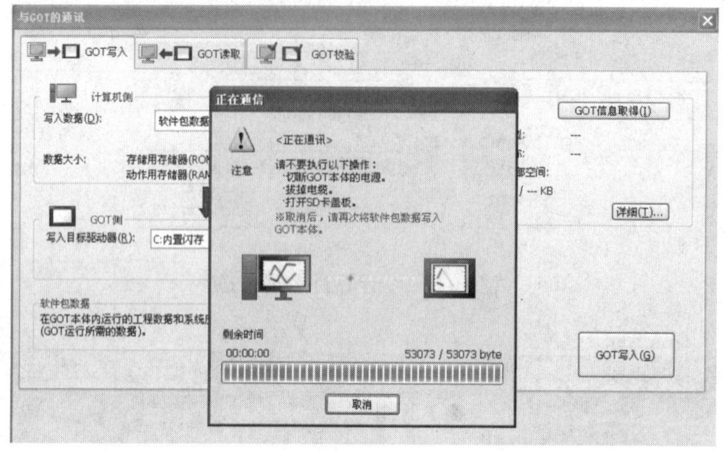

图 10－17　以太网下载

10.3.5　三菱触摸屏仿真

在图 10－4 中点击“工具→模拟器→设置”，打开 GT Simulator3，出现如图 10－18(a)所示的选项。在“通信设置”选项卡中的“连接方式”中选择方法如下：

(1) 在未连接 PLC 时选择“GX Simulator”。

(2) 在连接 PLC 时选择“CPU”，选择(MELSEC－FX)，在“GT Simulator 设置”选项卡中的“GX Developer 工程”中选择要进行仿真的梯形图程序，单击“工程”→“打开”→“工程”选项，在“打开工程”对话框中选择 GT Designer3 的来源，注意：如果设计时触摸屏类型是 GT10，将会产生错误提示，此时可以在机种设置里更改，当然在设计画面时直接选“GT21 ＊ ＊”便可。

选择“工具→模拟器→启动”选项，进行模拟，之后点击“确定”按钮，再稍等片刻，出现如图 10－18(b)所示的画面。进行调试，直至符合要求。

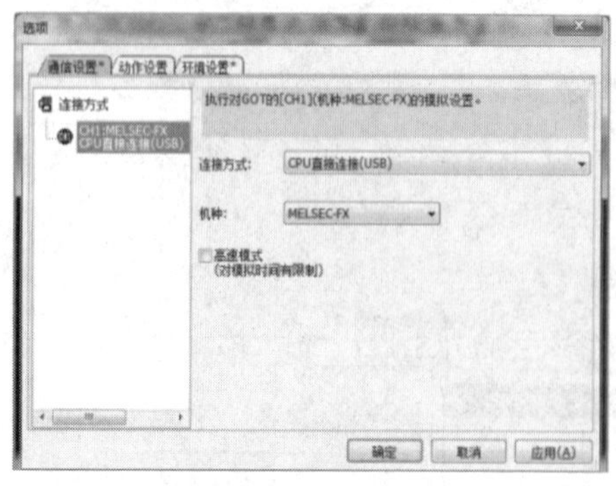

(a) 选项

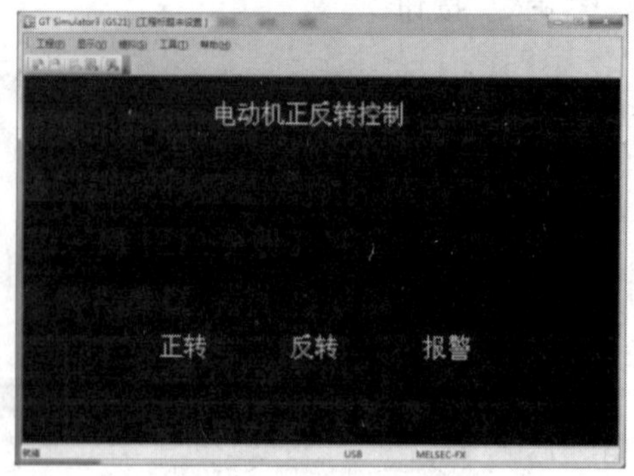

(b) 仿真效果

图 10－18　触摸屏仿真

10.4 组态王快速入门

10.4.1 组态王简介

10.4 组态王应用

1. 组态王软件简介

组态王软件是利用系统软件提供的工具，用户通过简单的形象组织组合工作，即可实现所需的软件功能。工业控制系统中，常常需要数据采集与数据处理、数据存储、数据查询、数据管理和数据显示等，系统故障或事故报警、现场动态图形功能、显示现场生产过程或实时状态、自动或召唤出现实时和历史报表功能或数据曲线显示功能、友好的人机界面等。组态王充分利用了 Windows 的图形功能完备、界面一致性好、易学易用的特点，运用了微机丰富的软件资源进行开发。

2. 组态王的特点

组态王具有适应性强、开放性好、易于扩展、经济、开发周期短等优点，为试验者提供了可视化监控画面，有利于试验者进行实时现场监控；能充分利用 Windows 的图形编辑功能，方便地构成监控画面，并以动画方式显示控制设备的状态；具有报警窗口、实时趋势曲线等，便于生成各种报表；具有丰富的设备驱动程序和灵活的组态方式、数据链接功能。

3. 组态王功能

组态王软件利用面向对象的技术和控件动态连接技术有：棒图控件、温度曲线控件、窗口类控件、多媒体控件等。它提供良好的显示画面和编程环境，从而方便灵活地实现多任务操作。它可以与一些常用 I/O 设备直接进行通信，I/O 设备包括：可编程控制器、智能模块、板卡、智能仪表，等等。在系统运行的过程中组态王通过内嵌的设备管理程序负责与 I/O 设备的实时数据交换。配置的 I/O 设备在工程浏览器的设备节点中分类列出，用户可以随时查询和修改。组态王可运行在基于 Ethernet 网络结构和 TCP\IP 网络协议的网络上。在此网络中，直接参与现场控制的 PC 机作为网络服务器。其它站点作为网络客户机，可共享服务器中的数据，这就是组态王优化的网络功能。

4. 组态王控制系统设计步骤

认知被控对象、设计控制方案、选择控制规律、选择过程仪表、选择过程模块、设计系统流程图和组态图、设计组态画面、设计数据词典等，直到最后的动画链接成功，并达到控制要求。本节通过 FX3U 系列 PLC，进行水塔水位控制，从而熟悉组态王的简单工程设计步骤。

10.4.2 组态王平台搭建

1. 硬件要求

从硬件上来讲，市面上流行的机型完全满足组态王的运行要求。

2. 软件要求

组态王软件加密锁分为开发版、运行版、NetView、Internet 版和演示版。演示版的特点：开发系统在线运行 2 小时，支持运行环境在线运行 8 小时，可选用通信驱动程序，因此在教学中一般采用演示版。

从网络上下载 6.53 版，安装“组态王程序”及“驱动程序”即可，如图 10-19 所示。

图 10-19　组态王 6.53 版安装界面

3. 建立工程注意的问题

(1) 图形。用户要用抽象的图形画面来模拟实际的工业现场和相应的工控设备，自己制图，或调用图库。

(2) 数据。用数据来描述工控对象的各种属性，也就是创建一个具体的数据库，此数据库中的变量反映了工控对象的各种属性，比如水位、温度、压力等。

(3) 连接。数据和图形画面中的图素的连接关系，也就是画面上的图素以怎样的动画来模拟现场设备的运行，以及怎样让操作者输入控制设备的指令。

4. 水塔水位控制工艺要求

用户(M8000)持续用水，动画效果为水塔水位(D0)每秒(M8013)降低 5%；当水塔水位降到 20%时，水泵(Y2)供水，每秒上升 10%(结合用户用水，总共上升 5%)，当水位升至 80%时，水泵停止供水；管道显示用户流水动画(M8000)，水泵流水动画(Y2)，水塔内有水位动画(D0)。

10.4.3　工程的建立

要建立新的组态王工程，应首先为工程指定工作目录(或称“工程路径”)。组态王用工作目录标识工程，将不同的工程置于不同的目录。工作目录下的文件由组态王自动管理。基本步骤如下：

(1) 启动组态王工程管理器(ProjManager)，选择菜单“文件/新建工程”或单击“新建”按钮，弹出“新建工程向导之一”对话框。

(2) 单击“下一步”继续，弹出“新建工程向导之二”对话框，在工程路径文本框中输入

“水塔水位”，单击“下一步”。

(3) 弹出“新建工程向导之三”对话框，在工程名称文本框中输入工程的名称“水塔供水”，该工程名称同时将被作为当前工程的路径名称。单击“完成”，完成工程的新建。

(4) 系统会弹出对话框，询问用户是否将新建工程设为当前工程，单击“是”按钮，即可将新建的工程设为组态王的当前工程。定义的工程信息会出现在工程管理器的信息表格中，如图 10－20 所示。

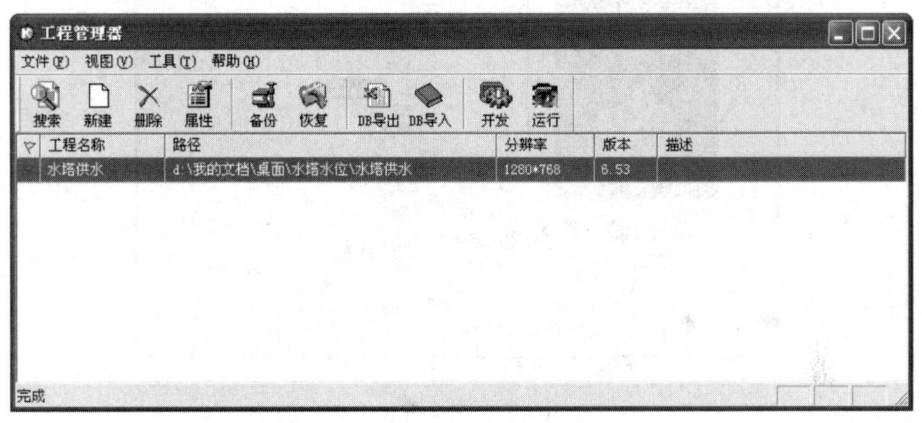

图 10－20　组态王工程管理器

(5) 双击该信息条或单击“开发”按钮，再或选择菜单“工具/切换到开发系统”，即可进入组态王的开发系统。

注意：建立的每个工程必须在单独的目录中。除非特别说明，不允许编辑修改这些初始数据文件。

10.4.4　定义 FX3U 设备

组态王把那些需要与之交换数据的设备或程序都作为外部设备。外部设备包括：下位机(PLC、仪表、模块、板卡、变频器等)，它们一般通过串行口和上位机交换数据；其它 Windows 应用程序，它们之间一般通过 DDE 交换数据；外部设备还包括网络上的其它计算机。

只有在定义了外部设备之后，组态王才能通过 I/O 变量和它们交换数据。为方便定义外部设备，组态王设计了“设备配置向导”引导用户一步步完成设备的连接。

本例中使用 FX3U 系列 PLC 和组态王通信，PLC 连接在计算机的 COM4 口。

(1) 选择工程浏览器左侧大纲项“设备”，在工程浏览器右侧用鼠标左键双击“新建”图标，运行“设备配置向导”，如图 10－21 所示，选择“PLC”→“三菱”→“FX2”→“编程口”。

(2) 单击“下一步”，弹出“设备配置向导”，输入逻辑名称“FX3U”；单击“下一步”，为设备选择连接串口“COM4”；单击“下一步”，填写设备地址“0”；单击“下一步”，设置通信故障恢复参数(一般情况下使用系统默认设置即可)；单击“下一步”，检查各项设置是否正确，确认无误后，单击“完成”。

(3) 设备定义完成后，可以在工程浏览器的右侧看到新建的设备“COM4”，点击“COM4”，弹出图 10－22 所示的对话框，设置数据位为“7”，其余参数不动。

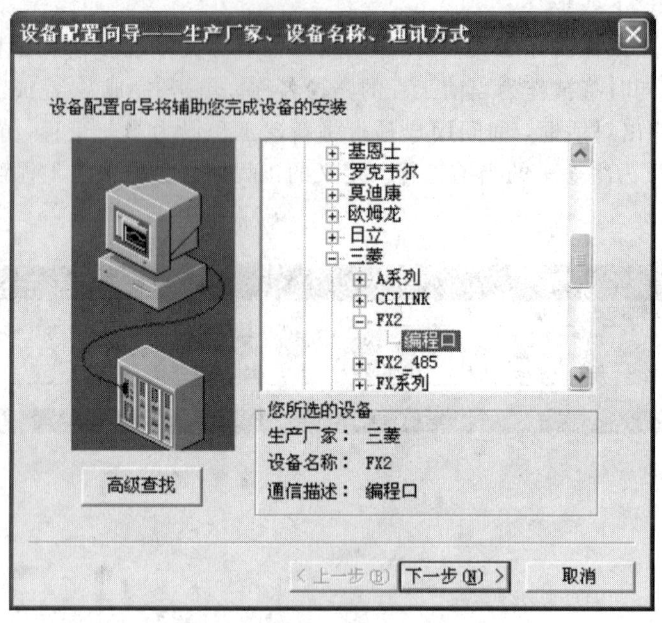

图 10－21　设备配置向导

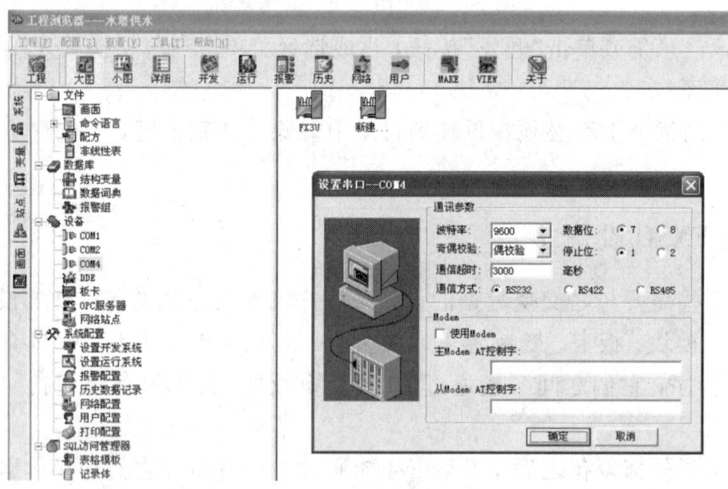

图 10－22　设置串口参数

在定义数据库变量时，只要把 I/O 变量连接到这台设备上，就可以和组态王交换数据了。

10.4.5　构造数据库

数据库是组态王软件的核心部分，工业现场的生产状况要以动画的形式反映在屏幕上，操作者在计算机前发布的指令也要迅速送达生产现场，所有这一切都是以实时数据库为中介环节，所以说数据库是联系上位机和下位机的桥梁。在 TouchView 运行时，它含有全部数据变量的当前值。变量在画面制作系统组态王画面开发系统中定义，定义时要指定变量名和变量类型，某些类型的变量还需要一些附加信息。数据库中变量的集合形象地称为“数据词典”，数据词典记录了所有用户可使用的数据变量的详细信息。

(1) 选择工程浏览器左侧大纲项“数据库/数据词典”，在工程浏览器右侧用鼠标左键双击“新建”图标，弹出“变量属性”对话框，如图 10－23 所示。

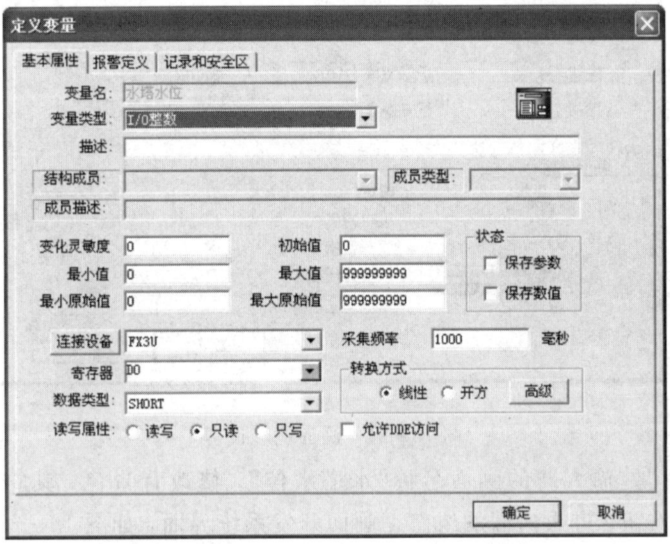

图 10－23　定义变量

此对话框可以对数据变量完成定义、修改等操作，以及数据库的管理工作。在“变量名”处输入变量名，如：水塔水位；在“变量类型”处选择变量类型，如：I/O 整数；“连接设备”选“FX3U”，寄存器为“D0”，数据类型为“SHORT”，其它属性目前不用更改，单击“确定”按钮即可。

(2) 定义“水泵”和“用户”两个“I/O 离散”变量。

10.4.6　创建组态画面

进入组态王开发系统后，就可以为每个工程建立数目不限的画面，在每个画面上生成互相关联的静态或动态图形对象。这些画面都是由组态王提供的类型丰富的图形对象组成的。系统为用户提供了矩形(圆角矩形)、直线、椭圆(圆)、扇形(圆弧)、点位图、多边形(多边线)、文本等基本图形对象，以及按钮、趋势曲线窗口、报警窗口、报表等复杂的图形对象；还提供了对图形对象在窗口内任意移动、缩放、改变形状、复制、删除、对齐等编辑操作，全面支持键盘、鼠标绘图；同时提供了对图形对象的颜色、线型、填充属性进行改变的操作工具。组态王采用面向对象的编程技术，使用户可以方便地建立画面的图形界面。

用户构图时可以像搭积木那样利用系统提供的图形对象完成画面的生成，同时支持画面之间的图形对象拷贝，可重复使用以前的开发结果。

1. 定义新画面

进入新建的组态王工程，选择工程浏览器左侧大纲项“文件/画面”，在工程浏览器右侧用鼠标左键双击“新建”图标，弹出“画面属性”对话框，如图 10－24 所示。

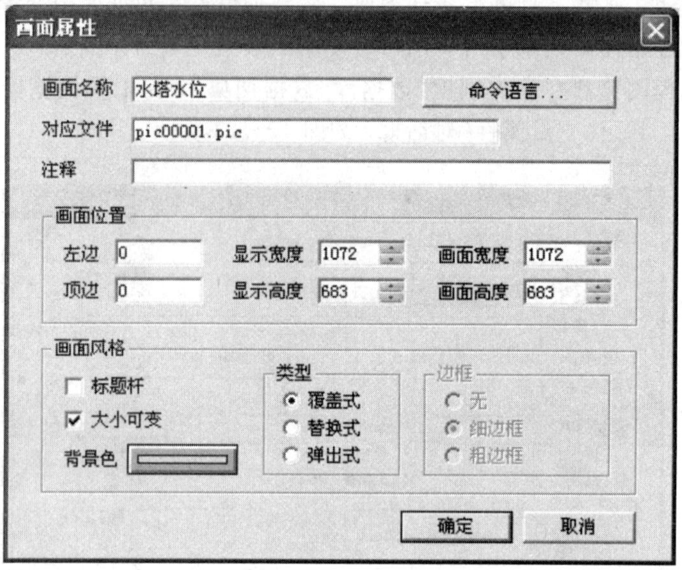

图 10-24　画面属性设置

在“画面名称”处输入新的画面名称“水塔水位”，修改背景色，其它属性目前不用更改。点击“确定”按钮，进入内嵌的组态王画面开发系统界面，如图 10-25 所示。

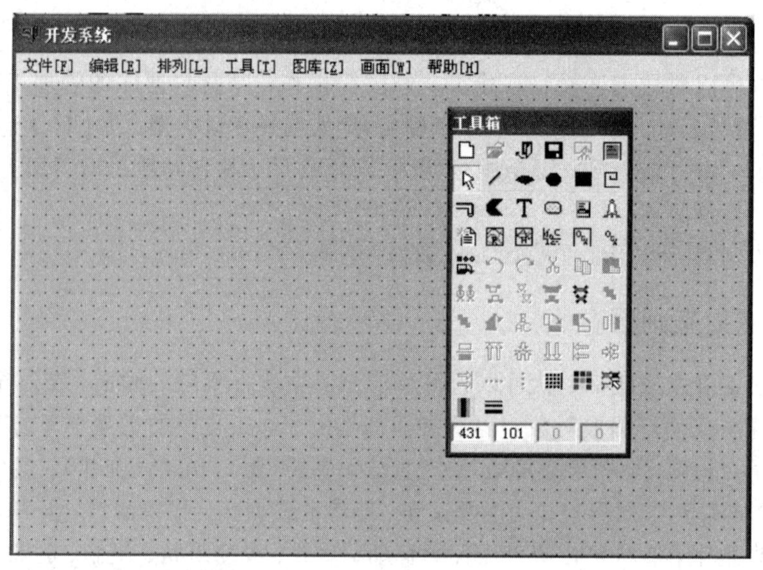

图 10-25　开发系统界面

2. 组态文本

在组态王开发系统界面中，从“工具箱”中选择“文本”图标，输入且绘制“水塔水位控制”、“用户”、“水泵”、“传感器”、“水塔”，如图 10-26 所示。

选中文本“水泵”，拖动边框可改变大小；在“工具箱”中点击“显示画刷类型”和“显示调色板”，点击第一行第四个“文本色”按钮，从下面的色块中选取黑色作为字符色；利用“编辑”中的“字符串替换”可修改文本内容。

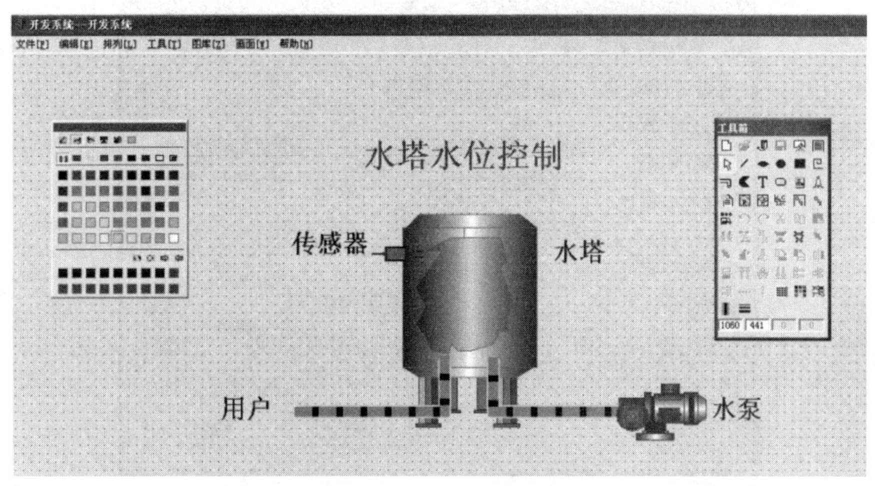

图 10-26　组态王界面组态

3. 图库操作

从“工具”→“图库”→“反应器”中找到需要的反应器，双击需要的反应器，放到画面中合适的位置；再找一个传感器和一个马达，分别放到合适的位置。

4. 立体管道

点击“工具”→“立体管道”，在界面中画出两条需要的管道，并设置其颜色。

5. 保存

选择“文件/全部存”命令保存现有画面。

10.4.7　建立动画连接

建立动画连接是指在画面的图形对象与数据库的数据变量之间建立一种关系，当变量的值改变时，在画面上以图形对象的动画效果表示出来；或者由软件使用者通过图形对象改变数据变量的值。组态王提供了 21 种动画连接方式：

属性变化：线属性变化、填充属性变化、文本色变化。

位置与大小变化：填充、缩放、旋转、水平移动、垂直移动。

值输出：模拟值输出、离散值输出、字符串输出。

值输入：模拟值输入、离散值输入、字符串输入。

特殊：闪烁、隐含。

滑动杆输入：水平、垂直。

命令语言：按下时、弹起时、按住时。

一个图形对象可以同时定义多个连接，组合成复杂的效果，以便满足实际中任意的动画显示需要。

1. 反应器动画连接

双击界面中的反应器，可弹出“反应器”对话框，如图 10-27 所示。点击“？”按钮，选择变量，以及颜色和填充。

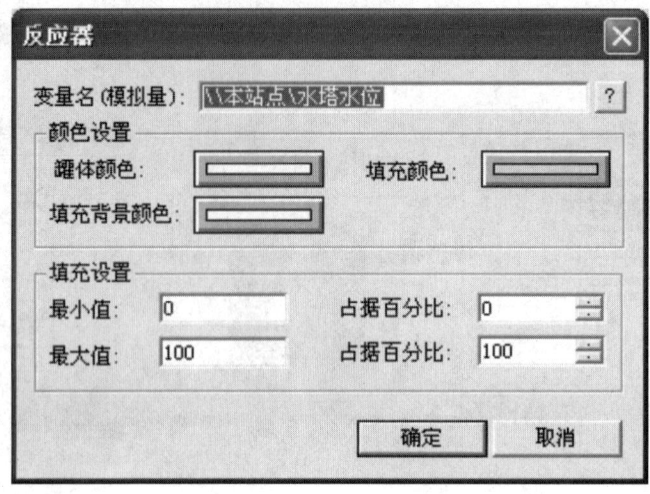

图 10－27　反应器动画连接

2. 管道动画连接

双击用户管道，出现图 10－28(a)，再点击“流动”，出现图 10－28(b)所示的对话框，选择“流动条件”为“用户”。

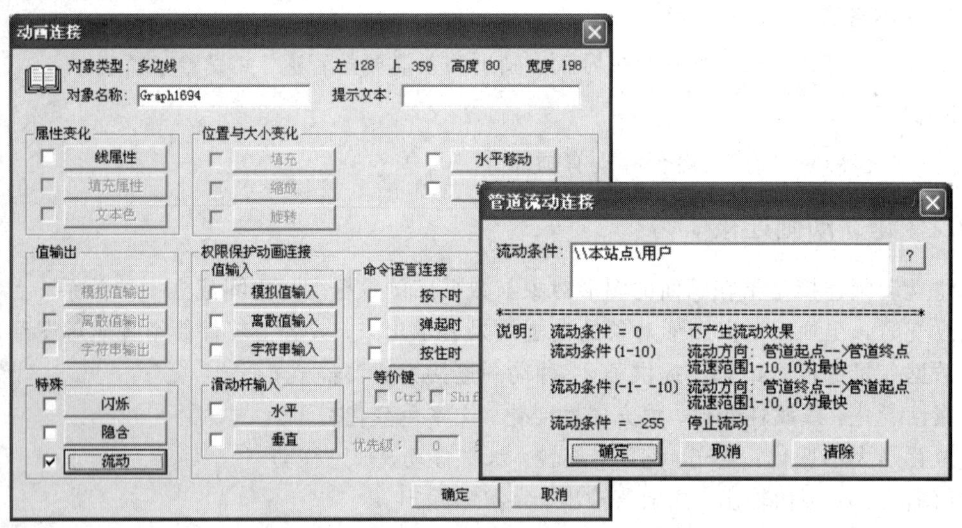

(a) 管道动画连接　　　　(b) 管道流动连接

图 10－28　管道动画组态

3. 保存

选择“文件/全部存”菜单命令保存现有画面。

10.4.8　程序的运行与调试

组态王工程已经初步建立起来，开始进入到运行和调试阶段。

1. 运行系统设置

在“工程浏览器”中，点击菜单栏中的“运行”，出现图 10－29 所示的界面，图中有 3 个标签，打开“主画面配置”标签，选择“水塔水位”画面为主画面，即系统运行的初始画面；打开“特殊”标签，设置“运行系统基准频率”为 60(毫秒)，设置“时间变量更新频率”为 100(毫秒)，点击“确定”按钮，保存参数。

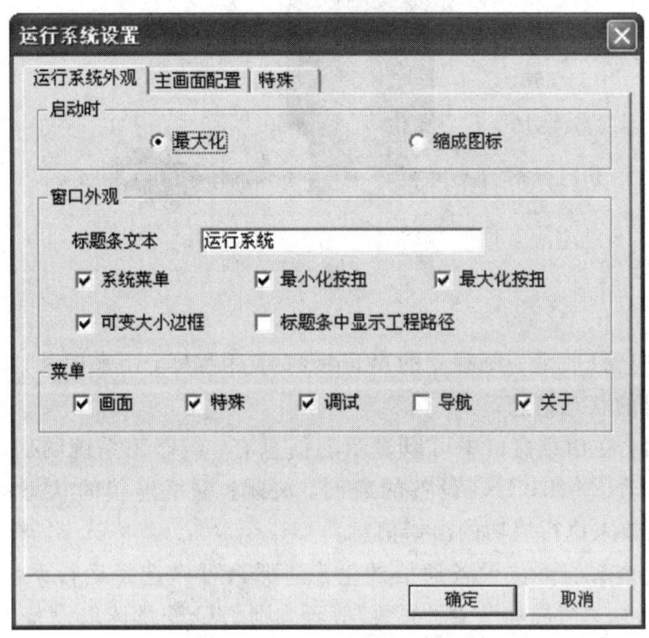

图 10－29　运行系统设置

2. PLC 程序下载

水塔水位控制梯形图如图 10－30 所示。

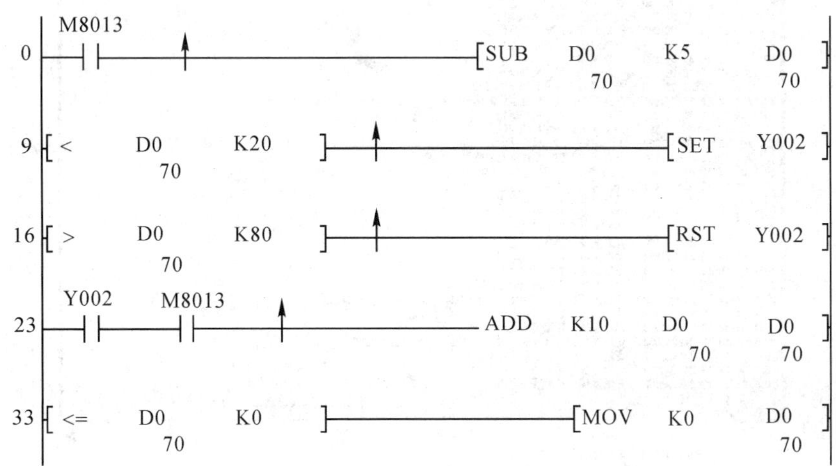

图 10－30　水塔水位控制梯形图

3. 系统调试运行

在组态王开发系统中选择“文件/切换到 View”菜单命令，进入组态王运行系统，如图 10－31 所示，可以看到水位的升降及管道流动动画。

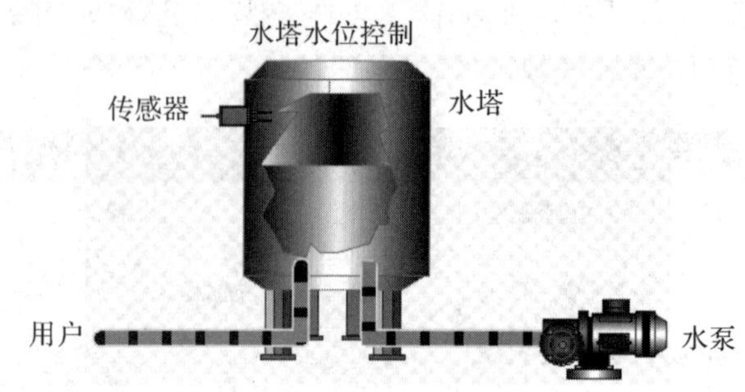

图 10－31　运行界面

4. 信息窗口

组态王的“信息窗口”是一个独立的 Windows 应用程序，用来记录、显示组态王开发和运行系统在运行时的状态信息。

组态王启动后，在信息窗口中可以显示的信息有：组态王系统的启动、关闭、运行模式；历史记录的启动、关闭；I/O 设备的启动、关闭；网络连接的状态；与设备连接的状态；命令语言中函数未执行成功的出错信息。

如果用户想要查看与下位设备通信的信息，那么可以选择运行系统“调试”菜单下的“读成功”、“读失败”、“写成功”、“写失败”等项，则 I/O 变量读取设备上的数据是否成功的信息也会在信息窗口中显示出来，如图 10－32 所示。

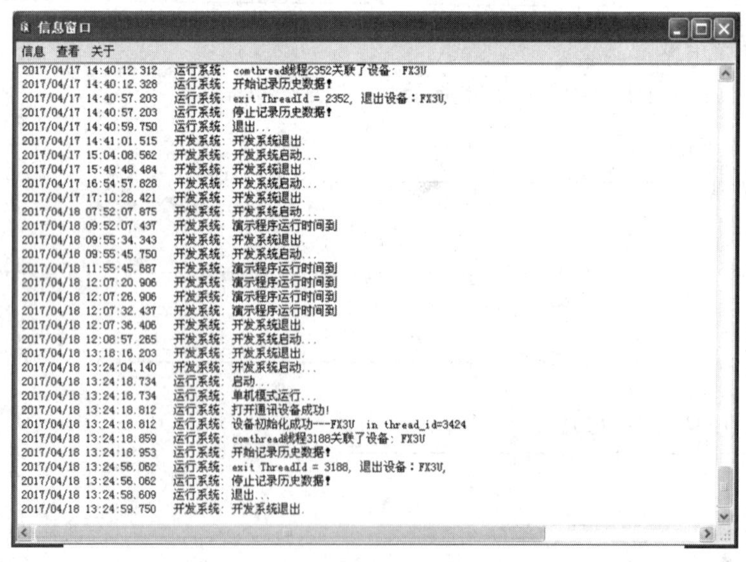

图 10－32　信息窗口

信息窗口中显示的信息可以作为一个文件存于指定的目录中或是用打印机打印出来，供用户查阅。当工程浏览器、TouchView 等启动时，会自动启动信息窗口。

本章小结

1. 工控中的上位机是指可以直接发出操控命令的计算机，一般是工控机、触摸屏，又称为人机界面(HMI)，由控制按钮显示各种信号。下位机是直接控制设备获取设备状况的计算机，一般是PLC、单片机、仪表、变频器等，两者需要通信驱动。

2. 触摸屏具有坚固耐用、反应速度快、节省空间、易于交流的优点。根据所用的介质触摸屏可分为电阻式、电容式、红外线式和表面声波式多种。

3. 三菱触摸屏有GOT2000、GOT1000、GOT Simple、GT SoftGOT等系列；有标准I/F-1(RS422)、标准I/F-2(RS232)、标准I/F-3(USB)、标准I/F-4(以太网)，实现程序下载或与连接设备通信。

4. 组态王控制系统设计步骤：认知被控对象、设计控制方案、选择控制规律、选择过程仪表、选择过程模块、设计系统流程图和组态图、设计组态画面、设计数据词典等，直到最后的动画连接成功，并达到控制要求。

习 题

10-1　工控中的上位机有什么功能？

10-2　触摸屏有什么特点？

10-3　根据所用的介质，触摸屏分哪几种？

10-4　三菱触摸屏有哪些系列？

10-5　三菱触摸屏有几个标准接口？各有什么功能？

10-6　设置触摸屏的IP地址有哪两种方法？

10-7　组态王控制系统设计有哪些步骤？

第11章

三菱大中型PLC

第11章　课件

11.1　L系列PLC最小化系统

11.1　L系列最小化系统

PLC产品根据适用范围及项目规划的不同，又分为微型、小型、中型、大型三类PLC，各有用途。目前中国PLC市场主要厂商为Siemens、Mitsubishi、Omron、Rockwell、Schneider、Ge-Fanuc等国际大公司，欧美公司在大、中型PLC领域占有绝对优势，日本三菱Q系列大型PLC也有较高的优势。

MELSEC-L系列PLC是指在CPU模块中内置了某些功能的一体机式的可编程控制器，通过使用这些内置功能，可以构筑紧凑型的系统。内置功能包括内置以太网、内置I/O、内置数据记录、内置CC-Link等，还可以根据用途进行系统扩展，安装各种模块。此外，由于是无基板结构，因此不会受限于基板的尺寸，可以有效地利用控制盘的空间。

本节以L02CPU为例，实现电动机间接正反转为目的，说明最小化系统的组态、编程与应用。

11.2　MELSEC-L系列快速入门指南

11.1.1　L系列PLC硬件构成

L系列PLC硬件配置如图11-1所示，包括：L61P-CM电源模块，对CPU模块、输入/输出等各模块进行供电；L02CPU-CM，是可编程控制器的总体控制模块，集成了16点输入和8点输出；输入模块LX41C4-CM(32点)；输出模块LY41NT1P-CM(32点)；

图11-1　三菱L系列PLC最小化硬件系统

L6EC END 盖板，能够优化模块通信信号；USB 下载电缆；DIN 导轨，用于固定模块；可安装在 DIN 轨上的固定金属附件。此外还有正转按钮、反转按钮、停止按钮、正转指示灯、反转指示灯等。

11.1.2 L 系列 PLC 硬件组态

硬件组态与组装类似，可对系统整个架构进行装配，分配网络、硬件、地址等参数，在编程软件中生成一个与硬件系统完全相同的系统，为设计用户程序打下基础。如果组态不正确，就会导致无法下载，或者即使能下载，程序运行也达不到预期效果。

1. 模块组态

1）新建项目

打开 GX Works2，新建项目，出现图 11－2 所示的对话框，选择“LCPU”系列和“L02”机型，点击“确定”按钮。

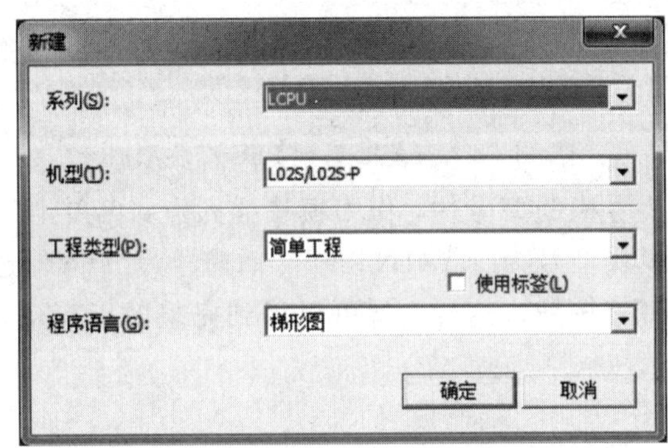

图 11－2 三菱 L 系列 PLC 新建项目

2）设置 PLC 参数

点击“工程/参数/PLC 参数”，选中“I/O 分配设置”标签，如图 11－3 所示。

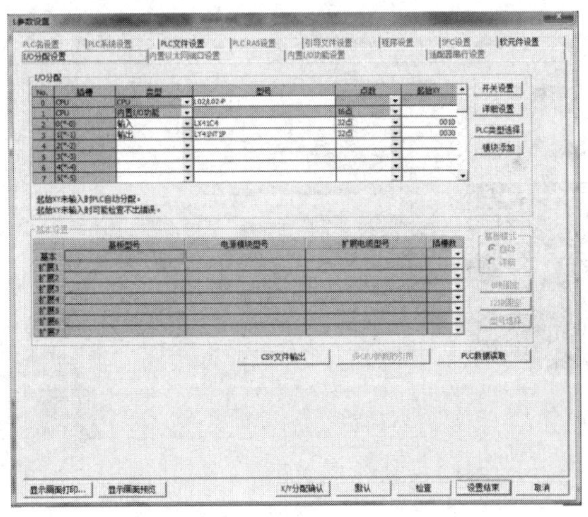

图 11－3 三菱 L 系列 PLC 参数设置

由于 L02CPU 内嵌 I/O，已自动分配了输入 16 点、输出 16 点(实际 8 点)，即 X0～XF，Y0～YF，但它不占用插槽。选中 0 号槽的型号栏，作为模块插入点，再单击“模块添加”按钮，弹出图 11－4 所示的对话框。选择模块类型为输入模块，模块型号为“LX41C4”，插槽号为“0”，勾选“指定起始 XY 地址”并填入“0010”，点击“确定”按钮。

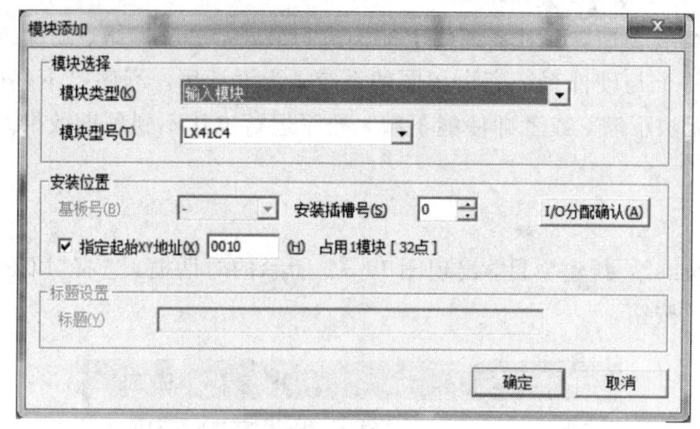

图 11－4　三菱 L 系列 PLC 模块添加

以同样方式，选中 1 号槽的型号栏，作为模块插入点，再单击“模块添加”按钮，选择模块类型为输出模块，模块型号为“LY41NT1P”，插槽号为“1”，勾选“指定起始 XY 地址”并填入“0030”，点击“确定”按钮。这样，就可以得到完整的组态信息。对模块进行下载，以检查组态效果。

2. 诊断

PLC 诊断主要用来检查 CPU 故障，包括硬件故障和软件故障。

下载后，点击“诊断”→“PLC 诊断”，出现图 11－5 所示的界面，若当前错误栏中无错误，则说明 CPU 组态成功。CPU 重启时，会出现电源异常，点击“履历清除”，这种轻度错误会被清除掉。当 CPU 出现重度错误(如指针错误)时，需按照提示彻底修改，直至无错误。

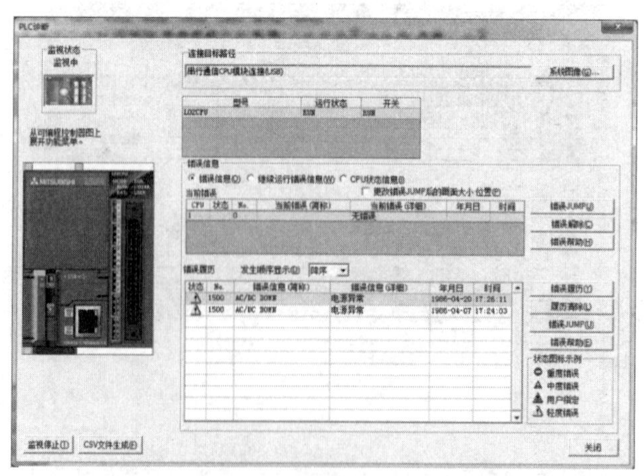

图 11－5　PLC 诊断

3. 系统监视

系统监视用来检测系统组态问题。

下载后，点击“诊断”→“系统监视”，出现图 11-6 所示的界面，从模块信息一览表中可以看到硬件组态状态。若无任何提示则说明组态成功；若如图中有“分配不正确”的提示信息，则说明硬件组态有问题，需再次进行“I/O 分配设置”，直至正确。

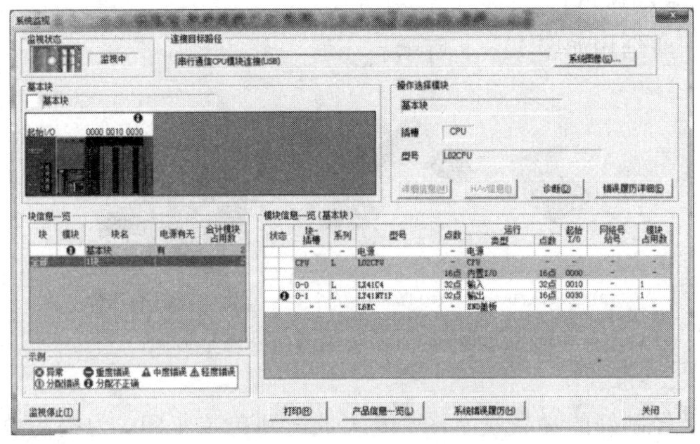

图 11-6　三菱 L 系列 PLC 系统监视

11.1.3　L02PLC 编程

使用 GX Works2 进行编程，分配 X0 为正转按钮、X1 为反转按钮、X10 为停止按钮、Y0 为正转输出、Y4F 为反转输出。正/反转梯形图如图 11-7 所示。

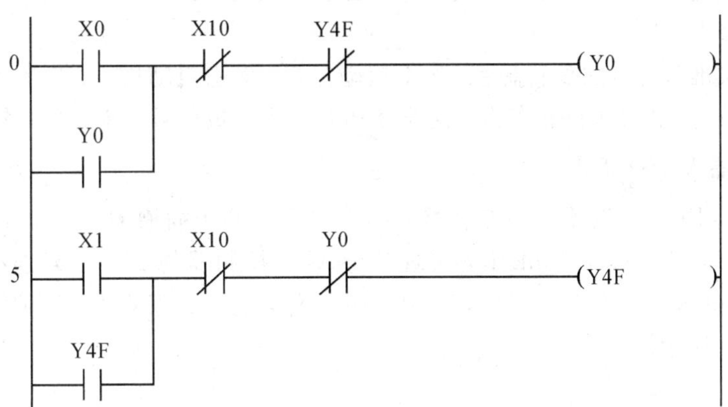

图 11-7　三菱 L 系列 PLC 正/反转梯形图

L 系列 PLC 常用的指令与 FX 系列、Q 系列是一致的。

11.1.4　L02PLC 对工业机器人的搬运控制

1. 三菱机器人

工业机器人在工业生产中能代替人做某些单调、繁重和重复的长时间作业，或是危险、恶劣环境下的作业，如搬运、码垛、焊接、去毛刺、热处理、简单装配等工序。

具体工作中的机器人系统是机器人、外围系统、各种接口等硬件以及各种控制软件的有效集成，又称为机器人工作站。它不能孤立地工作，需要和其它自动化设备、机电设备，甚至其它机器人工作站协作，这就需要 PLC 这个控制中心进行协调。

控制中心 PLC 综合处理各方信息，发送信号给机器人，机器人开始工作。机器人完成工作后，再反馈一个完成信号给 PLC，这样反复进行，完成工作。

2. 控制工艺(食品搬运)

食品包装生产线结构如图 11-8 所示。

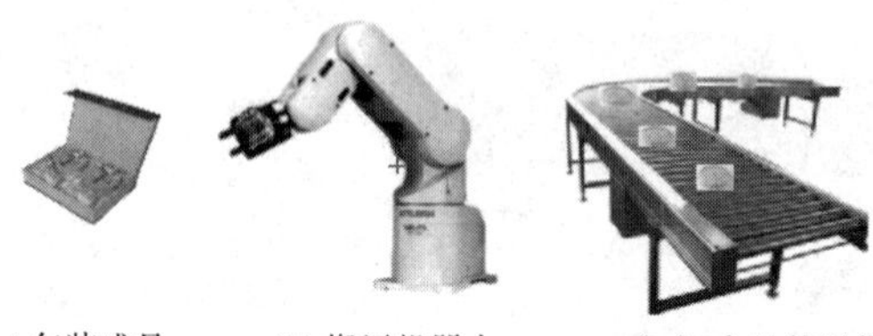

(a) 包装成品　　(b) 搬运机器人　　(c) 食品传送带

图 11-8　食品包装生产线结构示意图

1) 传送带工艺要求

在制作车间已经制好的食品成品，经传送带送到包装车间，为提高效率，在机器人抓取食品时，传送带不需停止。

2) 机器人工艺要求

机器人有视觉系统，当接收到 PLC 发送来的启动信号时，如果机器人检测出传送带上有食品到来，自动跟随运输带上的食品，并抓取；按照食品盒规格，放置到食品盒指定的位置；完成 9 次抓取和放置，机器人发送给 PLC 一个完成信号。

机器人的检测、跟随、抓取、放置程序，已经调试完毕。

3) PLC 控制要求

当工作人员准备好空的食品盒后，按下启动按钮，发送启动指令；机器人开始工作，完成 9 次抓取和放置，机器人停止工作，发送给 PLC 一个完成信号，等待下一个启动指令。

3. 三菱机器人 I/O 板卡

三菱 RV-4FL-D 机器人的控制器 CR751-D 有两个插槽 slot1、slot2，可用来插入 I/O 板卡 2D-TZ368、CC-Link 卡，实现与 PLC 等控制器的 I/O 信号连接或通信传输。源型 2D-TZ368 板卡有 2 个接插口，可用专用电缆实现与 L 系列 PLC 的输入/输出连接，结构如图 11-9 所示。

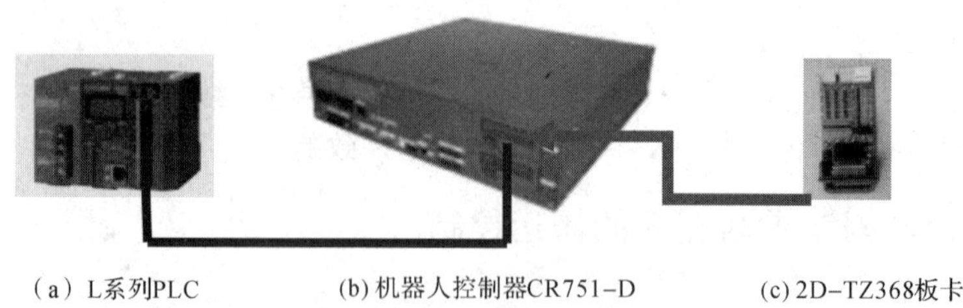

(a) L系列PLC　　(b) 机器人控制器CR751-D　　(c) 2D-TZ368板卡

图 11-9　设备连接示意图

4. 控制电路

PLC 通过专用电缆与板卡相连，PLC 的输出 Y1 与 Min(1)相连，传送启动信号；板卡的 Mout(2)与 PLC 的 X2 相连，将结束信号送给 PLC，电路原理图如图 11－10 所示。

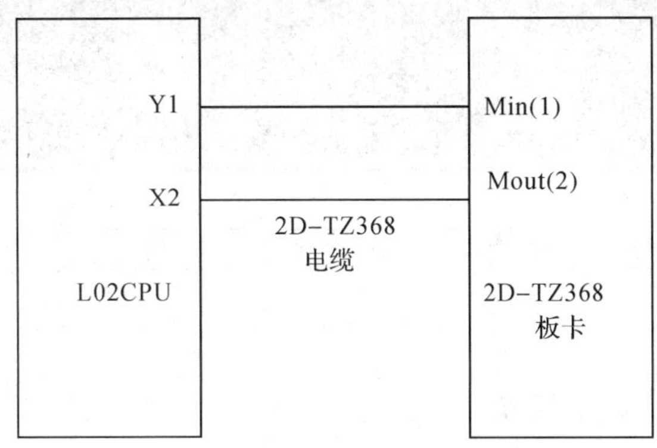

图 11－10 PLC 控制机器人电路接线原理图

5. 控制程序

(1) 在 PLC 中，操作人员按启动按钮 X0，PLC 将 Y1 置位。

(2) 机器人收到 Min(1)送来的启动信号，执行 SUB 程序，进行抓取搬运，抓取 1 次，其内部 M1 加 1。

(3) 当 M1 等于 9 时，停止抓取，使 Mout(2)为 1，送给 PLC 完成信号。

其它处理在此不做说明。示意程序如图 11－11 所示。

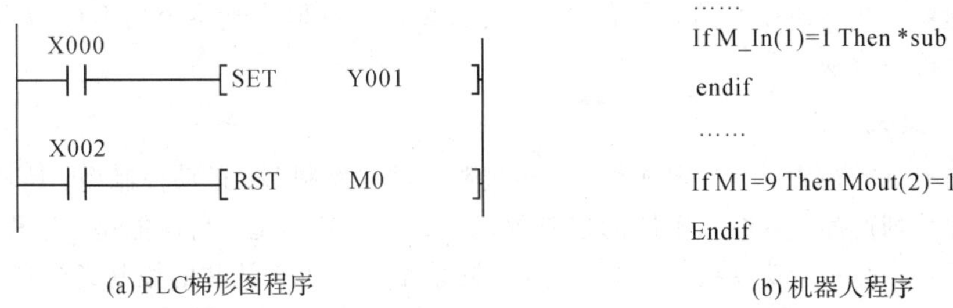

图 11－11 PLC 控制机器人示意程序

11.2 Q 系列 PLC 最小化系统

11.3 Q 系列 PLC 最小化系统

Q 系列 PLC 的基本组成包括电源模块、CPU 模块、基板、I/O 模块等，如图 11－12 所示。通过扩展基板与 I/O 模块可增加 I/O 点数，通过扩展储存器卡可增加程序储存器容量，通过各种特殊功能模块可提高 PLC 的性能，扩大 PLC 的应用范围。

Q 系列 PLC 可以实现多 CPU 模块在同一基板上的安装，CPU 模块间可以通过自动刷新来进行定期通信或通过特殊指令进行瞬时通信，以提高系统的处理速度。特殊设计的过程控制 CPU 模块与高分辨率的模拟量输入/输出模块，可以适合各类过程控制的需要。最大可以控制 32 轴的高速运动控制 CPU 模块，能满足各种运动控制的需要。

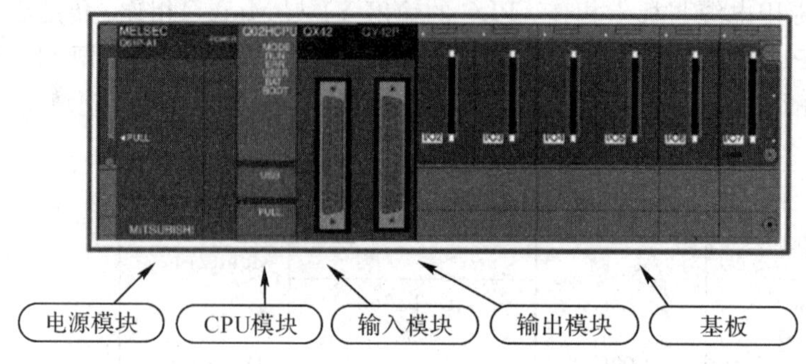

图 11-12　三菱 Q 系列模块组态

11.2.1　Q 系列 PLC 基本模块

11.4　Q 系列 PLC 的应用

1. 基板

基板是用于安装 CPU 模块、电源模块、I/O 模块或智能功能模块的电路板。安装时先将模块固定在基板上，通过基板总线将各模块从物理上和电气上连接起来。扩展基板用来扩展安装模块数量，主基板与扩展基板总共不超过 8 块，模块最多 64 个。

2. 电源模块

电源模块是为安装在基板上的 PLC 的各个模块提供 DC5V 电源的模块。电源模块对外部电源的要求与电源模块的型号有关，电源模块的选择取决于系统的 I/O 点数、扩展基板的型号及扩展模块的数量。

3. CPU 模块

Q 系列 PLC 的 CPU 分为基本型、高性能型、过程控制型、运动控制型、计算机型、冗余型等多种系列产品，以适应不同的控制要求。其中，基本型、高性能型、过程控制型为常用控制系列产品；运动控制型、计算机型、冗余型一般用于特殊的控制场合。

4. 输入/输出模块

输入/输出(I/O)模块使不同的过程信号电平和 CPU 的内部信号电平相匹配，主要有输入模块、输出模块、混合输入/输出模块。

5. 功能模块

功能模块包括 CC-Link 网络连接模块、串行通信模块、以太网模块、温控模块、运动控制模块、模拟量输入/输出模块、高速计数模块等。

6. 锂电池

PLC 的锂电池用来保存断电保持寄存器、实时时钟数据和程序，寿命在 5～10 年，一般对用户没有影响。当电池电压降低时，电源"ON"时，面板上的"BATT.V"LED 亮灯，从亮灯算起，一个月内电池有效，临近期限应尽快更换电池。

各部件型号如表 11-1 所示(部分)。

表 11－1　Q 系列 PLC 部件

模块	型　号
CPU 模块	Q00JCPU、Q00CPU、Q01CPU、Q02CPU、Q02HCPU、Q06HCPU、Q12HCPU、Q25HCPU
运动 CPU 模块	8 轴控制 Q172CPU、32 轴控制 Q173CPU
电池	Q6BAT
IC 内存卡	Q2MEM
基板单元	主基板 Q33B、Q35B、Q38B、Q312B、Q312D 扩展基板 Q63B、Q65B、Q68B、Q612B、Q52B、Q55B 适配器 Q6DIN1、Q6DIN2、Q6DIN3
扩展电缆	QC05B、QC06B、QC12B、QC30B、QC50B、QC100B
电源模块	Q61P－A1、Q61P－A2、Q62P、Q63P、Q64P
输入模块	QX10、QX28、QX40、QX40－S1、QX41 、X42、QX70、QX71、QX72、QX80、QX81
输出模块	QY10、QY18A、QY22、QY40P、QY41P、QY42P、QY50、QY68A、QY70、QY71、QY80、QY81P、QH42P
混合输入/输出模块	QX48Y57
连接器	A6CON1、A6CON2、A6CON3、A6CON1E、A6CON2E、A6CON3E
模拟量模块	Q64AD、Q68ADV、Q68ADI、Q62DA、Q64DA、Q68DAV、Q68DAI、Q64TD、Q64RD、Q64TCTT、QT4TCTTBW、Q64TCRT、Q64TCRTBW、QD62、QD62D、QD62E、QD75P1
以太网模块	QJ71E71、QJ71E71－B2、QJ71E71－100
MELSECNET/H 模块	QJ71LP21－25、QJ71LP21G、QJ72LP25－25、QJ72LP25G、QJ71BR11、QJ72BR15、Q80BD－J71LP21－25、Q80BD－J71LP21G、Q80BD－J71BR11
CC－Link 模块	QJ61BT11
串行通信模块	QJ71C24、QJ71C24－R2
调制解调器接口模块	QJ71CMO
智能通信模块	QD51、QD51－R24、SW1IDV－AD51HP、SW1NX－AD51HP
FL－网模块	QJ71FL71、QJ71FL71－B2
扩展基板模块	QA1S65B、QA1S68B、QA65B

说明：本表内容仅供参考，详见对应功能手册。

11.2.2　Q 系列 PLC 软元件

软元件简称元件。将 PLC 内部存储器的每一个存储单元均称为元件，各个元件与 PLC 的监控程序、用户的应用程序合作，会产生或模拟出不同的功能。当元件产生的是继电器功能时，称这类元件为软继电器，简称继电器，它不是物理意义上的实物器件，而是一定的存储单元与程序的结合产物。表 11－2 为 Q 系列 PLC 软元件一览表。

表 11－2　Q 系列 PLC 软元件

输入继电器	X	16	8K(8192) 点	X0000～1FFF
输出继电器	Y	16	8K(8192) 点	Y0000～1FFF
内部继电器	M	10	16K(16384) 点	M0～16383
锁存继电器	L	10	4K(4096) 点	L0～4095
链接继电器	B	16	4K(4096) 点	B0000～0FFF
报警器	F	10	1K(1024) 点	F0～1023
链接特殊继电器	SB	16	2K(2048) 点	SB0000～07FF
变址继电器	V	10	1K(1024) 点	V0～1023
步进继电器	S	10	8K(8192) 点	S0～8191
定时器	T	10	2K(2048) 点	T0～2047
累计定时器	ST	10	2K(2048) 点	ST0～2047
计数器	C	10	1K(1024) 点	C0～1023
数据寄存器	D	10	14K(14336) 点	D0～14335
链接寄存器	W	16	4K(4096) 点	W0000～4095
链接特殊寄存器	SW	16	2K(2048) 点	SW0000～07FF
功能输入	FX	16	16 点	FX0～F
功能输出	FY	16	16 点	FY0～F
特殊继电器	SM	10	1000 点	SM0～999
功能寄存器	FD	10	5 点	FD0～4
特殊寄存器	SD	10	1000 点	SD0～999
系统链接输入	Jn\X	16	8192 点	Jn\X0～1FFF
链接输出	Jn\Y	16	8192 点	Jn\Y0～1FFF
链接特殊继电器	Jn\SB	16	512 点	Jn\SB0～1FF
链接寄存器	Jn\W	16	16384 点	Jn\W0～3FFF
链接特殊寄存器	Jn\SW	16	512 点	Jn\SW0～1FF
智能功能模块软元件	Un\G	10	65536 点	Un\G0～65535
变址寄存器	V	10	10 点	Z0～Z9

由表中看出，其中大多软元件与 FX 系列 PLC 是一致的，注意其数量范围。

11.2.3　Q03CPU 最小化组态

最小化系统组态以表 11－3 所列模块为例，进行说明。

表 11-3 最小化系统模块

槽位	型 号	说 明
基板	Q312D	12 槽
电源	Q61P	220V
0 号槽	Q03UDVCPU	USB 口 RJ-45 口
1 号槽	QX40	16 点输入
2 号槽	QY10	16 点输出
3～12 号槽	空	

Q03CPU 最小化组态的步骤如下：

(1) 新建项目，点击"工程/参数/PLC 参数"，出现图 11-13 所示的界面，选中"I/O 分配设置"标签。

(2) 在"I/O 分配"表中添加 CPU、输入、输出 3 个模块，在基本设置中添加基板。

(3) 下载到 PLC，进行"诊断"→"PLC 诊断"→"系统诊断"。

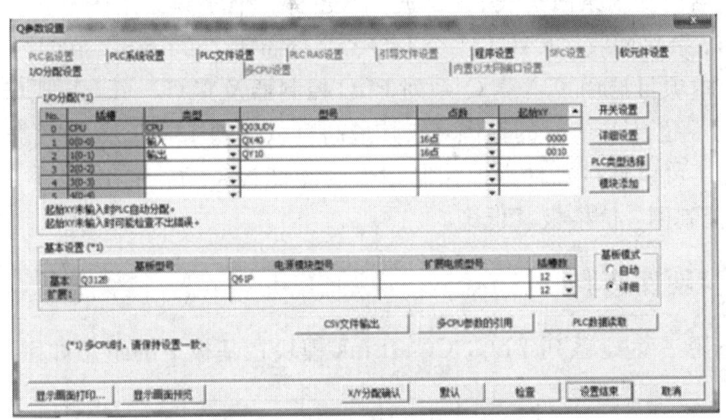

图 11-13 三菱 Q 系列 PLC 参数设置

11.3 工程项目：基于 CC-Link 的隧道窑电气控制(Q 系列)

隧道窑是一种连续式烧成设备，具有连续化、周期短、质量好、热效率高、温度均匀、节省劳力、使用寿命长等优点。

11.3.1 隧道窑电气控制工艺分析

本项目使用了一次码烧隧道窑，窑长 41 m，可年产 3000 吨氧化锆，使用 68 辆窑车，其电气控制分为 7 个区(线)，分别为 A、B、C、D、E、F、G。隧道窑的平面结构如图 11-14 所示。

A 区回车线用于窑车装卸料，确保线尾有车；B 区渡车用于将 A 区窑车运送到窑头；C 区窑炉用于来料烧结，每 48 min 前推 1 辆窑车；D 区渡车用于将 C 区烧结完成停放在窑尾的窑车运送到 F 线冷却；有叫车指令时，将 E 区冷却好的停在线尾的窑车运送到 A 线；E、F 区回车线用于窑车冷却、缓冲存放，确保线尾有车；G 区渡车用于将 F 区窑车运送到

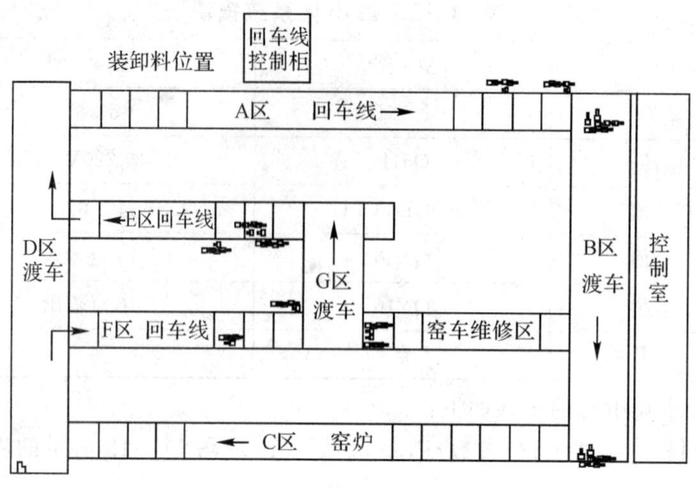

图 11-14 隧道窑简易平面结构

E 线继续冷却存放。

可以看出，系统有 3 条回车线、3 部渡车，还有 4 个变频器用于窑炉风机的高压助燃、排烟、窑尾冷却、余热回收，共计 130 个 I/O 点，分布于 1500 mm^2 范围内。使用现场总线是比较合适的，本项目选用了三菱 Q 系列 PLC 控制器及其 CC-Link 现场总线。

本项目空间不超过 100 m 的范围，依其最高可以达到 10 Mb/s 的数据传输速度，其性能相当稳定；且还可以连接各种本地控制站作为智能设备站，采用 CC-Link 可以构成一个简易的 PLC 控制网，价格极其低廉。

11.3.2 隧道窑硬件选取

控制系统选用三菱 Q 系列 PLC，CC-Link 模块在基板上的组态如图 11-15 所示。

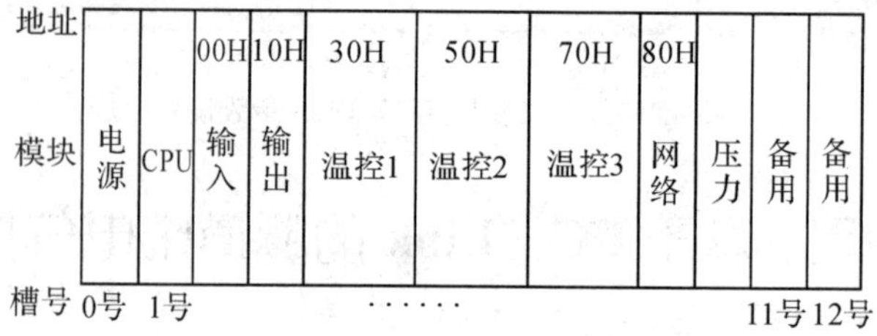

图 11-15 CC-Link 模块在基板上的组态

CC-Link 网络硬件组态如表 11-4 所示。

表 11-4 CC-Link 网络硬件组态

站号	CC-Link 站模块型号	安装位置	功 能
0 号站	QJ61BT11N	基板 9 号槽	CC-Link 主站
1 号站	AJ65SBTB1-32D	回车线控制柜	回车线输入模块
2 号站	AJ65SBTB2N-16RD	回车线控制柜	回车线输出模块
3 号站	AJ65SBTB1-32DR	B 渡车	B 渡车控制模块

续表

站号	CC - Link 站模块型号	安装位置	功　能
4 号站	AJ65SBTB1 - 32DR	D 渡车	D 渡车控制模块
5 号站	AJ65SBTB1 - 32DR	G 渡车	G 渡车控制模块
6 号站	FR - A740 - 7.5K	1 号变频器柜	控制预热风机
7 号站	FR - A740 - 5.5K	1 号变频器柜	控制助燃风机
8 号站	FR - A740 - 22K	2 号变频器柜	控制排烟风机
9 号站	FR - A740 - 7.5K	2 号变频器柜	控制冷却风机

11.3.3 CC - Link 网络配置

1. 确定模块地址

在 GX - Work2 中建立 PLC 项目后，组态完基板上的所有模块，选择“诊断”→“系统监视”，如图 11 - 16 所示，可看见各模块的安装位置及地址分配，CC - Link 模块在基板上的地址为 80H。

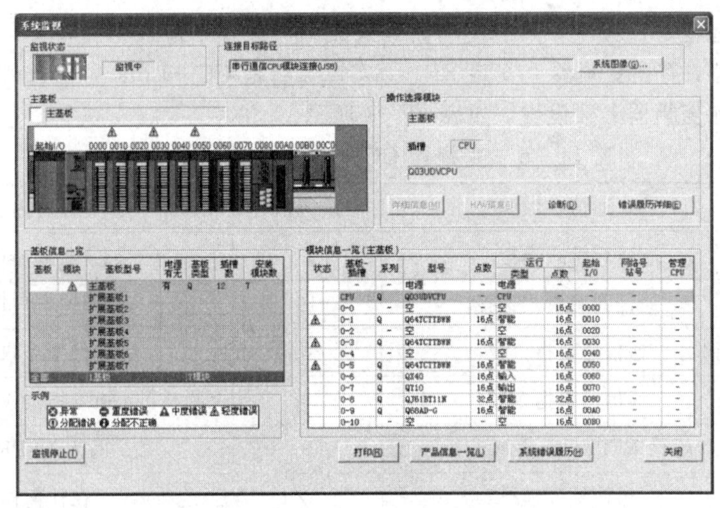

图 11 - 16　系统监控画面

2. 网络参数设置

通过“工程”→“参数”→“网络参数”→“CC - Link”选项，设置网络参数。表 11 - 5 中注明了各参数的含义。

表 11 - 5　CC - Link 网络参数配置

序号	参数	参数值	功　能
1	模块块数	1	在基板上只有 1 块 CC - Link 模块
2	设置站信息	√	可进行 CC - Link 网络硬件组态
3	起始 I/O 号	0080	CC - Link 模块的基板地址

续表

序号	参数	参数值	功　能
4	运行设置	可不设	本 CC－Link 网络名称
5	类型	主站	可带从站
6	数据连接类型	默认	
7	模式设置	Ver.1 模式	每个智能从站分配 8 个字
8	总连接台数	9	9 个从站
9	远程输入	X1000	编程输入起始地址
10	远程输出	Y1000	编程输出起始地址
11	远程寄存器 r	D1000	读寄存器起始映射地址
12	远程寄存器 w	D2000	写寄存器起始映射地址
13	特殊继电器	SB0	
14	特殊寄存器	SW0	

3. 模块参数设置

对于通用远程 I/O 模块，只需拨动拨码开关即可设置站地址和波特率。

对于变频器，需在变频器上安装 FR－A7NC，它是 CC－Link 通信选件卡，在卡上可进行网络配线和变频器参数设置，如表 11－6 所示。

表 11－6　变频器 CC－Link 通信参数设置

参数	通信参数	设置值	设置内容
Pr.79	运行模式选择	6	运行时，能够切换到 PU 和网络运行模式
Pr.340	通信开始模式选择	10	
Pr.338	通信运行指令权	0	运行指令权通信
Pr.339	通信速率指令权	0	速度指令权通信
Pr.342	通信 EEPROM 写入选择	0	写入 EEPROM
Pr.349	通信复位选择	0	在任何模式
Pr.500	通信异常执行等待时间	0	0 s
Pr.501	通信异常发生次数显示	0	
Pr.502	通信异常停止模式选择	0	自由运行至停止
Pr.542	通信站号选择	6	6 号站
Pr.543	传输速度设定	0	156 kb/s
Pr.544	占用站数设定	1	占用一站
Pr.550	网络模式操作权选择	9999	自动识别

4. CC－Link 从站配置

点击 CC－Link 配置设置，进行组态。右击各个站，可从“模块一览”中，找到与实际型号一致的模块，插入相应从站，如图 11－17 所示。

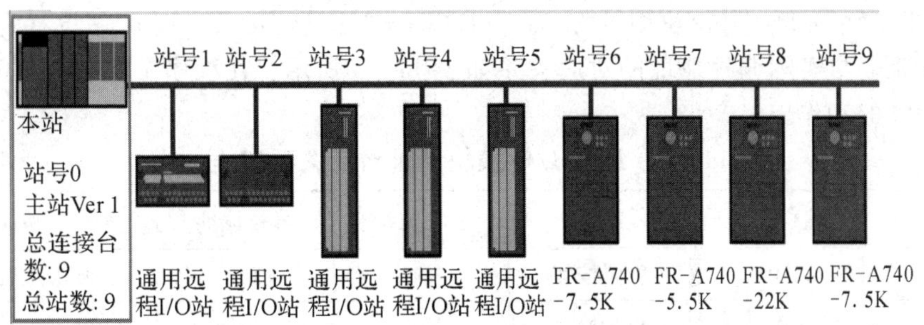

图 11－17 CC－Link 从站配置

选择传送速度为 156 kb/s，其它参数为默认，点击“反映设置并关闭”保存信息。拉出“X/Y 分配确认”，可看见从站地址分配，如表 11－7 所示，这是编程时要用的映射地址。

表 11－7 X/Y 分配确认

模块序号	输入地址	输出地址
CC－Link(第 1 块)	1 站→X1000	1 站→Y1000
CC－Link(第 1 块)	1 站→X1010	1 站→Y1010
CC－Link(第 1 块)	2 站→X1020	2 站→Y1020
CC－Link(第 1 块)	2 站→X1030	2 站→Y1030
CC－Link(第 1 块)	3 站→X1040	3 站→Y1040
CC－Link(第 1 块)	3 站→X1050	3 站→Y1050
CC－Link(第 1 块)	4 站→X1060	4 站→Y1060
CC－Link(第 1 块)	4 站→X1070	4 站→Y1070
CC－Link(第 1 块)	5 站→X1080	5 站→Y1080
CC－Link(第 1 块)	5 站→X1090	5 站→Y1090
CC－Link(第 1 块)	6 站→X10A0	6 站→Y10A0
CC－Link(第 1 块)	6 站→X10B0	6 站→Y10B0
CC－Link(第 1 块)	7 站→X10C0	7 站→Y10C0
CC－Link(第 1 块)	7 站→X10D0	7 站→Y10D0
CC－Link(第 1 块)	8 站→X10E0	8 站→Y10E0
CC－Link(第 1 块)	8 站→X10F0	8 站→Y10F0
CC－Link(第 1 块)	9 站→X1100	9 站→Y1100
CC－Link(第 1 块)	9 站→X1110	9 站→Y1110

点击“设置结束”，可保存 CC－Link 参数。

11.3.4 通信控制

有了上面的相关设置，在编程中就可以直接使用相关地址。

1. 远程 I/O 模块

以 B 区渡车为例，其模块型号为 AJ65SBTB1－32DR，其 CC－Link 站设置为 3 号，则模块 I/O 地址与实际编程地址的对应关系如表 11－8 所示。在程序中控制 Y1050 就可控制模块 Y00 的动作。

表 11－8　远程 I/O 模块地址对应关系(3 号站)

模块地址	编程地址	功能	模块地址	编程地址	功能
X00	X1040	急停按钮	Y00	Y1050	渡车正转向北
X01	X1041	卸车检测	Y01	Y1051	渡车反转向南
X02	X1042	装车检测	Y02	Y1052	拖车(收回)
X03	X1043	拖车收回	Y03	Y1053	拖车(伸出)
X04	X1044	拖车伸出	Y04	Y1054	卸车控制
X05	X1045	渡车解锁	Y05	Y1055	装车控制
X06	X1046	渡车锁定	Y06	Y1056	渡车解锁
X07	X1047	载荷检测	Y07	Y1057	渡车锁定

2. 变频器控制

对于变频器，编程中地址的对应关系如表 11－9 所示。

表 11－9　变频器智能从站编程地址

变频器站号	编程地址	功能	编程软元件	功　能
6 号站 余热风机	Y10A0	正转	D1021	读取频率
	Y10AD	写频率使能	D2021	写入频率
	Y10AE	写频率使能		
7 号站 助燃风机	Y10C0	正转	D1025	读取频率
	Y10CD	写频率使能	D2025	写入频率
	Y10CE	写频率使能		
8 号站 排烟风机	Y10E0	正转	D1029	读取频率
	Y10ED	写频率使能	D2029	写入频率
	Y10EE	写频率使能		
9 号站 冷却风机	Y1100	正转	D1033	读取频率
	Y110D	写频率使能	D2033	写入频率
	Y110E	写频率使能		

编程时，应在 PLC 初始化完成后，过一段时间，确保变频器启动就绪，再对变频器进行写频率使能，否则会导致操作复杂或变频器无法进行网络通信。

11.3.5 隧道窑温度控制

在温控工艺中，要求烧成带温度稳定在 1100℃，其它如加热带(1～8 号窑车)、冷却带(19～25 号窑车)温度由窑内气流控制实现，无需烧嘴控温。有 10 个煤气阀，由电动执行器的正反转控制其开度，自带积分环节。每个阀门带 3 个烧嘴，共 30 只烧嘴，排布如图 11－18 中黑点的位置所示。

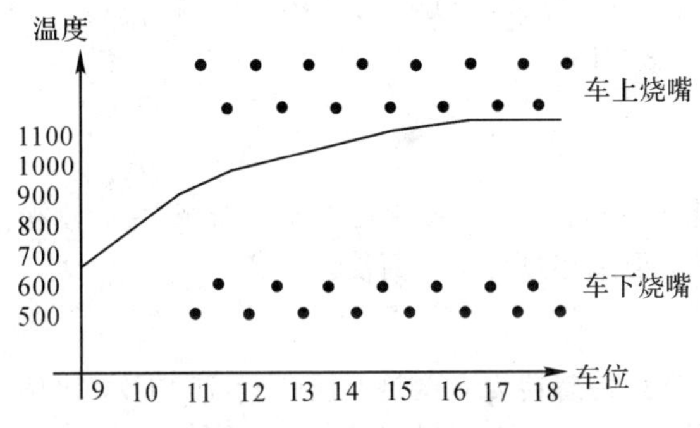

图 11－18　温控曲线与烧嘴排布

1. 温控模块 Q64TCTTBWN

温控模块 Q64TCTTBWN 是三菱公司的自动化产品，其主要性能如下：

(1) 四路控制：可同时进行 4 个环路的温度采集、4 点输出控制，即只有 2 路输出控制。本项目中共有 10 个环路，需 3 块温控模块，2 路采集闲置备用，外加 8 点输出控制。

(2) 传感器校正功能：如果实际温度和测得的温度(PV)之间有偏差，可通过设置传感器的修正值消除偏差。EEPROM 的设定值备份，晶体管输出脉冲，控制输出周期为 1～100 s，本项目为 60 s。

(3) 简洁的调节控制：Q64TC 可采用缺省的 PID 常数(比例带(P)、积分时间(I)、微分时间(D))和温度设定值(目标值：SV)，自动温度调节控制进行。温度控制系统采用 2 位置 ON/OFF 脉冲控制。

2. 组态与设置

1) 温控模块在基板上的组态

控制系统采用三菱 Q 系列 PLC，各模块在基板上的组态如图 11－15 所示。每个温控模块占 2 个槽位。

2) 设置(模式修改)

本项目使用 GX Works2 软件编程，在“工程”中添加“温度调节模块”，设置插槽号和起始地址。模块默认控制模式为“0：标准控制”，需更改为“2：加热冷却控制”。修改参数后，需写入温控模块的 EEPROM 中，若起始地址为 H30，则利用“当前值更改”进行在线修改，步骤如下：

(1) Y31 OFF(设置模式)。

(2) Y39 ON(恢复系统默认参数)。

(3) X39 ON 后 Y39 OFF。

(4) Y3B ON。

(5) X3B ON 后 Y3B OFF(参数更改生效)。

(6) Y38 ON，预计 10 s 后 X38 ON (EEPROM 写操作)。

(7) X38 ON 后 Y38 OFF。

(8) CPU 复位。

(9) 写入设定好的智能模块参数后先不复位或断电。

(10) Y3B ON。

(11) X3B ON 后 Y3B OFF(参数更改生效)。

(12) Y38 ON，预计 10 s 后 X38 ON (EEPROM 写操作)。

(13) X38 ON 后 Y38 OFF。

(14) CPU 复位。

(15) Y31 ON。

在"参数"中清除掩码便可。可在"智能功能模块监视"中，监视修改结果。也可编程，利用程序完成模式修改，但上述过程更为简洁。

3. 参数设置

在"参数"标签中，选择传感器为 S 型热电偶(0～1700℃)，比例带为 3.0%。冷却带为 3.0%，周期为 60 s，死区设置 3.0%，如果参数设置不合理，模块错误指示灯就会闪烁，且模块停止工作，直至正确。也可利用触摸屏，对参数进行动态设置。

4. 运行控制

系统运行时，以 GOT2000 触摸屏为人机界面，对每一回路需显示车位、设置温度、实时温度、状态切换、运行状态(手动或自动)、阀门开度、PV 值、PID 参数。

程序设计中，初始化时，启动 3 个温控模块，但停止各个回路；回路处于手动状态，可进行手动增大或减小阀门控制；点击自动按钮，回路自控温控，但最小开度不低于 30%，以免阀门灭火(最好采用机械调节，确保阀门不灭火)；若实时温度与设置温度的温差超过 5℃，则系统会报警，进入手动温控，确保产品质量。程序控制流程如图 11－19 所示。

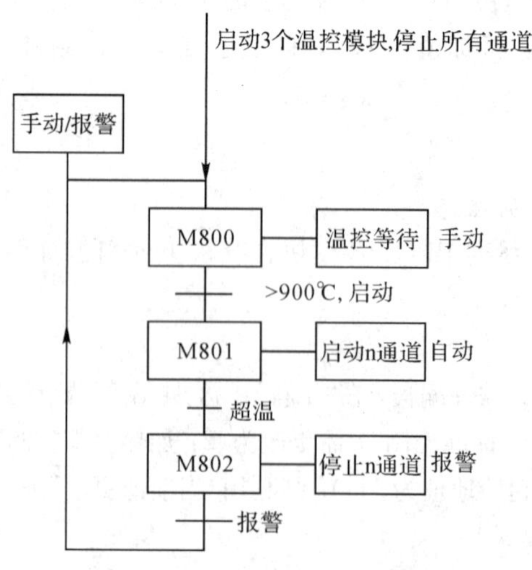

图 11－19　程序控制流程

系统调试时，变频器控制风机实现窑炉内热气氛的形成，这由热力工程师操作实现，确定每个变频器的工作频率。可在触摸屏上组态，界面应设权限，可避免非专业人员操作和明确责任；频率值的改变，可通过按钮增减，以满足热力工程师要求为宜；还应设置频率上下限，以保护设备和窑炉内热气氛。若需改变变频器控制模式，则直接操作面板的模式按钮，不必临时停止变频器工作，以免启停过程中造成燃气浓度变化，供氧不足，形成危险。

11.3.6 隧道窑程序结构

1. 程序结构

系统有 3 条回车线、3 部渡车、4 个变频器、10 个煤气阀、3 个窑门、1 个油缸需要控制，程序流程如图 11－20 所示。此外还有试车程序、报警管理、密码管理等。

每个程序块尽量采用顺序控制，避免相互影响。建立统一的资源分配库、设备元件库、报警信息库，便于添加和修改，避免资源冲突。

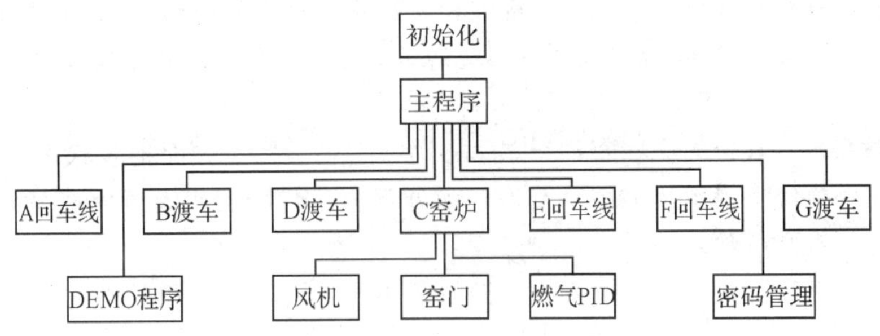

图 11－20　隧道窑系统程序控制流程图

以 A 回车线为例分析程序流程，初始状态(M102)A 车位于 3 号、4 号车位之间等待，进行运行判断，决定进入哪一个流程(等待、手动送车、定时送车)。A 回车线控制流程图如图 11－21 所示。

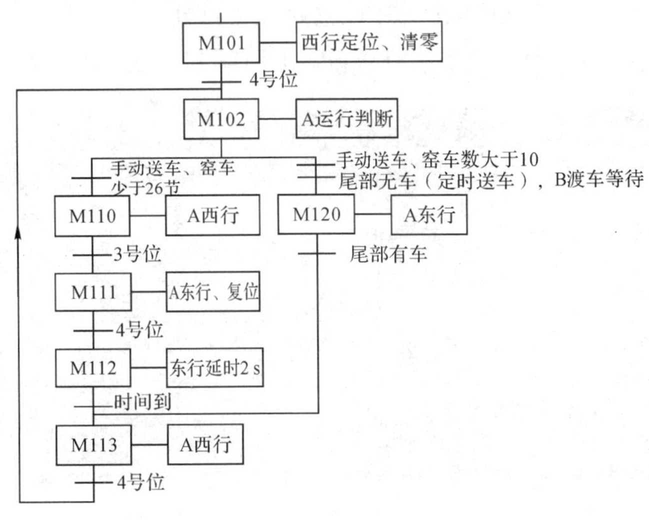

图 11－21　A 回车线控制流程

手动送车是把在回车线尾部已经装满料的窑车向首部移动一个车位的过程(条件：有手动送车信号且回车线窑车少于 26 辆(本线最多 26 辆))：小车西行(M110)至 3 号位，由机械装置自动碰撞挂载窑车，西行停止；开始东行(M111)，到达 4 号位，延时东行(M112)2 s，停止东行；开始西行(M113)(由机械装置自动与窑车脱钩)返回，西行至 4 号位，停止西行，进入等待状态(M102)，为下一次做好准备。

定时送车是每 48 min 定时向首部送一辆车的过程：若无手动送车信号、回车线窑车大于 10 辆(少于 10 辆无法送)、B 渡车处于等待状态、回车线出口无车，可以送车；首先小车东行(M120)，碰到窑车自动挂载，至尾部有车，停止东行；开始西行(M113)(由机械装置自动与窑车脱钩)返回，西行至 4 号位，停止西行，进入等待状态(M102)，为下一次做好准备。

2. 报警控制

为确保系统的运行和维护，故障报警环节是必不可少的。可能出现的故障状态有：回车线小车越程、窑车匣钵倾斜、窑车数量饱和、报警测试、渡车越程、卸车故障、窑门升降越程、油缸伸缩故障、温度异常、压力异常、回车线超时、渡车超时、窑头急需窑车、窑尾急需出车，共计 61 个故障点。

当出现故障时，置位相应状态，一方面驱动报警器，另一方面把该状态组态到触摸屏报警组中，在触摸屏上提示故障编号及位置和处理方法。待工作人员处理完故障，按触摸屏上复位按钮，报警解除。

另外，值班人员可在工作手册中，查询故障编号、故障位置和处理方法，确保系统正常工作。

通过运行发现，故障原因大部分是由于传感器或机械原因引起的，PLC 本身无故障。

11.3.7 隧道窑 GOT2715 触摸屏组态设计

据隧道窑控制要求而设计的程序，可通过人机界面来操作，以及进行监控、参数设置等。其触摸屏为 GT2715，与 Q03UDVCPU 通过以太网通信，地址为 192.168.3.18，PLC 地址为 192.168.3.20。此外还有基恩士设备占用 RS422 口。连接组态如图 11-22 所示。

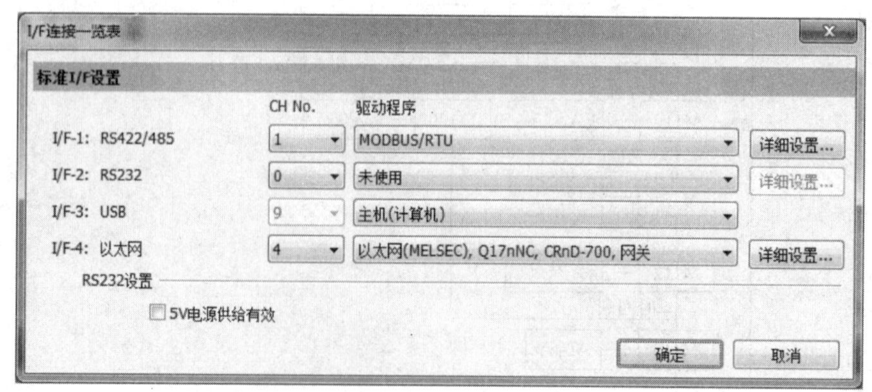

图 11-22　隧道窑触摸屏连接组态

系统由 8 个界面组成，即窑炉控制系统、窑炉风机、窑温曲线、参数设置、窑车跟踪、

PID 参数、温度控制、报警信息，如图 11 - 23 所示。

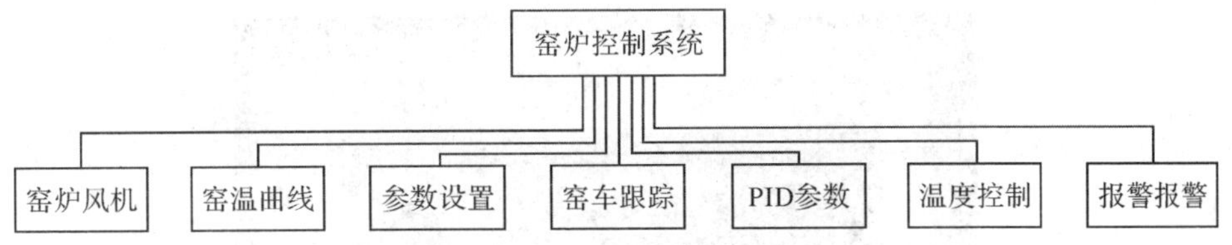

图 11 - 23　隧道窑触摸屏界面结构

窑炉控制系统为主界面，可以切换到其它界面。它主要显示回车线上 3 个挂车的实时位置、3 个渡车的实时位置、烧结计时、每部窑车的实时位置、每个区窑车数量，以便从全局上监控主要运动设备，如图 11 - 24 所示。

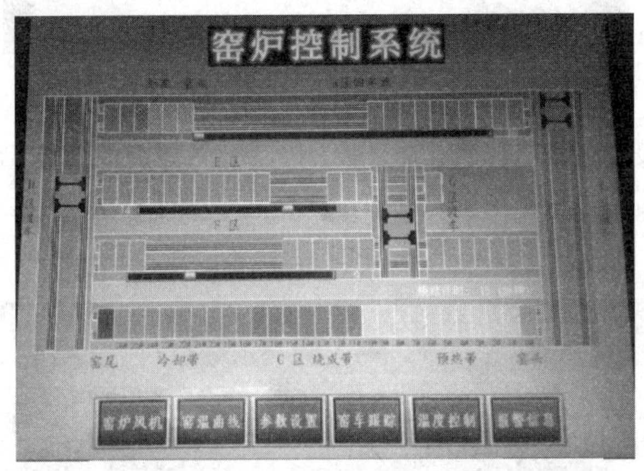

图 11 - 24　隧道窑触摸屏主界面

窑炉风机界面以窑内烧结监控为主，显示各喷嘴的位置、窑头窑尾处的窑车情况、4 个风机的运行频率、所有测试温度、窑内压力，如图 11 - 25 所示。

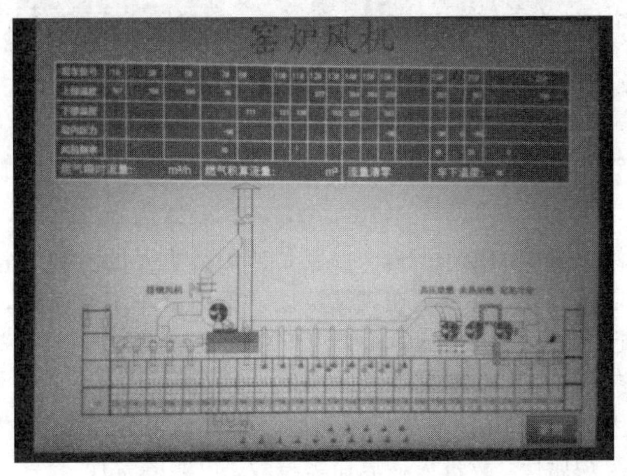

图 11 - 25　隧道窑触摸屏窑炉风机界面

窑温曲线以曲线的形式显示窑内各点温度实时状况，有窑车上部曲线、窑车下部曲线和车下温度曲线。如果 3 条曲线重合，且温度分布合理，就是最理想的状态，如图 11 - 26 所示。

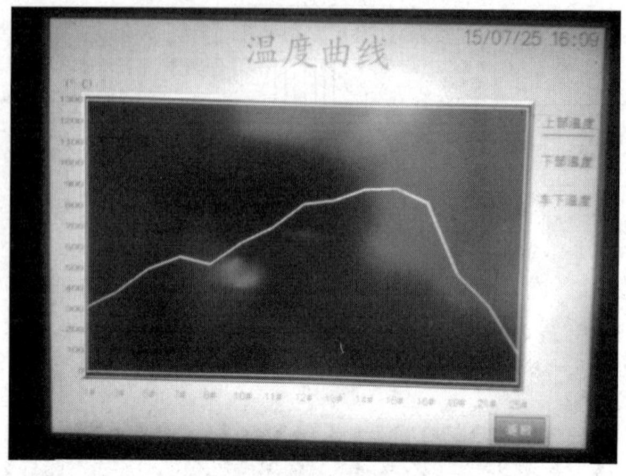

图 11 - 26　隧道窑触摸屏温度曲线界面

参数设置用来设置系统运行的总体参数，烧结时间与炉料有关，风机频率由热工人员据窑炉实际调出合适的气氛。窑车数量是在系统自动运行前各区所在实际窑车数，自动运行后与实际值一致，如果初始设置错误会导致系统运行出故障，界面如图 11 - 27 所示。

系统参数
烧结时间: (分钟)
烧结计时: (分钟) (秒)
风机频率 (Hz)
风机 实时频率 频率加减 设定频率
余热风机:
高压风机:
排烟风机:
冷却风机:
窑车数量 (辆)
窑车分区 初始(实时)数量
A回车线
B区渡车
C区炉窑
D区渡车
E停车线2
F停车线1
G区渡车
检修线
窑车统计

图 11 - 27　隧道窑触摸屏参数设置界面

窑车跟踪是对测温窑车的全程跟踪，温度是窑炉最重要的参数，窑内测温装置是否精确不能绝对信赖当前传感器，特别是在调试阶段。测温窑车不装匣钵，而是带 3 套测温装置，随其它窑车一起移动，测出自己的一套温度曲线，给出判断依据。界面包括开始跟踪按钮、跟踪结束按钮、测温窑车当前位置、测得温度、窑车闪烁动画。

PID 参数专门用来设置 10 路模拟量闭环控制的 PID 参数，有传感器所在位置及编号。由于该值总体反映窑炉属性，故进入该界面需授权，以明确责任。

温度控制界面用来实际操控 10 个煤气阀，包括：位置、设置温度、实时温度、自动启停控制、手自动模式转换、阀门开度、PV 值。

报警信息界面用来显示发生的报警时间，注释(运行区、故障内容)，复位时间。

11.4 PLC 系统设计

11.4.1 设计原则

11.5　PLC 控制系列设计

任何一个电气控制系统所要完成的控制任务，都是为了满足被控对象(生产控制设备、自动化生产线、生产工艺过程等)提出的各项性能指标，最大限度地提高劳动生产率，保证产品质量，减轻劳动强度和危害程度，提高自动化水平。因此，在设计 PLC 控制系统时，应遵循的基本原则如下：

(1) 最大限度地满足被控对象提出的各项性能指标。为明确控制任务和控制系统应有的功能，设计人员在进行设计前，就应深入现场进行调查研究，搜集资料，与机械部分的设计人员和实际操作人员密切配合，共同拟定电气控制方案，以便协同解决在设计过程中出现的各种问题。

(2) 确保控制系统的安全可靠。电气控制系统的可靠性就是生命线，不安全可靠工作的电气控制系统，是不可能长期投入生产运行的。尤其是在以提高产品数量和质量，保证生产安全为目标的应用场合，必须将可靠性放在首位，甚至构成冗余控制系统。

(3) 力求控制系统简单。在能够满足控制要求和保证可靠工作的前提下，应力求控制系统构成简单。只有构成简单的控制系统才具有经济性、实用性的特点，才能做到使用方便和维护容易。

(4) 留有适当的裕量。考虑到生产规模的扩大，生产工艺的改进，控制任务的增加，以及维护方便的需要，要充分利用可编程控制器易于扩充的特点，在选择 PLC 的容量(包括存储器的容量、机架插槽数、I/O 点的数量等)时，应留有适当的裕量。

11.4.2 主要内容

在进行可编程控制器控制系统设计时，尽管有着不同的被控对象和设计任务，设计内容可能涉及诸多方面，又需要和大量的现场输入、输出设备相连接，但是基本内容应包括以下几个方面：

1. 明确设计任务和技术条件

设计任务和技术条件一般以设计任务书的方式给出，在设计任务书中，应明确各项设计要求、约束条件及控制方式，用多种方法描述控制工艺，如文档、时序图、视频、动画等。因此，设计任务书是整个系统设计的依据。

2. 确定用户输入设备和输出设备

用户的输入、输出设备是构成 PLC 控制系统中除了作为控制器的 PLC 本身以外的硬件设备，是进行机型选择和软件设计的依据。因此，要明确输入设备的类型(如控制按钮、行程开关、操作开关、检测元件、保护器件、传感器等)和数量，输出设备的类型(如信号灯、接触器、继电器等执行元件)和数量，以及由输出设备驱动的负载(如电动机、电磁阀等)，并进行分类、汇总。

3. 选择可编程控制器的机型

可编程控制器是整个控制系统的核心部件，正确、合理地选择机型对于保证整个系统的技术经济性能指标起着重要的作用。PLC 的选型应包括机型的选择、存储器容量的选择、I/O 模块的选择等。

4. 分配 I/O 通道，绘制 I/O 接线图

通过对用户输入、输出设备的分析、分类和整理，进行相应的 I/O 通道分配，并据此绘制 I/O 接线图。至此，基本完成了 PLC 控制系统的硬件设计。

5. 设计控制程序

根据控制任务和所选择的机型以及 I/O 接线图，一般采用梯形图语言设计系统的控制程序。设计控制程序就是设计应用软件，这对于保证整个系统安全可靠地运行至关重要，必须经过反复调试，使之满足控制要求。

6. 必要时设计非标准设备

在进行设备选型时，应尽量选用标准设备。如无标准设备可选，还可能需要设计操作台、控制柜、模拟显示屏等非标准设备。

7. 编制控制系统的技术文件

在设计任务完成后，要编制系统的技术文件。技术文件一般应包括设计说明书、使用说明书、I/O 接线图和控制程序(如梯形图等)。

11.4.3 程序设计的基本步骤

用可编程控制器进行控制系统设计的一般步骤可以参考图 11－28 所示的框图。

1. 评估控制任务

随着 PLC 功能的不断完善，几乎可以用 PLC 完成所有的工业控制任务。但是，是否选择 PLC 控制系统，应根据该系统所需完成的控制任务，对被控对象的生产工艺及特点进行详细分析。所以在设计前，应首先把 PLC 控制与其它控制方式，主要是与继电器控制和微机控制加以比较，特别是从以下几方面加以考虑：

(1) 控制规模。一个控制系统的控制规模可用该系统的输入、输出设备总数来衡量，当控制规模较大时，特别是开关量控制的输入、输出设备较多且联锁控制较多时，最适合采用 PLC 控制。

(2) 工艺复杂程度。当工艺要求较复杂时，用继电器系统控制极不方便，而且造价也相应增加，甚至会超过采用 PLC 控制的成本。因此，采用 PLC 控制将有更大的优越性。特别是当工艺流程要求经常变动或控制系统有扩充功能要求时，则只能采用 PLC 控制。

(3) 可靠性要求。虽然有些系统不太复杂，但其对可靠性、抗干扰能力要求较高时，也需采用 PLC 控制。在 20 世纪 70 年代，一般认为 I/O 总数在 70 点左右时，可考虑 PLC 控制；到了 80 年代，一般认为 I/O 总数在 40 点左右就可以采用 PLC 控制；目前，由于 PLC 性能价格比的提高，当 I/O 总数在 20 点左右时，就趋向于选择 PLC 控制。

(4) 数据处理程度。当数据的统计、计算等规模较大，需很大的存储器容量，且要求很高的运算速度时，可考虑采用微机控制；当数据处理程度较低，而主要以工业过程控制为主时，采用 PLC 控制将非常适宜。

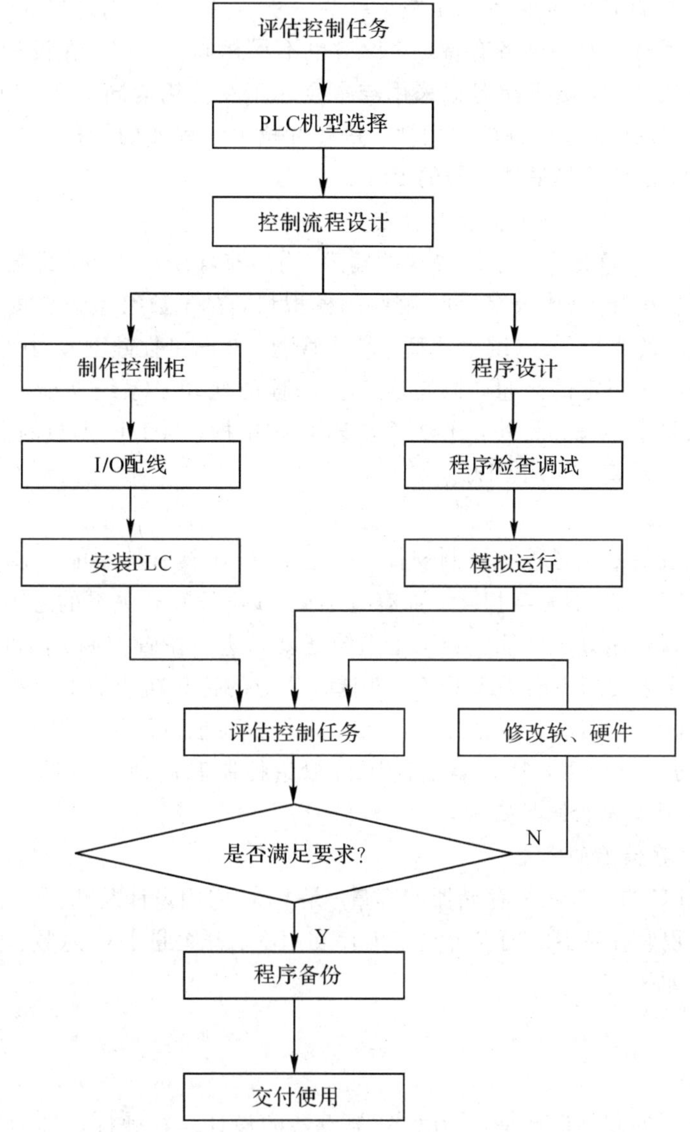

图 11-28　PLC 应用设计步骤

一般说来，在控制对象的工业环境较差，而安全性、可靠性要求又很高的场合；在系统工艺复杂，输入、输出以开关量为主，而用常规继电器控制难以实现的场合；特别对于那些工艺流程经常变化的场合，可以采用低档次的可编程控制器。

对于那些既有开关量 I/O、又有模拟量 I/O 的控制对象，就要选择中档次的具有模拟量输入/输出的可编程控制器，采用集中控制方案。

对于那些除了上述控制要求外，还要完成闭环控制，且有网络功能要求的场合，就需要选用高档次的、具有通信功能和其它特殊控制功能要求的可编程控制器，构成集散监控系统，用上位机对系统进行统一管理，用 PLC 进行分散控制。

2. PLC 的选型

选择适当型号的 PLC 是设计中至关重要的一步。目前，国内外 PLC 生产厂家生产的 PLC 品种已达数百个，其性能各有特点，价格也不尽相同。所以，在设计时，首先要根据机型统一的原则来考虑，尽可能考虑采用与本企业正在使用的同系列 PLC，以便于学习、掌握、维护的方便性，备品配件的通用性，并且可减少编程器的投资。在此基础上还要充分考虑下列因素，以便选择最佳型号的 PLC。

1）输入/输出(I/O)设备的数量和性质

在选择 PLC 时，首先应对系统要求的输入/输出有详细的了解，即输入量有多少，输出量有多少，哪些是开关(或数字)量，哪些是模拟量，对于数字型输出量还应了解负载的性质，以选择合适的输出形式(继电器型、晶体管型、双向可控硅型)。在确定了 PLC 的控制规模后，还要考虑一定的余量，以适应工艺流程的变动及系统功能的扩充，一般可按10％～15％的余量来考虑。另外，还要考虑 PLC 的结构，从 I/O 点数的搭配上加以分析，决定选择整体式还是模块式的 PLC。

2）PLC 的功能

要根据该系统的控制过程和控制规律，确定 PLC 应具有的功能。各个系列不同规格的 PLC 所具有的功能并不完全相同。如有些小型 PLC 只有开关量的逻辑控制功能，而不具备数据处理和模拟量处理功能。当某个系统还要求进行位置控制、温度控制、PID 控制等闭环控制时，应考虑采用模块式 PLC，并选择相应的特殊功能的 I/O 模块，否则这些算法都用 PLC 的梯形图设计，一方面编程困难，另一方面也占用了大量的程序空间。另外，还应考虑 PLC 的运算速度，特别是当使用模拟量控制和高速计数器等功能时，应弄清 PLC 的最高工作频率是否满足要求。

3）用户程序存储器的容量

合理确定 PLC 的用户程序存储器的容量，是 PLC 应用设计及选型中不可缺少的环节。一般说来，用户程序存储器的内存容量与内存利用率、开关量 I/O 总数、模拟量 I/O 点数及设计者的编程水平有关。

3. 系统设计

1）硬件设计

可编程控制器的硬件设计是指 PLC 外部设备的设计。在硬件设计中要进行输入设备的选择(如操作按钮、开关及计量保护的输入信号等)，执行元件(如接触器的线圈、电磁阀线圈、指示灯等)的选择，以及控制台、柜的设计。要对 PLC 输入/输出通道进行分配，在进行 I/O 通道分配时，应做出 I/O 通道分配表，表中应包含 I/O 编号、设备代号、名称及功能，应尽量将相同类型的信号、相同电压等级的信号排在一起，以便于施工。对于较大的控制系统，为便于软件设计，可根据工艺流程，将所需的计数器、定时器及辅助继电器也进行相应的分配。最后应根据 I/O 通道表，绘制完整、详尽的 I/O 接线图。

2）软件设计

可编程控制器的软件设计就是编写用户的控制程序。这是 PLC 控制系统设计中工作量最大的工作。软件设计的主要内容一般包括：

(1) 存储器空间的分配；

(2) 专用寄存器的确定；

(3) 系统初始化程序的设计；

(4) 各个功能块子程序的编制；

(5) 主程序的编制及调试；

(6) 故障应急措施；

(7) 其它辅助程序的设计。

对于电气技术人员来说，编写用户的控制程序就是设计梯形图程序，可以采用逻辑分析法、经验设计法或顺序控制法。软件设计可以与现场施工同步进行，即在硬件设计完成以后，同时进行软件设计和现场施工，以缩短施工周期。

3) 系统调试

当 PLC 的软件设计完成之后，应首先在实验室进行模拟调试，看是否符合工艺要求。当控制规模较小时，模拟调试可以根据所选机型，外接适当数量的输入开关作为模拟输入信号，通过输出端子的发光二极管，可观察 PLC 的输出是否满足要求。

对于一个较大的可编程控制器控制系统，程序调试一般需要经过单元测试、总体实验室联调和现场联机统调等几个步骤。对于 PLC 软件而言，前两步的调试具有十分重要的意义。

(1) 实验室模拟调试。

和一般的过程调试不同，PLC 控制系统的程序调试需要大量的过程 I/O 信号方能进行。但是在程序的前两步调试阶段，大量的现场信号不能接入到 PLC 的输入模块。因此要靠现场的实际信号去检查程序的正确性通常是不可能的。只能采用模拟调试法，这是在实践中最常用、也是最有效的调试方法。

根据负载在调试中的作用，PLC 的负载分为模拟负载、虚拟仿真负载和真实负载。模拟负载是在调试时使用的机电特性简单的负载，如实验室的二极管、指示灯代替真实负载，用来验证程序的逻辑关系，这样对电网的影响小，危险小，调试简单。虚拟仿真负载是在虚拟仿真或调试时，利用上位机的动画对象代替真实负载，用来验证程序的逻辑关系、机电性能等，其发展潜力巨大。真实负载是现场的负载，调试复杂，效果真实，面向生产。

(2) 现场联机统调。

去现场前要做好充分的准备，提前设计工作计划，确保笔记本电脑正常，备足软件光盘，准备常用工具和适当的电气备件。

当现场施工和软件设计都完成以后，就可以进行现场联机统调了。在统调时，一般应首先屏蔽外部输出，再利用编程器的监控功能，采用分段分级调试方法，通过运行检查外部输入量是否无误，然后再利用 PLC 的强迫置位/复位功能逐个运行输出部件。

某些现场信号，如行程开关、接近开关的信号，需人工在现场给出模拟信号，在 PLC 侧检查。给 PLC 提供信号的专用仪表，如：料位计、数码开关、模拟量仪表等，也要从信号端给出模拟信号，在 PLC 侧检查。用模拟量输出信号驱动电气传动装置的，要专门进行联调，以检查 PLC 模块的负载能力和控制精度。

逐台给单机主回路送电，进行就地手动试车，主要是配合机械调试，同时调整转向、行程开关、接近开关、编码设备、定位等。要仔细调整应用程序，以实现各项控制指标，如定位精度、动作时间、速度响应等。

尽可能把全系统所有设备都纳入空载联调，这时应使用实际的应用程序，但某些在空载时无法得到的信号仍然需要模拟，如料斗装放料信号、料流信号等，可用时间程序产生。

空载联调时，局部或系统的手动/自动/就地切换功能、控制功能、各种工作制的执行、电气传动设备的综合控制特性、系统的抗干扰性、对电源电压的波动和瞬时断电的适应性等主要性能，都应得到检查。空载联调时应保证有足够的时间，很多接口中的问题往往这时才能暴露。热负载试车尽量采取间断方式，即试车—处理—再试车。这是 PLC 系统硬件软件的考验完善阶段。要随时拷贝程序，随时修改图样，一直到正式投产。

(3) 程序存储及归档。

系统调试完成以后，为防止因干扰、锂电池变化等原因使 RAM 中的用户程序遭到破坏和丢失，可用磁带或磁盘将程序保存起来；或通过 EPROM 写入器将程序固化到 EPROM 或 EEPROM 中；也可以用打印机将梯形图程序或指令语句表等用户程序打印下来，把它们作为原始的基础资料，连同其它技术文件一起存档，能缩短日后维修与查阅程序的时间。这是职业工程师的良好习惯，无论对今后自己进行维护或者移交用户，都会带来极大的便利，而且是职业水准的一个体现。

11.4.4 抗干扰措施

PLC 专为工业环境应用而设计，其显著的特点之一就是高可靠性。为了提高 PLC 的可靠性，PLC 本身在软硬件上均采取了一系列抗干扰措施，在一般工厂内使用能够可靠地工作，一般平均无故障时间可达几万小时。但这并不意味着对 PLC 的环境条件及安装使用可以随意处理。在过于恶劣的环境条件下，如强电磁干扰、超高温、过欠电压等情况，或安装使用不当，都可能导致 PLC 内部存储信息的破坏，引起系统的紊乱，严重时还会使系统内部的元器件损坏。

电源、输入/输出接线是外部干扰入侵 PLC 的重要途径，为了提高 PLC 控制系统的可靠性，应采取相应的抗干扰措施。

1. 抑制电源系统引入的干扰

电源是 PLC 引入干扰的重要途径之一，PLC 应尽可能取用电压波动较小、波形畸变较小的电源，这对提高 PLC 的可靠性有很大帮助。PLC 的供电线路应与其它大功率用电设备或强干扰设备(如高频炉、弧焊机等)分开。在干扰较强或可靠性要求很高的场合，对 PLC 交流电源系统可采用的抗干扰措施，有以下几种方法：

(1) 在 PLC 电源的输入端加接隔离变压器，由隔离变压器的输出端直接向 PLC 供电，这样可抑制来自电网的干扰。隔离变压器的电压比可取 1∶1，在一次和二次绕组之间采用双屏蔽技术，一次屏蔽层用漆包线或铜线等非导磁材料绕一层，注意电气上不能短路，并接到中性线；二次则采用双绞线，双绞线能减少电源线间干扰。

(2) 在 PLC 电源的输入端加接低通滤波器可滤去交流电源输入的高频干扰和高次谐波。在干扰严重的场合，可同时使用隔离变压器和低通滤波器的方法，通常低通滤波器先与电源相接，低通滤波器输出再接隔离变压器；也可同时使用带屏蔽层的电压扼流圈和低通滤波器的方法，如图 11-29 所示。图中 RV 是压敏电阻(可选 471 kJ，击穿电压为 $220\times1.4\times(1.5\sim2)$ V)，其击穿电压略高于电源正常工作时的最高电压，正常时相当于开路。有尖峰干扰脉冲通过时，RV 被击穿，干扰电压被 RV 箝位，尖峰干扰脉冲消失后 RV 可恢复正常。如电压确实高于压敏电阻的击穿电压，压敏电阻将导通，相当于电源短路，把熔丝熔断。电容C1、C2和扼流圈L组成低通滤波器，以滤除共模干扰。C3、C4用来滤去差模干扰信号。C1、C2电容量可选1 μF，L的电感量可选1 μH，C3、C4的电容量可选0.001 μF。

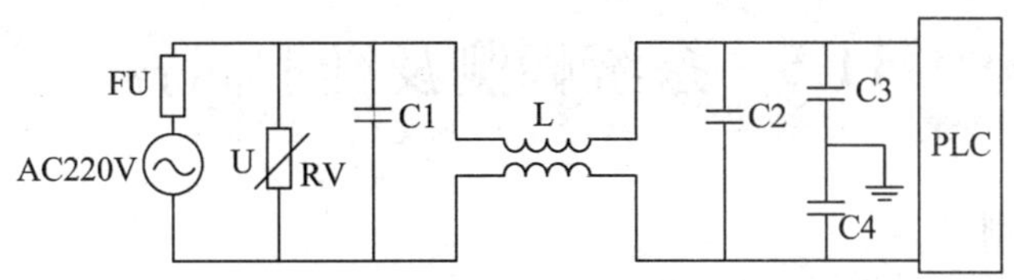

图11-29 一种电源滤波电路

PLC的电源和PLC输入/输出模块用的电源应与被控系统的动力部分、控制部分分开配线，电源供电线的截面应有足够的余量，并采用双绞线，条件许可时，PLC可采用单独的供电回路，以避免大设备启停对PLC的干扰。

2. 抑制I/O电路引入的干扰

为了抑制输入、输出电路引入的干扰，一般应当注意以下几点：

(1) 开关量信号不容易受外界干扰，可以用普通单根导线传输。

(2) 数字脉冲信号频率较高，传输过程中易受外界干扰，应选用屏蔽电缆传输。

(3) 模拟量信号是连续变化的信号，外界的各种干扰都会叠加在模拟信号上而造成干扰，因而要选用屏蔽线或带防护的双绞线。如果模拟量I/O信号离PLC较远，应采用4～20 mA或0～10 mA的电流传输方式，而不用易受干扰的电压信号传输。对于功率较大的开关量，输入/输出线最好与模拟量输入/输出线分开敷设。

(4) PLC的输入/输出线要与动力线分开，距离在20 cm以上，如果不能保证上述最小距离，可以将这部分动力线穿管，并将管接地。绝不允许将PLC的输入/输出线与动力线高压线捆扎在一起。

(5) 应尽量减小动力线与信号线平行敷设的长度，否则应增大两者的距离以减少噪声干扰。一般两线间距离为20 cm。当两线平行敷设的长度在100～200 m时，两线间距离应在40 cm以上；平行敷设长度在200～300 m时，两线间的距离应在60 cm以上。

(6) PLC的输入/输出线最好单独敷设在封闭的电缆槽架内，线槽外壳要良好接地，不同类型的信号，如不同电压等级、不同电流类型的输入/输出线，不能安排在同一根多芯屏蔽电缆内，而且在槽架内应隔开一定距离安放，屏蔽层应接地。

3. PLC的接地

(1)PLC的接地最好采用专用的接地极。如不可能，也可与其它盘板共用接地系统，但须用自己的接地线直接与公共接地极相连，绝对不允许与大功率晶闸管装置和大型电动机之类的设备共用接地系统。

(2) PLC的接地极离PLC越近越好，即接地线越短越好。PLC如由多单元组成，各单元之间应采用同一点接地，以保证各单元间等电位。当然，一台PLC的I/O单元如果有的分散在较远的现场(超过100 m)，是可以分开接地的。

(3) PLC的输入/输出信号线采用屏蔽电缆时，其屏蔽层应用一点接地，并用靠近PLC这一端的电缆接地，电缆的另一端不接地。如果信号随噪声波动，可以连接一个0.1～0.47 μF/25 V的电容器到接地端。

(4) 接地线截面积应大于 2 mm^2。接地线一般最长不超过 20 m，PLC 接地系统的接地电阻一般应小于 40 Ω。

11.5 系统检测及维护保养

11.5.1 系统检测

可编程控制器的可靠性很高，本身有很完善的自诊断功能，如出现故障，借助自诊断程序就可以方便地找到出现故障的部件，更换后就可以恢复正常工作。

大量的工程实践表明，可编程控制器外部的输入/输出元件，如限位开关、电磁阀、接触器等的故障率远远高于可编程控制器本身的故障率，而这些元件出现故障后，可编程控制器一般不能觉察出来，不会自动停机，这样就可能使故障扩大，直至强电保护装置动作后停机，有时甚至会造成设备和人身事故。停机后，查找故障也要花费很多时间。为了及时发现故障，在没有酿成事故之前自动停机和报警，也为了方便查找故障，提高维修效率，可用梯形图程序实现外围电路故障的自诊断和自处理。

现代的可编程控制器拥有大量的软元件资源，如 FX 系列 CPU 有几百点存储器位、定时器和计数器，有相当大的余量。可以把这些资源利用起来，用于故障的检测。以下介绍两种常用的外围电路故障检测方法。

1. 超时检测

机械设备在各工步的动作所需的时间一般是不变的，即使变化也不会太大，因此可以以这些时间为参考，在可编程控制器发出输出信号，相应的外部执行机构开始动作时启动一个定时器定时，定时器的设定值比正常情况下该动作的持续时间长20%左右。例如设某执行机构在正常情况下运行 10 s 后，它驱动的部件使限位开关动作，发出动作信号。在该执行机构开始动作时启动设定值为 12 s 的定时器定时，若 12 s 后还没有接受到动作结束信号，则由定时器的常开触点发出故障信号，该信号停止正常的程序并启动报警和故障显示程序，使操作人员和维修人员能迅速判别故障的种类，及时采取排除故障的措施。

2. 逻辑错误检测

在系统正常运行时，可编程控制器的输入/输出信号和内部的信号(如存储器位的状态)相互之间存在着确定的关系，如出现异常的逻辑信号，则说明出现了故障。因此，可以编制一些常见故障的异常逻辑关系，并编入程序，一旦异常逻辑关系为 ON 状态，就应按故障处理。例如某机械运动过程中先后有两个限位开关动作，这两个信号不会同时为 ON。若它们同时为 ON，则说明至少有一个限位开关被卡死，应停机进行处理。在梯形图中，用这两个限位开关对应的输入位的常开触点串联，来驱动一个表示限位开关故障的存储器位。

11.5.2 维护保养

1. 主要内容

PLC 控制系统维护和保养的主要内容如下：

(1) 建立系统的设备档案，包括设备一览表、程序清单和有关说明、设计图纸和竣工图纸、运行记录和维修记录等。

(2) 采用标准的记录格式对系统运行情况和设备状况进行记录，对故障现象和维修情况进行记录，这些记录应便于归档。运行记录的内容包括：日期，故障现象和当时的环境状态，故障分析、处理方法和结果，故障发现人员和维修处理人员的签名等。

(3) 系统的定期保养。根据定期保养一览表，对需要保养的设备和线路进行检查和保养，并记录保养的内容。

可编程控制器系统内有些设备或部件使用寿命有限，应根据产品制造商提供的数据建立定期更换设备一览表。例如，可编程控制器内的锂电池一般使用寿命是1～3 年，输出继电器的机械触点使用寿命是 100～500 万次，电解电容的使用寿命是 3～5 年等。

2. 具体器件的检查、保养要点

可编程控制器系统由可编程控制器、一次检出元件、变送器、输入/输出中间继电器、执行机构和连接电缆、管线等组成。组成系统任一部件的故障都会使系统不能正常运行。下面介绍具体器件的检查保养要点：

(1) 一次检出元件的检查。系统的输入信号来自现场的一次检出元件，对模拟量的检出，有时需要用变送器进行信号转换。对一次检出元件，除了在现场进行外观检查和检测开关信号的变化状态外，还应根据产品的使用寿命定期更换。

(2) 连接电缆、管缆和连接点的检查。检查连接电缆是否被外力损坏或受高温等环境原因而老化，检查连接管缆是否漏气或漏液，气源或液压源的压力是否符合要求，检查连接箱内的接线端或接管的接头是否紧固，尤其是安装在有震动或易被氧化的场所时，更应定期检查和紧固。

(3) 输入/输出中间继电器的检查。检查继电器与继电器座的接触是否良好，继电器内接点动作是否灵活和接触良好。对大功率的输出继电器，应定期消除触点上的氧化层，并根据产品寿命进行定期更换。

(4) 可编程控制器的检查。检查可编程控制器的工作环境，例如供电、环境温度、尘埃等，检查可编程控制器包括各模件的运行状态、锂电池或电容的使用时间等。对安装在可编程控制器上的各种接插件，要检查它们是否接触良好，印刷线路板是否有外界气体造成的锈蚀，例如二氧化碳气体的锈蚀。此外，对连接到输入/输出端的一些电气元件也要定期检查和更换。

(5) 执行机构的检查。不管执行机构是电动、气动还是液动，都应检查执行机构执行指令的情况、动作是否到位等，校验结果应记录和归档。

(6) 清洁卫生工作。在定期检查中，对系统各部件进行清洁是很重要的工作。粉、灰尘在一定的环境条件下会造成接触不良，绝缘性能下降；工作和检修时切下来的短导线会造成部件的短路等。因此，在打扫时，要防止杂物进入可编程控制器的通风口，为此，可以采用吸尘器进行打扫。对积尘的插卡可以根据产品说明书的要求，取下插卡进行清洁工作，例如，用无水酒精擦洗污物等。要仔细进行清洁工作，不要造成元件的损坏等。

大量故障分析表明，系统的故障绝大多数来自一次检出元件和最终执行机构。例如，一次检出元件因环境的粉尘而卡死，执行机构因气路堵塞而不能动作，中间继电器的接点接触不良等。因此，对它们的检查应给予足够的重视。

在更换可编程控制器有关部件，例如供电电源的熔断器、锂电池等时，必须停止对可编程控制器供电，对允许带电更换的部件，例如输入/输出插卡，也要安全操作，防止造成不必要的事故。操作步骤应符合产品操作说明书的要求和操作顺序。

在更换一次检出元件或执行机构后，应对相应的部件进行检查和调整，使更换后的部件符合操作和控制的要求，更换的内容等也需要记录并归档。

根据更换的记录，应及时提出备品和备件的购置计划，保证在元器件损坏时能及时得到更换。

本章小结

1. PLC 的硬件组态是对系统整个架构进行装配，分配网络、硬件、地址等参数，在编程软件中生成一个与硬件系统完全相同的系统，为设计用户程序打下基础。

2. 大中型 PLC 的基本模块有基板、电源模块、CPU 模块、输入/输出模块、功能模块。

3. 设计 PLC 控制系统应遵循的基本原则是：最大限度地满足被控对象提出的各项性能指标，确保控制系统的安全可靠，力求控制系统简单，留有适当的余量。

4. PLC 设计基本内容有：明确设计任务和技术条件，确定用户输入/输出设备，选择可编程控制器的机型，分配 I/O 通道并绘制接线图，设计控制程序，编制控制系统的技术文件。

5. 程序调试一般需要经过单元测试、总体实验室联调和现场联机统调等几个步骤。

6. PLC 系统检测包括超时检测、逻辑错误检测和报警控制。

习　题

11-1　三菱 L 系列 PLC 在结构上有何特点？

11-2　PLC 的硬件组态有什么作用？

11-3　PLC 如何控制机器人？

11-4　Q 系列 PLC 的基本模块有哪些？

11-5　设计 PLC 控制系统应遵循的基本原则是什么？

11-6　PLC 设计的基本内容是什么？

11-7　从哪些方面确定一个控制系统选用 PLC 还是继电控制？

11-8　如何选择 PLC 的档次？

11-9　程序调试分哪几步？

11-10　PLC 的硬件抗干扰有哪几方面？

11-11　PLC 系统检测采用哪些方法？

附录 A　软元件地址分配

软元件	用　途	进制	范　围	个数
输入继电器	一般用	8	X000～X367	248 点
输出继电器	一般用	8	X000～X367	248 点
辅助继电器	一般用	10	M0～M499	500 点
	保持用(可变)	10	M500～M1023	524 点
	保持用(固定)	10	M1024～M7679	6656 点
	特殊用	10	M8000～M8511	512 点
状态	初始化状态	10	S0～S9	10 点
	一般用	10	S10～S499	490 点
	保持用	10	S500～S899	400 点
	信号报警器	10	S900～S999	100 点
	保持用	10	S1000～S4095	3096 点
定时器	100 ms 普通	10	T0～T191	192 点
	100 ms 子程序用	10	T192～T199	8 点
	10 ms 普通	10	T200～T245	46 点
	1 ms 累积型	10	T246～T249	4 点
	100 ms 累积型	10	T250～T255	6 点
	1 ms	10	T256～T511	256 点
计数器	一般用(16 位)	10	C0～C99	100 点
	保持用(16 位)	10	C100～C199	100 点
	一般用双向(32 位)	10	C200～C219	20 点
	保持用双向(32 位)	10	C220～C234	15 点
高速计数器	单相单计数	10	C235～C245	11 点
	单相双计数	10	C246～C250	20 点
	双响双计数	10	C251～C255	5 点

续表

软元件	用　途	进制	范　围	个数
数据寄存器	一般用	10	D0～D199	200 点
	保持用(可变)	10	D200～D511	312 点
	保持用(固定)	10	D512～D7999	7488 点
	特殊用	10	D8000～D8511	512 点
	变址用	10	V0～V7，Z0～Z7	16 点
指针	跳转、子程序用	10	P0～P4095	4096 点
	输入中断	10	I0～I5	6 点
	定时器中断	10	I6～I8	3 点
	计数器中断	10	I010～I060	6 点
主控	触点	10	N0～N7	8 点
立即数	有符号	10	K	－32768～32767
	无符号	16	H	0～FFFF
	实数		E	32 位
	字符串		“”	32 个字符

附录 B FX 系列 PLC 指令集

◆程序流程

0	CJ	条件跳转
1	CALL	调用子程序
2	SRET	返回子程序
3	IRET	中断返回
4	EI	中断许可
5	DI	中断禁止
6	FEND	主程序结束
7	WDT	监视时钟
8	FOR	重复范围开始
9	NEXT	重复范围结束

◆传送、比较

10	CMP	比较
11	ZCP	带宽比较
12	MOV	传送
13	SMOV	位移动
14	CML	反转传送
15	BMOV	一次性传送
16	FMOV	多点传送
17	XCH	交换
18	BCD	BCD 转换
19	BIN	BIN 转换

◆四则、逻辑运算

20	ADD	BIN 加法
21	SUB	BIN 减法
22	MUL	BIN 乘法
23	DIV	BIN 除法
24	INC	BIN 增加

续表一

25	DEC	BIN 减少
26	WAND	逻辑结果
27	WOR	逻辑和
28	WXOR	排他性逻辑和
29	NEG	补数
◆旋转变换		
30	ROR	右转
31	ROL	左转
32	RCR	附带右转
33	RCL	附带左转
34	SFTR	位右移
35	SFTL	位左移
36	WSFR	字右移
37	WSFL	字左移
38	SFWR	变换写入(先进先出/先进后出控制用)
39	SFRD	变换读取(先进先出控制用)
◆数据处理		
40	ZRST	一次性重置
41	DECO	解码
42	ENCO	编码
43	SUM	ON 位数
44	BON	ON 位判定
45	MEAN	平均值
46	ANS	设置报警器
47	ANR	重置报警器
48	SQR	BIN 开平方根
49	FLT	BIN 整数→二进制浮点数转换
◆高速处理		
50	REF	输入·输出刷新
51	REFF	输入刷新(带有滤波器设定)
52	MTR	矩阵输入
53	HSCS	比较设定(高速计数器用)

续表二

54	HSCR	比较重置(高速计数器用)
55	HSZ	带宽比较(高速计数器用)
56	SPD	脉冲密度
57	PLSY	脉冲输出
58	PWM	脉冲宽度调制
59	PLSR	附带加减速的脉冲输出
◆简便指令		
60	IST	初始状态
61	SER	数据搜索
62	ABSD	鼓序列绝对方式
63	INCD	鼓序列相对方式
64	TTMR	位置指示时钟
65	STMR	特殊时钟
66	ALT	交替输出
67	RAMP	倾斜信号
68	ROTC	近路控制
69	SORT	数据对准
◆外部设备 I/O		
70	TKY	数字键盘输入
71	HKY	16 键输入
72	DSW	数码开关
73	SEGD	7SEG 解码器
74	SEGL	7SEG 时分割显示
75	ARWS	箭头开关
76	ASC	ASCII 数据输入
77	PR	ASCII 码打印
78	FROM	BFM 读取
79	TO	BFM 写入
◆外部设备 SER		
80	RS	串行数据传送
81	PRUN	8 进位传送
82	ASCI	HEX→ASCII 转换

续表三

83	HEX	ASCII→HEX 转换
84	CCD	检查代码
85	VRRD	量读取
86	VRSC	音量刻度
87	RS2	串行数据传送 2
88	PID	PID 运算
◆数据传送		
102	ZPUSH	变址寄存器的全体保存
103	ZPOP	变址寄存器的复位
◆浮点数		
110	ECMP	二进制浮点数比较
111	EZCP	二进制浮点数频带比较
112	EMOV	二进制浮点数数据传送
116	ESTR	二进制浮点数→字符串转换
117	EVAL	字符串→二进制浮点数转换
118	EBCD	二进制浮点数→十进制浮点数转换
119	EBIN	十进制浮点数→二进制浮点数转换
120	EADD	二进制浮点数加法
121	ESUB	二进制浮点数减法
122	EMUL	二进制浮点数乘法
123	EDIV	二进制浮点数除法
124	EXP	二进制浮点数指数计算
125	LOGE	二进制浮点数自然对数计算
126	LOG	二进制浮点数常用自然对数计算
127	ESQR	二进制浮点数开平方计算
128	ENEG	二进制浮点数符号反转
129	INT	二进制浮点数→BIN 整数转换
130	SIN	二进制浮点数 SIN 计算
131	COS	二进制浮点数 COS 计算
132	TAN	二进制浮点数 TAN 计算
133	ASIN	二进制浮点数反正弦计算
134	ACOS	二进制浮点数反余弦计算

续表四

135	ATAN	二进制浮点数反正切计算
136	RAD	二进制浮点数角度→弧度转换
137	DEG	二进制浮点数弧度→角度转换
◆数据处理 2		
140	WSUM	计算数据合计值
141	WTOB	字节单位数据分离
142	BTOW	字节单位数据结合
143	UNI	16 位数据的位结合
144	DIS	16 位数据的位分离
147	SWAP	上下字节转换
149	SORT	数据对准
◆定位		
150	DSZR	带 DOG 搜索的原点回归
151	DVIT	中断定位
152	TBL	通过表格定位方式来进行定位
155	ABS	ABS 当前值读出
156	ZRN	原点复位
157	PLSV	可变速脉冲输出
158	DRVI	定位相对位置
159	DRVA	定位绝对位置
◆时钟计算		
160	TCMP	时钟数据比较
161	TZCP	时钟数据频带比较
162	TADD	时钟数据加法
163	TSUB	时钟数据减法
164	HTOS	小时、分钟、秒数据的秒转换
165	STOH	秒数据的“小时、分钟、秒”转换
166	TRD	时钟数据读出
167	TWR	时钟数据写入
169	HOUR	计时器
◆外部设备		
170	GRY	格雷码转换

续表五

171	GBIN	格雷码逆向转换
176	RDA	读取模拟量模块
177	WRA	写入模拟量模块
◆其它命令		
182	COMRD	读取设备的注释数据
184	RND	随机数发生
186	DUTY	定时脉冲发生
188	CRC	CRC 计算
189	HCMOV	高速计数器传送
◆数据块处理		
192	BK＋	BK＋数据块加法
193	BK－	BK－数据块减法
194	BKCMP＝	数据块比较(S)＝(S)
195	BKCMP＞	数据块比较(S)＞(S)
196	BKCMP＝＜	数据块比较(S)＜(S)
197	BKCMP＜＞	数据块比较(S)≠(S)
198	BKCMP＜＝	数据块比较(S)≦(S)
199	BKCMP＞＝	数据块比较(S)≧(S)
◆字符串控制		
200	STR	BIN→字符串转换
201	VAL	字符串→BIN 转换
202	$＋	字符串的结合
203	LEN	检测出字符串的长度
204	RIGHT	从字符串右侧开始读取
205	LEFT	从字符串左侧开始读取
206	MIDR	字符串中任意读出
207	MIDW	字符串中的任意替换
208	INSTR	字符串检索
209	$MOV	字符串传送
◆数据处理 3		
210	FDEL	删除数据表中的数据
211	FINS	数据表中的数据插入

续表六

212	POP	后进数据读入(先进后出控制用)
213	SFR	16 位数据 n 位右切换(带有进位指令)
214	SFL	16 位数据 n 位左切换(带有进位指令)
◆触点比较		
224	LD＝	触点形状比较 LD(S)＝(S)
226	LD＞	触点形状比较 LD(S)＞(S)
227	LD＜	触点形状比较 LD(S)＜(S)
228	LD＜＞	触点形状比较 LD(S)≠(S)
229	LD＜＝	触点形状比较 LD(S)≦(S)
230	LD＞＝	触点形状比较 LD(S)≧(S)
232	AND＝	触点形状比较 AND(S)＝(S)
233	AND＞	触点形状比较 AND(S)＞(S)
234	AND＜	触点形状比较 AND(S)＜(S)
236	AND＜＞	触点形状比较 AND(S)≠(S)
237	AND＜＝	触点形状比较 AND(S)≦(S)
238	AND＞＝	触点形状比较 AND(S)≧(S)
240	OR＝	触点形状比较 OR(S)＝(S)
241	OR＞	触点形状比较 OR(S)＞(S)
242	OR＜	触点形状比较 OR(S)＜(S)
244	OR＜＞	触点形状比较 OR(S)≠(S)
245	OR＜＝	触点形状比较 OR(S)≦(S)
246	OR＞＝	触点形状比较 OR(S)≧(S)
◆变频器通信		
270	IVCK	变频器的运转监视
271	IVDR	变频器的运转控制
272	IVRD	读取变频器参数
273	IVWR	写入变频器参数
274	IVBWR	变频器的参数批量写入
275	IVMC	变频器的复数个命令
276	ADPRW	MODBUS 数据读出/写入

附录 C 特殊辅助继电器

M8000	RUN 监控	M8029	指令执行结束
M8001	RUN 监控	M8030	电池 LED 灭灯指示
M8002	初始脉冲	M8031	非保持内存全部清除
M8003	初始脉冲	M8032	保持内存全部清除
M8004	错误发生	M8033	内存保持停止
M8005	电池电压低	M8034	禁止所有输出
M8006	电池电压低	M8035	强制 RUN 模式
M8007	检测出瞬间停止	M8036	强制 RUN 指令
M8008	检测出停电中	M8037	强制 STOP 指令
M8009	DC24V 掉电	M8038	参数的设定
M8010	不可以使用	M8039	恒定扫描模式
M8011	10 ms 时钟	M8040	禁止转移
M8012	100 ms 时钟	M8041	转移开始
M8013	1 s 时钟	M8042	启动脉冲
M8014	1 min 时钟	M8043	原点回归结束
M8015	停止计时以及预置	M8044	原点条件
M8016	时间读出后的显示被停止	M8045	禁止所有输出复位
M8017	±30 s 的修正	M8046	STL 状态动作
M8018	检测出安装(一直为 ON)	M8047	STL 监控有效
M8019	实时时钟(RTC)错误	M8048	信号报警器动作
M8020	加减法结果为 0	M8049	信号报警器有效
M8021	减法借位	M8050	输入中断 I00 口禁止
M8022	加法进位移位溢出	M8051	输入中断 I10□禁止
M8024	指定 BMOV 方向	M8052	输入中断 I20 口禁止
M8025	HSC 模式	M8053	输入中断 I30 口禁止
M8026	RAMP 模式	M8054	输入中断 I40 口禁止
M8027	PR 模式	M8055	输入中断 I50 口禁止
M8028	100 ms/10 ms 的定时器切换	M8056	输入中断 I60 口禁止

续表

M8057	输入中断 I70 口禁止	M8148	Y1 脉冲输出监控
M8058	输入中断 I80 口禁止	M8151	变频器通信中(通道 1)
M8059	I010～I060 全部禁止	M8152	变频器通信错误(通道 1)
M8060	I/O 构成错误	M8153	变频器通信错误的锁定(通道 1)
M8061	PLC 硬件错误	M8154	IVBWR(FNC274)指令错误(通道 1)
M8062	PLC/PP 通信错误	M8155	通过 EXTR(FNC180)指令使用通信端口时
M8063	串行通信错误 1	M8156	变频器通信中(通道 2)
M8064	参数错误	M8157	变频器通信错误(通道 2)
M8065	语法错误	M8158	变频器通信错误的锁存(通道 2)
M8066	回路错误	M8159	IVBWR(FNC274)指令错误(通道 2)
M8067	运算错误	M8160	XCH(FNC17)的 SWAP 功能
M8068	运算错误锁存	M8161	8 位处理模式
M8069	I/O 总线检测	M8162	8 位处理模式
M8070	并联链接，在主站时驱动	M8164	FROM、TO 指令传送点数可改变模式
M8071	并联链接，在子站时驱动	M8165	SORT2(FNC149)指令降序排列
M8072	并联链接，在运行过程中接通	M8167	HKY(FNC71)指令处理 HEX 数据的功能
M8073	并联链接，当 M8070/M8071 设定错误时接通	M8168	SMOV(FNC13)处理 HEX 数据的功能
M8075	采样跟踪准备开始指令	M8170～M8177	输入 X0～X7 脉冲捕捉
M8076	采样跟踪执行开始指令	M8198	C251、C252、C254 用 1 倍/4 倍的切换
M8077	采样跟踪执行中监控	M8199	C253、C255、C253(OP)用 1 倍/4 倍的切换
M8078	采样跟踪执行结束监控	M8200～M8255	C200～C255 增减控制
M8079	采样跟踪系统区域	M8304	零位乘除运算结果为 0 时
M8090	块比较信号	M8306	进位除法运算结果溢出时
M8091	输出字符数切换信号	M8312	实时时钟时间数据丢失错误
M8099	高速环形计数器动作	M8316	I/O 非实际安装指定错误
M8145	Y0 脉冲输出停止	M8338	BFM 的初始化失败
M8146	Y1 脉冲输出停止	M8381	C236 的动作状态
M8147	Y0 脉冲输出监控	M8391	C245 用功能切换软元件

附录 D　特殊数据寄存器

D8000	看门狗定时器	D8039	恒定扫描时间
D8001	PLC 类型以及系统版本	D8040～D8049	状态编号
D8002	内存容量	D8061	I/O 构成错误的非实际安装 I/O 的起始编号
D8003	内存种类	D8074～D8097	X0～X4 脉宽
D8004	错误 M 编号	D8140～D8141	存储 Y0 发出的累加脉冲数，可以复位
D8005	电池电压	D8142～D8143	存储 Y1 发出的累加脉冲数，可以复位
D8006	检测出电池电压低的等级	D8145	执行 ZRN、DRVI、DRVA 指令的最低频率
D8007	检测出瞬间停	D8146～D8147	执行 ZRN、DRVI、DRVA 指令的最高频率
D8008	检测出停电的时间	D8148	ZRN 指令加减速时间
D8009	DC24V 掉电单元号	D8152	变频器通信的错误代码(通道 1)
D8010	扫描当前值	D8164	FROM、TO 传送点数
D8011	MIN 扫描时间	D8182～D8195	V1～Z7 寄存器内容
D8012	MAX 扫描时间	D8302	设定显示语言
D8013～D8019	秒、分、时、日、月、年、星期	D8340～D8349	定位 Y0～Y3 当前值，自动加减
D8020	输入滤波器值	D8370～D8436	RS2 数据
D8028	Z0(Z)寄存器的内容	D8400～D8485	MODBUS 软元件数据
D8029	V0(V)寄存器的内容	D8438	串行通信错误 2(通道 2)的错误代码编号
D8030	模拟电位器 VR1 的值	D8487	USB 通信错误
D8031	模拟电位器 VR2 的值	D8489	特殊参数错误的错误代码编号

附录E 错误代码及内容

◆I/O构成错误[M8060(D8060)]	
□□□□	未安装的I/O的起始软元件编号
◆串行通信错误2[M8438(D8438)]	
0000	无异常
3803	通信数据的和校验不一致
3820	变频器通信功能中的通信错误
3821	MODBUS通信出现了错误
3840	特殊适配器连接异常
◆PLC硬件错误[M8061(D8061)]	
6101	存储器访问错误
6103	I/O总线错误
6104	扩展单元24V掉电
6105	看门狗定时器错误
6106	I/O表制作错误
6107	系统构成错误
◆PLC/PP通信错误(D8062)	
6201	奇偶校验错误，溢出错误，帧错误
6202	通信字符错误
6203	通信数据的和校验不一致
6204	数据格式错误
6205	命令错误
6230	存储器访问错误
◆参数错误[M8064(D8064)]	
6401	程序和校验不一致
6402	内存容量的设定错误
6403	保持区域的设定错误
6406	BFM初始值数据的和校验不一致
6407	BFM初始值数据异常

续表一

◆语法错误[M8065(D8065)]	
6501	软元件编号的组合错误
6502	在设定值前面没有 OUTT、OUTC
6503	OUTT、OUTC 后面没有设定值
6504	标签编号重复
6505	软元件编号超出范围
6506	使用了未定义的指令
6507	标签编号(P)的定义错误
6508	中断输入(I)的定义错误
6510	MC 的嵌套编号的大小关系错误
◆回路错误[M8066(D8066)]	
6601	LD、LDI 的连续使用次数超过 9 次
6610	LD、LDI 的连续使用次数超过 9 次
6613	MPS 的连续使用次数超过 12 次
6614	遗漏 MPS
6619	FOR - NEXT 之间有不能使用的指令
6620	FOR - NEXT 嵌套超出
6622	无 NEXT 指令
6623	无 MC 指令
6624	无 MCR 指令
6625	STL 的连续使用次数超出 9 次
6626	STL - RET 之间有不能使用的指令
6627	无 STL 指令
6628	在主程序中有主程序不能使用的指令
6629	无 P、I
6630	无 SRET、IRET 指令
6631	不能使用 SRET 指令的场所中有 SRET 指令
6632	不能使用 FEND 指令的场所中有 FEND 指令
◆运算错误[M8067(D8067)]	
6701	没有 CJ、CALL 的跳转目标地址
6702	CALL 的嵌套超出 6 个
6703	中断的嵌套超出 3 个

续表二

6704	FOR - NEXT 的嵌套超出 6 个
6706	软元件编号超出范围
6708	FROM/TO 指令错
6710	参数之间的不匹配
6733	比例增益(KP)为对象范围以外
6734	积分时间(TI)为对象范围以外
6735	微分增益(KD)为对象范围以外
6736	微分时间(TD)为对象范围以外
6737	采样时间(TS)≤运算周期
6747	PID 运算结果超出
6762	变频器通信指令中的通信端口已被占用
6764	脉冲输出编号已被占用
◆USB 通信错误	
8702	通信字符错误
8703	通信数据的和校验不一致
8704	数据格式错误
8705	命令错误

参 考 文 献

［1］ 汤自春. PLC 技术应用(三菱机型). 3 版. 北京：高等教育出版社，2015.

［2］ 张东. 可编程控制器技术(三菱机型). 1 版. 北京：电子工业出版社，2015.

［3］ 初航. 三菱 FX 系列 PLC 编程及应用. 2 版. 北京：电子工业出版社，2014.

［4］ 刘晓玲. PLC 控制与组态技术应用. 北京：电子工业出版社，2011.

［5］ 向晓汉. 变频器与步进/伺服驱动技术完全精通教程. 北京：化学工业出版社，2015.

［6］ 岂兴明. PLC 与步进伺服快速入门与实践. 北京：人民邮电出版社，2011.

［7］ 王淑红. 工控组态软件及应用. 北京：中国电力出版社，2016.

［8］ 杨智利. 轻松学通三菱 PLC 技术. 北京：化学工业出版社，2014.